"十四五"职业教育国家规划教材(修订版)

高等职业教育系列教材

电机拖动与电气控制

第2版

主　编　葛芸萍　刘云潺

参　编　李　杰　高　聪　翟志华

机械工业出版社

本书依据高等职业教育的相关专业教学标准、教学要求和特点，以及相关技术的发展，在内容组织上体现“学做合一”的理念，注重理论与实践相结合，在阐述理论的基础上尽量简化理论推导，增加工程应用实例，并配有任务工单。本书主要介绍变压器、直流电机、交流电动机、控制电机的工作原理、结构、电磁关系，着重分析直流电机和交流电动机的机械特性以及起动、调速和制动的原理；还介绍了常用低压电器、电动机的基本电气控制、典型机床电气控制系统的电路分析及其控制电路的装调。

本书根据1+X（运动控制系统开发与应用）职业技能等级证书的要求，强化了技能训练，突出了职业教育的特点，将理论教学、实训、考证有机地结合起来。书中加入了电动机实训、电路制作、设备运维和故障排除等内容。

本书可作为高等职业院校电气自动化、机电一体化、建筑电气工程等专业的理论和实训教学用书，也可作为相关专业技术人员的培训和自学用书。

本书配有微课视频，可扫描二维码观看。另外，本书配有授课电子课件，需要的教师可登录 www. cmpedu. com 免费注册，审核通过后下载，或联系编辑索取（微信：13261377872，电话：010-88379739）。

图书在版编目（CIP）数据

电机拖动与电气控制/葛芸萍，刘云潺主编．—2版．—北京：机械工业出版社，2024.4（2025.1重印）

高等职业教育系列教材

ISBN 978-7-111-75060-4

Ⅰ．①电…　Ⅱ．①葛…②刘…　Ⅲ．①电机-电力传动-高等职业教育-教材②电气控制-高等职业教育-教材　Ⅳ．①TM921②TM921.5

中国国家版本馆CIP数据核字（2024）第067254号

机械工业出版社（北京市百万庄大街22号　邮政编码100037）

策划编辑：李文轶　　责任编辑：李文轶

责任校对：郑　婕　张亚楠　　责任印制：郜　敏

三河市宏达印刷有限公司印刷

2025年1月第2版第5次印刷

184mm×260mm · 14.75印张 · 388千字

标准书号：ISBN 978-7-111-75060-4

定价：59.90元

电话服务

客服电话：010-88361066

010-88379833

010-68326294

网络服务

机　工　官　网：www. cmpbook. com

机　工　官　博：weibo. com/cmp1952

金　书　网：www. golden-book. com

机工教育服务网：www. cmpedu. com

前　言

党的二十大报告指出："推进新型工业化，加快建设制造强国"，"推动制造业高端化、智能化、绿色化发展"。电机作为驱动各种运动部件完成生产动作的主要动力，是生产过程必不可少的部件，其控制技术也是制造业的基础和关键技术。电机及其控制技术的智能化将会更好地推动智能制造产业的高质量发展。

"电机拖动与电气控制"课程是高等职业院校和部分成人高校电气自动化技术、智能控制技术和机电一体化等专业学生必修的一门专业技术基础课，它由"电机学""电机拖动"和"电气控制"等课程有机结合而成。

本书依据高等职业教育相关专业教学标准、教学要求和特点，以及相关技术的发展，在内容组织上体现"学做合一"的理念，注重理论与实践相结合，在阐述理论的基础上尽量简化理论推导，增加工程应用实例，结合 1+X（运动控制系统开发与应用）职业技能等级证书的要求，配有任务工单来加大实操比例，突出学生在教学过程中的主导地位，便于学生在实践中掌握相关知识，提高职业能力和强化职业素养。

本书分 7 章，分别是：变压器、直流电机、交流电动机、控制电机、常用低压电器、电动机的基本电气控制、典型机床电气控制。

本书实用性强，通过任务工单形式进行技能训练，实现教、学、练、做、育一体化的教学模式；配有大量二维码形式的微课视频和动画、课件、任务工单等辅助学习资源，提升教学服务水平；用点滴融入的人文素养启迪思想。

本书由黄河水利职业技术学院葛芸萍、刘云潺担任主编。葛芸萍编写了本书的绪论、第 4、5 章并统稿；李杰编写了第 1、3 章；刘云潺编写了第 2 章；高聪编写了第 6 章；翟志华编写了第 7 章。本书由吴丽教授担任主审，她在审阅过程中提出了许多宝贵的意见和建议，在此表示衷心感谢！同时，还要感谢华北电力大学通信工程专业王若宇、山东省水利勘测设计院的王玉梅高级工程师在本书编写过程中给予的大力支持和帮助！

由于编者水平有限，书中缺点和错误之处在所难免，欢迎读者批评指正。

编　者

二维码视频清单

名称	图形	名称	图形
码 1-1　变压器的结构和工作原理		码 2-5　直流电动机的机械特性	
码 1-2　变压器的运行原理		码 2-6　他励直流电动机的起动和反转	
码 1-3　三相变压器		码 2-7　他励直流电动机的调速	
码 1-4　其他常用变压器		码 2-8　他励直流电动机的制动	
码 2-1　直流电机的结构		码 3-1　三相异步电动机的结构	
码 2-2　直流电机的结构（动画）		码 3-2　三相异步电动机的结构（动画）	
码 2-3　直流电动机的工作原理		码 3-3　三相异步电动机的工作原理	
码 2-4　直流电动机的励磁方式和基本平衡方程式		码 3-4　三相异步电动机的工作原理（动画）	

（续）

名称	图形	名称	图形
码 3-5　交流电动机的绕组		码 4-3　伺服电动机的结构（动画）	
码 3-6　三相异步电动机的机械特性		码 4-4　测速发电机	
码 3-7　三相异步电动机的起动		码 4-5　霍尔传感器测速发电机的应用（动画）	
码 3-8　三相异步电动机的调速与反转		码 4-6　步进电动机	
码 3-9　三相异步电动机的制动		码 4-7　步进电动机的结构（动画）	
码 3-10　单相异步电动机		码 4-8　步进电动机的工作原理（动画）	
码 3-11　单相异步电动机的工作原理（动画）		码 4-9　直线电动机	
码 4-1　伺服电动机		码 5-1　低压电器基本知识	
码 4-2　伺服电动机的工作原理（动画）		码 5-2　开关电器	

（续）

名称	图形	名称	图形
码 5-3　低压断路器（动画）		码 5-12　主令电器	
码 5-4　熔断器		码 5-13　按钮的工作原理（动画）	
码 5-5　接触器		码 6-1　连续正转控制电路（动画）	
码 5-6　交流接触器（动画）		码 6-2　三相异步电动机连续运行控制	
码 5-7　继电器		码 6-3　正反转控制电路（动画）	
码 5-8　热继电器的工作原理（动画）		码 6-4　三相异步电动机正反转控制	
码 5-9　通电延时型时间继电器的工作原理（动画）		码 6-5　工作台自动往返控制电路（动画）	
码 5-10　断电延时型时间继电器的工作原理（动画）		码 6-6　三相异步电动机自动往返控制	
码 5-11　速度继电器的工作原理（动画）		码 6-7　顺序控制（动画）	

（续）

名称	图形	名称	图形
码6-8　三相异步电动机顺序控制		码6-13　能耗制动控制电路	
码6-9　三地控制（动画）		码7-1　机床起动（动画）	
码6-10　三相异步电动机多地控制		码7-2　机床夹紧（动画）	
码6-11　Y-△减压起动控制电路（动画）		码7-3　机床上升（动画）	
码6-12　三相异步电动机Y-△减压起动控制			

目　录

绪　　论

0.1　电机及电力拖动系统概述

电机是以电磁感应和电磁力定律为基本工作原理进行电能的传递或机械能与电能能量转换的机械装置。

电能转换为机械能主要由电动机完成。电动机拖动生产机械运转的方式称为电力拖动。

由于电动机的效率高、种类和规格多、具有各种良好的特性，电力拖动易于操作和控制，可以实现自动控制和远距离控制，因此，电力拖动广泛应用于国民经济各领域，例如各种机床、轧制生产线、电力机车、风机、水泵、电动工具乃至家用电器等。

为了能建立一个感性认识，对电机进行简单的分类，如图 0-1 所示。

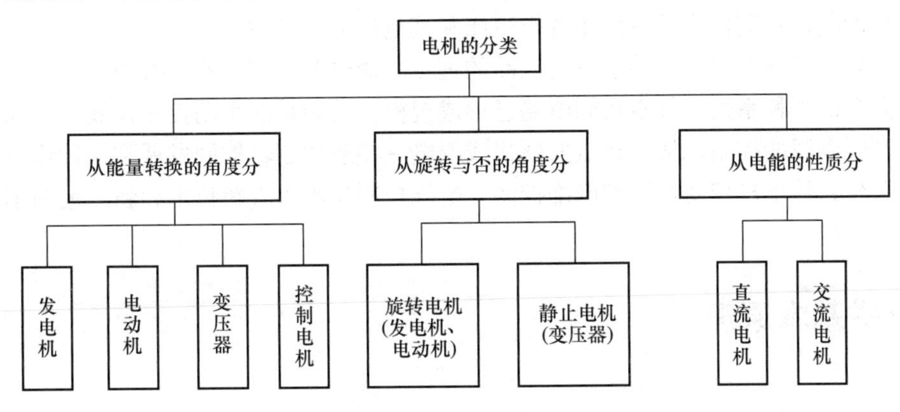

图 0-1　电机分类

简单的电力拖动系统由电源、电动机、传动机构、负载和自动控制装置等部分组成。如图 0-2所示。电源提供电动机和控制系统所需的电能；电动机完成电能向机械能的转换；传动机构用于传递动力，并实现运转方式和运转速度的转换，以满足不同负载的要求；自动控制装置则控制电动机拖动负载按照设定的工作方式运行，完成规定的生产任务。

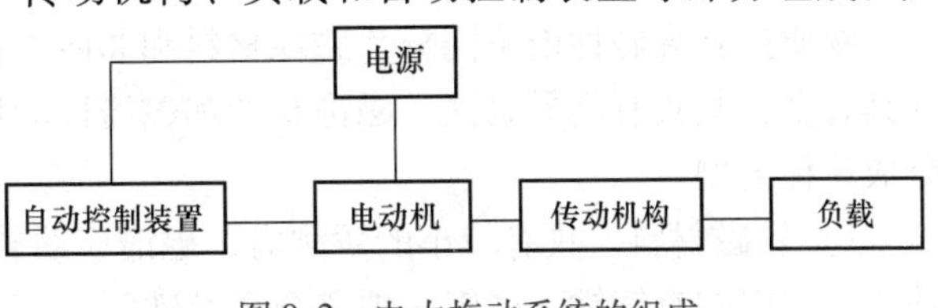

图 0-2　电力拖动系统的组成

19 世纪末到 20 世纪初是生产机械电力拖动的初期，常以一台电动机拖动多台设备，或使一台机床的多个运动部件由一台电动机拖动，称为集中拖动。此拖动系统传动机构较为复杂，不能满足生产机械自动控制的需要。随后出现了单机拖动，至 20 世纪 30 年代发展成为分散拖动，即各运动部件分别用不同的电动机拖动，不仅简化了机械传动机构，提高传动效率，也为生产机械各部分能够选择更合理的运行速度和自动控制方案创造了良好条件。

电力拖动技术发展至今，具有许多其他拖动方式无法比拟的优点。如电动机起动、制动、反转和调速的控制简单、方便、快速且效率高；电动机的类型多，且具有各种不同的运行特性来满足各种类型生产机械的要求；整个系统各参数的检测和信号的变换与传送方便，易于实现最优控制。因此电力拖动已成为国民经济电气自动化的基础。

0.2 电气控制技术

电气控制技术是以各类电动机作为牵引动力的传动装置和与其相对应的电气控制系统为对象，实现生产过程自动化的控制技术。工业生产过程中的电气控制技术，其主要控制对象是电动机。

随着电力拖动方式的不断演变，电力拖动的控制方式也经历了不断的变革，从手动控制逐步向自动控制方向发展。继电器－接触器控制产生于20世纪20～30年代，最初是采用一些手动控制电器，通过人力操作实现电动机的起动、停止和正反转控制。这种控制方式只能适合容量小、不频繁起动的场合。后来发展为采用继电器、接触器、位置开关和保护电器组成的自动控制方式，这种控制方式由操作者发出信号，通过主令电器接通继电器和接触器电路，实现电动机的起动、停止、正反转、制动、调速和各种保护控制。由于继电器控制系统逐步成熟完善，并具有电路图形象直观、价格低廉、维护方便、抗干扰能力强等特点，可以方便地实现生产过程的自动化，目前仍广泛应用于各类机床和其他机械设备中。

电气控制技术的发展，推动了电气产品的进步，继电器、接触器、按钮、开关等元器件形成了功能齐全的多种系列，基本控制电路已形成规模。从最早的手动控制发展到自动控制，从简单控制发展到智能控制，从有触点的硬接线继电－接触器逻辑控制发展到以计算机为中心的软件控制系统，从单机控制发展到网络控制，电气控制技术随着新技术和新工艺的不断发展而迅速发展。

0.3 电磁基本原理

0.3.1 磁性材料与磁滞回线

1. 磁性材料

物质按其导磁性能不同分为磁性材料和非磁性材料两大类。磁性材料主要是指铁、镍、钴及其合金，其具有高导磁性、磁饱和性和磁滞性的特点。按磁化特性的不同，铁磁性材料可以分成三种类型。

1）软磁材料。具有较小的矫顽力，磁滞回线较窄。一般用来制造电机、电器及变压器的铁心。常用的有铸铁、硅钢、坡莫合金及铁氧体等。铁氧体在电子技术中应用也很广泛，可用作计算机的磁心、磁鼓以及录音机的磁带、磁头。

2）硬磁性材料——永磁材料。具有较大的矫顽力，磁滞回线较宽。一般用来制造永久磁铁。常用的有碳钢、钴钢及铁镍铝钴合金等。

3）矩磁材料。具有较小的矫顽力和较大的剩磁，磁滞回线接近矩形，稳定性也良好。在计算机和控制系统中可用作记忆元件、开关元件和逻辑元件。常用的有镁锰铁氧体及1J51型铁镍合金。

2. 磁滞回线

当铁心线圈中通有大小和方向变化的电流时，铁心就产生交变磁化，磁感应强度 B 随磁场强度 H 变化的关系如图0-3所示。

Oc 段 B 随 H 增加而增加，当磁化曲线达到 c 时，减小电流使 H 由 H_m 逐渐减小，B 将沿另一条位置较高的曲线 b 下降。当 $H=0$ 时，仍有 $B=B_r$，B_r 为剩余磁感应强度，简称剩磁。

欲使 $B=0$，需对铁心线圈通反向电流并添加反向磁场 $-H_c$，H_c 称为矫顽力。当达到 $-H_m$ 时，磁性材料达到反向磁饱和。然后令 H 反向减小，曲线回升；到 $H=0$ 时相应有 $-B_r$，为反向剩磁。再使 H 从零正向增加到 H_m，即又达到正向磁饱和，便得到一条闭合的对称于坐标原点的回线，这就是磁滞回线。

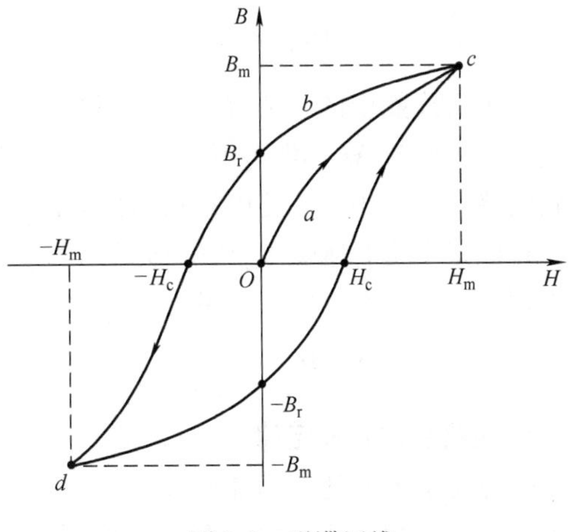

图 0-3　磁滞回线

0.3.2　磁路及基本物理量

1. 磁路

磁通通过的闭合路径是磁路。由于铁磁材料是良导磁物质，所以它的磁导率比其他物质的磁导率大得多，能把分散的磁场集中起来，使磁力线绝大部分经过铁心而形成闭合的磁路。

2. 磁场的基本物理量

1）磁感应强度 B。国际单位为特斯拉，简称特（T）。

磁感应强度 B 是表示空间某点磁场强弱和方向的物理量，其大小可用通过垂直于磁场方向的单位面积内磁力线的数目来表示。由电流产生的磁场方向可用右手螺旋定则确定。

2）磁通 Φ。国际单位为韦伯（Wb）。

磁感应强度 B 与垂直于磁力线方向的面积 S 的乘积称为穿过该面的磁通 Φ，即 $\Phi=BS$。磁通 Φ 又表示穿过某一截面 S 的磁力线根数，磁感应强度 B 在数值上可以看成与磁场方向相垂直的单位面积所通过的磁通，故又称磁通密度。

3）磁场强度 H。国际单位是安培/米（A/m）。

磁场强度沿任一闭合路径的线积分等于此闭合路径所包围的电流的代数和。磁场强度 H 的方向与磁感应强度 B 的方向相同。

4）磁导率 μ。国际单位为亨/米（H/m）。

磁导率 μ 是用来表示物质导磁性能的物理量，某介质的磁导率是指该介质中磁感应强度和磁场强度的比值，即 $\mu=B/H$。

自然界的物质，就导磁性能而言，可分为铁磁物质和非铁磁物质两大类。非铁磁物质和空气的磁导率与真空磁导率 μ_0 很接近，$\mu_0=4\pi\times10^{-7}$H/m。

0.3.3　磁路定律

1. 磁路欧姆定律

如图 0-4 所示为一个线圈匝数为 N、通有电流为 I、闭合磁路的平均长度为 L、截面积为 S 的均匀磁路铁心，材料的磁导率为 μ，在铁心中的磁场强度为 H，磁感应强度为 B。铁心中的磁通为 $\Phi=BS=\mu HS$。

线圈匝数与电流乘积称为磁通势，用字母 F 表示，即 $F=NI$，磁通势的单位是安培（A）。

安培环路定律为 $H=NI/L$。

联立上面几个式子，则有

$$\Phi = \mu HS = \frac{NI}{L/\mu S} \tag{0-1}$$

如果将线圈中的铁心换上导磁性能差的非磁性材料，而磁通势 NI 仍保持不变，那么，由于非磁性材料的磁导率很小，磁路中的磁通将变得很小。

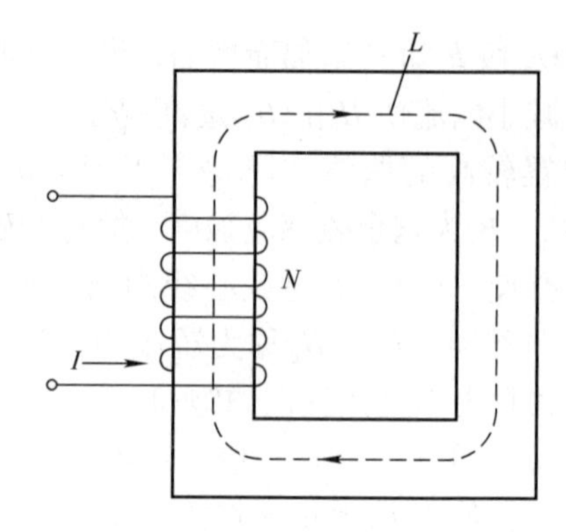

图 0-4　磁路欧姆定律示意图

在磁路中也有磁阻 R_m 对磁通 Φ（可看作磁流）起阻碍作用。根据推导，磁阻可表示为

$$\Phi = BS = \frac{NI}{L/\mu S} = \frac{F}{R_m} \tag{0-2}$$

2. 磁路基尔霍夫定律

磁力线是闭合的，因此磁通是连续的，对于磁路中任一闭合面，任一时刻穿入的磁通必定等于穿出的磁通，在一个有分支的磁路中的节点处取一闭合面，磁通的代数和为零，这就是磁路基尔霍夫第一定律。

磁路基尔霍夫第一定律示意图如图 0-5 所示，在节点 A 处作一闭合面，若设穿入闭合面的磁通为正，穿出闭合面的磁通为负，则有 $-\Phi_1 - \Phi_2 + \Phi_3 = 0$，即 $\sum \Phi = 0$。

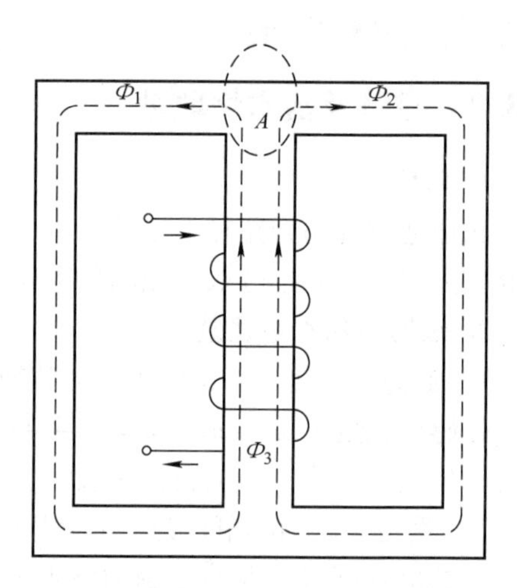

图 0-5　磁路基尔霍夫第一定律示意图

考虑到在磁路的任一闭合路径中，磁场强度与磁通势的关系应符合安培环路定理，故有 $\sum NI = \sum HL$。

中国潜艇“心脏”的设计者

“核心技术必须国产化，否则，我们永远只能拴在别人的裤腰带上过日子。”——马伟明院士，他是海军工程大学教授，被誉为“中国电磁弹射之父”。

有人形象地把动力系统比作现代舰船的“心脏”。过去，我国海军潜艇电机设备大多依靠进口，严重制约海军战斗力。

经过研究和论证，马伟明在国际上率先提出电力集成理论，即用一台电机同时产生交流和直流两种电流。

经过 10 年艰苦攻关，马伟明创立了发电机三相交流和多相整流同时供电的基本理论，攻克了这类电机的电磁参数计算等多项关键技术，成功研制出世界上第一台交直流双绕组发电机系统。

该类型的交直流发电机工程样机通过鉴定，正式生产用以装备部队。从此，我国海军新型潜艇有了一颗坚强的“中国心”。

第1章　变　压　器

变压器是通过磁耦合作用传输交流电能和信号的变压、变流设备，广泛应用于电力系统和电子线路之中。在电力系统输电方面，可以利用变压器提高输电电压。在输送相同电能的情况下，不仅可以减小输电线的截面，节省材料，还可以减小线路损耗。在用电方面，为了保证安全和符合用电设备的电压要求，还需要利用变压器将电压降低。在电子线路中，除常用的电源变压器外，变压器还用来耦合或隔离电路，传递信号，实现阻抗匹配等。随着电网智能化，智能变压器在电网中的地位越来越重要。

1.1　变压器的基本工作原理和结构

码 1-1　变压器的结构和工作原理

1.1.1　变压器的基本工作原理及分类

1. 变压器的基本工作原理

图 1-1 是一台单相双绕组变压器结构示意图。它是由叠片组成的闭合铁心和环绕在铁心上的两个（或多个）绕组（线圈）组成，两个绕组匝数不同。其中一个绕组与电源相接，其电压由电源电压决定，接受电源电能，称为一次绕组（又称原边绕组或初级绕组），其匝数用 N_1 表示；另一个绕组与负载相接，其电压由变压器绕组匝数决定，并向负载提供电能，称为二次绕组（又称副边绕组或次级绕组），其匝数用 N_2 表示。

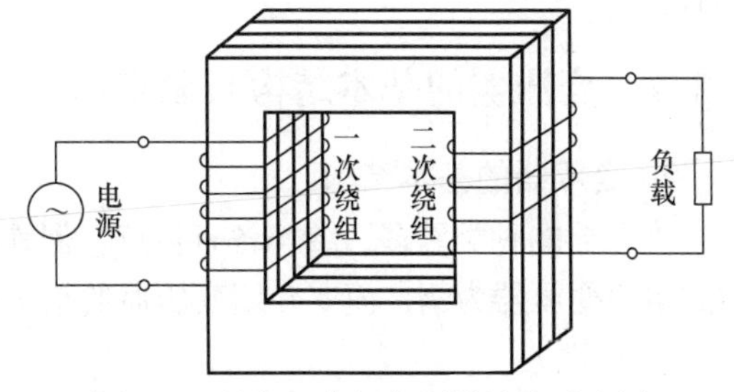

图 1-1　单相双绕组变压器结构示意图

图 1-2 所示为变压器工作原理示意图。当交流电压 u_1 加到一次绕组上，一次绕组中便有交流电流 i_1 流过，在铁心中产生与外加电压相同频率的交变磁通 Φ，磁通 Φ 被限制在铁心所提供的磁路之中，并沿磁路闭合，磁通 Φ 同时交链了一次绕组和二次绕组，根据电磁感应原理，分别在一、二次绕组中感应出同频率的电动势 e_1 和 e_2。

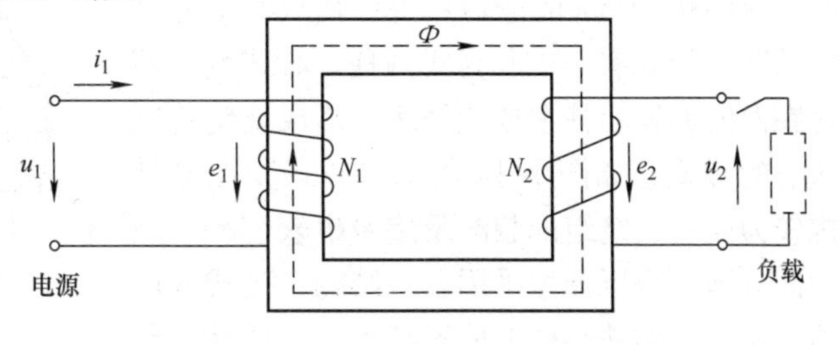

图 1-2　变压器工作原理示意图

$$e_1 = -N_1 \frac{\mathrm{d}\Phi}{\mathrm{d}t};\quad e_2 = -N_2 \frac{\mathrm{d}\Phi}{\mathrm{d}t}$$

式中，N_1 和 N_2 分别为一、二次绕组匝数。各电量参考方向如图 1-2 所示。

若二次绕组与负载接通，则电动势 e_2 在二次侧闭合电路内引起电流 i_2，i_2 在负载上的压降即是变压器二次侧电压 u_2。这样，电源送入一次侧的电能 $u_1 i_1$，通过一、二次绕组的磁耦合，使负载获得了电能 $u_2 i_2$，从而实现了能量的传输。

显然，一、二次感应电动势 e_1、e_2 之比等于一、二次绕组匝数 N_1、N_2 之比，即

$$\frac{e_1}{e_2}=\frac{N_1}{N_2}$$

为了表示变压器的这种特性，引入变压器电压比 K 的概念。K 的大小可由下式计算

$$K=\frac{e_1}{e_2}=\frac{N_1}{N_2} \tag{1-1}$$

国家标准规定变压器文字符号用 T 表示，电气图形符号如图 1-3所示。

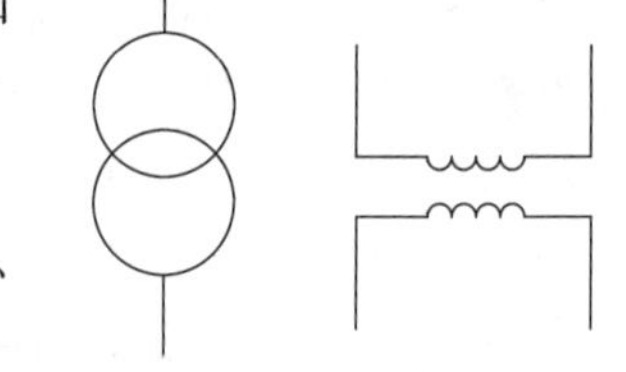

图 1-3　变压器的电气图形符号

2. 变压器的分类

变压器的分类方法很多，通常可按用途、绕组数目、相数、铁心结构、调压方式和冷却方式等划分类别。

按照用途对变压器进行分类，一般分为电力变压器和特种变压器两大类。

在电力系统中用来传输和分配电能的一大类变压器，统称为电力变压器。电力变压器根据其使用特点可分为升压变压器、降压变压器、配电变压器、联络变压器等。

特种变压器是满足工业生产中特殊要求的电源，如整流变压器、电炉变压器、电焊变压器、阻抗匹配变压器、脉冲变压器等。

变压器按相数分成单相、三相、多相；按绕组数分为双绕组、三绕组、多绕组；按绝缘方式分为油浸式、干式；还可按冷却方式分为自然冷却、风冷、水冷、强迫油循环冷却等各种形式。

1.1.2　变压器的基本结构与额定值

1. 变压器的基本结构

变压器的种类繁多，结构各有特点，但铁心和绕组是组成变压器的两个主要部分。本节以油浸式电力变压器为例，简要介绍变压器的结构及各主要部分功能。

（1）铁心

为了减少交变磁通在铁心中引起的磁滞损耗和涡流损耗（合称铁损耗），变压器铁心是由厚 0.30 ~ 0.35mm 的硅钢片叠压而成。铁心结构的基本形式有心式和壳式两种。心式变压器是在两侧的铁心柱上放置绕组，形成绕组包围铁心的形式，如图 1-4a 所示。心式变压器结构较为简单，绕组的装配及绝缘也较容易，绝大部分国产变压器均采用心式结构。壳式变压器是在中间的铁心柱上放置绕组，形成铁心包围绕组的形状，如图 1-4b 所示。壳式变压器制造工艺复杂，使用材料较多。目前只有容量很小的电源变压器使用这种结构。

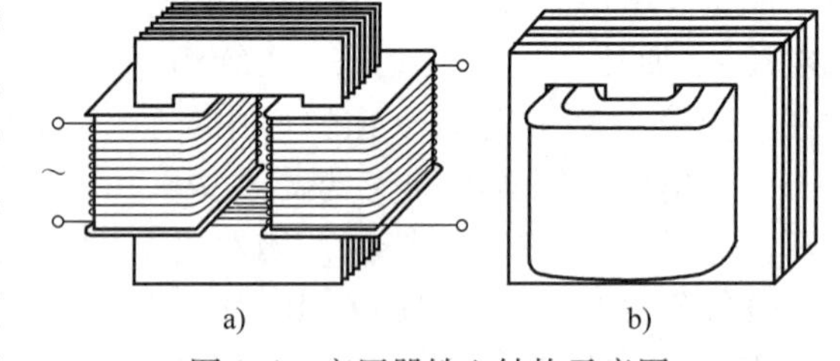

图 1-4　变压器铁心结构示意图

a）心式变压器　b）壳式变压器

（2）绕组

变压器的线圈通常称为绕组，它是变压器中的电路部分，小型变压器一般用具有绝缘的漆包圆形铜线绕制而成，对容量稍大的变压器则用扁铜线或扁铝线绕制。

在变压器中，接到高压电网的绕组称高压绕组，接到低压电网的绕组称低压绕组。按高压绕组和低压绕组的相互位置和形状不同，绕组可分为同心式和交叠式两种。

同心式绕组是将高、低压绕组同心地套装在铁心柱上，如图 1-5a 所示。为了便于与铁心

绝缘，把低压绕组套装在里面，高压绕组套装在外面。对低压、大电流、大容量的变压器，由于低压绕组引出线很粗，也可以把它放在外面。高、低压绕组之间留有空隙，可作为油浸式变压器的油道，既利于绕组散热，又作为两绕组之间的绝缘。同心式绕组的结构简单、制造容易，常用于心式变压器中，这是一种最常见的绕组结构形式，国产电力变压器基本上均采用这种结构。

交叠式绕组又称饼式绕组，它是将高压绕组及低压绕组分成若干个线饼，沿着铁心柱的高度交替排列着。如图 1-5b 所示。为了便于绝缘，一般最上层和最下层安放低压绕组。交叠式绕组的主要优点是漏抗小、机械强度高、引线方便。这种绕组形式主要用在低电压、大电流的变压器上，如容量较大的电炉变压器、电阻电焊机变压器等。

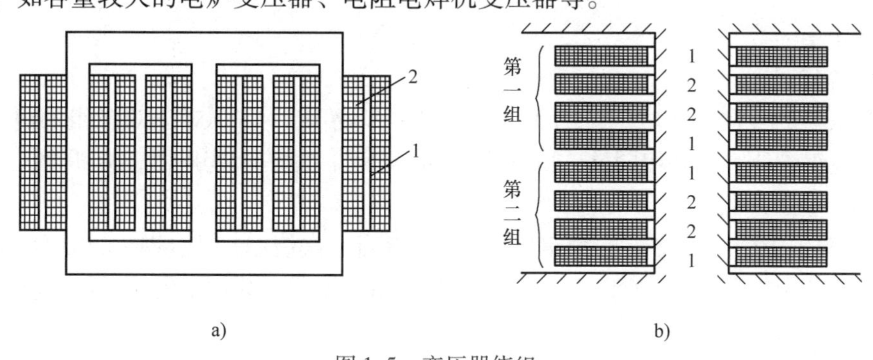

图 1-5　变压器绕组

a）同心式绕组　b）交叠式绕组

1—高压绕组　2—低压绕组

（3）其他结构部件

油浸式电力变压器的绕组及铁心浸在变压器油中，变压器油充满油箱。使用变压器油可以提高绕组绝缘强度，并通过油受热后的自然对流将铁心和绕组产生的热量带到油箱壁，再由油箱壁散发到空气中去。变压器油箱一般做成椭圆状，为增大散热面积，往往还在油箱外增设散热管，以提高散热效果。在油箱盖上还装有储油柜和安全气道（俗称防爆管）。储油柜是固定在油箱顶部的圆筒形容器，并通过管道与油箱连通，它可以减少变压器油与空气的接触面积，以减轻变压器油与空气接触后的老化变质。安全气道是一个长筒钢管，下部与油箱连通，上部出口处盖以玻璃或酚醛纸板。当变压器发生较严重故障时，油箱内会产生大量气体，其迅速上升的压力可以冲破安全气道的出口盖板，从而释放气体压力，达到保护变压器主体的目的。

此外，油箱上还有引出线的绝缘套管、发生事故时报警用的气体继电器、调节一次绕组匝数用的分接开关等部件。

2. 变压器的型号与额定值

每台变压器上都装有铭牌，上面标注着该变压器的型号及各种额定数据，铭牌数据是选择和使用变压器的依据。

（1）变压器型号

变压器的型号表示一台变压器的结构、额定容量、电压等级、冷却方式等内容，其表示方法如图 1-6 所示。

变压器的型号由汉语拼音字母和数字按确定的顺序组合起来构成。例如：S L－1000/10，S 表示三相；L 表示铝线；1000 表示额定容量为 1000kV · A；10 表示高压额定电压 10kV。

OSFPSZ－250000/220 表明自耦、三相、强迫油循环、风冷、三绕组铜线、有载调压，额定容量 250000kV · A，高压额定电压 220kV 电力变压器。

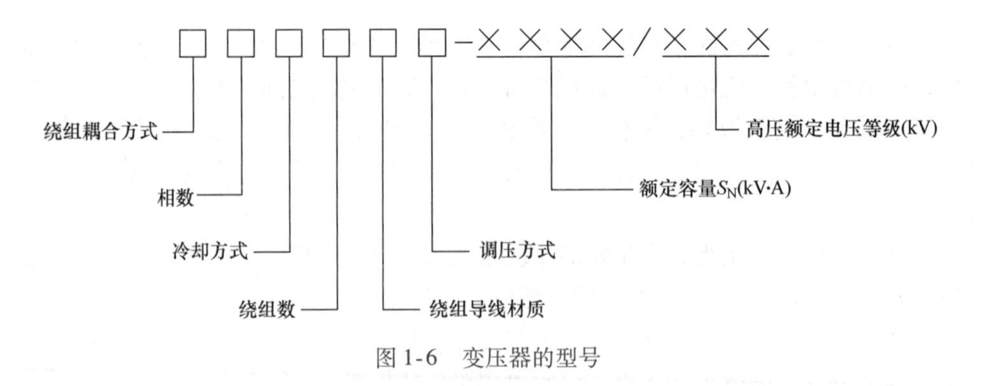

图 1-6　变压器的型号

（2）额定值

1）额定容量 S_N。

S_N指变压器的视在功率。单位为 V · A、kV · A 或 MV · A。对于双绕组的电力变压器，其一、二次绕组设计容量是相同的，所以 $S_N = S_{1N} = S_{2N}$。对三相变压器，S_N 是指三相总容量。

2）额定电压（U_{1N}、U_{2N}）。

U_{1N}指电源施加到一次绕组的额定电压；U_{2N}指当一次绕组加 U_{1N}时，二次绕组开路（空载）时的二次绕组电压 U_{20}，所以 $U_{20} = U_{2N}$。对三相变压器，其额定电压是指线电压，额定电压的单位为 V 或 kV。

3）额定电流（I_{1N}、I_{2N}）。

变压器额定容量 S_N 除以一、二次额定电压（U_{1N}、U_{2N}）后，所计算出来的值（I_{1N}或U_{2N}），单位为 A 或 kA。对于三相变压器其额定电流指线电流。

单相变压器的额定电流为　$I_{1N} = \dfrac{S_N}{U_{1N}}$；　$I_{2N} = \dfrac{S_N}{U_{2N}}$

三相变压器的额定电流为　$I_{1N} = \dfrac{S_N}{\sqrt{3}U_{1N}}$；　$I_{2N} = \dfrac{S_N}{\sqrt{3}U_{2N}}$

变压器实际运行时，其运行时的容量往往与额定容量不同，即变压器运行时二次电流 I_2 不一定是额定电流 I_{2N}，当二次电流达到额定值时变压器就称为带额定负载运行。

4）额定频率 f_N。

我国规定供电的工业频率为 50Hz。

此外，变压器额定值还包括效率、温升等。除额定值外，还标有变压器的相数、联结组别、阻抗电压（或短路阻抗相对值或标幺值）、接线图等。

1.2　变压器的运行原理及特性

码 1-2　变压器的运行原理

1.2.1　单相变压器空载运行

变压器的一次绕组接在额定电压的交流电源上，二次绕组开路，这种运行称为变压器的空载运行，如图 1-7 所示。

由于变压器接在交流电源上工作，因此通过变压器中的电压、电流、磁通及电动势的大小及方向均随时间在不断地变化，为了正确地表示它们之间的相位关系，必须首先规定它们的参考方向。

原则上可以任意规定参考方向，但是如果规定的方法不同，则同一电磁过程所列出的方程

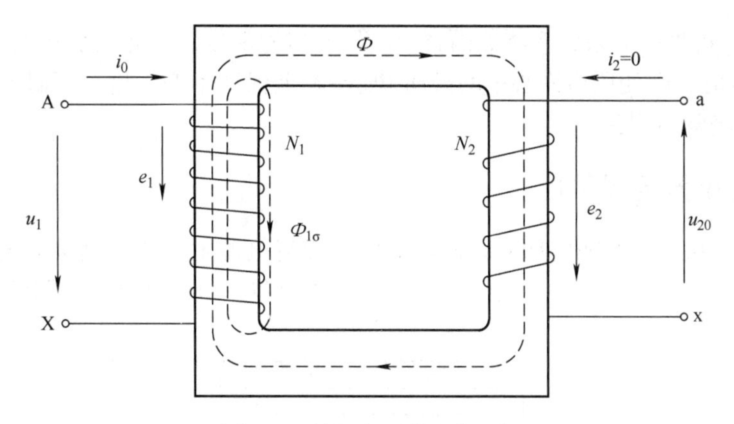

图 1-7 单相变压器空载运行

式，其正、负号也将不同。为了统一起见，习惯上都按照电工惯例来规定参考方向。

① 电压的参考方向：在同一支路中，电压的参考方向与电流的参考方向一致。

② 磁通的参考方向：磁通的参考方向与电流的参考方向之间符合右手螺旋定则。

③ 感应电动势的参考方向：由交变磁通产生的感应电动势，其参考方向与产生该磁通的电流参考方向一致（即感应电动势与产生它的磁通之间符合右手螺旋定则），如图 1-7 所示。

1. 空载运行时的物理情况

1）因二次侧空载，所以 $i_2=0$，$U_{20}=E_2$。

2）将一次电流 i_0称为空载电流（或励磁电流）。

3）变压器空载运行时，输出功率 $P_2=0$，其一次侧从电源中会吸取少量的有功功率 P_0，这个功率主要用来供给铁心中的铁损耗 P_{Fe}以及少量的绕组铜损耗 $R_1I_0^2$，由于 I_0和 R_1均很小，故 $P_0\approx P_{Fe}$，即空载损耗可近似等于铁损耗。

2. 空载运行时感应电动势分析

空载时，在外加交流电压 u_1作用下，一次绕组中通过的电流为空载电流 i_0。在电流 i_0的作用下，铁心中产生交变磁通 Φ（称为主磁通），主磁通 Φ 同时穿过一、二次绕组，分别在其中产生感应电动势 e_1和 e_2，其大小正比于 $\mathrm{d}\Phi/\mathrm{d}t$。

经推导可得

$$E_1=4.44fN_1\Phi_m \tag{1-2}$$

$$E_2=4.44fN_2\Phi_m \tag{1-3}$$

式中，Φ_m为交流磁通的最大值；f为交流电的频率。

如略去一次绕组中的阻抗不计，则外加电源电压有效值 U_1与一次绕组中的感应电动势有效值 E_1可近似看作相等，即 $U_1\approx E_1$，而 U_1与 E_1的参考方向正好相反，即电动势 E_1与外加电压 U_1相平衡。

在空载情况下，由于二次绕组开路，故端电压有效值与电动势有效值正好相等，即 $U_{20}=E_2$。因此

$$U_1\approx E_1=4.44fN_1\Phi_m \tag{1-4}$$

$$U_2\approx E_2=4.44fN_2\Phi_m \tag{1-5}$$

$$\frac{U_1}{U_2}\approx\frac{E_1}{E_2}=\frac{N_1}{N_2}=K_u=K \tag{1-6}$$

式中，K_u称为变压器的电压比，也可用 K 来表示，这是变压器中最重要的参数之一。

由式（1-6）可见：当电源电压 u_1 确定时，若改变 N_1/N_2 匝数比，则可以获得不同数值的二次电压，就能达到改变电压的目的，这就是变压器的变压原理。

由式（1-2）可见：对某台变压器而言，f 及 N_1 均为常数，因此当加在变压器上的交流电压有效值 U_1 恒定时，则变压器铁心中的磁通 Φ_m 基本上保持不变。这个恒磁通的概念很重要，在以后的分析中经常会用到。

1.2.2 单相变压器负载运行

将变压器的一次侧接在额定频率、额定电压的交流电源上，二次侧接上负载的运行状态，称为变压器的负载运行。此时，二次绕组有电流流向负载，电能就从变压器的一次侧传递到二次侧。如图 1-8 所示。

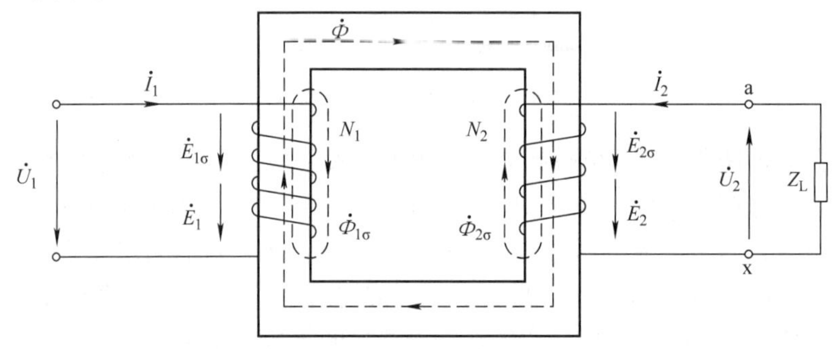

图 1-8 单相变压器负载运行

1. 负载运行时的电磁关系

变压器负载运行时，除了铁心内的主磁通 Φ 外，还分别有一、二次绕组漏磁通 $\Phi_{1\sigma}$ 与 $\Phi_{2\sigma}$，单独与一、二次绕组相交链产生的磁通称为漏磁通。主磁通 $\dot{\Phi}$ 将在一次、二次绕组内分别感应出电势 $\dot{E}_1$ 与 $\dot{E}_2$；而漏磁通 $\dot{\Phi}_{1\sigma}$ 与 $\dot{\Phi}_{2\sigma}$ 也将分别感应出一次绕组漏感电势 $\dot{E}_{1\sigma}$ 及二次绕组漏感电势 $\dot{E}_{2\sigma}$。由于绕组有电阻，一、二次绕组电流 $\dot{I}_1$ 和 $\dot{I}_2$ 分别产生电阻压降。它们之间的关系如下。

$$
\text{变压器负载运行后}\left\{
\begin{array}{l}
\dot{I}_1 \longrightarrow \dot{I}_1 R_1 \\
\quad \dot{I}_1 N_1 \longrightarrow \dot{\Phi}_{1\sigma} \longrightarrow \dot{E}_{1\sigma} = -\mathrm{j}\dot{I}_1 X_{1\sigma} \\
\quad \left.\begin{array}{l} \\ \end{array}\right\} \dot{I}_0 N_1 \longrightarrow \dot{\Phi} \longrightarrow \left\{ \begin{array}{l} \dot{E}_1 = -\mathrm{j}4.44 f N_1 \dot{\Phi}_m \\ \dot{E}_2 = -\mathrm{j}4.44 f N_2 \dot{\Phi}_m \end{array} \right. \\
\quad \dot{I}_2 N_2 \longrightarrow \dot{\Phi}_{2\sigma} \longrightarrow \dot{E}_{2\sigma} = -\mathrm{j}\dot{I}_2 X_{2\sigma} \\
\dot{I}_2 \longrightarrow \dot{I}_2 R_2
\end{array}
\right.
$$

2. 负载运行时的基本方程式

（1）磁通势平衡方程式

变压器负载运行时，二次电流 i_2 所产生的磁通势 $N_2 i_2$ 将在铁心上产生磁通 Φ_2，它力图改变铁心中的主磁通 Φ_m，但从前面分析的恒磁通概念可知，由于加在一次绕组上的电压有效值 U_1 不变，因此主磁通 Φ_m 基本不变。随着 i_2 的出现，也使一次绕组中通过的电流将从 i_0 增加到 i_1，一次绕组的磁通势也将由 $N_1 i_0$ 增加到 $N_1 i_1$，它所增加的部分正好与二次绕组的磁通势 $N_2 i_2$ 相抵消。从而维持铁心中的主磁通 Φ_m 的大小不变。由此可得变压器负载运行时的磁通势平衡方程式为

$$I_1 N_1 + I_2 N_2 = I_0 N_1 \tag{1-7}$$

将式（1-7）等号两边同除以 N_1，整理后并考虑 $K = N_1/N_2$，得

$$I_1 = I_0 + \left(-\frac{I_2}{K}\right) \tag{1-8}$$

从式（1-8）可以看出，当变压器接负载后，一次电流 I_1 可以看成由两个分量组成，其中一个分量是励磁电流分量 I_0，它在铁心中建立起主磁通 Φ；另一个分量是随负载变化的分量 $-\frac{I_2}{K}$，用来抵消负载电流 I_2 所产生的磁通势，所以 $-\frac{I_2}{K}$ 又称为一次电流的负载分量。

由于在额定负载时，I_0 只是 I_1 中的一个很小的分量，一般只占 I_{1N} 的 2%～10%，因此在分析负载运行的许多问题时，都可以把励磁电流忽略不计，这样可得变压器一、二次电流为

$$I_1 + \frac{1}{K} I_2 \approx 0$$

所以

$$\frac{I_1}{I_2} \approx \frac{1}{K} = \frac{N_2}{N_1} \tag{1-9}$$

上式是表示一、二次绕组内电流关系的近似公式。同时说明了变压器一、二次电流大小与变压器一、二次绕组的匝数成反比。由此可见，由于变压器一、二次绕组匝数不同，它不仅能够起到变换电压的作用，而且也能够起到变换电流的作用。

（2）电动势平衡方程式

根据图 1-8 所示的参考方向，可以分别列出负载运行时一、二次侧的电动势平衡方程式。负载运行时一次侧的电动势平衡方程式与空载运行时的电动势平衡方程式基本相同，即

$$\begin{aligned} \dot{U}_1 &= -\dot{E}_1 + \dot{I}_1 R_1 + \mathrm{j}\dot{I}_1 X_{1\sigma} \\ &= -\dot{E}_1 + \dot{I}_1 (R_1 + \mathrm{j}X_{1\sigma}) = -\dot{E}_1 + \dot{I}_1 Z_1 \end{aligned} \tag{1-10}$$

同样，也可求出二次侧的电势平衡方程式为

$$\begin{aligned} \dot{U}_2 &= \dot{E}_2 - \dot{I}_2 R_2 + \dot{E}_{2\sigma} \\ &= \dot{E}_2 - \dot{I}_2 R_2 - \mathrm{j}\dot{I}_2 X_{2\sigma} \\ &= \dot{E}_2 - \dot{I}_2 (R_2 + \mathrm{j}X_{2\sigma}) \\ &= \dot{E}_2 - \dot{I}_2 Z_2 \end{aligned} \tag{1-11}$$

式中 $\dot{E}_{2\sigma}$——二次绕组的漏感电势，它同样可以用二次绕组的漏抗压降来表示，即 $\dot{E}_{2\sigma} = -\mathrm{j}I_2 x_{2\sigma}$；

R_2——二次绕组的电阻；

$X_{2\sigma}$——二次绕组的漏电抗；

Z_2——二次绕组的漏阻抗。

1.2.3 变压器的运行特性

变压器的运行特性主要有外特性和效率特性，而表征变压器运行性能的主要指标有电压变化率和变压器的效率。

1. 变压器的外特性和电压变化率

（1）变压器的外特性

当一次电压和负载功率因数一定时，变压器二次电压随负载电流而变化的规律称为变压器的外特性，它可以通过试验求得。在负载运行时，由于变压器内部存在电阻和漏抗，故当负载电流流过时，变压器内部将产生阻抗压降，使二次电压随负载电流的变化而变化。图 1-9 所示是不同性质的负载时变压器的外特性曲线。在实际变压器中，一般漏抗比电阻大得多，当负载为纯电阻时，即 $\cos\varphi_2 = 1$，Δu 很小，二次电压 U_2 随负载电流 I_2 的增加而下降的并不多，如

图 1-9中曲线 2 所示。当负载为感性负载时，即 $\varphi_2>0$，$\cos\varphi_2$ 和 $\sin\varphi_2$ 均为正值，Δu 为正值，说明二次电压随负载电流 I_2的增大而下降，因为漏抗压降比电阻压降大得多，故 φ_2 越大，Δu 越大，如图 1-9 中曲线 3 所示；当负载为容性负载时情况刚好相反，Δu 为负值，即表示二次电压 U_2 随负载电流 I_2的增加而升高，同样 φ_2 的绝对值越大，Δu 的绝对值越大，如图 1-9 中曲线 1 所示。以上叙述表明，负载的功率因数对变压器的外特性的影响是很大的。

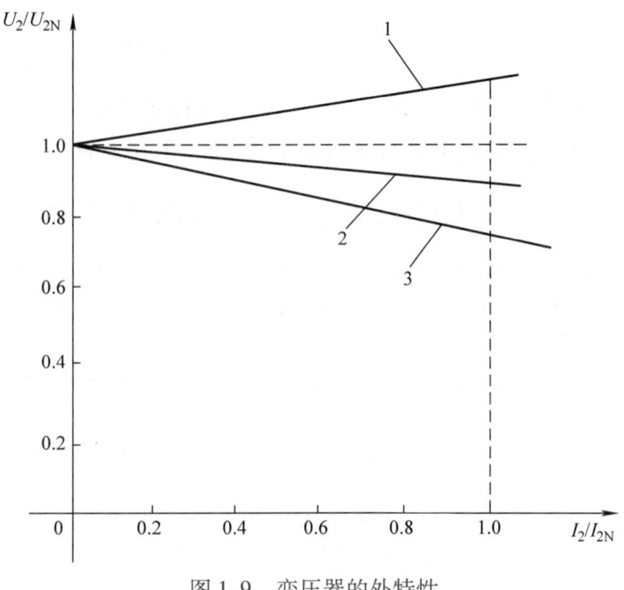

图 1-9　变压器的外特性

（2）电压变化率

为了表征负载电压 U_2随负载电流 I_2变化而变化的程度，引入电压变化率的概念。当变压器空载时，二次电压 $U_{20}=U_{2N}$。加上负载后变压器二次电压随着负载电流的变化，输出电压也在变化。电压变化率是指对变压器一次侧施以交流 50Hz 的额定电压，加上负载后变压器输出电压 U_2 的变化量（$U_{2N}-U_2$）与额定电压 U_{2N}的比值，用 ΔU 来表示，即

$$\Delta U=\frac{U_{2N}-U_2}{U_{2N}}\times 100\% \tag{1-12}$$

电压变化率 ΔU 是变压器的重要性能之一，它反映了变压器供电电压的稳定性。一定程度上反映了电能的质量，所以是变压器运行性能的重要性能指标之一。

2. 变压器的损耗、效率和效率特性

（1）变压器的损耗

变压器在能量传递过程中会产生损耗，但变压器没有旋转部件，因此没有机械损耗。变压器的损耗主要包括铁损耗和一、二次绕组的铜损耗两部分。

1）铁损耗。

变压器的铁损耗包括基本铁损耗和附加铁损耗两部分。基本铁损耗为铁心中磁滞和涡流损耗，它决定于铁心中磁通密度大小、磁通交变的频率和硅钢片的质量。附加铁损耗包括由铁心叠片间绝缘损伤引起的局部涡流损耗、主磁通在结构部件中引起的涡流损耗等，一般为基本铁损耗的 15% ~20% 。

变压器的铁损耗与外加电源电压的大小有关，而与负载大小基本无关。当电源电压一定时，其铁损耗就基本不变了，故铁损耗又称之为“不变损耗”。

2）铜损耗。

变压器的铜损耗也分为基本铜损耗和附加铜损耗两部分。基本铜损耗是电流在一、二次绕组直流电阻上的损耗，而附加铜损耗包括因趋肤效应引起导线等效截面变小而增加的损耗以及漏磁场在结构部件中引起的涡流损耗等。附加铜损耗大约为基本铜损耗的 0. 5% ~20% 。变压器铜损耗的大小与负载电流的二次方成正比，所以把铜损耗称为“可变损耗”。

（2）变压器效率及效率特性

变压器在传递能量的过程中，由于无机械损耗，故其效率比旋转电机高，一般中、小型电

力变压器效率在95%以上，大型电力变压器效率可达99%以上。

变压器效率是指变压器输出功率 P_2 与输入功率 P_1 的之比，用百分数表示，即

$$\eta = \frac{P_2}{P_1} \times 100\% = \frac{P_1 - P_{Cu} - P_{Fe}}{P_1} \times 100\% = (1 - \frac{P_{Cu} + P_{Fe}}{P_2 + P_{Cu} + P_{Fe}}) \times 100\% \tag{1-13}$$

变压器效率的大小反映了变压器运行的经济性能的好坏，是表征变压器运行性能的重要指标之一。

提高变压器效率是供电系统中一个极为重要的课题，世界各国都在大力研究高效节能变压器，其主要途径：一是采用低损耗的冷轧硅钢片来制作铁心。例如，容量相同的两台电力变压器，用热轧硅钢片制作铁心的 SJl－1000/10 变压器铁损耗约为 4440W，用冷轧硅钢片制作铁心的 S7－1000/10 变压器铁损耗仅为 1700W。后者比前者每小时可减少 2.7kW·h 的损耗，仅此一项每年可节电 23652kW·h。二是减小铜损耗，如果能用超导材料来制作变压器绕组使其电阻为零，则铜损耗也就不存在了。世界上许多国家正在致力于该项研究，目前已有 330kV 单相超导变压器问世，其体积比普通变压器要小 70% 左右，损耗可降低 50%。

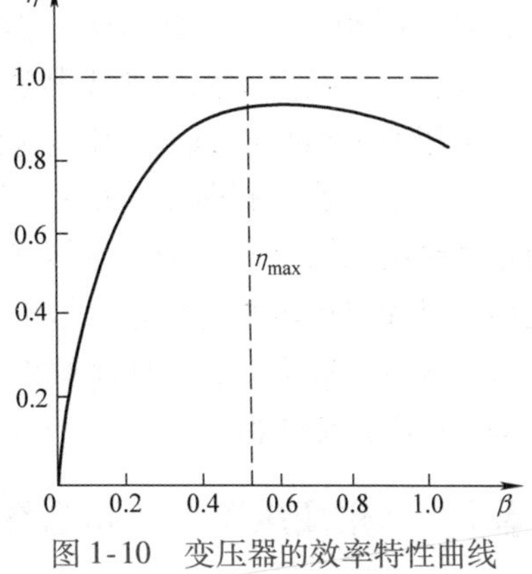

图 1-10　变压器的效率特性曲线

在功率因数一定时，变压器的效率与负载系数之间的关系 $\eta = f(\beta)$，被称为变压器的效率特性曲线，如图 1-10 所示。β 是指变压器实际负载电流 I_2 与额定负载电流 I_{2N} 之比，称为变压器的负载系数，即

$$\beta = \frac{I_2}{I_{2N}} \tag{1-14}$$

从图 1-10 可以看出，空载时，$\eta = 0$，$P_2 = 0$，$\beta = 0$。负载增大时，效率增加很快，当负载达到某一数值时，效率最大，然后又开始降低。这是因为随负载 P_2 的增大，铜损耗 P_{Cu} 的 β 以二次方形式呈正比地增大，超过某一负载之后，效率随 β 的增大反而变小了。通过数学分析可知：当变压器的不变损耗等于可变损耗时，变压器的效率最高。

1.3　三相变压器

码 1-3　三相变压器

现代电力系统均采用三相制，因而三相变压器的应用极为广泛。三相变压器可以由三个同容量的单相变压器组成，这种三相变压器称为三相变压器组，如图 1-11 所示。还有一种由铁轭把三个铁心柱连在一起的三相变压器，称为三相心式变压器，如图 1-12 所示。从运行原理来看，三相变压器在对称负载下运行时，各相电压、电流大小相等，相位上彼此相差 120°，就其一相来说，和单相变压器没有什么区别。因此单相变压器的基本方程式以及运行特性的分析方法与结论等完全适用于三相变压器。

1.3.1　三相变压器的磁路系统

根据磁路结构不同，可把三相变压器磁路系统分为两类，一类是三相磁路彼此独立的三相变压器组，另一类是三相磁路彼此相关的三相心式变压器。

三相变压器组是由三个完全相同的单相变压器组成的三相变压器组，其每相主磁通各有自

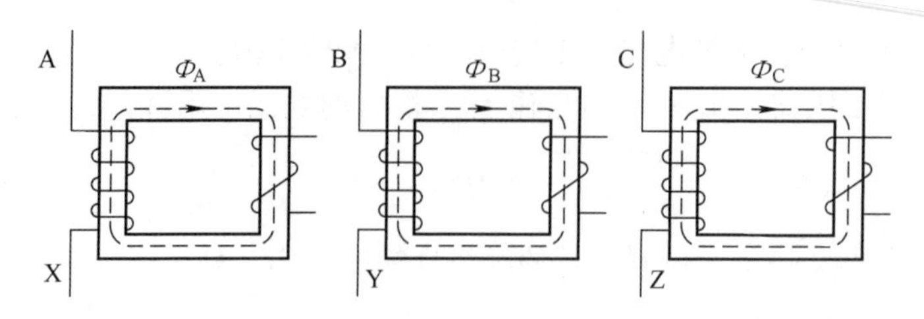

图 1-11　三相变压器组

己的磁路，彼此相互独立，如图 1-11 所示。这种三相变压器组由于结构松散、使用不方便，只有大容量的巨型变压器，为便于运输和减少备用容量才使用。一般情况下，不采用组式变压器。

三相心式变压器相当于三个单相心式铁心合在一起。由于三相绕组接对称电源，三相电流对称，三相主磁通也是对称，故满足 $\dot{\Phi}_A+\dot{\Phi}_B+\dot{\Phi}_C=0$。这样中间铁心柱无磁通通过，便可省去。为减少体积和便于制造，将铁心柱做在同一平面内，常用的三相心式变压器都是这种结构。如图 1-12 所示。

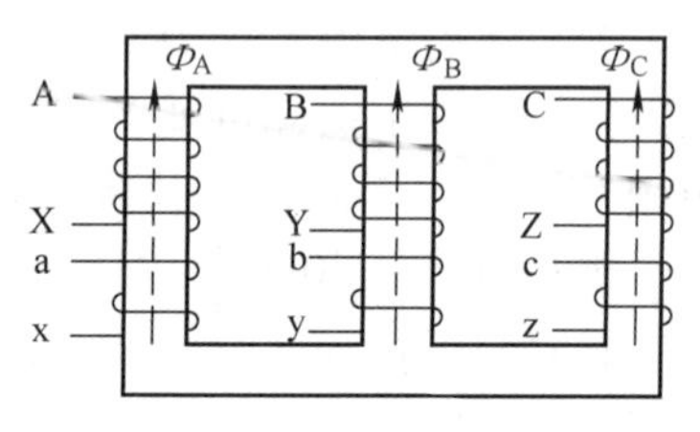

图 1-12　三相心式变压器

心式变压器三相磁路长度不等，中间磁路略短，所以中间相励磁电流较小，故励磁电流稍不对称。但由于励磁电流较小，对称变压器的负载运行影响非常小，可以忽略不计。与三相变压器组相比，三相心式变压器耗材少、价格低、占地面积小、维护方便，因而应用最为广泛，我国电力系统中使用最多的是三相心式变压器。

1.3.2　三相变压器的电路系统——联结组别

1. 三相变压器绕组的联结方式

为了使用变压器时能正确连接而不发生错误，变压器绕组的每个出线端都有一个标志，电力变压器绕组首端和末端标志如表 1-1 所列。

表 1-1　电力变压器绕组的首端和末端标志

绕组名称	单相变压器		三相变压器		中性点
	首端	末端	首端	末端	
高压绕组	A	X	A、B、C	X、Y、Z	N
低压绕组	a	x	a、b、c	x、y、z	n

在三相变压器中，不论一次绕组或二次绕组，我国主要采用星形和三角形两种联结方法。把三相绕组的三个末端 X、Y、Z（或 x、y、z）连接在一起，而把它们的首端 A、B、C（或 a、b、c）引出，便是星形联结，用字母 Y 或 y 表示，如图 1-13a 所示。把一相绕组的末端和另一相绕组的首端连接在一起，顺次连接成一闭合回路，然后从首端 A、B、C（或 a、b、c）引出，如图 1-13b、c 所示，便是三角形联结，用字母 D 或 d 表示。其中，在图 1-13b 中，三相绕组按 A—X—C—Z—B—Y—A 的顺序连接，称为逆序（逆时针）三角形联结；在图 1-13c 中，三相绕组按 A—X—B—Y—C—Z—A 的顺序连接，称为顺序（顺时针）三角形联结。

如果星形联结的中性点是向外引出的，高压侧用 YN 表示，低压侧用 yn 表示。如“YNd”表示高压绕组为星形联结，且中性点向外引出，低压绕组为三角形联结。

变压器的绕组联结，对其工作特性有较大的影响，例如 Yyn 联结组可在低压侧实现三相四线制供电；YNd 联结组可以实现高压侧中性点接地；Yd 联结组其二次侧三角形联结，可以

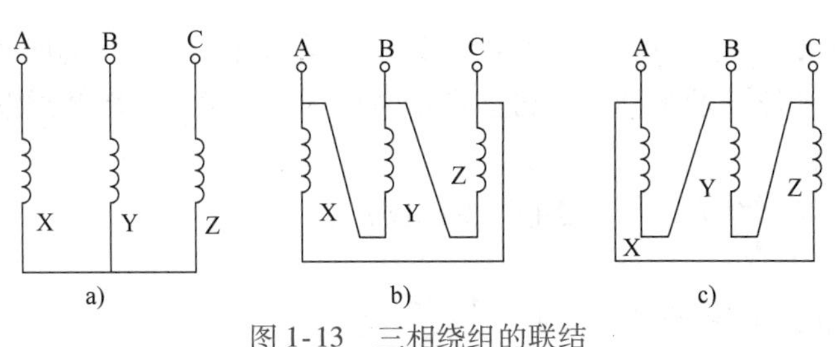

图 1-13　三相绕组的联结

a）星形联结　b）三角形联结（逆序联结）　c）三角形联结（顺序联结）

削弱三次谐波，对运行有利等。

2. 单相变压器的极性

单相变压器的一、二次绕组绕在同一个铁心上，当同时交链的磁通 Φ 交变时，两个绕组中感应出电动势，当一次绕组的某一端点瞬时电位为正时，二次绕组也必有一电位为正的对应端点。这两个对应的端点，称为同极性端或同名端，通常用符号“·”表示。若两个绕组的绕向已定，同名端是确定的。

单相变压器的首端和末端有两种不同的标法。一种是将一、二次绕组的同极性端都标为首端（或末端），如图 1-14a 所示，这时一、二次绕组电动势 $\dot{E}_A$ 与 $\dot{E}_a$ 同相位（感应电动势的参考方向均规定从末端指向首端）。另一种标法是把一、二次绕组的异极性端标为首端（或末端），如图 1-14c 所示，这时 $\dot{E}_A$ 与 $\dot{E}_a$ 反相位。

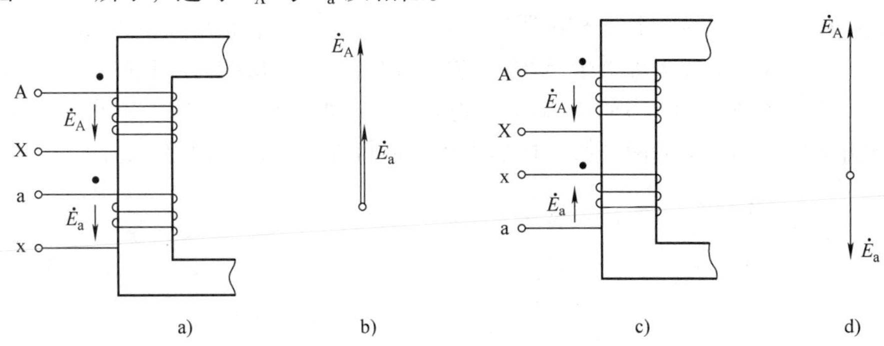

图 1-14　不同标志时一、二次绕组感应电动势之间的相位关系

综上分析可知，在单相变压器中，一、二次绕组感应电动势之间的相位关系要么同相位要么反相位，它取决于绕组的绕向和首末端标记。

为了形象地表示高、低压绕组电动势之间的相位关系，采用所谓“时钟表示法”，即把高压绕组电动势相量 $\dot{E}_U$ 作为时钟的长针，并固定在“12”上，低压绕组电动势相量 $\dot{E}_a$ 作为时钟的短针，其所指的数字即为单相变压器联结组的组别号。例如：图 1-14b 可写成 Ii0，图 1-14d可写成 Ii6，单相变压器的一组相绕组中，I 表示高压绕组，i 表示中压绕组和低压绕组，0 表示两绕组的电动势（电压）同相位，6 表示反相位。我国国家标准规定，单相变压器以 Ii0 作为标准联结组。

3. 三相变压器的联结组别

由于三相绕组可以采用不同联结，使得三相变压器一、二次绕组的线电动势之间出现不同的相位差，因此按一、二次侧线电动势的相位关系把变压器绕组的连接分成各种不同的联结组别。三相变压器联结组别不仅与绕组的绕向和首末端的标记有关，而且还与三相绕组的联结方式有关。理论与实践证明，无论采用怎样的联结方式，一、二次侧线电动势的相位差总是 30°的整数倍。因此，仍采用时钟表示法，一次绕组线电动势（如 $\dot{E}_{AB}$）作为时钟的长针，指向

12 点，并固定地指向 0 点（12 点）；二次绕组线电动势（如 $\dot{E}_{ab}$）作为时钟的短针，短针所指的钟点数，就是三相变压器的组别号。将该数字乘以 30°，就是二次绕组线电动势滞后于一次绕组线电动势的相位角。

下面具体分析不同联结方式变压器的联结组别。

（1）Yy 联结

图 1-15a 为三相变压器 Yy 联结时的接线图。在图中同极性端子在对应端，这时一、二次侧对应的相电动势同相位，同时一、二次侧对应的线电动势 $\dot{E}_{AB}$ 与 E_{ab} 也同相位，如图 1-15b 所示。这时如把 $\dot{E}_{AB}$ 指向“12”上，则 $\dot{E}_{ab}$ 也指向“12”，故其联结组就写成 Yy0，如图 1-15c 所示。

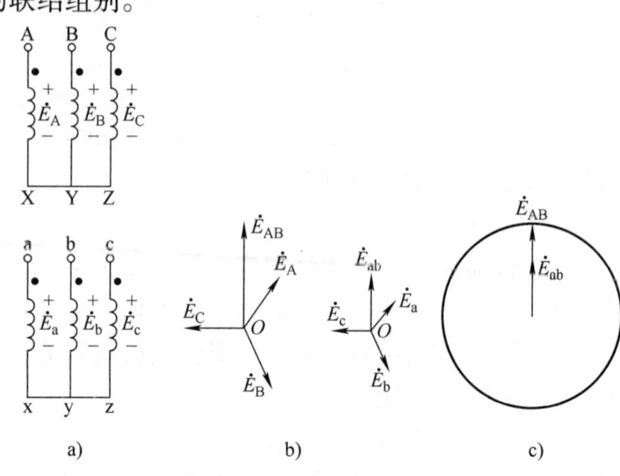

图 1-15 Yy0 联结组

a）接线图 b）相量图 c）时钟表示图

如高压绕组三相标志不变，而将低压绕组三相标志依次后移一个铁心柱的距离，在相位图上相当于把各相应的电动势顺时针方向转了 120°（即 4 个点），则得 Yy4 联结组；如后移两个铁心柱的距离，则得 8 点钟接线，记为 Yy8 联结组。

如将一、二次绕组的异极性端子标在对应端，这时一、二次侧对应相的相电动势反向，则线电动势 $\dot{E}_{AB}$ 与 $\dot{E}_{ab}$ 的相位相差 180°，因而就得到了 Yy6 联结组，如图 1-16 所示。同理，将低压侧三相绕组依次后移一个或两个铁心柱的距离，便得 Yy10 或 Yy2 联结组。

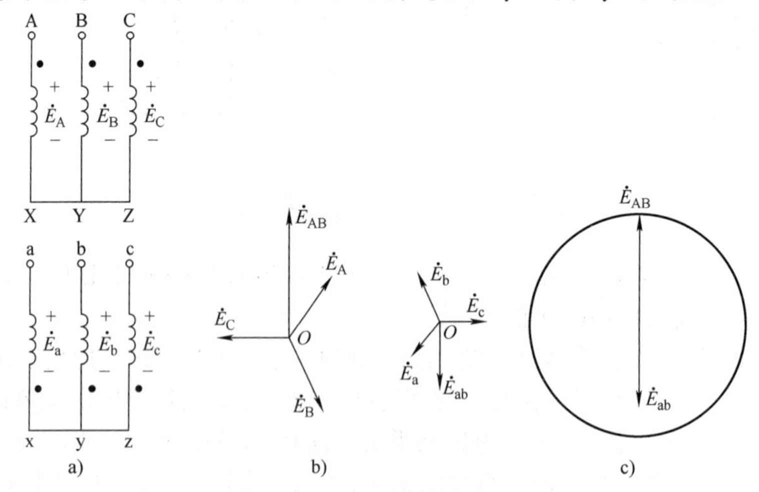

图 1-16 Yy6 联结组

a）接线图 b）相量图 c）时钟表示图

（2）Yd 联结

图 1-17a 是三相变压器 Yd 联结时的接线图。图中将一、二次绕组的同极性端标为首端（或末端），二次绕组则按 a—xc—zb—ya 顺序作三角形联结，这时一、二次侧对应相的相电动势也同相位，但线电动势 $\dot{E}_{UV}$ 与 $\dot{E}_{uv}$ 的相位差为 330°，如图 1-17b 所示；当 $\dot{E}_{UV}$ 指向“12”时，则 $\dot{E}_{uv}$ 指向“11”，故其组别号为 11，用 Yd11 表示，如图 1-17c 所示。

同理，高压侧三相绕组不变，而相应改变低压侧三相绕组的标号，则得 Yd3 和 Yd7 联结组。如将二次绕组按 a—xb—yc—za 顺序作三角形联结，这时一、二次侧对应相的相电动势也同相，但线电动势 $\dot{E}_{UV}$与的相位差为 30°，如图 1-18 所示；故其联结组别号为 1，则得到 Yd1 联结组。

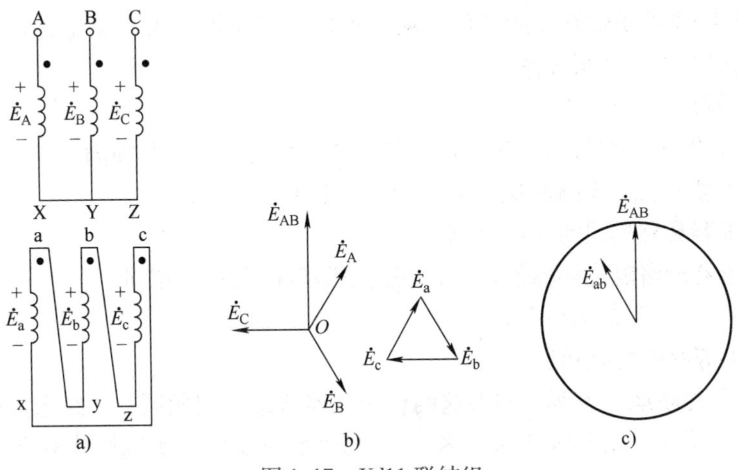

图 1-17 Yd11 联结组

a）接线图 b）相量图 c）时钟表示图

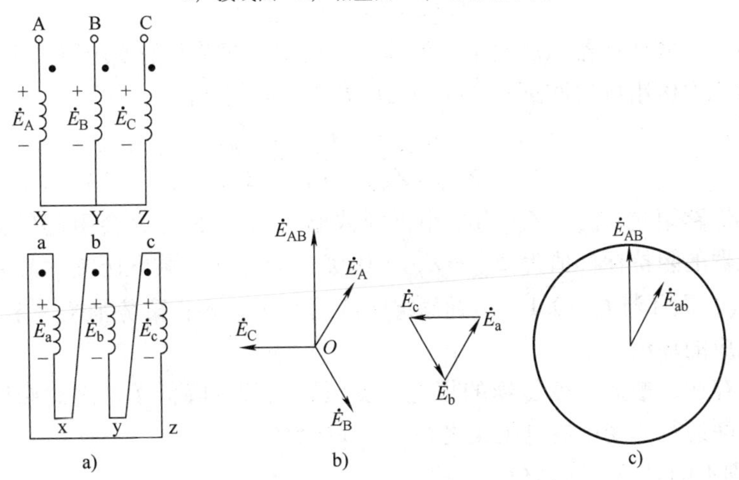

图 1-18 Yd1 联结组

a）接线图 b）相量图 c）时钟表示法

综上所述可得，对 Yy 联结而言，可得 0（相当于 12 点）、2、4、6、8、10 等 6 个偶数联结组别；而 Yd 联结而言，可得 1、3、5、7、9、11 等 6 个奇数联结组别。

变压器联结组种类很多，为制造及并联运行方便，我国规定 Yyn0、Yd11、YNd11、YNy0 和 Yy0 五种联结组别为标准联结组别。Yyn0 主要用作配电变压器，其中有中性线引出，可作为三相四线供电，既可用作照明，也可动力负载。这种变压器高压侧不超过 35kV，低压电压为 400V（单相 230V）。Yd11 用在二次电压超过 400V 的线路中。YNd11 用在 110kV 以上的高压输电线路中，其高压侧可以通过中性点接地。YNy0 用于一次绕组需要接地的场合。Yy0 用于三相动力负载，其中前三种最为常用。

1.3.3 三相变压器的并联运行

在变电站中，总的负载经常由两台或多台三相电力变压器并联供电，其原因如下。

① 通常变电站所供的负载总是在若干年内不断发展、不断增加的，随着负载的不断增加，

可以相应地增加变压器的台数，这样做可以减少建站、安装时的一次投资。

② 当变电站所供的负载有较大的昼夜或季节波动时，可以根据负载的变动情况，随时调整投入并联运行的变压器台数，以提高变压器的运行效率。

③ 当某台变压器需要检修（或故障）时，可以将其切换下来，而将备用变压器投入并使之并联运行，以提高供电的可靠性。

1. 变压器并联运行的条件

为了使变压器能正常地投入并联运行，各并联运行的变压器必须满足以下条件。

1）各台变压器一、二次侧的额定电压相同，电压比相等；

2）各台变压器具有相同的联结组别；

3）各台变压器短路阻抗标称值相等，并且短路阻抗角尽量相同。

2. 并联条件不满足时的运行分析

1）电压比不等时的并联运行。

以两台变压器并联运行为例，如果这两台变压器联结组别相同，短路阻抗标称值相等，一次额定电压相同，而仅仅是电压比 $K_\alpha \neq K_\beta$。当两台变压器的一次侧均接额定电压（即一次电压相同）时，由于电压比不同，二次空载电压分别为 $\dot{U}_{20\alpha}$、$\dot{U}_{20\beta}$（不相等）。其电压差为

$$\Delta\dot{U}_{20} = \dot{U}_{20\alpha} - \dot{U}_{20\beta} \tag{1-15}$$

当并联运行时，两变压器二次电压必然相同。因此，两并联的变压器二次侧无论是否连接负载，两变压器二次侧组成的回路将产生与 $\Delta\dot{U}$ 方向相同的环流 $\dot{I}_c$，即

$$\dot{I}_c = \frac{\Delta\dot{U}_{20}}{Z_{K\alpha} + Z_{K\beta}} = \frac{\dot{U}_{20\alpha} - \dot{U}_{20\beta}}{Z_{K\alpha} + Z_{K\beta}} \tag{1-16}$$

由于变压器短路阻抗 $Z_{K\alpha}$、$Z_{K\beta}$ 均很小，则数值不大的 $\Delta\dot{U}_{20}$ 就会引起较大的环流 $\dot{I}_c$。例如，设两台变压器的阻抗标称值为 $Z_{K\alpha} = Z_{K\beta} = 0.05$，当二次空载电压差为其额定电压的 1%，即 $\Delta\dot{U}_{20} = 1\% U_{2N}$，则环流 $I_c \approx 0.1$，达到额定电流的 10%。根据磁势平衡关系，二次环流必将在一次侧引起相应的环流。

由于环流的存在，增加了变压器的损耗，变压器的效率降低了。因此必须对环流加以限制，通常规定并联运行的变压器电压比之差小于 ±0.5%。

2）联结组别不同时的并联运行。

两台联结组别不同的变压器并联时，其电压不相等所引起的后果更为严重。例如，联结组别最小相差为 1（即 30°）时，变压器 Yy0 与 Yd11 并联，其二次线电动势大小相等，但相位相差 30°，此时二次开路电压差有效值为

$$\Delta U_{20} = 2U_{20\alpha}\sin\frac{30^\circ}{2} = 2U_{20\beta}\sin\frac{30^\circ}{2} \approx 0.518U_{2N}$$

如果两台变压器的短路阻抗为 0.05，则环流的标幺值（标幺值用 * 表示）为

$$I_C^* = \frac{0.518}{2 \times 0.05} = 5.18$$

两变压器并联后，即便二次侧未接负载，其环流约为额定电流的 5.18 倍，此为严重过载，若该情况持续时间稍长，可能损坏变压器。故联结组别不同的变压器绝对不能并联使用。

3）短路阻抗标称值不等时的并联运行。

如果两台并联运行变压器的电压比和联结组别都相同，只是短路阻抗不同，则会影响并联变压器间的负载分配。例如有 α、β、γ 三台变压器并联运行，其简化等效电路如图 1-19 所示。

由图 1-19 可见，a、b 两点间的电压 $\dot{U}_{ab}$ 等于每台变压器的负载电流和短路阻抗的乘

积，即

$$\dot{U}_{ab}=\dot{I}_{\alpha}Z_{K\alpha}=\dot{I}_{\beta}Z_{K\beta}=\dot{I}_{\gamma}Z_{K\gamma}$$

则有
$$\dot{I}_{\alpha}:\dot{I}_{\beta}:\dot{I}_{\gamma}=\frac{1}{Z_{K\alpha}}:\frac{1}{Z_{K\beta}}:\frac{1}{Z_{K\gamma}} \tag{1-17}$$

从式（1-17）可见，并联运行时变压器的负载电流与短路阻抗成反比。若各变压器阻抗值相等，则各变压器负载电流分配合理，各变压器容量利用充分。若各变压器阻抗值不相等，短路阻抗值小的变压器承担的负载大，所以总负载能力受短路阻抗值小的那台变压器的负载的限制，出现短路阻抗值小的变压器可能过载，而短路阻抗值大的变压器欠载的情况。

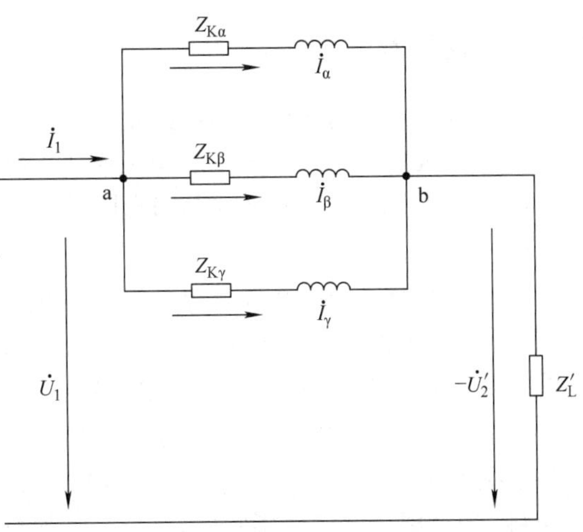

图 1-19　三台变压器并联运行的简化等效电路

两台同容量的变压器并联，由于短路阻抗的差别很小，可以做到接近均匀的分配负载。当容量差别较大时，合理分配负载是困难的，特别是担心小容量的变压器过载，而使大容量的变压器得不到充分利用。为此，要求投入并联运行的各变压器中，最大容量与最小容量之比不宜超过3∶1。

1.4　其他常用变压器

码 1-4　其他常用变压器

1.4.1　自耦变压器

1. 自耦变压器的结构特点

普通的双绕组变压器一、二次绕组是相互绝缘的，它们之间只有磁的耦合，没有电的直接联系。如果将双绕组变压器的一、二次绕组串联起来作为新的一次侧，而二次绕组仍作二次侧与负载相连接，便得到一台降压自耦变压器，如图 1-20所示。显然，自耦变压器一、二次绕组之间不但有磁的联系，而且还有电的联系。

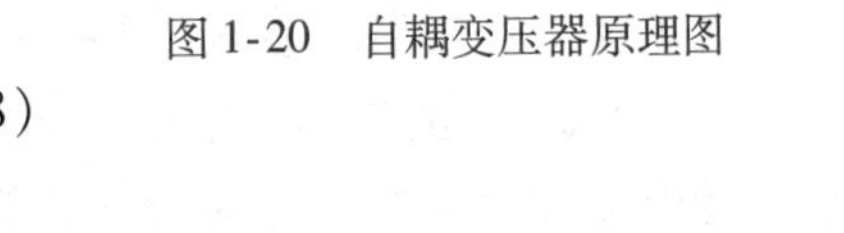

图 1-20　自耦变压器原理图

2. 自耦变压器的工作原理

自耦变压器的工作原理与双绕组变压器相似，也具有变压、变流和变阻抗的作用。

1）变压作用
$$\frac{U_1}{U_2}=\frac{E_1}{E_2}=\frac{N_1}{N_2}=K \tag{1-18}$$

2）变流作用
$$I_1=-\frac{N_2}{N_1}I_2=-\frac{1}{K}I_2 \tag{1-19}$$

3）变阻抗作用
$$\frac{Z_L'}{Z_L}=\frac{U_1I_1}{U_2I_2}=\left(\frac{N_1}{N_2}\right)^2=K^2 \tag{1-20}$$

自耦变压器能节省大量材料、降低成本，减小变压器的体积和重量有利于大型变压器的运输和安装。目前，在高电压、大容量的输电系统中，自耦变压器主要用来连接两个电压等级相近的电力网，作为联络变压器使用。在实验室中还常采用二次侧有滑动接触的自耦变压器作为调压器，此外，自耦变压器还可用作异步电动机的起动补偿器。

1.4.2 仪用互感器

由于电力系统的电压范围高达几百千伏，电流可能为数十千安，这就需要将这些高电压、大电流用变压器变为较为安全的等级形式，提供给测量仪器。测量高电压的专用变压器叫电压互感器（TV），测量大电流的专用变压器叫电流互感器（TA）。

1. 电压互感器

电压互感器是一次侧接高压、二次侧接阻抗很大的测量仪器，所以将电压互感器设计为正常运行时相当于普通变压器的空载运行。电压互感器一次侧匝数 N_1 大，二次侧匝数 N_2 小，因此电压互感器实际上就是一台降压变压器。一次电压是二次电压的 K 倍，$K = N_1/N_2$ 为电压互感器的电压比。从而将一次侧高压变为二次侧低压，为测量仪器提供被测信号或控制信号，如图1-21所示。

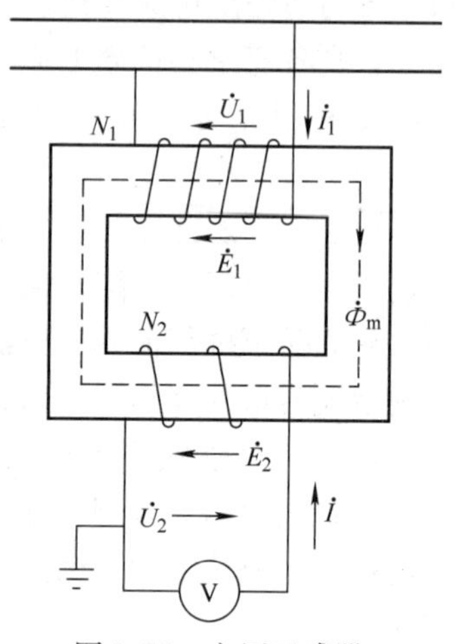

图 1-21 电压互感器

电压互感器的设计特点是：应具有较大的励磁阻抗，较小的绕组电阻和漏电抗，铁心磁密度较低且不饱和，从而提高测量精度。同时，负载阻抗必须保持在某一最小值之上，以避免在所测量的电压大小和相位中引入过大的误差。

使用电压互感器必须注意以下几点：

① 电压互感器的二次侧绝不允许短路，否则将产生很大的电流，使绕组过热而烧坏。

② 电压互感器的铁心和二次绕组应可靠接地，以防止因绝缘损坏时二次侧出现高压，危及操作人员的人身安全。

③ 电压互感器的额定容量与相应的精度等级对应的，在使用时二次侧所接的阻抗值不能小于规定值，即不能多带电压表或电压线圈，否则电流过大，降低电压互感器的精度等级。

2. 电流互感器

电流互感器的一次绕组是直接串入被测电路，因此，被测电流 I_1 直接流过一次绕组，一次绕组 N_1 仅有一匝或几匝，二次绕组匝数 N_2 较多，因此电流互感器实际上就是一台升压变压器。电流互感器的二次侧与阻抗很小的仪表（如电流表、功率表）接成闭合回路，有电流 I_2 流通，如图 1-22 所示。

由于电流互感器二次侧阻抗很小，所以电流互感器正常运行时，其电磁原理相当于二次侧短路的变压器。

为了提高电流互感器的测量精度，使二次电流准确反映一次电流。需要尽可能减小励磁电流，这样在电流互感器中应尽量减少磁路中的气隙，选择导磁性能好的铁心材料，使电流互感器铁心的磁密值较低且不饱和。这时可以对励磁电流 I_0 忽略不计，即

$$I_1 = \frac{N_2}{N_1} I_2 = K_i I_2 \tag{1-21}$$

式中，$K_i = I_1/I_2 = N_1/N_2$ 称为电流互感器的电流比。

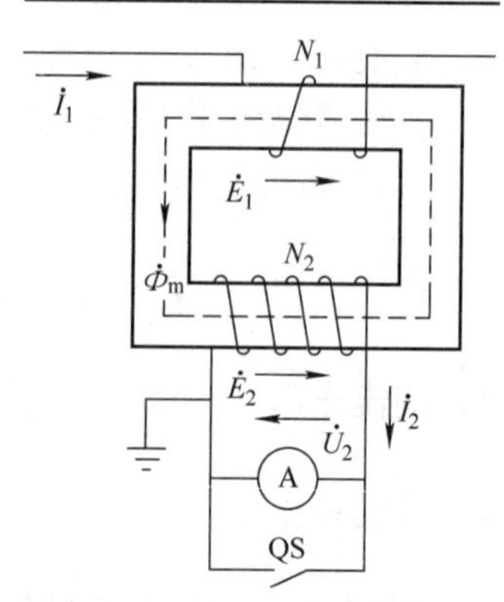

图 1-22 电流互感器原理图

通常电流互感器二次电流额定值为 1A 或 5A，而一次电流的测量范围较宽。不同的测量情况可以选取不同的电流互感器。由于式（1-21）忽略了

励磁电流，因而实际应用中的电流互感器总是存在着误差，即电流误差和相位误差。其电流误差用相对误差表示为

$$\Delta i = \frac{K_i I_2 - I_1}{I_1} \times 100\% \tag{1-22}$$

根据相对误差的大小，国家标准规定电流互感器分下列五个等级，即0.2、0.5、1.0、3.0、10.0。如0.2级的电流互感器是指在额定电流时其电流误差最大不超过±20%，对各级的允许误差（电流误差和相位误差）参见有关国家标准。

使用电流互感器应注意如下事项：

① 二次侧绝对不允许开路。因为二次侧开路时，一次侧的大电流 I_1（由主电路决定，与互感器状态无关）全部成为互感器的励磁电流，使铁心磁密度急剧增高、铁损耗剧增，铁心过热烧毁绕组绝缘，导致高压侧对地短路。更严重的是，使二次侧感应出的高电压危及设备和人身安全。

② 二次绕组一端必须可靠接地，以防绝缘损坏后二次绕组带高压引起伤害事故。

③ 二次侧串入的电流表等测量仪表的总数不可超过规定值，否则阻抗过大，I_2 变小，I_0 增大，误差增加。

④ 在更换测量仪器时，首先应闭合图1-22中的短路开关QS，然后再更换测量仪器。

1.4.3 电焊变压器

电焊变压器由于结构简单、成本低廉、制造容易和维护方便而被广泛采用。电焊变压器是交流弧焊机的主要组成部分，它实际就是一台特殊的降压变压器。在焊接中为了保证焊接质量和电弧的稳定燃烧，要求电焊变压器具有以下特点：

① 具有60~70V的空载电压，以保证容易起弧；

② 具有迅速下降的外特性，以适应电弧的特性要求；

③ 工作时常处于短路状态，短路电流一般不超过额定电流的2倍；

④ 焊接电流的大小能够调节，以适应不同的焊条和焊件。

因此，电焊变压器必须具有较大的可以调节的漏电抗，电焊变压器的一、二次绕组一般被分装在两个铁心柱上，使绕组的漏电抗比较大。改变漏抗的方法很多，如串可变电抗器法和磁分路法等。

1. 串可变电抗器的电焊变压器

串可变电抗器的电焊变压器由普通变压器和可变电抗器串联组成。通过螺杆调节可变电抗器的气隙大小，可以改变电抗的大小，从而得到不同的外特性和不同的焊接电流。当可变电抗器的气隙增大时，电抗器的电抗减少，焊接电流增大；反之，当气隙减小时，电抗器的电抗增大，焊接电流减少。另外，通过一次绕组的抽头可以调节起弧电压的大小。

2. 磁分路的电焊变压器

磁分路的电焊变压器，它在一次绕组和二次绕组的两个铁心柱之间，安装了一个可移动的铁心。提供了磁分路，当移出铁心时，一、二次绕组的漏电抗减小，电焊变压器的工作电流增大；当移进铁心时，一、二次绕组的漏电抗增大，焊接时二次电压迅速下降，电焊变压器的工作电流变小。通过调节螺杆可将磁分路动铁心移进或移出到适当位置，使得漏磁通增大或减小，同时漏电抗也增大或减小，由此即可改变焊接电流的大小。另外，在二次绕组中还常备有分接抽头，以便空载时调节起弧电压的大小。

1.5　任务工单

1.5.1　工作任务：小型变压器的拆卸

<table>
<tr><td colspan="5">任务工单　　　　　　　　　　　　　　编号：1-1</td></tr>
<tr><td>工作任务</td><td colspan="2">小型变压器的拆卸</td><td>建议学时</td><td>1</td></tr>
<tr><td>班级</td><td></td><td>学员姓名</td><td>工作日期</td><td></td></tr>
<tr><td>任务目标</td><td colspan="4">① 了解 GB/T 1094.1—2013《电力变压器　第 1 部分：总则》；
② 了解变压器拆装工艺；
③ 了解变压器铭牌数据；
④ 掌握变压器拆装工具及相关检测仪表的使用；
⑤ 养成严谨认真踏实干事的工作习惯。</td></tr>
<tr><td>设备及材料</td><td colspan="4">小型变压器、万用表、螺丝刀、钢丝钳等电工工具。</td></tr>
<tr><td>任务分工</td><td colspan="4">项目负责人全面负责任务分配、组员协调。</td></tr>
<tr><td>任务步骤</td><td colspan="4">1. 记录原始数据
在拆除变压器铁心前，必须记录原始数据，作为重绕变压器的依据。所需记录的数据包括：铭牌数据（型号，相数，容量，一、二次电压，联结组别，绝缘等级等）、绕组数据（导线规格、匝数、尺寸、引出线规格与长度等）、铁心数据（形状、尺寸、厚度、叠压顺序、叠压方式等）。
2. 拆卸步骤
拆卸铁心的步骤为：
① 拆除外壳与接线柱；
② 拆除铁心夹板或铁轭；
③ 用螺丝刀把粘合在一起的硅钢片撬松；
④ 用钢丝钳将硅钢片一一拉出；
⑤ 对硅钢片进行表面处理；
⑥ 将硅钢片依次叠放并妥善保管。</td></tr>
<tr><td>检查和评估</td><td colspan="4">1）介绍工作中出现的错误、疑难情况及处理办法；
2）自我评价；
自评：□优秀　□良好　□合格
3）提出工作建议或改进办法。</td></tr>
<tr><td>备注</td><td colspan="4">注意事项：拆卸铁心的过程中，用螺丝刀撬松硅钢片时，动作要轻，用力要均匀，入刀位置要常换；用钢丝钳抽拉硅钢片时，要多试几次，不能硬拉，不要造成硅钢片的损坏和变形。</td></tr>
</table>

1.5.2　工作任务：单相变压器空载试验

<table>
<tr><td colspan="5">任务工单　　　　　　　　　　　　　　编号：1-2</td></tr>
<tr><td>工作任务</td><td colspan="2">单相变压器空载试验</td><td>建议学时</td><td>1</td></tr>
<tr><td>班级</td><td></td><td>学员姓名</td><td>工作日期</td><td></td></tr>
<tr><td>任务目标</td><td colspan="4">① 了解 GB/T 1094.1—2013《电力变压器　第 1 部分：总则》；
② 掌握变压器的基本结构和原理；
③ 通过空载试验测定变压器的电压比；
④ 养成认真思考的态度、踏实肯干的习惯、严谨认真的素质。</td></tr>
</table>

（续）

<table>
<tr><td>设备及材料</td><td>交流电压表、交流电流表、三相智能功率表、功率因数表、三相组式变压器、三相可调电阻器、三相可调电抗器、波形测试及开关板、万用表、连接导线若干。</td></tr>
<tr><td>任务分工</td><td>项目负责人全面负责任务分配、组员协调，并完成以下任务：总体方案设计，系统安装，管理资产、工具、耗材的发放和收回。</td></tr>
<tr><td>任务步骤</td><td>① 在三相调压交流电源断电的条件下，按图 1-23 接线。选用三相组式变压器 DJ11 中的一只作为单相变压器，其额定容量 $P_N=77W$，$U_{1N}/U_{2N}=220/55V$，$I_{1N}/I_{2N}=0.35/1.4A$。变压器的低压绕组端 a、x 接电源，高压绕组端 A、X 开路。
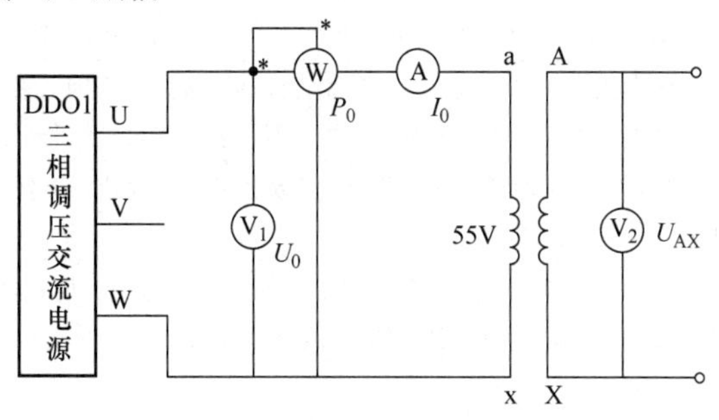

图 1-23　单相变压器空载试验接线图

② 选好所有电表量程。将电压表控制屏左侧调压器旋钮向逆时针方向旋转到底，将其调到输出电压为零的位置。
③ 合上交流电源总开关，按下“开”按钮接通三相交流电源。调节三相调压器旋钮，使变压器空载电压 $U_0=1.2U_N$，然后逐次降低电源电压，在 $(1.2\sim0.2)U_N$的范围内，测取变压器的 U_0、I_0、P_0。
④ 测量数据时，$U=U_N$点时必须测，并在该点附近较密地多测几个点，共测量数据 7－8 组，记录于表 1-2 中。
⑤ 为了计算变压器的电压比，在 U_N以下测量一次电压的同时测出二次电压，并记录于表 1-2 中。

表 1-2　数据记录表
<table><tr><td rowspan="2">序号</td><td colspan="4">实验数据</td><td>计算数据</td></tr><tr><td>U_0/V</td><td>I_0/A</td><td>P_0/W</td><td>U_{AX}/V</td><td>$\cos\phi_0$</td></tr><tr><td></td><td></td><td></td><td></td><td></td><td></td></tr><tr><td></td><td></td><td></td><td></td><td></td><td></td></tr><tr><td></td><td></td><td></td><td></td><td></td><td></td></tr><tr><td></td><td></td><td></td><td></td><td></td><td></td></tr><tr><td></td><td></td><td></td><td></td><td></td><td></td></tr><tr><td></td><td></td><td></td><td></td><td></td><td></td></tr><tr><td></td><td></td><td></td><td></td><td></td><td></td></tr><tr><td></td><td></td><td></td><td></td><td></td><td></td></tr></table>
注意：在本试验中，应注意电压表、电流表、功率表的合理布置及量程选择。</td></tr>
<tr><td>检查和评估</td><td>1）介绍工作中出现的错误、疑难情况及处理办法；
2）自我评价；
自评：□优秀　□良好　□合格
3）提出工作建议或改进办法。</td></tr>
<tr><td>备注</td><td></td></tr>
</table>

1.5.3 工作任务：单相变压器短路试验

任务工单　　　　编号：1-3

工作任务	单相变压器短路试验		建议学时	1
班级		学员姓名	工作日期	

任务目标	① 了解变压器试验项目及标准； ② 掌握单相变压器的型号和含义； ③ 通过短路试验测定变压器的参数； ④ 培养认真严谨的态度和责任意识，了解安全操作规范。
设备及材料	交流电压表、交流电流表、三相智能功率表、功率因数表、三相组式变压器、三相可调电阻器、三相可调电抗器、波形测试及开关板、万用表、连接导线若干。
任务分工	项目负责人全面负责任务分配、组员协调，并完成以下任务：总体方案设计，系统安装，管理资产、工具、耗材的发放和收回。

任务步骤

① 按下三相调压交流电源控制屏上的“关”按钮，切断电源，按图 1-24 接线（注意：每次改接电路都要关断电源）。将变压器的高压绕组 A 接电源，低压绕组直接短路。

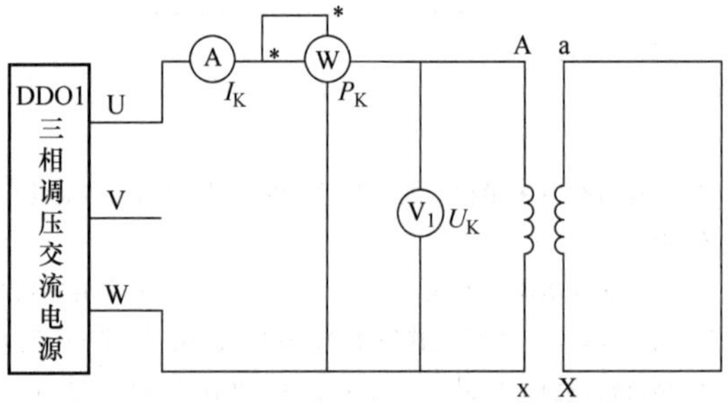

图 1-24　单相变压器短路试验接线图

② 选好所有电表的量程，将交流调压电源上的旋钮调到输出电压为零的位置。

③ 接通交流电源，逐次缓慢地增加输入电压，直到短路电流等于 $1.1I_N$ 为止，在 $(0.2\sim1.1)I_N$ 范围内测量变压器的 U_K、I_K、P_K。

④ 测量数据时，$I_K=I_N$ 点必须测，共测量数据 6～7 组并记录于表 1-3 中，实验时需记下周围环境温度（℃）。

表 1-3　数据记录表　　室温　　℃

序号	实验数据			计算数据
	U_K/V	I_K/A	P_K/W	$\cos\phi_K$

注意：短路试验操作要快，否则线圈发热会引起电阻变化。

检查和评估	1）介绍工作中出现的错误、疑难情况及处理办法； 2）自我评价； 自评：□优秀　□良好　□合格 3）提出工作建议或改进办法。
备注	

1.5.4 工作任务：单相变压器负载试验

任务工单　　　　　　　　　　　　　　　　　　　　　　编号：1-4

工作任务	单相变压器负载试验		建议学时	1
班级		学员姓名		工作日期	

任务目标	① 了解 DL/T 572—2021《电力变压器运行规程》； ② 掌握单相变压器的运行原理和特性； ③ 通过负载试验测取变压器的运行特性； ④ 培养独立思考和解决问题的能力，以及踏实干事的习惯。
设备及材料	交流电压表、交流电流表、三相智能功率表、功率因数表、三相组式变压器、三相可调电阻器、三相可调电抗器、波形测试及开关板、万用表、连接导线若干。
任务分工	项目负责人全面负责任务分配、组员协调，并完成以下任务：总体方案设计，系统安装，管理资产、工具、耗材的发放和收回。

任务步骤

试验电路如图 1-25 所示。变压器低压绕组接电源，高压线圈经过开关 S_1 和 S_2，接到负载电阻 R_L 和电抗 X_L 上。R_L 为 1800Ω（D42 上 900Ω 加上 900Ω），X_L 选用 D43，功率因数表选用 D34－3，开关 S_1 和 S_2 选用 D51 挂箱。

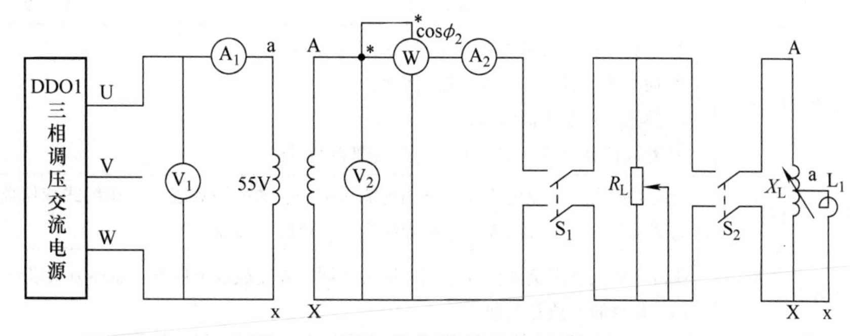

图 1-25　单相变压器负载试验接线图

1. 纯电阻负载

① 将调压器旋钮调到输出电压为零的位置，将 S_1、S_2 打开，将负载电阻值调到最大。

② 接通交流电源，逐渐升高电源电压，使变压器输入电压 $U_1=U_N$。

③ 保持 $U_1=U_N$，合上 S_1，逐渐增加负载电流，即减小负载电阻 R_L 的值，使其从空载到额定负载的范围内变化，测量变压器的输出电压 U_2 和电流 I_2。

④ 测量数据时，$I_2=0$ 和 $I_2=I_{2N}=0.35A$ 必测，共测量数据 6～7 组，并记录于表 1-4 中。

表 1-4　$\cos\phi_2=1$，$U_1=U_N=$　　　V 数据记录表

序号							
U_2/V							
I_2/A							

2. 阻感性负载（$\cos\phi_2=0.8$）

① 用电抗器 X_L 和 R_L 并联作为变压器的负载，将 S_1、S_2 打开，将电阻及电抗值调至最大。

② 接通交流电源，升高电源电压至 $U_1=U_N$。

③ 合上 S_1、S_2，在保持 $U_1=U_N$ 及 $\cos\phi_2=0.8$ 条件下，逐渐增加负载电流，使其从空载到额定负载的范围内变化，测量变压器 U_2 和 I_2。

④ 测量数据时，其 $I_2=0$，$I_2=I_{2N}$ 两点必测，共测量数据 6～7 组，并记录于表 1-5 中。

（续）

任务步骤	表1-5　$\cos\phi_2=0.8$，$U_1=U_N=$　　V 数据记录表

序号							
U_2/V							
I_2/A							

检查和评估	1）介绍工作中出现的错误、疑难情况及处理办法； 2）自我评价； 自评：□优秀　□良好　□合格 3）提出工作建议或改进办法。
备注	

1.5.5　工作任务：三相变压器绕组极性的测定

任务工单　　编号：1-5

工作任务	三相变压器绕组极性的测定		建议学时	1
班级		学员姓名	工作日期	
任务目标	① 了解三相三绕组电力变压器专用技术规范； ② 通过实验测定三相变压器的极性； ③ 熟悉三相变压器的结构； ④ 养成认真思考、踏实干事、严谨细心的习惯。			
设备及材料	交流电压表、交流电流表、三相智能功率表、功率因数表、三相组式变压器、三相心式变压器、波形测试及开关板、万用表、连接导线若干、单踪示波器。			
任务分工	项目负责人全面负责任务分配、组员协调，并完成以下任务：总体方案设计；系统安装，管理资产、工具、耗材的发放和收回。			
任务步骤	1. 测定相间极性 选用三相心式变压器 DJ12，用高压和低压两组绕组，两组的额定容量 $P_N=152W/152W$，$U_N=220V/55V$，$I_N=0.4A/1.6A$，Yy 联结。测得阻值大的为高压绕组，其接线端用 A、B、C、X、Y、Z 标记。低压绕组接线端用 a、b、c、x、y、z 标记。 ① 按图1-26接线。A、X 接电源的 U、V 两端子，Y、Z 短接。 图1-26　测定相间极性接线图 ② 接通交流电源，在绕组 A、X 间施加约 50% U_N 的电压。 ③ 用电压表测电压 U_{BY}、U_{CZ}、U_{BC}，若 $U_{BC}=\lvert U_{BY}-U_{CZ}\rvert$，则首末端标记正确；若 $U_{BC}=\lvert U_{BY}+U_{CZ}\rvert$，则首末端标记不对，则须将 B、C 两相中任一相绕组的首末端标记对调。 ④ 用同样方法，给 B、C 两相中的任一相施加电压，另外两相末端相连，定出每相首末端正确的标记。			

（续）

任务步骤	2. 测定一次、二次侧极性 ① 暂时标出三相低压绕组的标记 a、b、c、x、y、z，然后按图 1-27 接线，一次、二次侧的中性点用导线相连。 ② 对高压三相绕组施加约 50% 的额定电压，用电压表测量电压 U_{AX}、U_{BY}、U_{CZ}、U_{ax}、U_{by}、U_{cz}、U_{Aa}、U_{Bb}、U_{Cc}，若 $U_{Aa}=U_{Ax}-U_{ax}$，则 A 相高、低压绕组同相，并且首端 A 与 a 端点为同极性。若 $U_{Aa}=U_{AX}+U_{ax}$，则 A 与 a 端点为异极性。 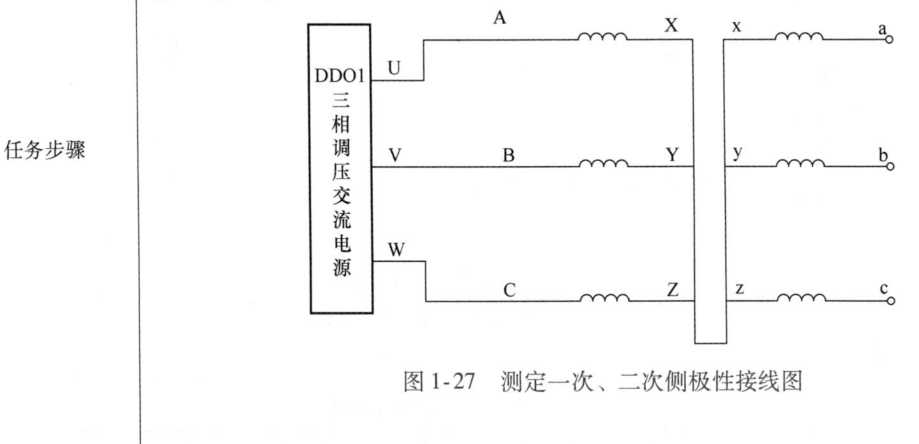 图 1-27　测定一次、二次侧极性接线图 ③ 用同样的方法判别出 B、b、C、c 两相一次、二次侧的极性。 ④ 高低压三相绕组极性确定后，根据要求连接出不同的联结组。
检查和评估	1）介绍工作中出现的错误、疑难情况及处理办法； 2）自我评价； 自评：□优秀　□良好　□合格 3）提出工作建议或改进办法。
备注	

1.5.6　工作任务：三相变压器联结组别的检验

任务工单　　编号：1-6

工作任务	三相变压器联结组别的检验		建议学时	1
班级		学员姓名		工作日期	
任务目标	① 了解三相变压器联结组别的含义； ② 掌握常用三相变压器联结组别的判定； ③ 熟悉变压器并联运行条件； ④ 通过实验测定变压器的联结组别； ⑤ 养成认真严谨、踏实干事的习惯，注意操作规范。			
设备及材料	交流电压表、交流电流表、三相智能功率表、功率因数表、三相组式变压器、三相心式变压器、波形测试及开关板、万用表、连接导线若干、单踪示波器。			
任务分工	项目负责人全面负责任务分配、组员协调，并完成以下任务：总体方案设计，系统安装，管理资产、工具、耗材的发放和收回。			

任务步骤

1. Yy0 联结组

按图 1-28 接线。A、a 两端点用导线联结，在高压侧施加三相对称的额定电压，测出 U_{AB}、U_{ab}、U_{Bb}、U_{Cc}及 U_{Bc}，将数据记录于表 1-6 中。

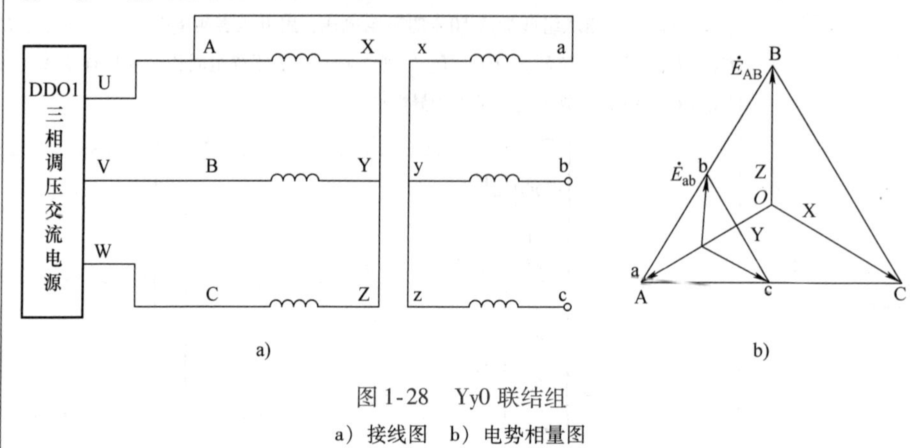

图 1-28　Yy0 联结组

a）接线图　b）电势相量图

表 1-6　Yy0 联结时数据记录表

实验数据					计算数据			
U_{AB}/V	U_{ab}/V	U_{Bb}/V	U_{Cc}/V	U_{Bc}/V	$K_L=\dfrac{U_{AB}}{U_{ab}}$	U_{Bb}/V	U_{Cc}/V	U_{Bc}/V

根据 Yy0 联结组的电势相量图可知：

$$U_{Bb}=U_{Cc}=(K_L-1)U_{ab}$$

$$U_{Bc}=U_{ab}\sqrt{K_L^2-K_L+1}$$

$$K_L=\frac{U_{AB}}{U_{ab}}$$

若用两式计算出的电压 U_{Bb}、U_{Cc}、U_{Bc}的数值与实验测取的数值相同，则表示绕组连接正确，属于 Yy0 联结组。

2. Yy6 联结组

将 Yy0 联结组的二次绕组的首、末端标记对调，A、a 两点用导线相连，如图 1-29 所示。

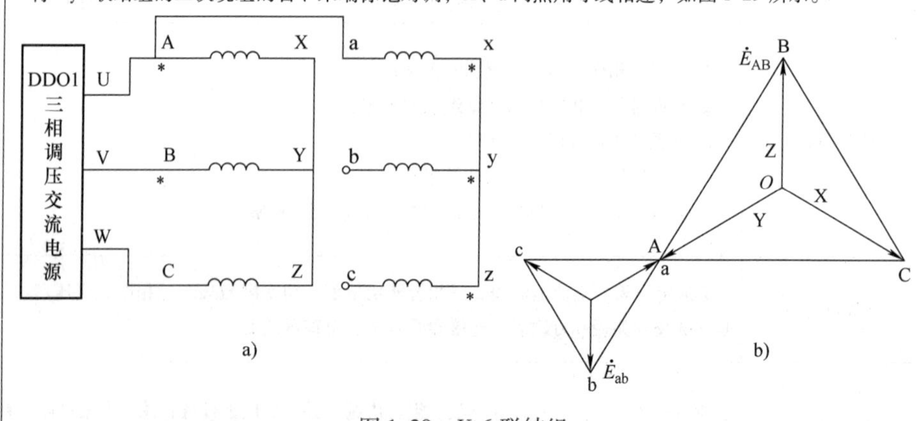

图 1-29　Yy6 联结组

a）接线图　b）电势相量图

（续）

任务步骤	见下文

按 Yy12 联结组检验的方法测出电压 U_{AB}、U_{ab}、U_{Bb}、U_{Cc}及 U_{Bc}，将数据记录于表 1-7 中。

表 1-7　Yy6 联结时数据记录表

实验数据					计算数据			
U_{AB}/V	U_{ab}/V	U_{Bb}/V	U_{Cc}/V	U_{Bc}/V	$K_L=\frac{U_{AB}}{U_{ab}}$	U_{Bb}/V	U_{Cc}/V	U_{Bc}/V

根据 Yy6 联结组的电势相量图可得

$$U_{Bb}=U_{Cc}=(K_L+1)U_{ab}$$

$$U_{Bc}=U_{ab}\sqrt{K_L^2+K_L+1}$$

若由上两式计算出电压 U_{Bb}、U_{Cc}、U_{Bc}的数值与实测相同，则绕组连接正确，属于 Yy6 联结组。

3. Yd11 联结组

按图 1-30 接线。A、a 两端点用导线相连，高压侧施加对称额定电压，测取 U_{AB}、U_{ab}、U_{Bb}、U_{Cc}及 U_{Bc}，将数据记录于表 1-8 中。

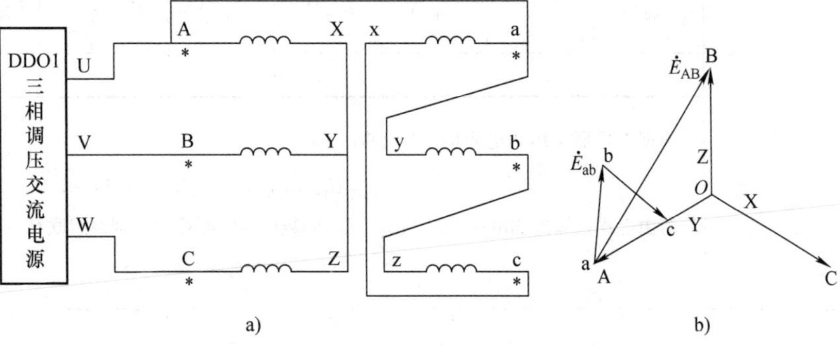

图 1-30　Yd11 联结组

a）接线图　b）电势相量图

表 1-8　Yd11 联结时数据记录表

实验数据					计算数据			
U_{AB}/V	U_{ab}/V	U_{Bb}/V	U_{Cc}/V	U_{Bc}/V	$K_L=\frac{U_{AB}}{U_{ab}}$	U_{Bb}/V	U_{Cc}/V	U_{Bc}/V

根据 Yd11 联结组的电势相量可得

$$U_{Bb}=U_{Cc}=U_{Bc}=U_{ab}\sqrt{K_L^2-\sqrt{3}K_L+1}$$

若由上式计算出的电压 U_{Bb}、U_{Cc}、U_{Bc}的数值与实测值相同，则绕组连接正确，属 Yd11 联结组。

4. Yd5

将 Yd11 联结组的二次绕组的首、末端标记对调，如图 1-31 所示。实验方法同前，测取 U_{AB}、U_{ab}、U_{Bb}、U_{Cc}及 U_{Bc}，将数据记录于表 1-9 中。

（续）

任务步骤	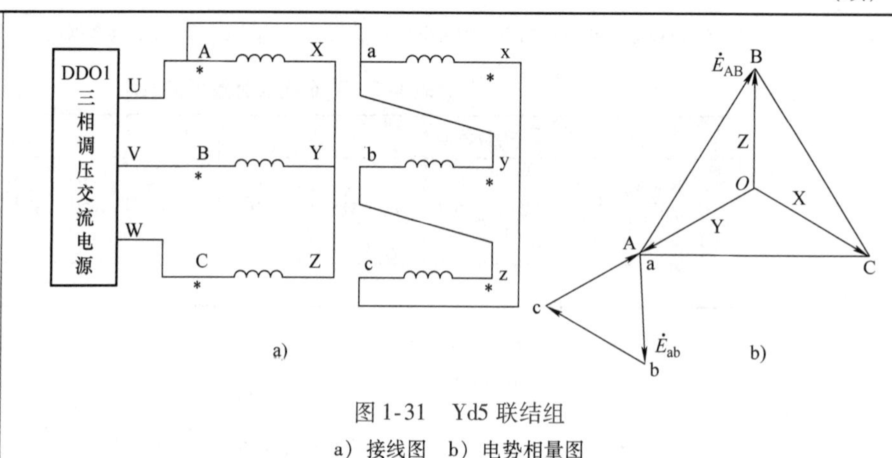 图 1-31　Yd5 联结组 a）接线图　b）电势相量图 **表 1-9　Yd5 联结时数据记录表** （见下表） 根据 Yd5 联结组的电势相量图可得 $$U_{Bb}=U_{Cc}=U_{Bc}=U_{ab}\sqrt{K_L^2+\sqrt{3}K_L+1}$$ 若由上式计算出的电压 U_{Bb}、U_{Cc}、U_{Bc} 的数值与实测相同，则绕组联结正确，属于 Yd5 联结组。
检查和评估	1）介绍工作中出现的错误、疑难情况及处理办法； 2）自我评价； 自评：□优秀　□良好　□合格 3）提出工作建议或改进办法。
备注	

实验数据					计算数据			
U_{AB}/V	U_{ab}/V	U_{Bb}/V	U_{Cc}/V	U_{Bc}/V	$K_L=\frac{U_{AB}}{U_{ab}}$	U_{Bb}/V	U_{Cc}/V	U_{Bc}/V

小　　结

变压器是利用电磁感应原理对交流电压、交流电流等进行数值变换的一种常用电气设备，它主要被用于输、配电方面，也被广泛地用于电工测量、电焊、电子技术领域中。改变变压器的电压比 K，可实现改变电压、改变电流和变换阻抗的作用。特殊变压器共包括自耦变压器、仪用互感器、焊接变压器等。

三相变压器的联结组，反映了变压器一、二次绕组对应线电动势（或线电压）之间的相位关系，它采用时钟时序数来表明联结组标号。电力变压器在并联运行时，最关键的一点是变压器的联结组必须相同，同时变压器的一、二次绕组电压应相等，变压器的短路阻抗也应尽量相等。

习　题

1. 填空题

（1）变压器工作原理的基础是________定律。

（2）变压器二次绕组的额定电压是指变压器一次绕组加________时二次绕组的空载电压。

（3）在变压器中，同时和一次绕组、二次绕组相交链的磁通称为________，仅和一侧绕组交链的磁通称为________。

（4）变压器额定电压下负载运行中，当负载电流增大时，铜损耗将________；铁损耗将________。

（5）三相变压器的联结组标号反映的是变压器高、低压侧对应________之间的相位关系。

（6）两台变压器并联运行，第一台变压器短路电压 $U_{K1}=5\%\,U_N$，第二台变压器短路电压 $U_{K2}=7\%\,U_N$，负载时第________台变压器先达到满载。

（7）三相变压器理想并联运行的条件为________，________，________，其中必须满足的条件是________。

2. 选择题

（1）一台三相电力变压器 $S_N=560\text{kV}\cdot\text{A}$，$U_{1N}/U_{2N}=10000\text{V}/400\text{V}$，Dy 联结，负载时忽略励磁电流，低压侧相电流为 808.3A 时，则高压侧的相电流为________。

A. 808.3A　　B. 56A　　C. 18.67A

（2）三相变压器一次侧的额定电流为________。

A. $I_{1N}=\dfrac{S_N}{\sqrt{3}U_{1N}}$　　B. $I_{1N}=\dfrac{P_N}{\sqrt{3}U_{1N}}$　　C. $I_{1N}=\dfrac{S_N}{U_{1N}}$　　D. $I_{1N}=\dfrac{S_N}{3U_{1N}}$

（3）三相变压器的电压比是指________之比。

A. 一、二次相电动势　　B. 一、二次线电动势

C. 一、二次线电压

（4）一台单相变压器，$U_{1N}/U_{2N}=220\text{V}/110\text{V}$，如果把一次侧接到 110V 的电源上运行，电源频率不变，则变压器的主磁通将________。

A. 增大　　B. 减小　　C. 不变　　D. 为零

（5）变压器的电压与频率都增加 5% 时，穿过铁心线圈的主磁通________。

A. 增加　　B. 减少　　C. 基本不变

（6）变压器的磁动势平衡方程为________。

A. 一次绕组、二次绕组磁动势的代数和等于励磁磁动势

B. 一次绕组、二次绕组磁动势的相量和等于励磁磁动势

C. 一次绕组、二次绕组磁动势的算术差等于励磁磁动势

（7）变压器并联条件中必须满足的条件是________。

A. 电压比相等　　B. 联结组别相等　　C. 短路阻抗标称值相等

（8）变压器的空载损耗________。

A. 主要为铁损耗　　B. 主要为铜损耗　　C. 全部为铜损耗　　D. 全部为铁损耗

（9）变压器空载电流小的原因是________。

A. 变压器的励磁阻抗大　　B. 一次绕组匝数多，电阻大

C. 一次绕组漏电抗大

（10）一台接在电网上的电力变压器，获得最高效率的条件是________。

A. 满载　　　　　　B. 铜损耗小于铁耗　　C. 铜损耗等于铁损耗　　D. 轻载

（11）联结组别不同的变压器不能并联运行，是因为________。

A. 电压变化率太大　　　　　　　　B. 空载环流太大

C. 负载时励磁电流太大　　　　　　D. 不同联结组别的变压器电压比不同

（12）变压器并联运行时，在任何一台变压器不过载情况下，若各台变压器短路阻抗标称值不等，则________。

A. 变压器设备利用率 <1　　　　　B. 变压器设备利用率 =1

C. 变压器设备利用率 >1

（13）一台 Yyn0 和一台 Yyn8 的三相变压器，电压比相等，短路阻抗标称值相等，能否经过改接后作并联运行________。

A. 能　　　　　B. 不能　　　　　C. 不一定　　　　　D. 不改接也能

3. 判断题

（1）电源电压和频率不变时，变压器的主磁通基本为常数，因此负载和空载时感应电动势 E_1 为常数。　（　　）

（2）变压器空载运行时，电源输入的功率只是无功功率。　（　　）

（3）变压器空载运行时对一次侧加额定电压，由于绕组电阻 R_1 很小，因此电流很大。　（　　）

（4）变压器空载和负载时的损耗是一样的。　（　　）

（5）变压器的电压比可看作是一、二次额定线电压之比。　（　　）

（6）只要使变压器的一、二次绕组匝数不同，就可达到变压的目的。　（　　）

（7）一台 Yd11 和一台 Yd7 的三相变压器，电压比相等，短路阻抗标称值相等，能经过改接后作并联运行。　（　　）

（8）一台 50Hz 的变压器接到 60Hz 的电网上，外加电压的大小不变，励磁电流将减小。　（　　）

（9）变压器负载呈容性，负载增加时二次电压将降低。　（　　）

（10）联结组别不同的变压器不能并联运行，是因为电压变化率太大。　（　　）

4. 简答题

（1）电力变压器的主要功能是什么？它是通过什么作用来实现其功能的？

（2）变压器能否改变直流电的电压等级来传递直流电能？为什么？

（3）变压器的一次绕组和二次绕组之间并没有电路上的直接联系，为什么在负载运行时，二次电流增大或减小的同时，一次电流也跟着增大或减小？

（4）一台变压器一次绕组额定电压为 220V，不小心把一次绕组接在 220V 的直流电源上，会出现什么情况？

（5）变压器的电压变化率的大小与哪些因素有关？

（6）若三相变压器的一次、二次绕组线电动势 $\dot{E}_{UV}$ 领先 $\dot{E}_{uv}$ 90°，试问这台变压器联结组组别的标号数是多少？

（7）变压器并联运行的条件是什么？其中哪一个条件要绝对满足？为什么？

（8）电压互感器和电流互感器在使用中应注意哪些事项？

（9）一台三相电力变压器，额定容量 S_N = 2000kV·A，额定电压 U_{1N}/U_{2N} = 6kV/0.4kV，Yd 联结，试求一次、二次绕组额定电流 I_{1N} 与 I_{2N} 各为多少？

（10）试计算下列各台变压器的电压比 K：

① U_{1N}/U_{2N} =3 300V/220V 的单相变压器；

② U_{1N}/U_{2N} =6kV/0.4kV 的 Yy 联结的三相变压器；

③ U_{1N}/U_{2N} =10kV/0.4kV 的 Yd 联结的三相变压器。

（11）如图 1-32 所示为变压器出厂前的极性试验。在 A－X 间加电压，将 X、x 相连，测 A－a 间的电压。设定电压比为 220/110，如果 A、a 为同名端，电压表读数是多少？如果 A、a 为异名端，电压表读数是多少？

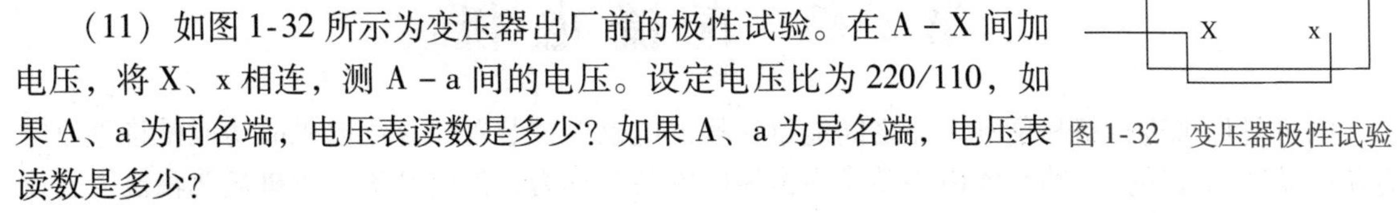

图 1-32　变压器极性试验

5. 作图题

有四台三相变压器，其接线图如图 1-33 所示，通过画绕组电动势相量图，确定它们的联结组别。

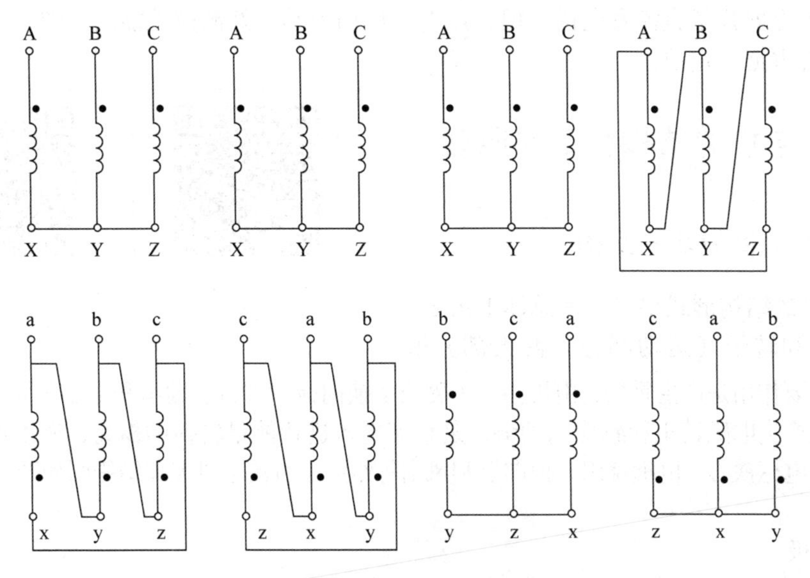

图 1-33　变压器联结组别的判定

大国工匠李辉——从学徒工到技能专家

李辉是云南电网有限责任公司昆明供电局继电保护员，也是特级技师，享受国务院政府特殊津贴。1992 年参加工作以来，他一直凭借过硬的专业技能守护着电网安全，经他调试过的设备从未出现过问题。从学徒工到技能专家，从一线工人到“大国工匠”，李辉一直做的一件事就是创新。他说：“我认为工匠精神的基石是敬业，灵魂是创新，发明创造和创新工作不只是科学家、工程师的事情，一线工人在生产实践中也可以做到。”

第2章 直流电机

电机是用来进行机械能和电能之间能量转换的电磁机械装置。直流电机的功能是将直流电能和机械能相互转换，将直流电能转换为机械能的装置称为直流电动机，将机械能转换为直流电能的装置称为直流发电机。直流电动机具有良好的起动性能和宽广平滑的调速特性，因而被广泛应用于电力机车、无轨电车、轧钢机、机床和起动设备等需要经常起动并调速的电气传动装置中。直流发电机主要用作直流电源。目前，虽然由晶闸管整流元件组成的静止固态直流电源设备已基本上取代了直流发电机，但直流电动机仍因其良好调速性能的优势在许多传动性能要求高的场合占据一定地位。

2.1 直流电机的结构和工作原理

码 2-1 直流电机的结构

码 2-2 直流电机的结构（动画）

2.1.1 直流电机的基本结构

直流电机的结构形式很多，但总体上由定子（静止部分）和转子（运动部分）两大部分组成。定子的主要作用是产生磁场，由机座、主磁极、换向极、端盖、轴承和电刷装置等组成。转子的主要作用是产生电磁转矩和感应电动势，是直流电机进行能量转换的枢纽，所以通常又称为电枢，由转轴、电枢铁心、电枢绕组、换向器和风扇等组成。直流电机装配结构图如图 2-1 所示。

1. 定子

1）主磁极。

主磁极的作用是产生气隙磁场。主磁极由主磁极铁心和励磁绕组两部分组成。为降低电机运行过程中磁场变化可能导致的涡流损耗，主磁极铁心一般用 1 ~ 1.5mm 厚的低碳钢板冲片叠压而成。励磁绕组用绝缘铜线绕制而成，套在主磁极铁心上。整个主磁极用螺钉固定在机座上，如图 2-2 所示。

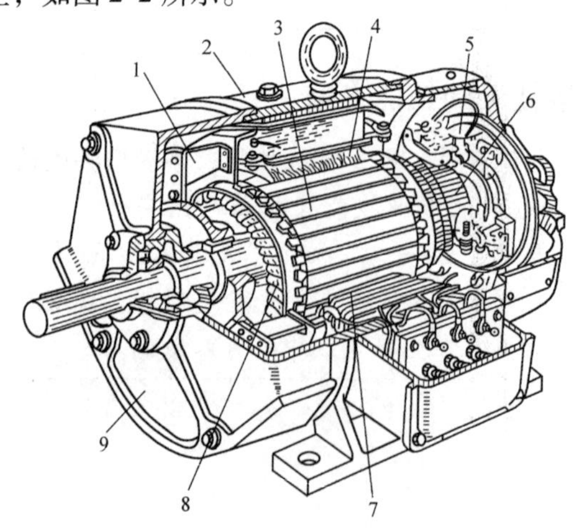

图 2-1 直流电机装配结构图

1—风扇 2—机座 3—电枢铁心 4—主磁极 5—电刷装置 6—换向器 7—换向极 8—电枢绕组 9—端盖

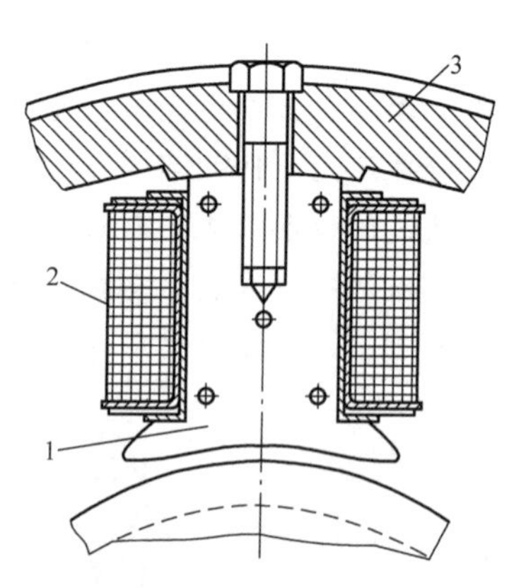

图 2-2 主磁极的结构

1—主磁极铁心 2—励磁绕组 3—机座

2）换向极。

换向极的作用是改善换向。它装在两个主磁极之间，也是由铁心和绕组构成。换向极铁心一般用整块钢或钢板加工而成，换向极绕组与电枢绕组串联，如图 2-3 所示。

3）机座。

机座常用铸钢或厚钢板焊接而成，它是电机的机械支撑，用来固定主磁极、换向极和端盖，同时也是电机磁路的一部分。在磁路中机座部分的磁路常称为磁轭。

4）电刷装置。

电刷的作用之一是把转动的电枢与外电路相连接，使电流经电刷进入或离开电枢；其二是与换向器配合作用而获得直流电压，如图 2-4 所示。

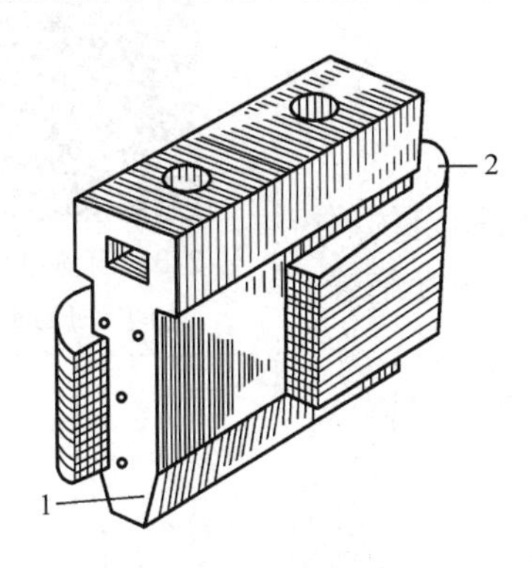

图 2-3　换向极

1—换向极铁心　2—换向极绕组

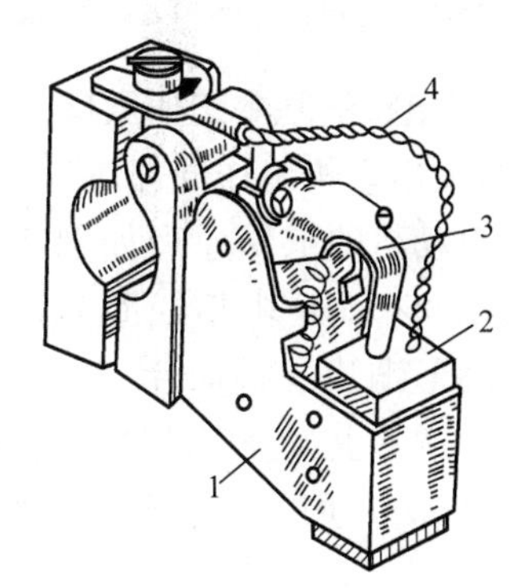

图 2-4　电刷装置

1—刷握　2—电刷　3—压紧弹簧　4—刷辫

2. 转子（电枢）

转子结构图如图 2-5 所示。

1）电枢铁心。

电枢铁心是主磁路的主要部分，同时用以嵌放电枢绕组。一般电枢铁心采用由 0.5mm 厚的硅钢冲片叠压而成（冲片的形状如图 2-5a 所示），以降低电机运行时电枢铁心中产生的涡流损耗和磁滞损耗。

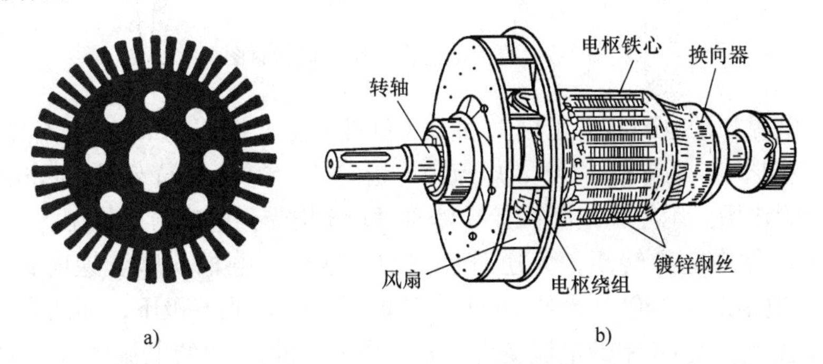

图 2-5　转子结构图

a）电枢铁心冲片　b）电枢结构

2）电枢绕组。

电枢绕组由许多线圈按一定规律连接而成，用以感应电动势和通过电流，是直流电机电路的主要部分。

3）换向器。

在直流电动机中，换向器配以电刷，能将外加直流电源转换为电枢线圈中的交变电流，使电磁转矩的方向恒定不变；在直流发电机中，换向器配以电刷，能将电枢线圈中感应产生的交变电动势转换为正、负电刷上引出的直流电动势。换向器结构如图 2-6 所示。

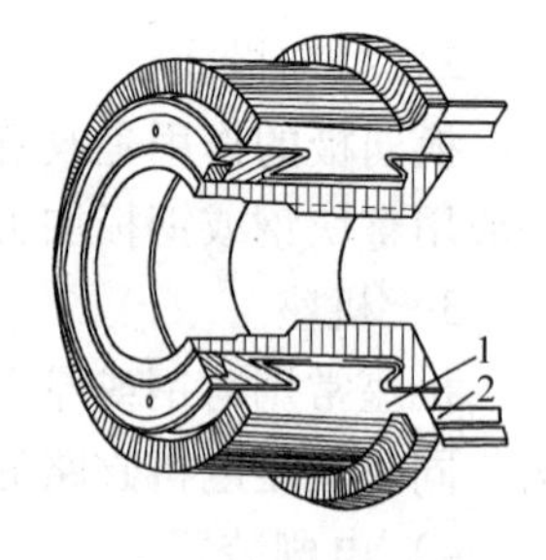

图 2-6　换向器结构
1—换向片　2—连接部分

4）转轴。

转轴在转子旋转时起支撑作用，需有一定的机械强度和刚度，一般用圆钢加工而成。

2.1.2　直流电机的基本工作原理与铭牌数据

1. 直流电机的基本工作原理

码 2-3　直流电动机的工作原理

1）直流电动机工作原理。

直流电动机的工作原理如图 2-7 所示。N 和 S 是一对固定的磁极，磁极之间有一个电枢线圈 abcd，线圈的两端分别接到相互绝缘的两个半圆形铜片（换向片）上，它们组合在一起称为换向器，在每个半圆形铜片上又分别放置一个固定不动而与之滑动接触的电刷 A 和 B，线圈 abcd 通过换向器和电刷接通外电路。

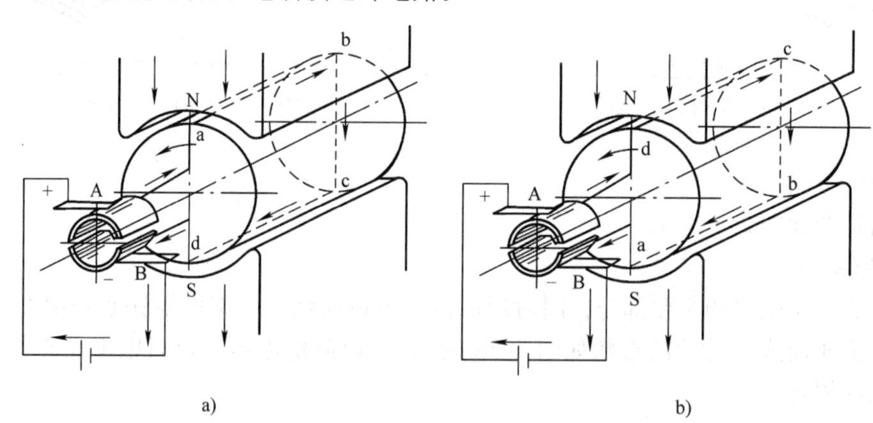

图 2-7　直流电动机工作原理示意图

将外部直流电源加于电刷 A（正极）和 B（负极）上，则线圈 abcd 中流过电流，在导体 ab 中，电流由 a 指向 b，在导体 cd 中，电流由 c 指向 d。导体 ab 和 cd 分别处于 N、S 极磁场中，受到电磁力的作用。用左手定则可知导体 ab 和 cd 均受到电磁力的作用，且形成的转矩方向一致，这个转矩称为电磁转矩，为逆时针方向。这样，电枢就顺着逆时针方向旋转，如图 2-7a 所示。当电枢旋转 180°，导体 cd 转到 N 极下，ab 转到 S 极下，如图 2-7b 所示；由于电流仍从电刷 A 流入，使 cd 中的电流变为由 d 流向 c，而 ab 中的电流由 b 流向 a，从电刷 B 流出，用左手定则判别可知，电磁转矩的方向仍是逆时针方向。

由此可见，加于直流电动机的直流电源，借助于换向器和电刷的作用，使直流电动机电枢线圈中流过电流的方向是交变的，从而使电枢产生的电磁转矩的方向恒定不变，确保直流电动机朝确定的方向连续旋转。这就是直流电动机的基本工作原理。

实际的直流电动机中，电枢圆周上均匀地嵌放许多线圈，相应的换向器由许多换向片组成，使电枢线圈所产生的总的电磁转矩足够大并且比较均匀，则电动机的转速也就比较均匀。

2）直流发电机工作原理。

直流发电机的模型与直流电动机模型相同，不同的是用原动机拖动电枢朝某一方向（例如逆时针方向）旋转，如图 2-8a 所示。这时导体 ab 和 cd 分别切割 N 极和 S 极下的磁力线，产生感应电动势，电动势的方向用右手定则确定；可知导体 ab 中电动势的方向由 b 指向 a，导体 cd 中电动势的方向由 d 指向 c，两种电动势在一个串联回路中相互叠加，形成电刷 A 为电源正极，电刷 B 为电源负极。电枢转过 180°后，导体 cd 与导体 ab 交换位置，但电刷的正负极性不变，如图 2-8b 所示。可见，同直流电动机一样，直流发电机电枢线圈中的感应电动势的方向也是交变的，而通过换向器和电刷的整流作用，在电刷 A、B 上输出的电动势是极性不变的直流电动势。在电刷 A、B 之间接上负载，发电机就能向负载供给直流电能。这就是直流发电机的基本工作原理。

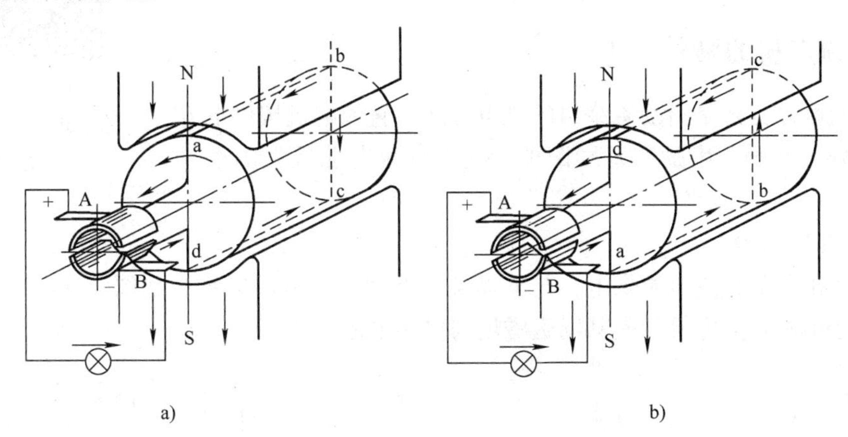

图 2-8　直流发电机工作原理示意图

从以上分析可以看出：一台直流电机既可以作为电动机运行，也可以作为发电机运行，这取决于外界不同的条件。将直流电源加于电刷，输入电能，电机能将电能转换为机械能，拖动生产机械旋转，此时作电动机运行；如用原动机拖动直流电机的电枢旋转，输入机械能，电机能将机械能转换为直流电能，从电刷上引出直流电动势，此时作发电机运行。同一台电机，既能作电动机运行，又能作发电机运行的原理，被称为电机的可逆原理。

2. 直流电机的铭牌数据

直流电机的机座上有一个铭牌，上面标注着额定数据和使用条件。额定数据是电机制造厂按照国家标准，根据电机的设计和试验数据而规定的每台电机的主要性能指标。直流电机的额定值主要有下列几项。

1）额定功率 P_N。

额定功率是指电机在额定条件下运行时的输出功率。对电动机来说，额定功率是指转轴上输出的机械功率；对发电机来说，额定功率是指电刷间输出的额定电功率，单位为 kW。

2）额定电压 U_N。

指电机在额定条件下运行时，直流发电机的输出电压或直流电动机的输入电压，单位为 V。

3）额定电流 I_N。

指在额定电压和额定负载时，直流电动机长期运行所允许的电流，单位为 A。

4）额定转速 n_N。

额定转速是指电机在额定电压、额定电流和输出额定功率的情况下运行时，电机的旋转速度，单位为 r/min。

额定值一般标在电机的铭牌上，又称为铭牌数据。还有一些额定值，例如额定转矩 T_N、额定效率 η_N 等，不一定标在铭牌上，可查产品说明书或由铭牌上的数据计算得到。

直流电机运行时，如果各个物理量均为额定值，就称电机工作在额定运行状态，亦称为满载运行。在额定运行状态下，电机利用充分，运行可靠，并具有良好的性能。如果电机的电枢电流小于额定电流，称为欠载运行；电机的电枢电流大于额定电流，称为过载运行。欠载运行时电机利用得不充分，效率低；过载运行时易引起电机过热而损坏。

2.2 直流电机的励磁方式和基本平衡方程式

码 2-4 直流电动机的励磁方式和基本平衡方程式

2.2.1 直流电机的励磁方式

直流电机励磁方式是指励磁绕组的供电方式。直流电机按供电方式可分为他励、并励、串励和复励四种。现以直流电动机为例逐一说明。

（1）他励直流电机

励磁绕组由其他直流电源供电，与电枢绕组之间没有电的联系，如图 2-9a 所示。永磁直流电机也属于他励直流电机，因其励磁磁场与电枢电流无关。

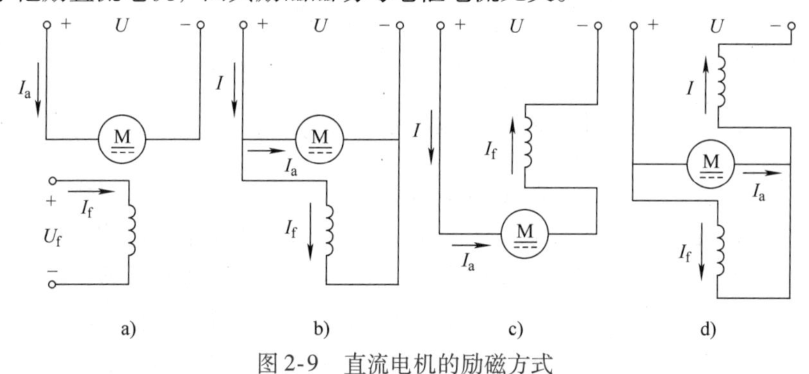

图 2-9 直流电机的励磁方式

a）他励 b）并励 c）串励 d）复励

（2）并励直流电机

励磁绕组与电枢绕组并联，如图 2-9b 所示。其励磁电压等于电枢绕组端电压。

（3）串励直流电机

励磁绕组与电枢绕组串联，如图 2-9c 所示。其励磁电流等于电枢电流。

（4）复励直流电机

每个主磁极上套有两个励磁绕组，一个与电枢绕组并联，另一个与电枢绕组串联，如图 2-9d所示。两个绕组产生的磁动势方向相同时称为积复励，两个磁动势方向相反时称为差复励，通常采用积复励方式。

直流电机的励磁方式不同，其运行特性和适用场合也不同。

2.2.2 直流电机的电枢电动势

从一对正负电刷之间引出的直流电动势 E_a 称为电枢电动势。它就是一条支路内所有串联导体电动势之和，等于一根导体在一个极距 τ 范围内切割磁力线所产生的平均电动势 e_{av} 乘上一条支路内的总导体数 $\frac{N}{2a}$（设电枢绕组由 a 对并联支路组成，电枢圆周上总的导体数为 N），所以有

$$E_a=\frac{N}{2a}e_{av}=\frac{N}{2a}B_{av}lv=\frac{N}{2a}\frac{\Phi}{\tau l}l\frac{2p\tau n}{60}=C_E\Phi n \tag{2-1}$$

式中，C_E 称为电动势常数；Φ 为每极磁通（Wb）；n 为电枢转速（r/min）；B_{av} 为一个磁极极距范围内的平均磁密度；v 为导体切割气隙磁场的速度（m/s）；l 为电枢导体的有效长度（m）；p 为电机磁极对数。

可见，直流电机电刷间感应电动势 E_a 的大小与磁通、转速及电机的结构参数都有关。

2.2.3 直流电机的电磁转矩

当电枢绕组流过电流时，载流导体在气隙磁场作用下，就会产生电磁力和电磁转矩。利用电动势分析时对相关变量或符号的假定，按照式（2-1）的推导思路，同理推出直流电机电磁转矩的表达式为

$$T_{em}=\frac{pN_a}{2a\pi}(B_{av}\tau l)I_a=C_T\Phi I_a \tag{2-2}$$

式中，C_T 为转矩常数；$C_T=\frac{pN_a}{2a\pi}$；I_a 为电枢电流（A）。

可见，直流电机电磁转矩的大小与磁通、电枢电流及电机的结构参数都有关。

转矩常数 C_T 与电动势常数 C_E 之间的关系为

$$C_T=9.55C_E \tag{2-3}$$

2.2.4 直流电机的基本平衡方程式

1. 直流发电机的基本方程

（1）电枢电动势和电动势平衡方程

直流发电机的各物理量的正方向如图 2-10 所示，电枢电动势为

$$E_a=C_E\Phi n \tag{2-4}$$

设 R_a 为电枢回路总电阻，$2\Delta U_b$ 为正、负电刷与换向器表面的接触压降，则电动势平衡方程为

$$E_a=U+I_aR_a+2\Delta U_b\approx U+I_aR_a \tag{2-5}$$

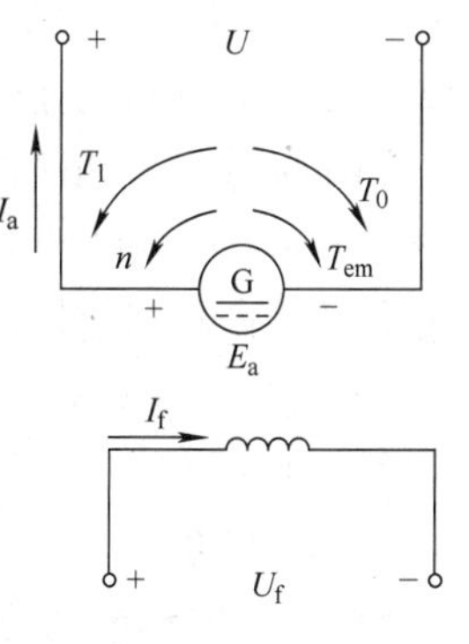

图 2-10　他励直流发电机

（2）电磁转矩和转矩平衡方程

电磁转矩为

$$T_{em}=C_T\Phi I_a \tag{2-6}$$

直流发电机轴上有三个转矩：原动机输入给发电机的驱动转矩 T_1、电磁转矩 T_{em} 和机械摩擦及铁损引起的空载转矩 T_0。稳态运行时转矩平衡方程为

$$T_1=T_{em}+T_0 \tag{2-7}$$

（3）励磁特性公式

直流发电机的励磁电流　$I_f=\frac{U}{R_f}$　（2-8）

（4）功率平衡方程

从原动机输入的机械功率为

$$P_1 = P_{em} + P_0 \tag{2-9}$$

式中，P_1 为输入的机械功率；P_{em}为电磁功率；P_0 为空载损耗。空载损耗又包括磁滞与涡流损耗，即铁损耗 P_{Fe}、机械摩擦损耗 P_{mec}、附加损耗 P_{ad}，所以

$$P_0 = P_{mec} + P_{Fe} + P_{ad} \tag{2-10}$$

电磁功率为

$$P_{em} = T \cdot \Omega = C_T \Phi I_a = \frac{pN}{2\pi a}\Phi I_a \frac{2\pi}{60}n = \frac{pN}{60a}\Phi n I_a = E_a I_a \tag{2-11}$$

电磁功率一方面代表电动势为 E_a 和电源输出电流为 I_a 时发出的电功率，具有电功率性质，一方面又代表转子旋转时克服电磁转矩所消耗的机械功率，具有机械功率性质。所以电磁功率是机械能与电能之间能量转换的桥梁。

输出的电功率为

$$P_2 = P_{em} - P_{Cu \cdot a} \tag{2-12}$$

$P_{Cu \cdot a}$：电枢绕组的电阻、电刷与换向器表面接触电阻的铜损耗。

2. 直流电动机的基本方程

如图 2-11 所示规定各物理量的参考方向，T_2 是电动机轴上输出的机械转矩，即负载转矩。与发电机同理，电动机的基本方程如下：

$$E_a = C_e \Phi n \tag{2-13}$$

$$U = E_a + I_a R_a + 2\Delta U_b \approx E_a + I_a R_a \tag{2-14}$$

$$T_{em} = C_T \Phi I_a \tag{2-15}$$

$$T_{em} = T_2 + T_0 \tag{2-16}$$

$$P_{em} = P_1 - P_{Cu \cdot a} = T_{em}\Omega = E_a I_a \tag{2-17}$$

$$P_2 = P_{em} - P_0 = P_{em} - (P_{mec} + P_{Fe} + P_{ad}) \tag{2-18}$$

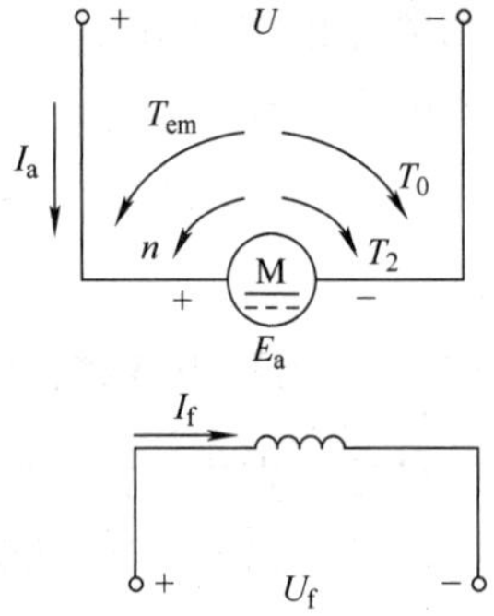

图 2-11　他励直流电动机

式中，$P_1 = UI_a$ 为输入的功率；$P_{Cu \cdot a} = R_a I_a^2$ 为电枢回路铜损耗；$P_2 = T_2\Omega$ 为电机输出的机械功率；Ω 为电动机的角速度，单位为 rad/s。

【例 2-1】 某四极他励直流电机电枢绕组为单波，电枢总导体数 $N = 372$，电枢回路的总电阻 $R = 0.208\Omega$，运行于 $U = 220\text{V}$ 的直流电网并测得其转速 $n = 1500\text{r/min}$，每极磁通 0.01Wb，铁损耗为 362W，机械损耗为 204W，附加损耗忽略不计，试问：

1）此时该电机是运行于发电机状态还是电动机状态？

2）电磁功率与电磁转矩为多少？

3）输入功率与效率为多少？

解：1）电枢电动势。

$$E_a = \frac{pN}{60a}\Phi n = \frac{2 \times 372}{60 \times 1} \times 0.01 \times 1500\text{V} = 186\text{V}$$

2）电动势平衡式。

$$U = E_a + I_a R_a$$

$$I_a = \frac{U - E_a}{R_a} = \frac{220 - 186}{0.208}\text{A} = 163.46\text{A}$$

$$P_{em} = E_a I_a = 186 \times 163.46\text{W} = 30.4\text{kW}$$

$$T_{em} = \frac{P_{em}}{\Omega} = \frac{P_{em}}{2\pi n/60} = \frac{30400 \times 60}{2 \times \pi \times 1500}\text{N} \cdot \text{m} = 193.53\text{N} \cdot \text{m}$$

3）电动机的功率平衡式。

$$P_1 = P_{em} + P_{cu}$$

$$P_{em} = P_2 + P_{Fe} + P_{\Omega}$$

输入功率为

$$P_1 = P_{em} + I_a^2 R_a = (30400 + 163.5^2 \times 0.208)\text{W} = 35.96\text{kW}$$

输出功率为

$$P_2 = P_{em} - P_{Fe} - P_{\Omega} = (30400 - 362 - 204)\text{W} = 29.83\text{kW}$$

效率为

$$\eta = \frac{P_2}{P_1} \times 100\% = \frac{29.83}{35.96} \times 100\% \approx 83\%$$

2.3 直流电动机机械特性

码 2-5 直流电动机的机械特性

2.3.1 电力拖动系统的运动方程式

在生产实际中最简单的电力拖动系统，就是电动机直接与生产机械的工作机构（负载）相连接的单轴系统，如图 2-12 所示。在这种系统中，负载的转速与电动机的转速相同，作用在电动机轴上的转矩有电动机的电磁转矩 T_{em}、负载转矩 T_L 和电动机空载转矩 T_0。规定电磁转矩的正方向与转速正方向相同，负载转矩的正方向与转速方向相反，由牛顿第二定律可得系统的运动方程式为

$$T_{em} - T_0 - T_L = J\frac{d\Omega}{dt} \tag{2-19}$$

式中，J 为电动机轴上的转动惯量，单位为 kg · m²；Ω 为电动机角速度，单位为 rad/s。

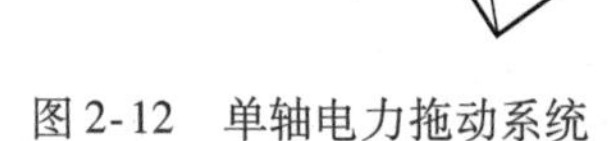

图 2-12 单轴电力拖动系统

忽略电动机空载转矩 T_0，式（2-19）可简化为

$$T_{em} - T_L = J\frac{d\Omega}{dt} \tag{2-20}$$

实际工程中，经常用转速 n 代替角速度 Ω，用飞轮矩 GD^2 来表示转动惯量 J，即

$$\Omega = \frac{2\pi n}{60} = \frac{n}{9.55} \tag{2-21}$$

$$J = \frac{GD^2}{4g} \tag{2-22}$$

式中，n 为电动机的转速，单位为 r/min；GD^2 为飞轮矩，单位为 N · m²；g 为重力加速度，$g = 9.81\text{m/s}^2$。

把式（2-21）和式（2-22）代入式（2-20），可得运动方程的实用形式为

$$T_{em} - T_L = \frac{GD^2}{375} \cdot \frac{dn}{dt} \tag{2-23}$$

注意：系数 375 是个有量纲的系数；GD^2 是代表物体旋转惯量的一个整体物理量，电动机和负载的 GD^2 通常可从产品样本和有关设计资料中查找。

系统旋转运动的三种状态如下：

1）当 $T_{em} = T_L$ 或 $\frac{dn}{dt} = 0$ 时，系统处于静止或恒转速运行状态，即处于稳态。

2）当 $T_{em} > T_L$ 或 $\frac{dn}{dt} > 0$ 时，系统处于加速运行状态，即处于动态。

3）当 $T_{em} < T_L$ 或 $\frac{dn}{dt} < 0$ 时，系统处于减速运行状态，即处于动态。

由于电动机的运行状态不同以及负载类型不同，作用在电机转轴上的电磁转矩 T_{em} 和负载转矩 T_L 不仅大小会变化，方向也会变化。当 T_{em} 的方向与旋转方向一致时取正，反之取负；当 T_L 的方向与旋转方向一致时取负，反之取正。

2.3.2 负载的转矩特性

生产机械的负载转矩 T_L 与转速 n 的关系 $n = f(T_L)$ 称为负载转矩特性。大多数生产机械的负载转矩特性可归纳为三大类。

1. 恒转矩负载特性

当转速变化时，负载转矩的大小保持不变，称为恒转矩负载特性。根据负载转矩的方向是否与转向有关，恒转矩负载分为反抗性恒转矩负载和位能性恒转矩负载两种。

1）反抗性恒转矩负载。

此类载转矩的方向总是与运动方向相反。运动方向改变时，负载转矩方向也随之改变。反抗性恒转矩负载特性如图 2-13 所示，位于第Ⅰ、Ⅲ象限内。皮带运输机、机床刀架的平移运动，轧钢机等由摩擦力产生转矩的机械均属于反抗性恒转矩负载。

2）位能性恒转矩负载。

负载转矩的大小和方向固定不变，与转速的大小和方向无关，如起重类型设备提升或下放重物等。位能性恒转矩负载特性如图 2-14 所示，位于第Ⅰ与第Ⅳ象限内。

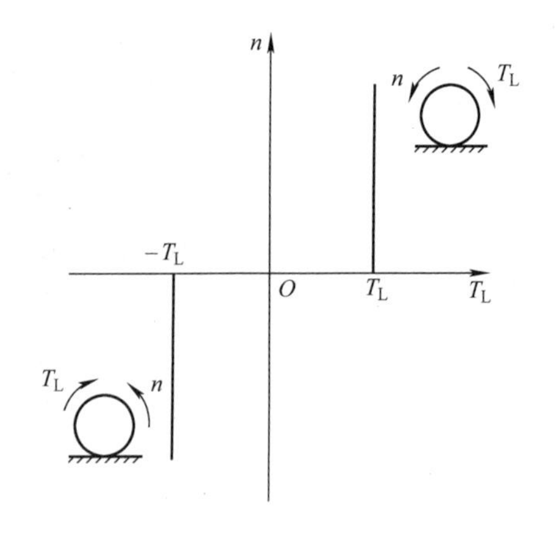

图 2-13　反抗性恒转矩负载特性

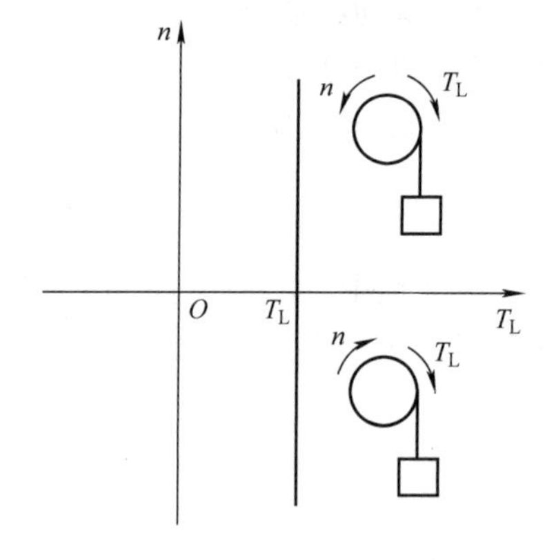

图 2-14　位能性恒转矩负载特性

2. 恒功率负载特性

其特点是负载功率 P_L 为一定值，负载转矩 T_L 与转速 n 成反比。恒功率负载特性为一条双曲线，如图 2-15 所示。如车床车削工件，粗加工时切削量大，切削阻力大，用低速。精加工时切削量小，为保证加工精度，其负载转矩与转速成反比，负载功率近似一恒值。

3. 泵与风机类负载特性

水泵、油泵、鼓风机等机械的负载转矩基本上与转速的二次方成正比，即 $T_L = kn^2$，其中 k 是比例系数。这类机械的负载特性是一条抛物线，如图 2-16 中曲线 1 所示。

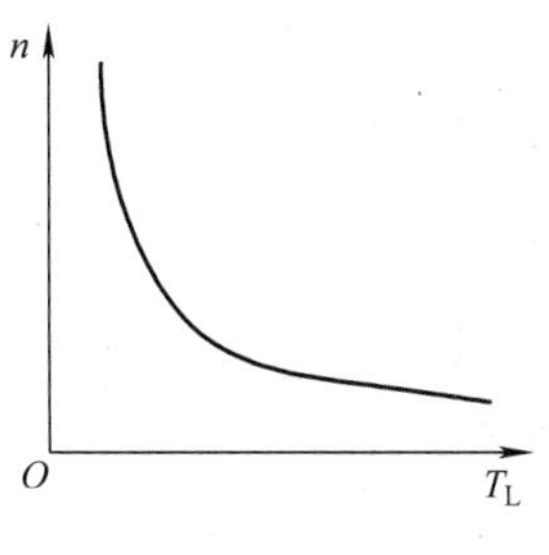

图2-15　恒功率负载特性

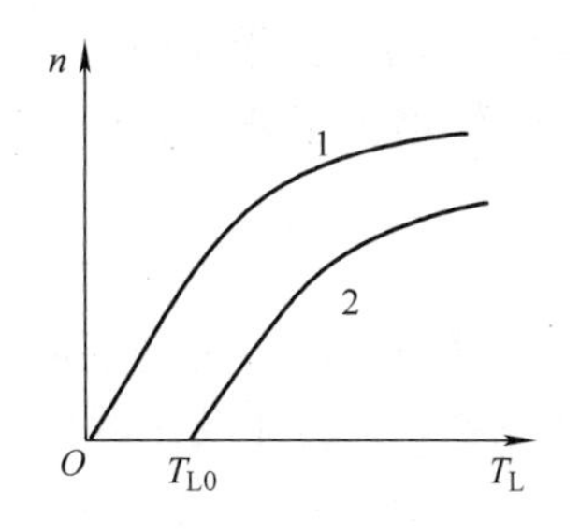

图2-16　泵与风机类负载特性

以上介绍的是3种典型的负载的机械特性，而实际的负载转矩特性可能是以某种典型为主，或是以上几种典型特性的组合。例如，实际通风机除了主要是风机类负载特性外，其轴承上还有一定的摩擦转矩 T_{L0}，因而实际通风机的负载特性应为 $T_L = T_{L0} + kn^2$，如图2-16中的曲线2所示。

2.3.3　他励直流电动机的机械特性

直流电动机的机械特性是指电动机在电枢电压、励磁电流、电枢回路电阻为恒值的条件下，即电动机处于稳态运行时，电动机的转速与电磁转矩之间的关系为 $n=f(T_{em})$。

他励直流电动机的电路原理图如图2-17所示，由电动机的基本方程：$E_a = C_E\Phi n$，$U = E_a + I_aR$（$R = R_a + R_\Omega$），$T_{em} = C_T\Phi I_a$，可得他励直流电动机的机械特性方程式为

$$n = \frac{U_N}{C_E\Phi} - \frac{R}{C_EC_T\Phi^2}T_{em} = n_0 - \beta T_{em} = n_0 - \Delta n \tag{2-24}$$

式中，$n_0 = \dfrac{U_N}{C_E\Phi}$，为电磁转矩 $T_{em}=0$ 时的转速，称为理想空载转速；$\beta = \dfrac{R}{C_EC_T\Phi^2}T_{em}$，为机械特性的斜率；$\Delta n = \beta T_{em}$ 为转速降。

由式（2-24）可知，当 U、Φ、R 常数时，他励直流电动机的机械特性是一条以 β 为斜率向下倾斜的直线，如图2-18所示。

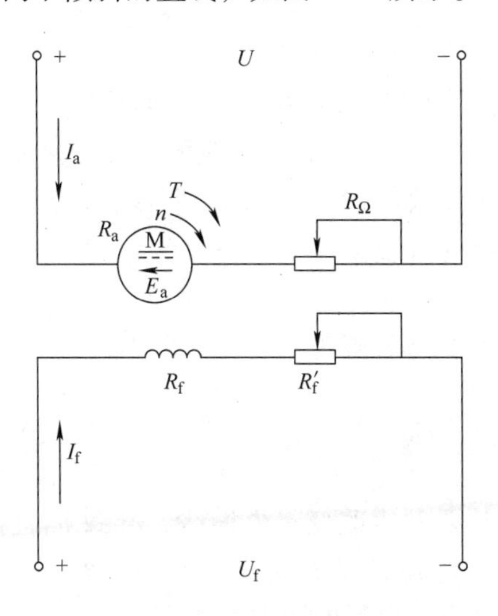

图2-17　他励直流电动机电路原理图

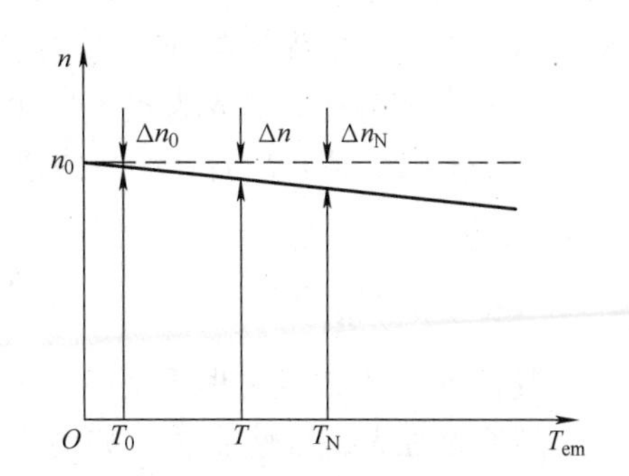

图2-18　他励直流电动机的机械特性

电动机实际运行时，由于摩擦等原因存在空载转矩 T_0，又因为 $T_{em}=T_0\neq0$，所以电动机的实际空载转速 n'_0 略小于理想空载转速 n_0，其实际空载转速为

$$n'_0=\frac{U}{C_e\Phi}-\frac{R}{C_eC_T\Phi^2}T_0 \tag{2-25}$$

转速降 Δn 是理想空载转速与实际转速之差，转矩一定时，它与机械特性的斜率 β 成正比。β 越大，特性越陡，转速变化越大；β 越小，特性越平，转速变化越小。通常称 β 大的机械特性为软特性，而 β 小的机械特性为硬特性。

1. 固有机械特性

当电枢上加额定电压、气隙每极磁通为额定磁通、电枢回路不串任何电阻时，即 $U=U_N$、$\Phi=\Phi_N$、$R=R_a(R_\Omega=0)$ 时的机械特性称为固有机械特性，其方程式为

$$n=\frac{U_N}{C_E\Phi}-\frac{R_a}{C_EC_T\Phi^2}T_{em} \tag{2-26}$$

由于电枢电阻很小，斜率也很小，所以固有机械特性为硬特性。

2. 人为机械特性

如果人为地改变式（2-24）中电源电压 U、气隙磁通 Φ、电枢回路电阻 R 中的任意一个或多个参数时，得到的机械特性称作人为机械特性。

（1）电枢回路串电阻时的人为机械特性

当电枢回路外串电阻 R_Ω，且 $U=U_N$、$\Phi=\Phi_N$ 时，人为机械特性方程式为

$$n=\frac{U_N}{C_E\Phi}-\frac{R_a+R_\Omega}{C_EC_T\Phi^2}T_{em} \tag{2-27}$$

其特点是理想空载转速 n_0 不变，斜率 β 随外串电阻 R_Ω 的增加而增大，机械特性变软。改变 R_Ω 的大小，可以得到一簇通过理想空载点 n_0 并具有不同斜率的人为机械特性，如图 2-19 所示。

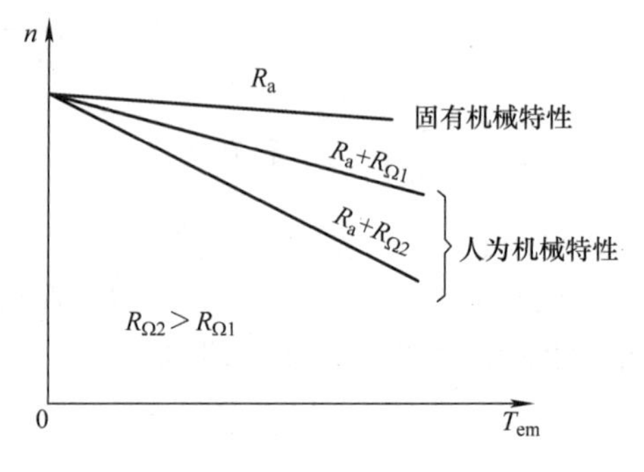

图 2-19　电枢串电阻的机械特性

（2）降低电枢电压时的人为机械特性

当 $\Phi=\Phi_N$、$R=R_a$，且仅改变电枢电压 U 时，其人为机械特性方程式为

$$n=\frac{U}{C_E\Phi}-\frac{R_a}{C_EC_T\Phi^2}T_{em} \tag{2-28}$$

由于受到绝缘强度的限制，电枢电压只能从额定值向下调节。其特点是理想空载转速 n_0 随电枢电压 U 降低而成正比地减小，但机械特性的硬度不变，如图 2-20 所示。所以，改变电枢电压的人为机械特性与固有机械特性相比，是一系列平行的直线。

（3）减弱磁通时的人为机械特性

当 $U=U_N$、$R=R_a$ 时，改变磁通 Φ，得到的人为机械特性方程式为

$$n=\frac{U_N}{C_E\Phi}-\frac{R_a}{C_EC_T\Phi^2}T_{em} \tag{2-29}$$

其特点是 Φ 改变时理想空载转速 n_0 和特性的斜率 β 都要发生改变；Φ 减少，导致 n_0 上升，斜率 β 加大，特性变软，如图 2-21 所示。实际运行的他励直流电动机，当 $\Phi=\Phi_N$ 时，电动机磁路已接近饱和，所以只能从额定磁通基础上减弱磁通，而不可能去增加磁通。

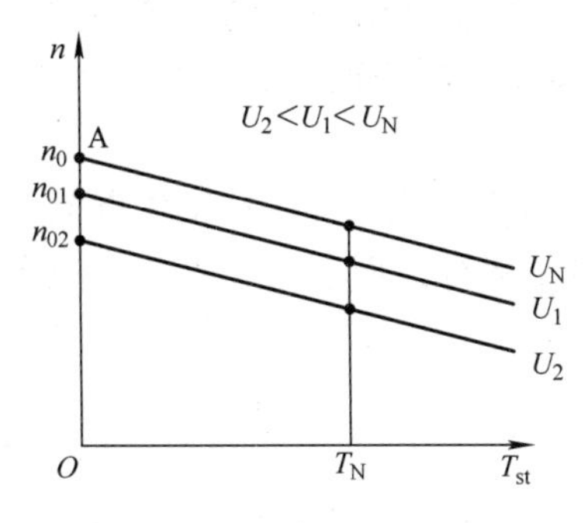

图 2-20 降低电枢电压的机械特性

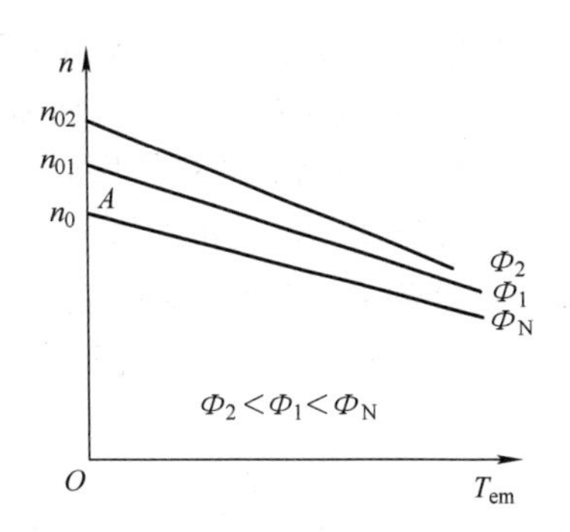

图 2-21 减弱磁通时的机械特性

2.3.4 电力拖动系统稳定运行条件

对于处于稳态运行的电力拖动系统，由于要受到各种干扰的影响，如电网电压的波动、负载转矩的变化等，其结果必然使系统偏离原来的稳态运行点。一旦干扰消除，若系统能够恢复到原来的稳态运行点，则称系统是稳定的；若系统无法恢复到原来的稳态运行点则称系统是不稳定的。

电机拖动系统要能稳定运行，必须使电动机的机械特性与负载的机械特性配合得当，否则系统在运行时会出现不稳定现象。在图 2-22 中，电动机原来运行于 A 点，转速为 n_A，$T_{em}=T_L$；当扰动使转速升高到 n'_A，$T_{em}<T_L$；扰动消失后，电动机进入减速过程；随着转速下降，电磁转矩增大，直到 $T_{em}=T_L$ 为止，电动机回到原来运行点。当扰动使转速下降到 n''_A，$T_{em}>T_L$；扰动消失后，电动机进入加速过程；随着转速上升，电磁转矩减小，直到 $T_{em}=T_L$ 为止，电动机回到原来运行点，可见在 A 点电动机具有稳定性。

图 2-23 则是一种不稳定运行情况。倘若由于某种原因负载转矩瞬时增加至 T''_L，使得转速下降，工作点向着与 T''_L相反的方向移动，电磁转矩 T 减小，使转速不断下降，使负载转矩又恢复到 T_L，工作点也无法回到 A。反之，倘若负载转矩瞬时减小至 T'_L，此时 $T>T'_L$，转速增加，工作点向着与 T'_L相反的方向移动，T 不断增大，转速不断增加，使负载转矩又恢复到 T_L，工作点也无法回到 A，而是继续向上移动，出现“飞车”。可见，在 A 点的运行是不稳定的。

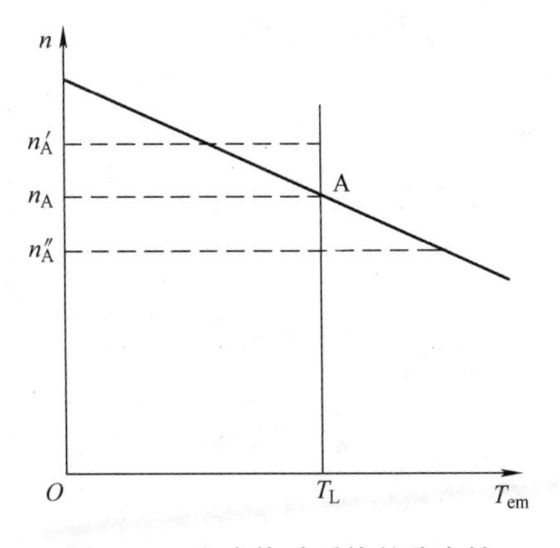

图 2-22 电力拖动系统的稳定性

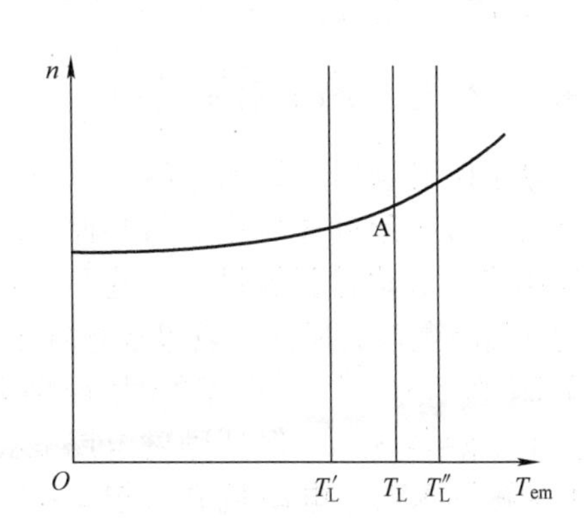

图 2-23 电力拖动系统的不稳定性

由以上分析可见，电力拖动系统的工作点在电动机机械特性与负载特性的交点上，但并非所有的交点都是稳定工作点。就是说，$T_{em}=T_L$ 仅仅是系统稳定运行的一个必要的条件，而不是充分条件。要实现稳定运行，还需电动机机械特性与负载的转矩特性在交点处配合得好。电力拖动系统稳定运行的充要条件如下。

1）必要条件：电动机的机械特性与负载的转矩特性必须有交点，即存在工作点 $T_{em}=T_L$。

2）充分条件：在工作点以上（转速增加时），应有 $T_{em}<T_L$；而在工作点以下（转速减小时），应有 $T_{em}>T_L$。用公式表示为

$$\frac{\mathrm{d}T}{\mathrm{d}n}<\frac{\mathrm{d}T_L}{\mathrm{d}n} \tag{2-30}$$

上述电力拖动系统稳定运行的条件，无论对直流电动机还是对交流电动机都是适用的，具有普遍的意义。

2.4　他励直流电动机的起动和反转

电动机的起动是指电动机接通电源后，使之从静止状态开始旋转直至稳定运行。电动机在起动瞬间的转矩称为起动转矩，起动瞬间的电枢电流称为起动电流，分别用 T_{st} 和 I_{st} 表示。

码 2-6　他励直流电动机的起动和反转

如果他励直流电动机在额定电压下直接起动，由于起动瞬间的转速 $n=0$，电枢电动势 $E_a=0$，所以起动电流为

$$I_{st}=\frac{U_N}{R_a} \tag{2-31}$$

由于电枢回路电阻 R_a 很小，所以直接起动时电枢电流很大，可达额定电流的 10～20 倍。这么大的起动电流将使换向电路的情况恶化，出现强烈火花甚至环火，并使电枢绕组产生很大的电磁力而损坏绕组；过大的起动电流又引起供电电网的电压波动，影响接于同一电网上的其他电气设备的正常工作；如果起动时为额定励磁，则此时的电磁转矩也达到额定转矩的 10～20 倍，过大的转矩冲击也会损坏拖动系统的传动机构。因此，除个别小容量电动机之外，一般直流电动机是不允许直接起动的。为此，在起动时必须限制起动电流，一般要求起动瞬间的电枢电流不超过额定电流的 1.5～10 倍。

为了限制起动电流，他励直流电动机的起动通常采用电枢回路串电阻或降低电压起动。无论哪种方法，起动时都应保证电动机的磁通达到最大值，这是因为在同样的电流下，磁通越大，起动转矩越大；而在同样转矩的条件下，磁通大，起动电流则可以小些。

2.4.1　电枢回路串电阻起动

串电阻起动时，需在电枢回路中串接多级起动电阻，并在起动过程中逐级切除。起动电阻的级数越多，起动过程就越快、越平稳，但所需的控制设备越复杂，所以一般起动电阻分为2～5 级。图 2-24 所示为一个 3 级起动电阻电路图。起动时先合上接触器 KM_f，保证励磁电路先接通；继而合上接触器 KM_a，电动机开始起动；随着转速上升，依次合上 KM_1、KM_2，KM_3，以逐次切除起动电阻 R_{st1}、R_{st2} 和 R_{st3}，使电动机达到稳定转速。

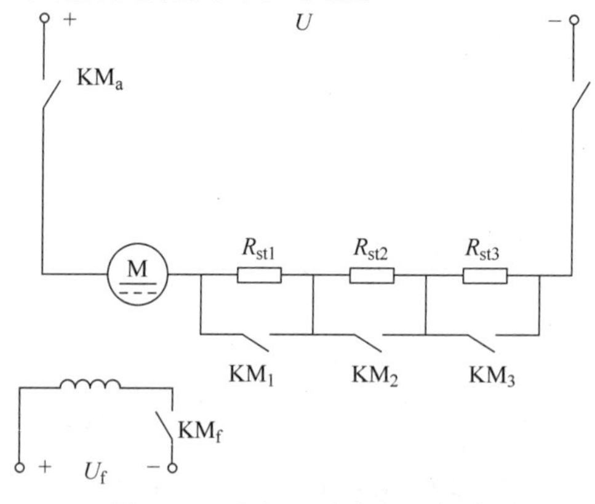

图 2-24　电枢回路串电阻起动

为了限制起动电流在一定的范围，必须保证起动过程中每次冲击电流都不超过电动机容许的最大电流 $I_{st \cdot max}$，一般为 $(1.8 \sim 2.5) I_N$。

下面以图 2-24 的三级起动方法为例来讨论应该如何选择起动电阻大小和切换级数。图 2-25是与图 2-24 对应的起动特性曲线图。

起动时，电动机首先沿着 $R_1 = R_a + R_{st1} + R_{st2} + R_{st3}$ 的机械特性从 a 点升到 A 点。到达 A 点时，使触头 KM_1 接通，电阻 R_{st1} 被短接，电动机的运行点跃变到 B 点，沿 $R_2 = R_a + R_{st2} + R_{st3}$ 的特性升速。当到达 C 点时，触头 KM_2 闭合，R_{st2} 被短接，电枢总电阻为 $R_3 = R_a + R_{st3}$，电动机通过 D 点向 E 点升速。到达 E 点时，触头 KM_3 闭合，R_{st3} 被短接，电枢电路只有电枢电阻 R_a，这时电动机沿着固有机械特性从 F 点上升，当 $T_{em} = T_L$ 时，电动机在 W 点稳定运行。

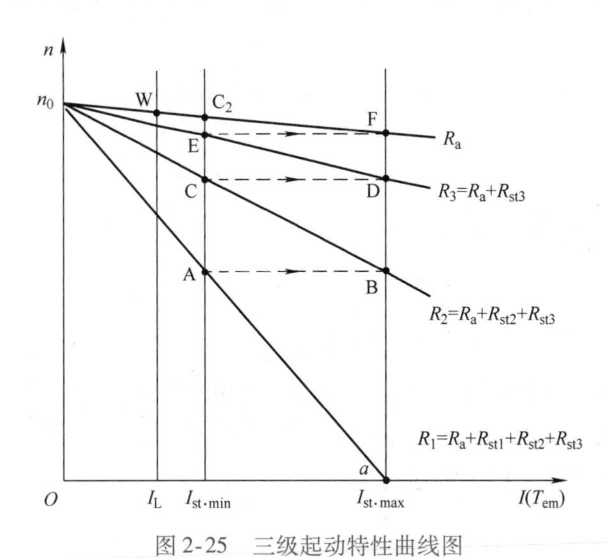

图 2-25　三级起动特性曲线图

2.4.2　减压起动

当直流电源电压可调时，可采用减压方法起动。起动时，以较低的电源电压起动电动机，起动电流随电源电压的降低而成正比地减小。随着电动机转速的上升，反电动势逐渐增大，再逐渐提高电源电压，使起动电流和起动转矩保持在一定的数值上，可按需实现电动机转速按一定加速度上升。其接线原理和起动工作特性如图 2-26 所示。

减压起动需专用电源，设备投资较大，但它起动平稳，起动过程能量损耗小，因此得到广泛应用。

2.4.3　他励直流电动机的反转

要使电动机反转，必须改变电磁转矩的方向，而电磁转矩的方向由磁通方向和电枢电流的方向决定。所以，只要将磁通或电枢电流任意一个参数改变方向，电磁转矩即可改变方向，实现电动机的反转。具体做法是：将励磁绕组接到电源的两端对调，或者将电枢绕组接到电源的两端对调。需要注意的是由于他励直流电动机的励磁绕组匝数多、电感大，励磁电流从正向额定值到反向额定值的时间长，反向过程缓慢，而且在励磁绕组反接断开瞬间，绕组中将产生很大的自感电动势，可能造成绝缘击穿，所以实际应用中大多采用改变电枢电压极性的方法来实现电动机的反转。但在电动机容量很大、对反转速度变化要求不高的场合，为了减小控制电器的容量，可采用改变励磁绕组极性的方法实现电动机的反转。

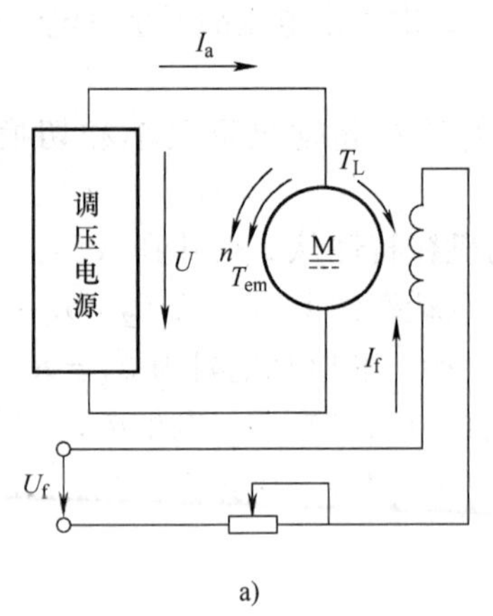

a)

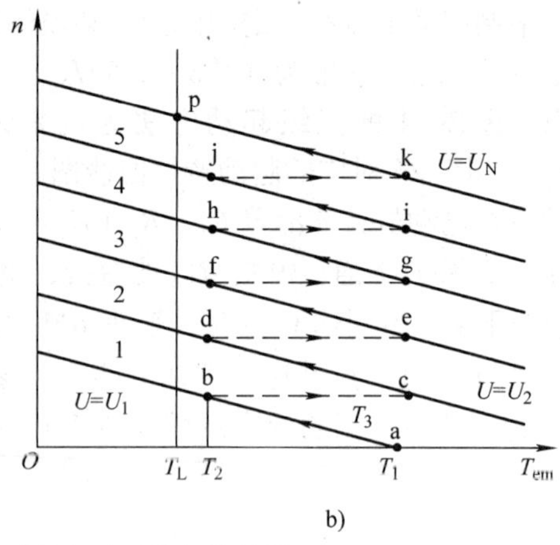

b)

图 2-26　他励直流电动机减压起动时的机械特性

a）接线图　b）机械特性

2.5　他励直流电动机的调速

码 2-7　他励直流电动机的调速

为了提高生产率、保证产品质量或节约能源，需要许多生产机械在生产过程中有不同的运行速度。人为地改变电动机的参数（如他励电动机的端电压、励磁电流或电枢回路串电阻），使同一个机械负载得到不同的转速，称为电动机调速。为了评价各种调速方法的优缺点，对调速方法提出了一定技术经济指标，称为调速指标。

2.5.1　调速指标

1. 调速范围

调速范围是指电动机在额定负载下能运行的最高转速 n_{max} 和最低转速 n_{min} 之比，用 D 表示，即

$$D=\frac{n_{max}}{n_{min}} \tag{2-32}$$

针对不同的生产机械其电动机的调速范围不同。要扩大调速范围，必须提高 n_{max} 和降低 n_{min}。电动机的最高转速受电动机的机械强度、换向条件等方面的限制，而最低转速受到低速运行时转速的相对稳定性的影响。

2. 静差率

当系统在某一转速下运行时，负载由理想空载变到额定负载时所对应的转速降落 Δn_N 与理想空载转速 n_0 之比，称为静差率 s，即

$$s=\frac{\Delta n_N}{n_0}\times 100\% \tag{2-33}$$

显然，静差率表示调速系统在负载变化下转速的稳定程度，它和机械特性的硬特性有关，特性越硬，静差率越小，转速的稳定程度就越高。

然而静差率与硬特性又是有区别的。一般变压调速系统在不同转速下的机械特性是互相平行的，如图 2-27 中的两条特性曲线，两者的硬度相同，额定速降相等，但它们的静差率却不同，因为理想空载转速不一样。这就是说，对于同样硬特性，理想空载转速越低时，静差率越

大，转速的相对稳定性也就越差。

在直流电动机调压调速系统中，n_{max} 就是电动机的额定速度 n_N，若额定负载时的转速降落为 Δn_N，则系统的静差率应该是最低转速时的静差率，即

$$s=\frac{\Delta n_N}{n_{0\cdot min}} \tag{2-34}$$

而额定负载时的最低转速为

$$n_{min}=n_{0\cdot min}-\Delta n_N \tag{2-35}$$

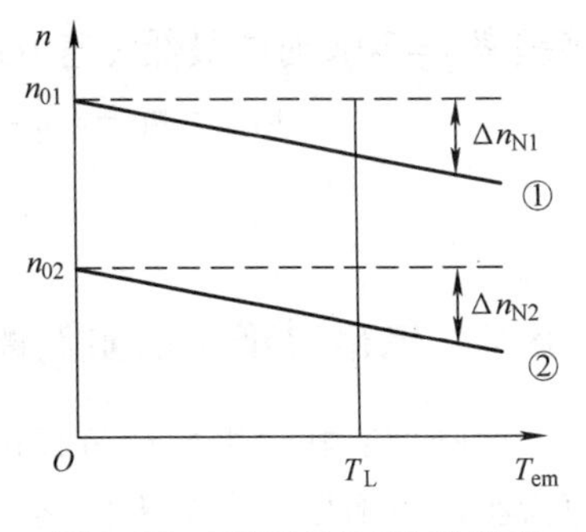

图 2-27　不同转速下的静差率

考虑到式（2-34），式（2-35）可以写成

$$n_{min}=\frac{\Delta n_N}{s}-\Delta n_N=\frac{\Delta n_N(1-s)}{s} \tag{2-36}$$

而调速范围为

$$D=\frac{n_{max}}{n_{min}}=\frac{n_N}{n_{min}} \tag{2-37}$$

将式（2-36）代入式（2-37），得

$$D=\frac{n_N s}{\Delta n_N(1-s)} \tag{2-38}$$

式（2-38）表达了调速范围 D、静差率 s 和额定速降 Δn_N 之间应满足的关系。对于同一个调速系统，其硬特性或 Δn_N 值是一定的，如果对静差率的要求越严（即 s 值越小），系统允许的调速范围 D 就越小。

$$D=\frac{n_{max}}{n_{min}}=\frac{n_{max}}{n_{0min}-\Delta n_N}=\frac{n_{max}}{\dfrac{\Delta n_N}{s}-\Delta n_N}=\frac{n_{max}s}{\Delta n_N(1-s)} \tag{2-39}$$

D 与 s 相互制约；s 越小，D 越小，相对稳定性越好；在保证一定的 s 指标的前提下，要扩大 D，须减少 Δn，即提高硬特性。

3. 调速的平滑性

在一定的调速范围内，调速的级数越多，调速越平滑。相邻两级转速之比为平滑系数，即

$$\phi=\frac{n_i}{n_{i-1}} \tag{2-40}$$

ϕ 越接近 1，平滑性越好，当 $\phi=1$ 时，则称为无级调速，即转速可以连续调节。调速不连续时，级数有限，则称为有级调速。

4. 调速的经济性

主要指调速设备的投资、运行效率及维修费用等。

【例 2-2】 某台他励直流电动机有关数据为：$P_N=60\text{kW}$，$U_N=220\text{V}$，$I_N=305\text{A}$，$n_N=1000\text{r/min}$，电枢回路总电阻 $R_a=0.04\Omega$，电枢回路串电阻调速。当静差率 $s\leqslant30\%$ 时，求电动机的调速范围 D。

解：由已知条件得理想空载转速

$$n_0=\frac{U_N}{C_E\Phi_N}=\frac{U_N n_N}{U_N-I_N R_a}=\frac{220\times1000}{220-305\times0.04}\text{r/min}=1058.7\text{r/min}$$

静差率 $s=30\%$ 时的最低转速由式（2-35）可得

$$n_{\min}=n_0-sn_0=(1058.7-30\%\times1058.7)\ \text{r/min}=741.1\text{r/min}$$

$$D=\frac{n_{\max}}{n_{\min}}=\frac{n_N}{n_{\min}}=\frac{1000}{741.1}=1.35$$

2.5.2 电枢回路串电阻调速

他励直流电动机拖动负载运行时，保持电源电压及磁通为额定值不变，在电枢回路中串入不同的电阻时，可使电动机运行于不同的转速，如图 2-28 所示。该图中负载是恒转矩负载。未串电阻时，工作点为 A 的转速为 n_N，电枢回路中串入电阻 $R_{\Omega1}$ 后，工作点 A 就经由 A′变成了 B，转速降为 n_1。从图中可以看出，串入电阻值越大，稳态转速就越低。

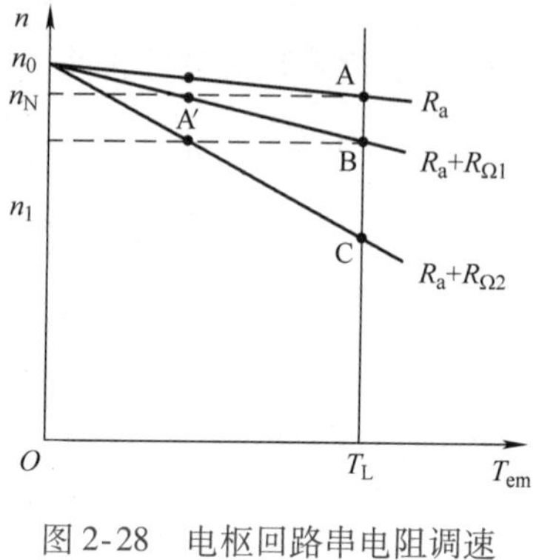

图 2-28　电枢回路串电阻调速

电枢串电阻调速的特点：

1）串入电阻后转速只能降低，由于机械特性变软，静差率变大，特别是低速运行时，负载稍有变动，电动机转速波动大，因此调速范围受到限制。

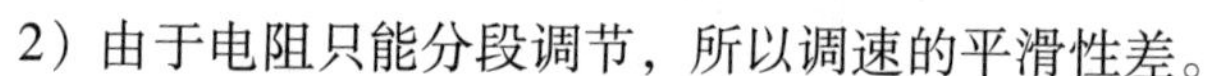

2）由于电阻只能分段调节，所以调速的平滑性差。

3）由于电枢电流大，调速电阻消耗的能量较多，不够经济。

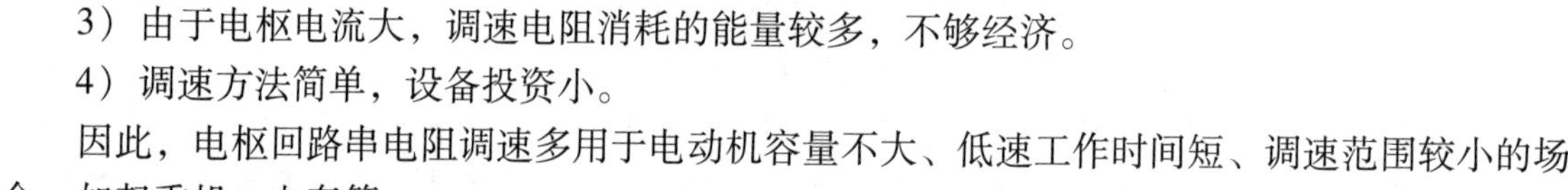

4）调速方法简单，设备投资小。

因此，电枢回路串电阻调速多用于电动机容量不大、低速工作时间短、调速范围较小的场合，如起重机、电车等。

2.5.3 降低电源电压调速

电动机的工作电源电压不允许超过额定电压，因此电枢电压只能在额定电压以下进行调节，即减压调速。如图 2-29 所示，图中负载是恒转矩负载。原来工作点 A 的转速为 n_N，当电压降至 U_1 后，工作点 A 就经由 A′变成了 B，转速降为 n_1。可以看出，电源电压降低越多，稳态转速也越低。

减压调速的特点：

1）无论高速还是低速，机械特性硬度不变，调速性能稳定，故调速范围广。

2）电源电压能平滑调节，故调速平滑性好，可达到无级调速。

3）降压调速是通过小输入功率来降低转速的，损耗小，调速经济性好。

4）调压电源设备较复杂。

因此，减压调速被广泛地应用于对起动、制动和调速性能要求较高的场合，如龙门刨床、轧钢机等。

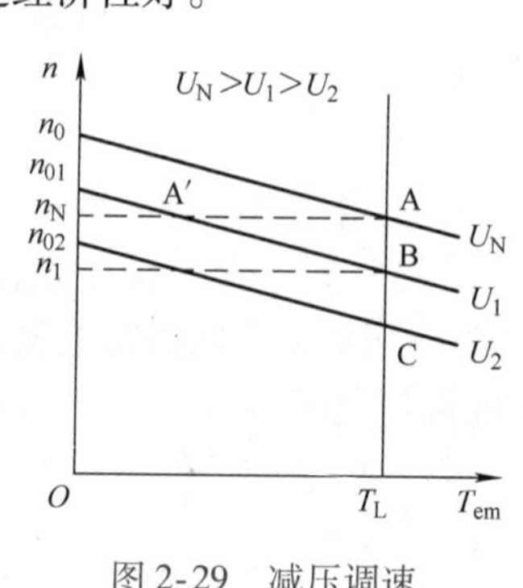

图 2-29　减压调速

2.5.4 弱磁调速

为了充分使用电动机，一般设计电机时，把铁心接近饱和时的磁通作为额定磁通 Φ_N。若再增加励磁电流，磁通能增加的部分已经不多了。故只能采用减弱磁通的方法来达到调速的目的，称为弱磁调速。如图 2-30 所示，负载是恒转矩负载，原来工作点为 A 的转速为 n_N，当磁通降至 Φ_1 后，工作点 A 就经由 A′ 变成了 B，转速升为 n_1。可以看出，电动机以新的较高的转速稳定运行。

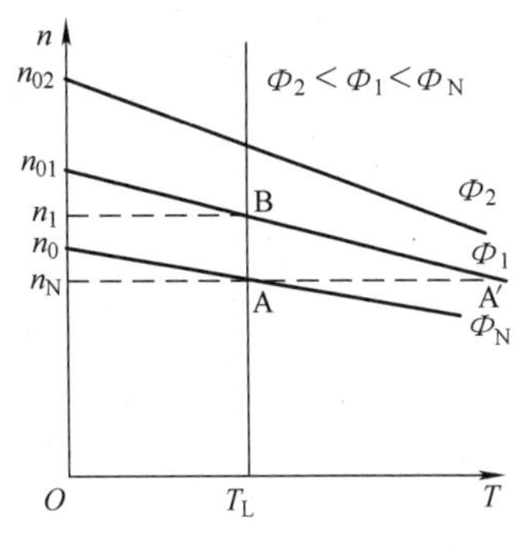

图 2-30　弱磁调速

弱磁调速的特点：

1）弱磁调速机械特性较软，受电动机换向条件和机械强度的限制，转速增幅不能太大。

2）调速平滑，可以无级调速。

3）适合于功率较小的励磁回路，能量损耗小。

4）控制方便，控制设备投资少。

2.6　他励直流电动机的制动

使电动机产生一个与转向相反的电磁转矩完成系统的快速停车（或降速）或位能负载的稳速下放，称为电动机的制动运行。其特点是，它从轴上吸收机械能并将其转换成电能（消耗在电动机内部或反馈电网），其电磁转矩 T_{em} 与转速 n 方向相反，是制动性质。

码 2-8　他励直流电动机的制动

电力拖动系统中，电动机经常需要工作在制动状态，例如需要快速停车，或者稳定下放重物等情况。他励直流电动机电气制动有能耗制动、反接制动和回馈制动三种。

2.6.1　能耗制动

能耗制动时把正在电动运行的他励直流电动机的电枢从电网上切除，并将其接到一个外加的制动电阻上构成闭合回路。如图 2-31 是能耗制动的接线图，当接触器 KM_1 闭合，转矩 T 与转速 n 相同方向，电枢电流与反电势方向相反，各方向如图 2-31a 中实线所示，此时，电动机运行在电动状态。当需要制动时，将接触器 KM_1 断开，接触器 KM_2 闭合，电枢脱离电源被接到制动电阻 R_B 上，电动机便进入能耗制动状态。此时，由于机械惯性的作用，电动机的转速方向不变，则电枢电动势 E_a 方向也不变，此时由回路中的唯一电源 E_a 产生的电枢电流 I_a，其方向显然与此前相反（如图中虚线所示），由此而产生的电磁转矩 T 也与电动状态时相反，变为制动转矩（如图中虚线所示），于是电动机处于制动运行。制动运行时，电动机靠生产机械惯性力的拖动而发电，将生产机械储存的动能转换成电能，并消耗在电阻上，直到电动机停止转动为止，所以这种制动方式称为能耗制动。

能耗制动时，电动机拖动反抗性负载运行在象限 Ⅰ 特性的 A 点上，如图 2-31b 所示，开始制动的瞬间，转速尚未变化，原来电动状态的反电动势 $E_a=C_E\Phi n$ 变为电源电动势，使电流反向（与电动机状态相比），产生制动性的电磁转矩 T_{em}，运行点从 A 点跳到象限 Ⅱ 的 B 点。此时，电枢电流为

$$I_a=\frac{-E_a}{R_a+R_B}=-\frac{C_E\Phi_N}{R_a+R_B}n \tag{2-41}$$

此时电枢电流 I_a 为负值，表示电流方向与电动状态时相反，相应的电磁转矩也为负，表明此时电磁转矩 T_{em} 与 n 反方向，为制动转矩。R_B 的值越小，I_a 越大，T_{em} 越大，制动效果越好。其机械特性方程式为

$$n=-\frac{R_a+R_B}{C_EC_T\Phi^2}T_{em} \tag{2-42}$$

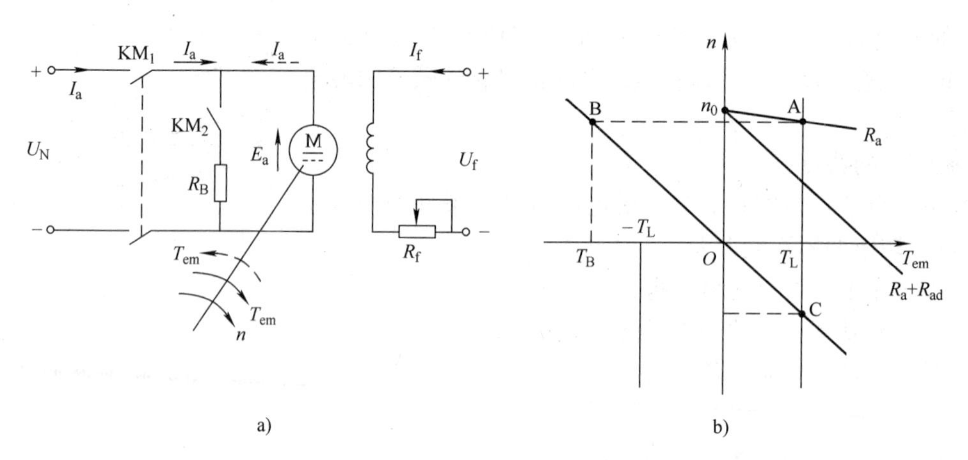

图 2-31　能耗制动

a）接线图　b）机械特性

若电动机拖动反抗性负载，则工作点到达 0 点时，$n=0$，$T_{em}=0$，电动机便停转。若电动机拖动位能性负载，则工作点到达 0 点时，虽然 $n=0$，$T_{em}=0$，但在位能负载的作用下，电动机反转并加速，工作点将沿曲线 0C 方向移动。此时 E_a 的方向随 n 的反向而反向，即 n 和 E_a的方向均与电动状态时相反，而 E_a 产生的 I_a方向却与电动状态时相同，随之 T_{em}的方向也与电动状态时相同，即 $n<0$，$T_{em}>0$，电磁转矩仍为制动转矩。随着反向转速的增加，制动转矩也不断增大，当制动转矩与负载转矩平衡时，电动机便在某一转速下处于稳定的制动状态运行，即匀速下放重物，如图 2-31b 的 C 点。

能耗制动具有以下几个特点：

1）能耗制动是将系统的动能或位能转换为电能，消耗在电枢电阻和制动电阻上，其制动电阻愈小，制动时间愈短。机械特性为一条过原点的直线。

2）制动过程中，随着转速下降，制动转矩 T_{em}逐渐减小，制动效果逐渐减弱。若为了使电动机能更快地停转，可以在转速到一定程度时，切除一部分制动电阻，使制动转矩增大，从而加强制动作用。

3）可用于位能负载的低速下放。

2.6.2　反接制动

反接制动分为电压反接制动和倒拉反转反接制动两种。

1. 电压反接制动

如图 2-32a 所示，当电动机工作在电动状态时，接触器触头 KM_1 闭合，KM_2 断开，电动机稳定运行于 A 点上。反接制动时，KM_1 断开，KM_2 闭合，则电动机两端电压极性改变，在制动开始的一瞬间，电动机由于惯性转速来不及变化，使得 U 与 E 方向一致，且电枢电流$I_a=-\dfrac{U+E_a}{R_a}$。这个电流几乎为直接起动电流的两倍，必须串联制动电阻 R_B以限制制动电流。反向的电枢电流产生很大的反向电磁转矩，从而产生很强的制动作用，这就是电压反接制动。此时电动机的机械特性方程为

$$n=\frac{U}{C_E\Phi}-\frac{R_a+R_B}{C_EC_T\Phi^2}T_{em} \tag{2-43}$$

电压反接制动机械特性为图 2-32b 中的 BC 线段。

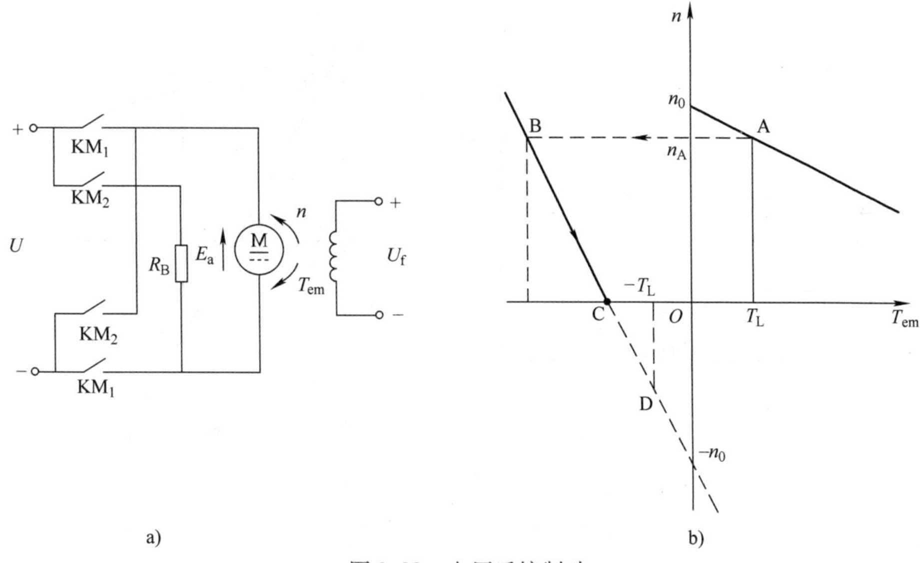

图 2-32　电压反接制动

a）接线图　b）机械特性

当转速下降到 C 点时 $n=0$，但制动的电磁转矩 $T_{em}\neq0$，如果负载是反抗性负载，且 $|T_{em}|\leqslant|T_L|$ 时，电动机便停止不转。如果 $|T_{em}|>|T_L|$ 时，这时在反向转矩作用下，电动机将反向起动，并沿特性曲线加速到 D 点，进入反向电动状态下稳定运行。当制动的目的为停车时，那么在电动机转速接近于零时，必须立即断开电源。电压反接制动时，电动机同时从电网和电机轴上吸收电能和机械能，这些能量全部消耗在电枢回路电阻（R_a+R_B）上，不符合经济性要求。但这种制动方法效果强，制动时间短，常常应用于需要经常起动、频繁正反转的机械上，如起重机的平移机构和龙门刨床工作台的往复运行等。

2. 倒拉反转反接制动

倒拉反转反接制动只适用于位能性恒转矩负载。现以起重机下放重物为例来说明。当电动机提升重物时，KM_1 和 KM_2 闭合，电动机运行在机械特性的 A 点的电动状态运行，如图 2-33b 所示。下放重物时，KM_2 断开，电枢回路中串入一个较大的电阻 R_B，因转速不能突变，所以工作点由固有特性上的 A 点沿水平跳跃到人为特性上的 B 点，此时电磁转矩 T_{em}小于负载转矩 T_L；于是电动机开始减速，工作点沿人为特性由 B 点向 C 点变化，到达 C 点即 $n=0$，电磁转矩为堵转转矩 T_K；因 T_K仍小于负载转矩 T_L，所以在重物的重力作用下电动机将反向旋转，即下放重物。因为励磁不变，所以 E_a 随 n 的方向而改变方向，由图可以看出 I_a 的方向不变，故 T 的方向也不变。这样，电动机反转后，电磁转矩为制动转矩，电动机处于制动状态，其机械特性如图中 CD 段所示。随着电机反向转速的增加，E_a 增大，电枢电流 I_a 和制动的电磁转矩 T_{em}也相应增大；当到达 D 点时，电磁转矩与负载转矩平衡，电动机便以稳定的转速匀速下放重物。若电动机串入的 R_B越大，最后稳定的转速越高，下放重物的速度也越快。

电枢回路串入较大的电阻后电动机出现的反转制动运行，主要是位能负载的倒拉作用实现的，又因为此时的 E_a 与 U 也顺向串联，共同产生电枢电流，这一点与电压反接制动相似，因此把这种制动称为倒拉反转反接制动。

倒拉反转反接制动时的机械特性方程式就是电动状态时电枢回路串电阻的人为特性方程式，只不过此时电枢串入的电阻值较大，使得 $n<0$。因此，倒拉反转反接制动特性曲线是电动状态电枢回路串电阻人为特性在第四象限的延伸部分。倒拉反转反接制动时的能量关系和电

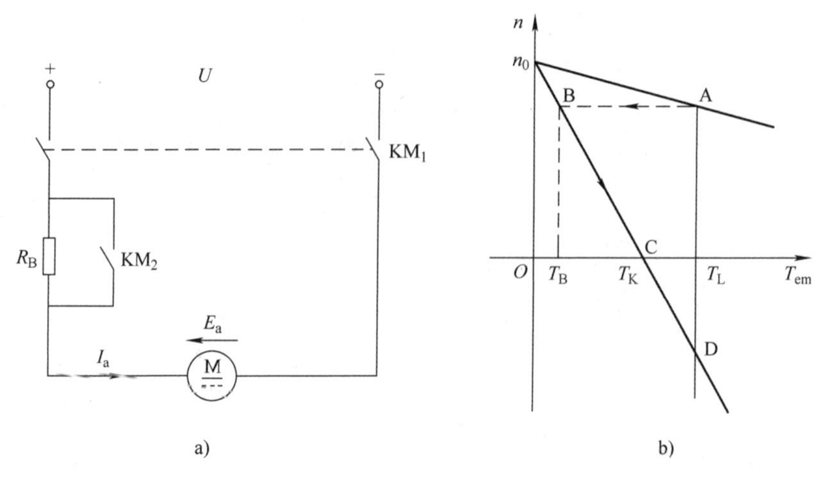

图 2-33　倒拉反转反接制动

a）接线图　b）机械特性

压反接制动时相同。

倒拉反转反接制动的功率关系与电压反接制动的功率关系相同，区别在于电压反接制动时，电动机输入的机械功率由系统储存的动能提供，而倒拉反转反接制动则是由位能性负载以位能减少的形式来提供。倒拉反接制动的特点是设备简单，操作方便，电枢回路串入的电阻较大，机械特性较软，转速稳定性差，能量损耗较大。倒拉反接制动适用于位能性负载低速下放重物。

2.6.3　回馈制动

如果在外力作用下，使得 $n > n_0$，电动机将处于回馈制动状态。此时，$E_a > U$，电动机运行在发电状态，电磁转矩 T_{em} 与转速 n 方向相反，为制动转矩，电动机将机械能转变为电能回馈给电网，故被称为回馈制动。

回馈制动时的机械特性方程式与电动状态时相同，只是运行在特性曲线上不同的区段而已。当电动机拖动机车下坡出现回馈制动时，其机械特性位于第Ⅱ象限，如图 2-34 中的 n_0A 段。当电动机拖动起重机下放重物出现回馈制动时，其机械特性位于第Ⅳ象限，如图 2-34 中的 $-n_0$B 段。图 2-34 的 A 点是电动机处于正向回馈制动稳定运行点，表示机车以恒定的速度下坡。图 2-34 中的 B 点是电动机处于负向回馈制动稳定运行点，表示重物匀速下放。

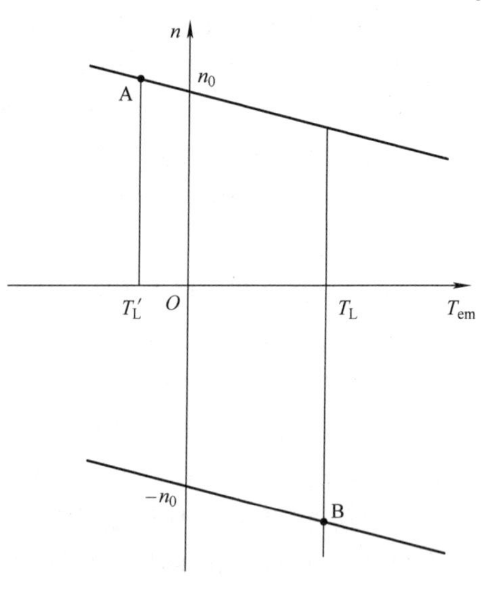

图 2-34　回馈制动机械特性

除以上两种回馈制动稳定运行外，还有一种发生在动态过程中的回馈制动过程。如降低电枢电压的调速过程和弱磁状态下增磁调速过程中都将出现回馈制动过程，下面对这两种情况进行说明。

在图 2-35 中，A 点是以电动状态运行的工作点，对应电压为 U_1，转速为 n_A。当进行减压（U_1 降为 U_2）调速时，因转速不突变，工作点由 A 点平移到 B 点，此后工作点在 Bn_{02} 段上变化过程即为回馈制动过程，它起到了加快电机的减速作用，当转

速到 n_{02} 时，制动过程结束。从 n_{02} 降到 C 点时转速 n_C 为电动状态减速过程。

在图 2-36 中，磁通增大导致工作点变化的情况与图 2-34 相同，其工作点在 Bn_{02} 段上变化时也为回馈制动过程。

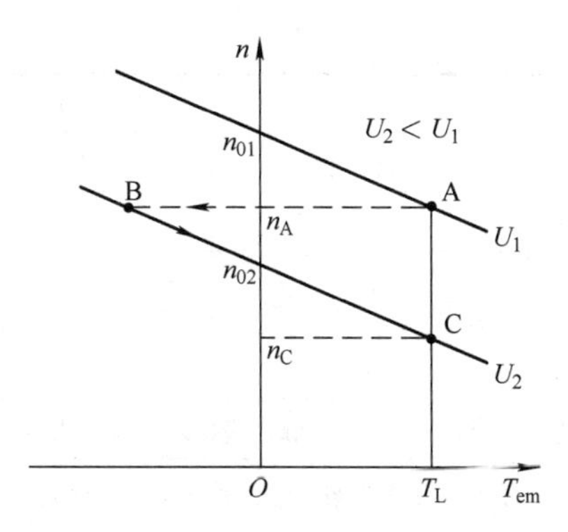

图 2-35　减压调速时产生回馈制动

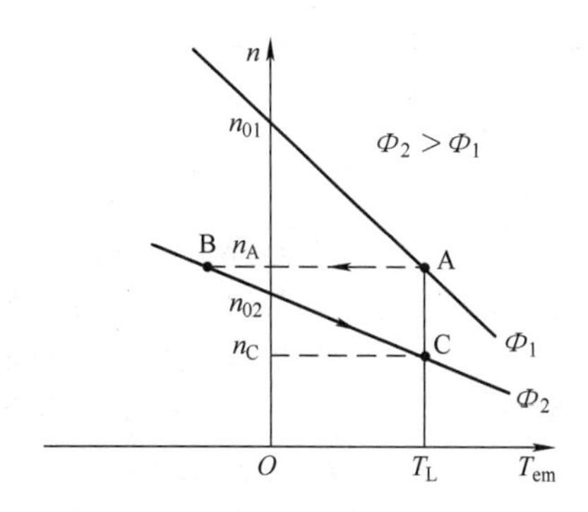

图 2-36　增磁调速时产生回馈制动

回馈制动时，由于有功率回馈到电网，因此与能耗制动和反接制动相比，回馈制动是比较经济的。

【例 2-3】　一台他励直流电动机 $P_N = 3kW$，$U_N = 110V$，$I_N = 35.2A$，$n_N = 750r/min$，$R_a = 0.35\Omega$，电动机初始工作在额定电动状态下，已知最大允许电枢电流为 $I_{amax} = 2I_N$，试求：

1）采用能耗制动停车时，电枢中应串入多大电阻?

2）采用电压反接制动停车时，电枢中应串入多大电阻?

3）两种制动方法制动时使电动机转速 $n = 0$ 时，电磁转矩各是多大?

4）要使电动机以 $-500r/min$ 的转速下放位能性负载，且 $T = T_N$，采用能耗制动运行时，电枢应串入多大电阻?

解：1）

$$C_e\Phi_N = \frac{U_N - I_N R_a}{n_N} = \frac{110 - 35.2 \times 0.35}{750} = 0.13$$

$$E_a = C_E\Phi_N = 0.13 \times 750V = 97.5V$$

$$R_{c \cdot min} = \frac{E_a}{I_{amax}} - R_a = \left(\frac{97.5}{2 \times 35.2} - 0.35\right)\Omega = 1.035\Omega$$

2）反接制动时，

$$R_{c \cdot min} = \frac{U_N + E_a}{I_{amax}} - R_a = \left(\frac{110 + 97.5}{2 \times 35.2} - 0.35\right)\Omega = 2.597\Omega$$

3）采用能耗制动方法将转速到 $n = 0$ 时，电磁转矩 $T = 0$。

采用电压反接制动方法将转速到 $n = 0$ 时，

$$T = \frac{-U_N \times 9.55 C_E\Phi}{R_a + R_{c \cdot min}} = -\frac{110 \times 9.55 \times 0.13}{2.597 + 0.35} N \cdot m = -46.3N \cdot m$$

4）当 $n = -500r/min$ 时，

$$R_c = \frac{-C_e\Phi_N n}{I_N} - R_a = \left(\frac{0.13 \times 500}{35.2} - 0.35\right)\Omega = 1.5\Omega$$

2.7 任务工单

2.7.1 工作任务：小型直流电动机的拆卸

任务工单				编号：2-1
工作任务	小型直流电动机的拆卸		建议学时	1
班级		学员姓名		工作日期	
任务目标	① 熟悉直流电动机的结构，会正确拆装直流电机； ② 了解直流电动机拆装所需的仪器、设备、工具； ③ 培养创新严谨、认真的习惯和团结互助的精神。			
设备及材料	轴承拉具、活动扳手、铁锤、紫铜棒、木锤、常用电工工具、3V 直流电源、毫伏表、兆欧表等。			
任务分工	项目负责人全面负责任务分配、组员协调，并完成以下任务：总体方案设计，系统安装，管理资产、工具、耗材的发放和收回。			
任务步骤	在拆卸直流电动机前，先用仪表进行整机检查，确定绕组对地绝缘是否良好以及绕组间有无短路、断路或其他故障。并在线头、端盖、刷架等处做好复位标记，要一边拆、一边检查，一边记录。在拆卸中不应使电动机的零件受到损坏。 拆卸步骤如下： ① 拆除直流电动机的接线。 ② 拆除换向器的端盖螺钉、轴承盖螺钉，并取下轴承外盖。 ③ 打开端盖的通风窗，从刷握中取出电刷，再拆下刷杆上的连接线。 ④ 拆卸换向器的端盖时，在端盖边缘处垫上木楔，用铁锤沿端盖的边缘均匀敲击，逐步使端盖止口脱离机座及轴承外圈，取出刷架。 ⑤ 将换向器包好，避免弄脏、碰伤。 ⑥ 拆除轴伸出端的端盖螺钉，将连同端盖的电枢从定子内小心地抽出，以免擦伤绕组。 ⑦ 将连同端盖的电枢放在木架上并包好，拆除轴承端的轴承盖螺钉，取下轴承外盖及端盖。 直流电动机的装配按拆卸的相反顺序操作。			
检查和评估	1）介绍工作中出现的错误、疑难情况及处理办法； 2）自我评价； 自评：□优秀　□良好　□合格 3）提出工作建议或改进办法。			
备注	拆卸中小型直流电动机的注意事项如下：①拆卸前，应使用仪表进行检测，查明绕组对地情况，绕组间有无短路、断线和其他故障，以确定检修范围。②在拆卸过程中边拆卸、边检查、边测量，并做好记录，以便进一步确定检修内容。③拆卸时在线头、端盖、刷架等处做好复位标记，以便修好后进行装配。④测量前检查仪表的量程、极性及其接法，要符合要求。			

2.7.2 工作任务：直流电动机的起动

任务工单				编号：2-2
工作任务	直流电动机的起动		建议学时	1
班级		学员姓名		工作日期	
任务目标	① 了解 GB/T 1311—2008《直流电机试验方法》； ② 熟悉直流电动机的结构和工作原理； ③ 了解直流电机的励磁方式，熟悉直流电机电枢电动势和电磁转矩； ④ 了解他励电动机的接线和起动方法； ⑤ 培养爱岗敬业、诚实守信的态度，和团结互助的协作精神。			

（续）

设备及材料	电源控制屏、导轨、测速发电机及转速表、校正直流测功机、直流并励电动机、直流电压表、毫安表、电流表、三相可调电阻器、电容器、波形测试及开关板、连接导线若干。
任务分工	项目负责人全面负责任务分配、组员协调，并完成以下任务：总体方案设计、系统安装、管理资产、工具、耗材的发放和收回。
任务步骤	1）按图2-37接线。接入直流电流表和直流电压表时注意其正负极性。 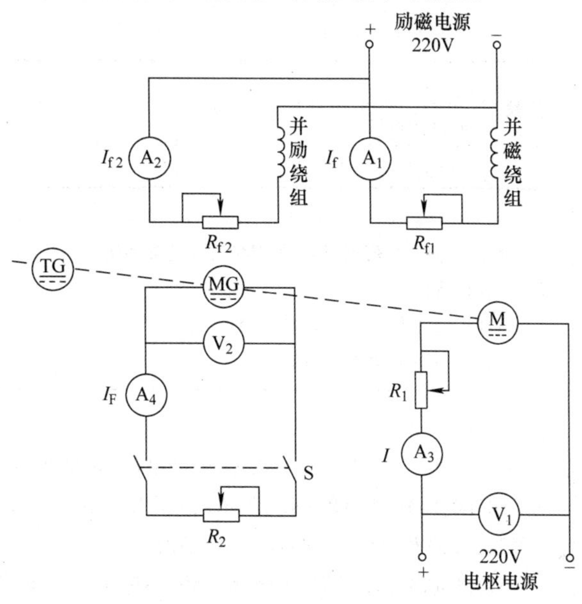 图2-37　直流他励电动机接线图 2）直流他励电动机M用DJ15，其额定功率$P_N=185W$，额定电压$U_N=220V$，额定电流$I_N=1.2A$，额定转速$n_N=1600r/min$，额定励磁电流$I_{fN}<0.16A$。MG为测功机使用，TG为测速发电机。直流电流表用D31。 3）R_{f1}用D44的1800Ω阻值作为直流他励电动机励磁回路串接的电阻。R_{f2}用D42的1800Ω阻值的电阻器，作为MG励磁回路串接的电阻。R_1用D44的180Ω阻值作为直流他励电动机的起动电阻，R_2用D41（90Ω电阻6只串联）和D42（900Ω与900Ω并联电阻）串联作为MG的负载电阻。 4）接好线后，检查M、MG及TG之间是否用联轴器联接。 5）他励直流电动机起动 ① 检查按图2-37的接线是否正确，电表的极性、量程选择是否正确，电动机励磁回路的接线是否牢靠。然后，将电动机电枢串联起动电阻R_1、测功机MG的负载电阻R_2及测功机MG的磁场回路电阻R_{f2}调到最大阻值位置；电动机M的磁场调节电阻R_{f1}调到最小位置，断开开关S，并断开电源控制屏下方靠右的电枢电源开关，作好起动准备。 ② 开启电源控制屏上的电源总开关（注意：开启电源的顺序应该是先开“电源总开关”，然后再按“起动”按钮，接着再开“励磁电源”开关，最后才是“电枢电源”开关；关闭电源时的顺序是先关“电枢电源”，再关“励磁电源”。其操作的详细过程见DDSZ-1型电机及电气技术实验装置交流及直流电源操作说明)，按下电源控制屏上方的“起动”按钮，接通其下方左边的励磁电源开关，观察M及MG的励磁电流值，调节R_{f2}使I_{f2}等于校正值（100mA）并保持不变，再接通控制屏右下方的电枢电源开关，使M起动。 ③ 电动机M起动后观察转速表指针的偏转方向，应为正向偏转，若不正确，可拨动转速表上正、反向开关来纠正。调节控制屏上电枢电源的“电压调节”旋钮，使电动机端电压为220V。减小起动电阻R_1阻值，直至短接。至此，电动机起动完毕。

（续）

任务步骤	④ M 起动正常后，将其电枢串联电阻 R_1 调至零，调节电枢电源的电压为 220V，调节校正直流测功机的励磁电流 I_{f2} 至校正值（50mA 或 100mA），再调节其负载电阻 R_2 和电动机的磁场调节电阻 R_{f1}，使电动机达到额定值：$U=U_N$，$I=I_N$，$n=n_N$。此时 M 的励磁电流 I_f 即为额定励磁电流 I_{fN}。 ⑤ 保持 $U=U_N$，$I_f=I_{fN}$，I_{f2} 为校正值不变的条件下，逐次减小电动机负载。测取电动机电枢输入电流 I_a，转速 n 和校正直流测功机的负载电流 I_F，共取 9～10 组数据，记录于表 2-1 中。

表 2-1　$U=U_N=$　　　V，$I_f=I_{fN}=$　　mA，$I_{f2}=$　　mA 数据记录表

实验数据	I_a/A										
	n/(r/min)										
	I_F/A										

检查和评估	1）介绍工作中出现的错误、疑难情况及处理办法； 2）自我评价； 自评：□优秀　□良好　□合格 3）提出工作建议或改进办法。
备注	注意事项： 1）直流他励电动机起动时，须将励磁回路串联的电阻 R_{f1} 调至最小，再接通励磁电源，使励磁电流最大，同时必须将电枢串联起动电阻 R_1 调至最大，然后方可接通电枢电源，使电动机正常起动。起动后，将起动电阻 R_1 调至零，使电动机正常工作。 2）直流他励电动机停机时，必须先切断电枢电源，然后断开励磁电源。同时必须将电枢串联的起动电阻 R_1 调回到最大值，励磁回路串联的电阻 R_{f1} 调回到最小值。为下次起动做好准备。 3）测量前检查仪表的量程、极性及其接法，要符合要求。 4）若要测量电动机的转矩 T_2，必须将校正直流测功机 MG 的励磁电流调整到校正值（100mA），以便从校正曲线中查出电动机 M 的输出转矩。

2.7.3　工作任务：直流电动机的调速

任务工单　　编号：2-3

工作任务	直流电动机的调速		建议学时	1
班级		学员姓名	工作日期	
任务目标	① 了解直流电动机试验安全操作规程； ② 熟悉他励电动机的接线、起动、改变电动机转向与调速的方法； ③ 通过调速实验熟悉调速方法； ④ 培养认真思考和踏实干事的习惯和团结协作的精神。			
设备及材料	电源控制屏、导轨、测速发电机及转速表、校正直流测功机、直流并励电动机、直流电压表、毫安表、电流表、三相可调电阻器、可调电阻器、电容器、波形测试及开关板、连接导线若干。			
任务分工	项目负责人全面负责任务分配、组员协调，并完成以下任务：总体方案设计，系统安装，管理资产、工具、耗材的发放和收回。			

（续）

任务步骤

按图 2-37 接线，按以下两种方式进行调速实验。

1. 改变电枢端电压的调速

① 直流电动机 M 运行后，将电阻 R_1 调至零，I_{f2} 调至校正值，再调节负载电阻 R_2、电枢电压及磁场电阻 R_{f1}，使 M 的 $U=U_N$，$I=0.5I_N$，$I_f=I_{fN}$，此时记下 MG 的 I_F 值。

② 保持此时的 I_F 值（即电动机转矩 T_2 值）和 $I_f=I_{fN}$ 不变，逐次增加 R_1 的阻值，降低电枢两端的电压 U，将 R_1 从零调至最大值过程中，分几次测取电动机的端电压 U，转速 n 和电枢电流 I_a。

③ 共取数据 8 ~9 组，记录于表 2-2 中。

表 2-2　$I_f=I_{fN}=$　　mA，$T_2=$　　N · m 数据记录表

U_a/V									
n/(r/min)									
I_a/A									

2. 改变励磁电流的调速

① 直流电动机运行后，将 M 的电枢串联电阻 R_1 和磁场调节电阻 R_{f1} 调至零，将 MG 的磁场调节电阻 I_{f2} 调至校正值，再调节 M 的电枢电源的调压旋钮和 MG 的负载，使电动机 M 的 $U=U_N$，$I=0.5I_N$，此时记下 I_F 值。

② 保持此时 MG 的 I_F 值（T_2 值）和 M 的 $U=U_N$ 不变，逐次增加 R_{f1} 电阻阻值至 $n=1.3n_N$，每次测取电动机的 n、I_f 和 I_a。共取 7 ~8 组数据记录于表 2-3 中。

表 2-3　$U=U_N=$　　V，$T_2=$　　N · m 数据记录表

n/(r/min)									
I_f/mA									
I_a/A									

检查和评估

1）介绍工作中出现的错误、疑难情况及处理办法；

2）自我评价；

自评：□优秀　□良好　□合格

3）提出工作建议或改进办法。

备注

注意事项与直流电动机的起动任务工单相同

2.7.4　工作任务：测定他励直流电动机回馈制动机械特性

任务工单　　　　编号：2-3

工作任务	测定他励直流电动机回馈制动机械特性		建议学时	1
班级		学员姓名	工作日期	
任务目标	① 绘制直流电动机机械特性曲线； ②测定并绘制他励直流电动机回馈制动的机械特性曲线； ③ 培养积极向上、认真思考、严谨细心的工作习惯；			
设备及材料	电源控制屏、不锈钢电动机导轨、测速系统及数显转速表、直流并励电动机、校正直流测功机、波形测试及开关板、连接导线若干。			
任务分工	项目负责人全面负责任务分配、组员协调，并完成以下任务：总体方案设计，系统安装，管理资产、工具、耗材的发放和收回。			

（续）

任务步骤

下面介绍 $R_2=0$ 时电动机回馈制动状态下机械特性曲线的绘制步骤。

按图 2-38 接线，电动机 M 用 DJ15 的直流并励电动机（接成他励方式），MG 用 DJ23 的校正直流测功机，直流电压表为 V_1、V_2（1000V、D31），直流电流表为 A_1、A_3（200mA、D31）和 A_2、A_4（5A、D31），R_1、R_2、R_3 及 R_4 为调节电阻。

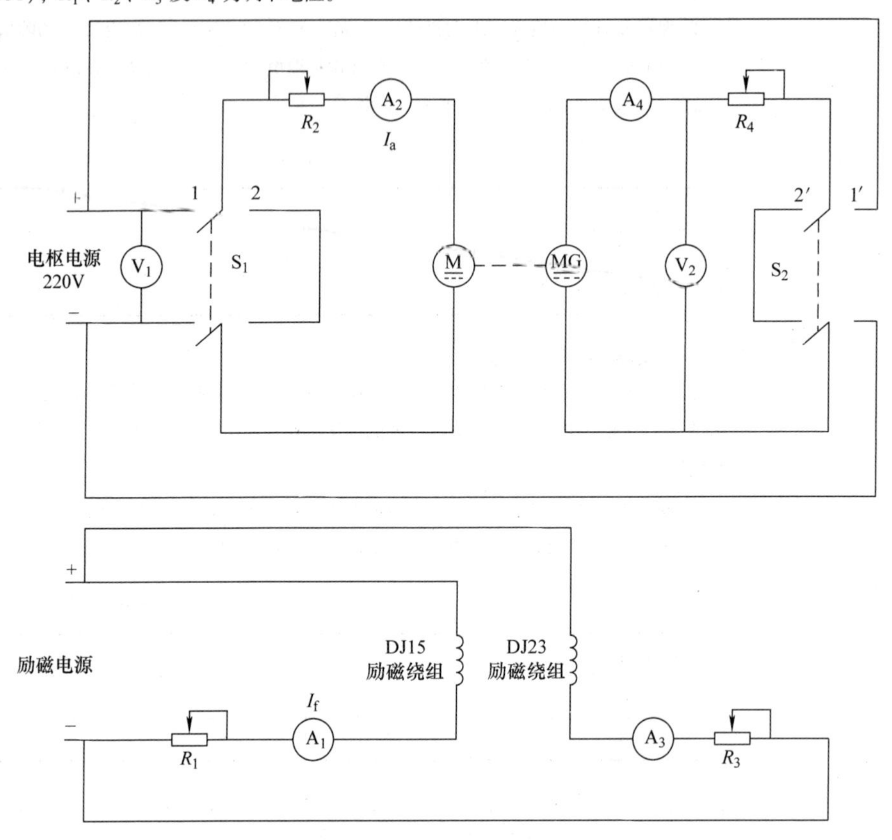

图 2-38　他励直流电动机机械特性测定的实验接线图

① R_1、R_2 分别用 D44 的 1800Ω 和 180Ω 阻值，R_3 用 D42 上 4 只 900Ω 串联（共 3600Ω）阻值，R_4 用 D42（1800Ω）与 D41（6 只 90Ω 串联）串联阻值（2340Ω）。

② 将 R_1 阻值置最小值位置，将 R_2、R_3 及 R_4 阻值置最大值位置。开关 S_1、S_2 选用 D51 挂箱上的对应开关，将 S_1 合向 1 电源端，S_2 合向 2′短接端。

③ 开机时需确保控制屏下方左、右两边的“励磁电源”开关及“电枢电源”开关都必须在断开的位置，然后按次序先开启控制屏上的“电源总开关”，再按下“启动”按钮，随后接通“励磁电源”开关，最后检查 R_2 阻值，确保其阻值在最大值时接通“电枢电源”开关，使他励直流电动机 M 起动并运转。调节“电枢电源”电压至 220V；调节 R_2 阻值至零位置，调节 R_3 阻值，使电流表 A_3 为 100mA。

④ 调节电动机 M 的磁场调节电阻 R_1 阻值，和测功机 MG 的负载电阻 R_4 阻值（先调节 D42 上 1800Ω 档位上的阻值，调至最小后用导线短接）。使电动机 M 的 $n=n_N=1600\text{r/min}$，$I_N=I_f+I_a=1.2\text{A}$。此时他励直流电动机的励磁电流 I_f 为额定励磁电流 I_{fN}。保持 $U=U_N=220\text{V}$，$I_f=I_{fN}$，A3 为 100mA。增大 R_4 阻值，直至空载（拆掉开关 S_2 的 2′上的短接线），测取电动机 M 从额定负载变化至空载范围的 n、I_a，共取 8～9 组数据，并记录于表 2-1 中。

⑤ 在确定 S_2 上短接线拆掉的情况下，把 R_4 调至零值位置（即将 D42 上 1800Ω 档位上的阻值调至零值后用导线短接），再减小 R_3 阻值，使 MG 的空载电压与电枢电源电压值接近相等（在开关 S_2 两端测），并且极性相同，把开关 S_2 合向 1′端。

（续）

任务步骤

⑥ 保持电枢电源电压 $U = U_N = 220V$，$I_f = I_{fN}$，调节 R_3 阻值，使阻值增加，电动机转速升高，当 A_2 的电流值为 0A 时，电动机转速为理想空载转速，继续增加 R_3 阻值，使电动机进入第二象限回馈制动状态运行直至转速约为 1900r/min，测取 M 的 n、I_a。共取 8 ~ 9 组数据记录于表 2-4 中。

表 2-4　$R = 0$ 时电动状态下的机械特征（$U_N = 220V$，$I_{fN} =$　mA）

I_a/A									
n/(r/min)									

⑦ 停机（先关断“电枢电源”开关，再关断“励磁电源”开关，并将开关 S_2 合向到 2′端）。

检查和评估	1）介绍工作中出现的错误、疑难情况及处理办法； 2）自我评价； 自评：□优秀　□良好　□合格 3）提出工作建议或改进办法。
备注	

2.7.5　工作任务：测定他励直流电动机反接制动机械特性

任务工单　　编号：2-4

工作任务	测定他励直流电动机反接制机械特性		建议学时	1
班级		学员姓名	工作日期	
任务目标	① 了解他励直流电动机反接制动的方法和原理； ② 测定并绘制他励直流电动机反接制动的机械特性曲线； ③ 培养诚实守信、爱岗敬业、认真思考、踏实干事的习惯。			
设备及材料	电源控制屏、不锈钢电动机导轨、测速系统及数显转速表、直流并励电动机、校正直流测功机、波形测试及开关板、连接导线若干。			
任务分工	项目负责人全面负责任务分配、组员协调，并完成以下任务：总体方案设计，系统安装，管理资产、工具、耗材的发放和收回。			
任务步骤	下面介绍 $R_2 = 400\Omega$ 时电动机反接制动状态下机械特性曲线的绘制步骤，首先是按图 2-38 接线。 ① 在确保断电条件下，改接图 2-38，R_1 阻值不变，R_2 用 D42 上的 900Ω 与 900Ω 并联，并用万用表将其调定在 400Ω，R_3 用 D44 的 180Ω 阻值，R_4 用 D42（1800Ω 阻值）与 D41 的（6 只 90Ω 电阻串联）串联的阻值（2340Ω）。 ② 转速表 n 置于正向 1800r/min 量程，S1 合向 1 端，S2 合向 2′端（短接线拆掉），把测功机 MG 电枢的两个插头对调，R_1、R_3 置于最小值，R_2 置于 400Ω 阻值，R_4 置于最大值。 ③ 先接通“励磁电源”，再接通“电枢电源”，使电动机 M 起动并运转，在 S2 两端测量测功机 MG 的空载电压极性是否和“电枢电源”的电压极性相反，若极性相反，确保 R_4 阻值在最大值时把 S2 合向 1′端。 ④ 保持电动机的“电枢电源”电压 $U = U_N = 220V$，$I_f = I_{fN}$ 不变，逐渐减小 R_4 阻值（先减小 D44 上 1800Ω 档位的阻值，调至零值后用导线短接），使电动机减速直至为零。把转速表的正、反开关打在反向位置，继续减小 R_4 阻值，使电动机进入“反向”旋转，转速在反方向上逐渐上升，此时电动机工作于反接制动状态，直至电动机 M 的 $I_a = I_{aN}$，测取电动机在Ⅰ、Ⅳ象限的 n、I_a，共取 12 ~ 13 组数据，并记录于表 2-5 中。 ⑤ 停机（必须先关断“电枢电源”，后关断“励磁电源”，再将 S_2 合向到 2′端）。			

（续）

任务步骤

表 2-5　$R_2=400\Omega$ 时电动机反接制动状态下的机械特征（$U_N=220V$，$I_{fN}=$　　mA）

I_a/A												
n/(r/min)												

检查和评估

1）介绍工作中出现的错误、疑难情况及处理办法；
2）自我评价；
自评：□优秀　□良好　□合格
3）提出工作建议或改进办法。

备注

2.7.6　工作任务：测定他励直流电动机能耗制动机械特性

任务工单　　　　编号：2-5

工作任务	测定他励直流电动机能耗制动机械特性			建议学时	1
班级		学员姓名		工作日期	

任务目标	① 了解他励直流电动机能耗制动原理； ② 测定并绘制他励直流电动机能耗制动的机械特性曲线； ③ 培养认真思考、严谨细心、踏实干事的习惯；
设备及材料	电源控制屏、不锈钢电动机导轨、测速系统及数显转速表、直流并励电动机、校正直流测功机、波形测试及开关板、连接导线若干。
任务分工	项目负责人全面负责任务分配、组员协调，并完成以下任务：总体方案设计，系统安装；管理资产、工具、耗材的发放和收回。

任务步骤

下面介绍 $R_2=180\Omega$ 和 $R_2=90\Omega$ 时电动机能耗制动状态下机械特性曲线的绘制步骤，首先按图 2-38 接线。

① R_1 阻值不变，R_2 用 D44 的 180Ω 固定阻值电阻，R_3 用 D42 的 1800Ω 可调电阻，R_4 阻值不变。

② S_1 合向 2 端短接，R_1 置于最大值，R_3 置于最小值，R_4 调定为 180Ω 阻值，S_2 合向 1′端。

③ 先接通“励磁电源”，再接通“电枢电源”，使校正直流测功机 MG 起动并运转，调节“电枢电源”电压为 220V，调节 R_1 使电动机 M 的 $I_f=I_{fN}$，调节 R_3 使电机 MG 励磁电流为 100mA，先减少 R_4 阻值使电机 M 的能耗制动电流 $I_a=0.8I_{aN}$，然后逐次增加 R_4 阻值，其间测取 M 的 I_a、n，共取 8～9 组数据，并记录于表 2-6 中。

④ 把 R_2 调定为 90Ω 阻值，重复上述实验操作步骤 2 和 3，测取 M 的 I_a、n，共取 5～7 组数据，并记录于表 2-7 中。

忽略不变损耗时，可近似认为电动机轴上的输出转矩等于电动机的电磁转矩，他励电动机在磁通 Φ 不变的情况下，其机械特性可以由曲线 $n=f(I_a)$ 来描述。

表 2-6　能耗制动状态下的机械特征（$R_2=180\Omega$，$I_{fN}=$　　mA）

I_a/A								
n/(r/min)								

表 2-7　能耗制动状态下的机械特征（$R_2=90\Omega$，$I_{fN}=$　　mA）

I_a/A								
n/(r/min)								

（续）

检查和评估	1）介绍工作中出现的错误、疑难情况及处理办法； 2）自我评价； 自评：□优秀 □良好 □合格 3）提出工作建议或改进办法。
备注	

小　结

直流电机由定子和转子两大部分组成。定子的主要作用是产生磁场，由机座、主磁极、换向极、端盖、轴承和电刷装置等组成。转子的主要作用是产生电磁转矩和感应电动势，由转轴、电枢铁心、电枢绕组、换向器和风扇等组成。

导体在磁场里运动产生感应电动势；载流导体在磁场里受力。这两个规律是直流电机工作的基础。

直流电机励磁方式可分为他励、并励、串励和复励四种。

直流电机电刷间感应电动势 E_a 的大小与磁通、转速及电机的结构参数都有关：

$$E_a=\frac{N}{2a}e_{av}=\frac{N}{2a}B_{av}lv=\frac{N}{2a}\frac{\Phi}{\tau l}l\frac{2p\tau n}{60}=C_E\Phi n$$

直流电机电磁转矩的大小与磁通、电枢电流及电机的结构参数都有关：

$$T_{em}=\frac{pN_a}{2a\pi}(B_{av}\tau l)I_a=C_T\Phi I_a$$

以电动机来拖动生产机械的生产方式称为电力拖动，规定电磁转矩的正方向与转速正方向相同，负载转矩的正方向与转速方向相反，可得运动方程的实用形式：

$$T_{em}-T_L=\frac{GD^2}{375}\cdot\frac{dn}{dt}$$

直流电动机的机械特性是指电动机处于稳态运行时电动机的转速与电磁转矩之间的关系：$n=f(T_{em})$。当电动机的电压和磁通为额定值且不串联电阻时的机械特性为固有机械特性，而改变电气参数后得到的机械特性称为人为机械特性。

直流电动机的电枢电阻很小，直接起动时电流很大。为了减小起动电流，通常采用电枢串电阻或降低电压的方法来起动电动机。

直流电动机的电力拖动具有良好的调速性能。直流电动机的调速方法有：电枢串电阻调速、降低电源电压调速和弱磁调速。

当电磁转矩与转速方向相反时，电动机处于制动状态。直流电动机有三种制动方式：能耗制动、反接制动和回馈制动。

习　题

1. 填空题

（1）直流电机的励磁方式有________、________、________和________四种形式。

（2）直流电动机________直接起动。

（3）直流电动机的常用的起动方法有________和________。

（4）直流发电机电磁转矩的方向和电枢旋转方向相________，直流电动机电磁转矩的方向和电枢旋转方向相________。

（5）直流电动机减压调速，理想空载转速________，机械特性的斜率________。

（6）直流电动机弱磁调速，理想空载转速________，机械特性的斜率________。

（7）直流电动机带恒转矩负载，若为他励直流电动机时，当电枢电压下降时，其转速________，电枢电流________。

2. 选择题

（1）直流电机的电枢绕组的电势是（　　）。

A. 交流电势　　B. 直流电势　　C. 励磁电势　　D. 换向电势

（2）一台直流发电机，额定功率22kW，额定电压230V，额定电流是（　　）A。

A. 100　　B. 95.6　　C. 94.6　　D. 200

（3）直流电动机结构复杂、价格贵、制造麻烦、维护困难，但是起动性能好、（　　）。

A. 调速范围大　　B. 调速范围小　　C. 调速力矩大　　D. 调速力矩小

（4）直流电动机的各种制动方法中，最节能的方法是（　　）。

A. 反接制动　　B. 回馈制动　　C. 能耗制动　　D. 机械制动

（5）一台并励直流发电机，若转速升高20%，则电势（　　）。

A. 不变　　B. 升高20%　　C. 升高大于20%　　D. 升高小于20%

（6）直流发电机正转时不能自励，反转可以自励，是因为（　　）。

A. 电机的剩磁太弱

B. 励磁回路中的总电阻太大

C. 励磁绕组与电枢绕组的接法及电动机的转向配合不当

D. 电动机的转速过低

（7）直流电动机直接起动时的起动电流是额定电流的（　　）倍。

A. 4～7　　B. 1～2　　C. 10～20　　D. 20～30

（8）并励直流电动机带恒转矩负载，当在电枢回路中串接电阻，工作状态稳定后其（　　）。

A. 电动机电枢电流不变，转速下降

B. 电动机电枢电流不变，转速升高

C. 电动机电枢电流减小，转速下降

D. 电动机电枢电流减小，转速升高

（9）他励直流电动机改变电枢电压调速时，其特点是（　　）。

A. 理想空载转速不变，特性曲线变软

B. 理想空载转速变化，特性曲线变软

C. 理想空载转速变化，特性曲线斜率不变

D. 理想空载转速不变，特性曲线斜率不变

（10）下面哪一项不属于直流电动机的调速方法（　　）。

A. 改变电枢电路电阻　　B. 改变励磁磁通

C. 改变电源电压　　D. 改变磁极对数

（11）直流电动机的转子由电枢铁心、电枢绕组、（　　）、转轴等组成。

A. 接线盒　　B. 换向极　　C. 主磁极　　D. 换向器

（12）直流电动机弱磁调速时，转速只能从额定转速（　　）。

A. 降低一倍　　B. 开始反转　　C. 往上升　　D. 往下降

3. 判断题

（1）直流电动机串多级电阻起动。在起动过程中，每切除一级起动电阻，电枢电流都将突变。（　　）

（2）直流电动机提升位能性负载时的工作点在第Ⅰ象限内，而下放位能性负载时的工作

点在第Ⅳ象限内。 ( )

(3) 直流发电机的转速越高，它的端电压也越高。 ( )

(4) 若直流电机运行在发电机状态，则感应电势大于其端电压。 ( )

(5) 一台直流电机可以运行在发电机状态，也可以运行在电动机状态。 ( )

(6) 直流电机的电磁转矩与电枢电流成正比，与每极合成磁通成反比。 ( )

(7) 在电枢绕组中串接的电阻越大，起动电流就越小。 ( )

4. 问答题

(1) 简述直流电动机的工作原理。

(2) 换向器和电刷在直流电动机中的作用是什么?

(3) 直流电动机的励磁方式有哪几种? 画出其电路。

(4) 直流电动机的电磁转矩与转速的方向相同还是相反?

(5) 如何改变他励直流电动机的转向?

(6) 直流电动机为什么不能直接起动? 如果直接起动会引起什么后果?

(7) 他励直流电动机调速方法有哪几种? 各种调速方法的特点是什么?

(8) 他励直流电动机电气制动有哪几种? 并分析其工作原理。

5. 计算题

(1) 一台他励直流电动机数据为：$P_N = 7.5\text{kW}$，$U_N = 110\text{V}$，$I_N = 79.84\text{A}$，$n_N = 1500\text{r/min}$，电枢回路电阻 $R_a = 0.1014\Omega$，求：①$U = U_N$，$\Phi = \Phi_N$条件下，电枢电流 $I_a = 60\text{A}$ 时转速是多少? ②$U = U_N$条件下，主磁通减少 15%，负载转矩为 T_N且不变时，电动机电枢电流与转速是多少? ③$U = U_N$，$\Phi = \Phi_N$条件下，负载转矩为 $0.8T_N$，转速为 -800r/min，电枢回路应串入多大电阻。

(2) 一台他励直流电动机 $P_N = 17\text{kW}$，$U_N = 185\text{A}$，$n_N = 1000\text{r/min}$，已知电动机最大允许电流 $I_{amax} = 1.8I_N$，电动机拖动 $T_L = 0.8T_N$负载以电动状态运行。

① 若采用能耗制动停车，电枢应串入多大电阻?

② 若采用反接制动停车，电枢应串入多大电阻?

③ 两种制动方法在制动到 $n = 0$ 时的电磁转矩各是多大?

一生择一事，用特高压技术打造中国名片

——大国工匠张国云

张国云，特变电工股份有限公司新疆变压器厂一名绕线工。从一名普通的学徒工到变压器绕线的核心技术员，再到世界首台（套）产品绕制能手，仅用了 8 年时间，他完成了其他企业技术人员 15 年才能够达到的技能水平，成为“全国技术能手”。他择一事终一生，不为繁华易匠心，正是他的不懈努力，充沛的能源才可以畅通无阻地送达，特高压技术已经成为中国的一张亮丽名片。

第3章　交流电动机

交流电机可分为异步电机和同步电机两大类。异步电机主要用作电动机，去拖动各种生产机械。异步电机具有结构简单，制造、使用和维护方便，运行效率高等优点。和同容量的直流电动机相比，异步电动机的重量约为直流电动机的一半，其价格仅为直流电动机的1/3左右；而且异步电动机的交流电源可直接取自电网，用电既方便又经济。所以大部分的工业、农业生产机械，家用电器都用异步电动机作原动机，其单机容量从几十瓦到几千千瓦。我国总用电量的2/3左右是被异步电动机消耗掉的。

3.1　三相异步电动机的结构和工作原理

码3-1　三相异步电动机的结构

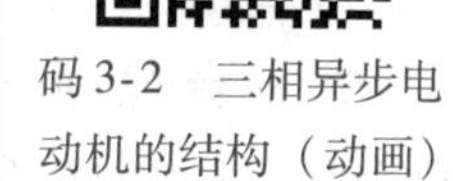

码3-2　三相异步电动机的结构（动画）

3.1.1　三相异步电动机的结构

三相异步电动机按转子结构的不同分为笼型异步电动机和绕线式异步电动机两大类。笼型异步电动机由于结构简单、价格低廉、工作可靠、维护方便，已成为生产上应用最为广泛的一种电动机。绕线式异步电动机由于结构较复杂、价格较高，一般只用于要求调速和起动性能好的场合，如桥式起重机。异步电动机的结构主要由定子和转子两大部分组成。笼型异步电动机和绕线式异步电动机的定子结构基本相同，所不同的只是转子部分。

笼型异步电动机主要部件如图3-1所示。

图3-1　笼型异步电动机主要部件

1. 定子部分

定子部分主要由定子铁心、定子绕组和机壳（含机座和端盖等）三部分组成。

1）定子铁心是电动机磁路的一部分，为减少铁心损耗，一般由0.5mm厚的导磁性能较好的硅钢片叠成，中小型电动机的定子铁心和转子铁心都采用整圆冲片。铁心内圆周上有许多均匀分布的槽，槽内嵌放定子绕组。

2）定子绕组是电动机的电路部分，嵌放在定子铁心内圆的槽内。定子绕组分单层和双层两种，较小功率（10kW以下）的小型异步电动机一般采用单层绕组，较大功率的大中型异步电动机绝大部分采用双层绕组。三相绕组使用绝缘铜线或铝线绕制而成，按一定的规则嵌放在定子槽中。按国家标准，绕组首端用 A、B、C 标注，尾端用 X、Y、Z 标注。这 6 个接线端被引出至接线盒，三相定子绕组可以接成星形（Y）或三角形（△），其接线图如图3-2和图 3-3所示。

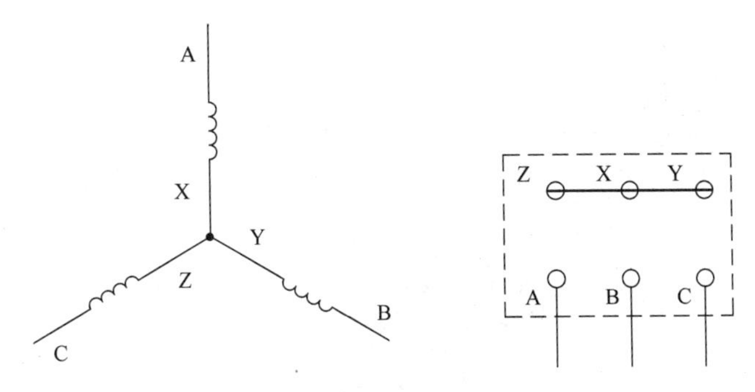

图 3-2　三相定子绕组星形接法

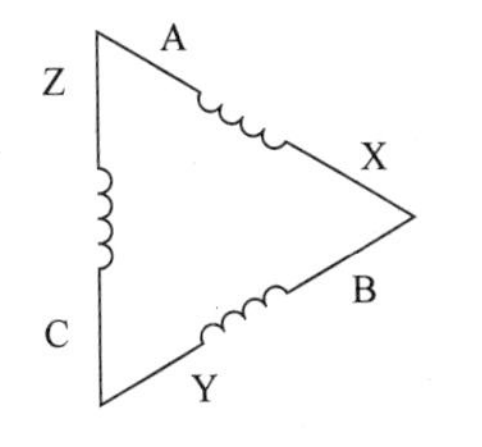

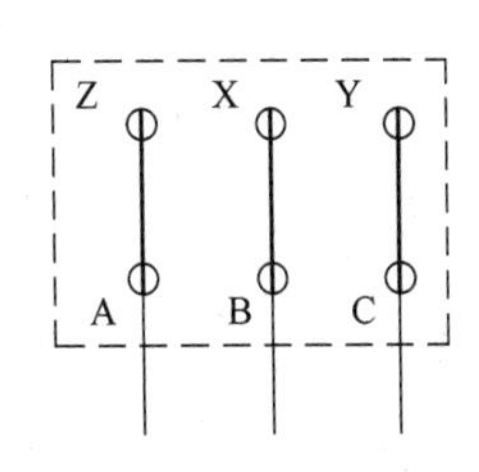

图 3-3　三相定子绕组三角形接法

三相异步电动机定子绕组具体采用哪种接线方式，取决于定子相绕组能承受的电压设计值。一般电源电压为 380V（线电压），如果电动机定子相绕组额定电压是 220V，则定子绕组必须接成星形；如果电动机定子相绕组额定电压是 380V，则应将定子绕组接成三角形。

3）机座用于固定和支撑定子铁心及端盖，具有较强的机械强度和刚度。中、小型异步电动机一般用铸铁机座，较小功率的有些还使用铸或挤压成形的合金铝机座，大型异步电动机的机座则用钢板焊接而成。

2. 转子部分

转子主要由转子铁心、转子绕组和转轴三部分组成。整个转子靠端盖和轴承支撑。

1）转子铁心也是电动机磁路的一部分，由 0.5mm 厚的硅钢片叠压而成。硅钢片外圆周上冲有槽，以便浇铸或嵌放转子绕组。小型异步电动机的转子铁心大都直接安装在转轴上，而中大型异步电动机转子则固定在转子支架上，转子支架再被套装并固定在转轴上。

2）转子绕组的作用是产生感应电动势和电流，并产生电磁转矩，以实现电能与机械能的转换。其结构形式有笼式和绕线式两种。

① 笼式转子绕组。

按制造绕组的材料笼式转子绕组可分为铜条绕组和铸铝绕组。铜条绕组是在转子铁心的每一槽内插入一根铜条，铜条两端各用一个端环焊接起来。铜条绕组主要用在容量较大的异步电动机中。较小容量异步电动机为了节约用铜和简化制造工艺，绕组采用铸铝工艺（将转子槽内的导条以及端环和风扇叶片一次浇铸而成），称为铸铝转子。如果把铁心去掉，绕组就像一个笼子，故称为笼式绕组，如图 3-4所示。由于两个端环分别把每一根导条的两端连接在一起，因此，笼式绕组是一个自行闭合的绕组。

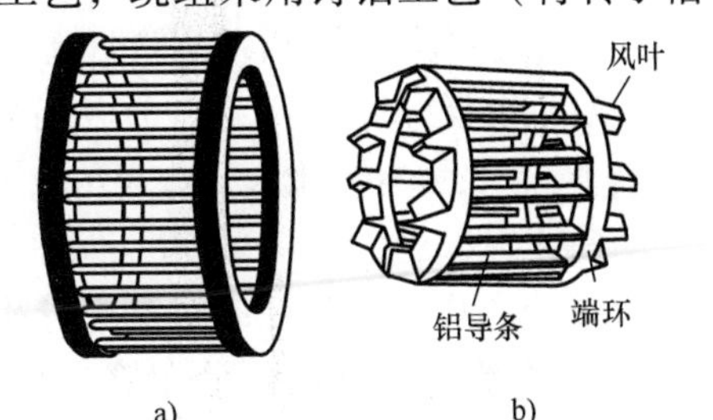

图 3-4　笼式转子绕组结构示意图
a）笼式铜条绕组　b）笼式铸铝绕组

② 绕线式转子绕组。

绕线式转子绕组和定子绕组一样，是由嵌放到转子铁心槽内的线圈按一定规律组成的三相对称绕组。该绕组一般接成星形，三个末端连在一起，三个首端分别与装在转轴上的三个集电环相连接，集电环与转轴绝缘，再经电刷装置引出。当异步电动机起动或调速时，可以串接附加电阻，如图 3-5 所示。

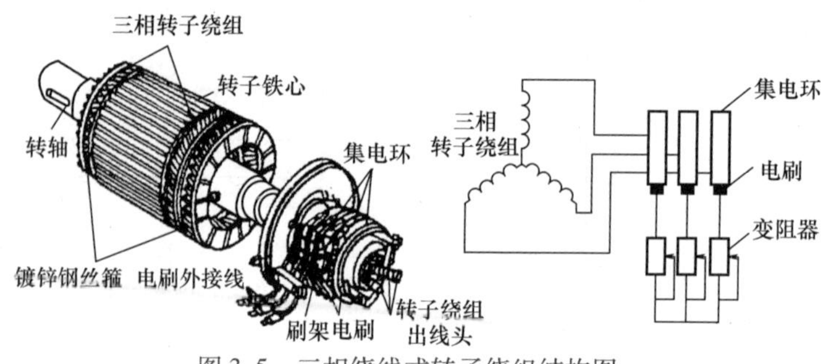

图 3-5　三相绕线式转子绕组结构图

3. 气隙

异步电动机的气隙比同容量直流电动机的气隙要小得多，气隙的大小对异步电动机的运行性能和参数影响较大，气隙越大，励磁电流也就越大，而气隙电流又属于无功性质，从而降低了电动机的功率因数。如果把异步电动机看成变压器，显然，气隙越小，定转子之间的相互感应（即耦合）作用就越好。但也不能太小，否则会使加工和装配困难，运转时定转子之间易发生摩擦。因此，异步电动机的气隙大小往往为机械条件所能允许达到的最小值，中、小型电机气隙一般为 0.2 ~ 1.5mm。

3.1.2　三相异步电动机的基本工作原理与铭牌数据

码 3-3　三相异步电动机的工作原理

码 3-4　三相异步电动机的工作原理（动画）

三相异步电动机的定子绕组接到对称的三相交流电源后，定子绕组中通过对称的三相交流电流后，在电动机内部就会建立起一个恒速旋转的磁场，称为旋转磁场，它是异步电动机工作的基本条件。

1. 旋转磁场

（1）旋转磁场的产生

电流通过每个线圈都要产生磁场，通过三相异步电动机定子绕组的三相交流电流的大小及方向均随时间而变化，那么三个线圈所产生的合成磁场是怎样的呢？这可由每个线圈在同一时刻各自产生的磁场进行叠加而得到。

如果规定电流的正方向从绕组的首端流向末端，那么当各相电流的瞬时值为正值时，电流从该相绕组的首端（A、B、C）流入，从末端（X、Y、Z）流出。当电流的瞬时值为负时，电流从该相绕组的末端流入，而从首端流出。分析时用⊗符号表示电流流入，⊙表示电流流出。

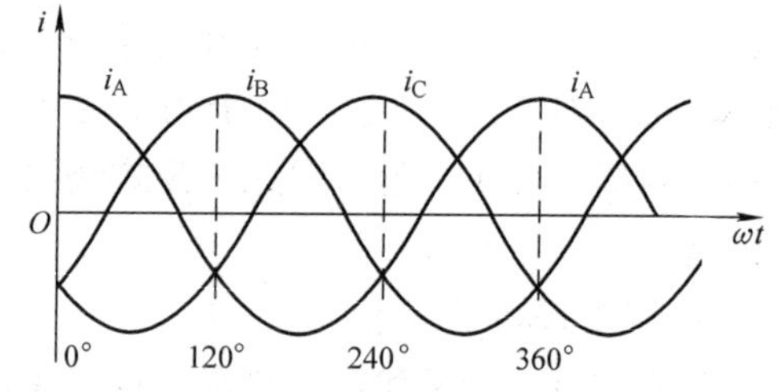

图 3-6　三相对称电流的波形

在图 3-6 中，以 $\omega t = 0°$、$\omega t = 120°$、$\omega t = 240°$、$\omega t = 360°$ 四个特定的时刻来分析。当 $\omega t = 0°$ 时，A 相电流为正且达到最大值，电流从 A 流入，从 X 流出，而 B、C 两相电流为负，分别从 Y、Z 流入，从 B、C 流出，如图 3-7a 所示。根据右手螺

旋定则，可知三相绕组产生的合成磁场的轴线与 A 相线圈的轴线相重合。合成磁场为 2 极磁场，磁场的方向从上向下，上方为 N 极，下方为 S 极。

用同样的方法可以画出 $\omega t = 120°$、$\omega t = 240°$、$\omega t = 360°$ 时的合成磁场情况，分别如图 3-7b、3-7c、3-7d 所示。从中可以发现：当三相对称电流流入三相对称绕组后，所建立的合成磁场，并不是静止不动的，而是旋转的。电流变化一周，合成磁场在空间也旋转一周。若电源的频率为 f，则 2 极磁场每分钟旋转 $60f$ 周，旋转的方向从 A 相绕组轴线转向 B 相绕组轴线再转向 C 相绕组轴线。

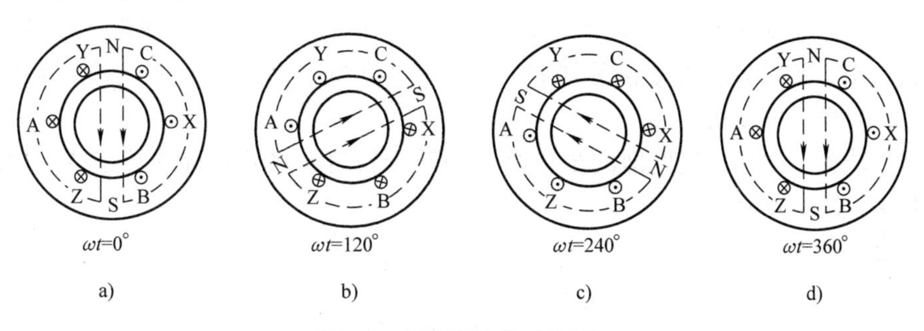

图 3-7　2 极旋转磁场示意图

由上面分析说明，当空间互差 120°的线圈通入对称的三相对称交流电流时，在空间就产生了一个随时间而旋转的磁场。

（2）旋转磁场的转速

如果 A、B、C 三相绕组分别由两个线圈串联组成，产生的合成磁场为 4 极旋转磁场。电流变化一周，磁场仅转过 1/2 周，它的转速为 2 极旋转磁场转速的 1/2。依次类推，当电机的极数为 $2p$ 时，旋转磁场的转速为 2 极磁场转速的 $1/p$，即每分钟转 $60f/p$ 周。旋转磁场的转速被称为同步转速，以 n_1（单位为 r/min）表示。即

$$n_1 = \frac{60f}{p} \tag{3-1}$$

（3）旋转磁场的转向

由图 3-7 中可以看出，当通入三相绕组中电流的相序为 $i_A—i_B—i_C$，旋转磁场在空间是沿绕组 A—B—C 方向旋转的，即按顺时针方向旋转。如果把通入三相绕组中的电流相序任意调换其中两相，例如，调换 B、C 两相，此时通入三相绕组电流的相序为 $i_A—i_B—i_C$，通过分析可得旋转磁场按逆时针方向旋转。由此可见，旋转磁场的方向是由三相电流的相序决定的，即把通入三相绕组中的电流相序任意调换其中的两相，就可改变旋转磁场的方向。

2. 三相异步电动机的工作原理

（1）三相定子绕组通入三相对称电流后产生旋转磁场

图 3-8 所示为一台三相笼型异步电动机，设磁场沿逆时针方向旋转。该磁场的磁力线通过定子铁心、气隙和转子铁心而闭合。

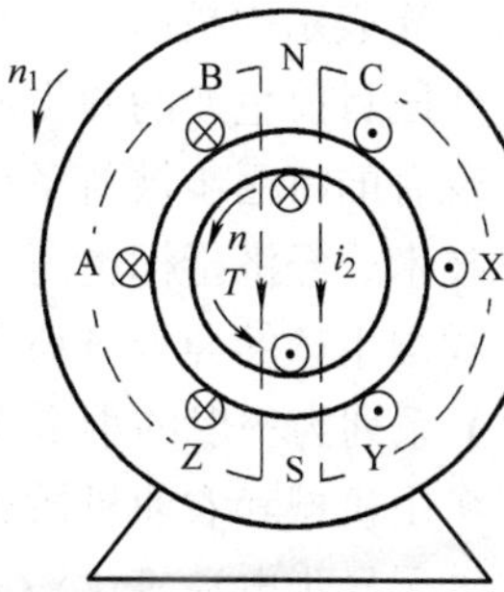

图 3-8　三相笼型异步电动机工作原理示意图

（2）转子绕组切割磁场产生感应电动势和感应电流

由于静止的转子绕组与定子旋转磁场存在相对运动，转子槽内的导体切割定子磁场而感应出电动势，该电动势的方向可根据右手定则确定。由于转子绕组为闭合回路，在转子电动势的作用下，转子绕组中就有电流通过，如不考虑电流与电动势的相位差，则电动势的瞬时方向就是电流的瞬时方向。

（3）转子电流在磁场中受电磁力而产生电磁转矩

根据电磁力定律，载流转子导体在旋转磁场中必然会受到电磁力，电磁力的方向可用左手定则确定。所有转子导体受到的电磁力相对转轴便形成一个逆时针方向的电磁转矩。由此可知，电磁转矩的方向与旋转磁场的方向一致。于是转子在电磁转矩作用下，便沿着旋转磁场的方向旋转起来。如果转子与生产机械连接，则转子受到的电磁转矩将克服负载转矩而做功，从而实现了电能与机械能的转换。

由于转子的旋转方向和旋转磁场的方向是一致的，如果转子的转速 n 等于旋转磁场的转速即同步转速 n_1，它们之间将不再有相对运动，转子导体就不能切割磁场而产生感应电动势、电流和电磁转矩。所以异步电动机的转速 n 总是略小于同步转速 n_1，即与旋转磁场“异步”地转动，故称为异步电动机。

转子与旋转磁场的相对速度即同步转速 n_1 与转子转速 n 之差被称为转差 Δn。Δn 与 n_1 之比称为转差率，用 s 表示，即

$$s=\frac{n_1-n}{n_1}\times 100\% \tag{3-2}$$

由式（3-1）和式（3-2）可得三相异步电动机的转速为

$$n=(1-s)n_1=(1-s)\frac{60f}{p}$$

转差率 s 是异步电动机运行时的一个重要物理量，当同步转速一定时，转差率的数值与电动机的转速相对应。正常运行的异步电动机，转差率的数值很小，一般在 1% ~5% 之间。

3. 铭牌

每台异步电动机的铭牌上都标注了电动机的型号、额定值和额定运行情况下的有关技术数据。电动机按铭牌上所规定的额定值和工作条件运行被称为额定运行。铭牌上的额定值及有关技术数据是正确选择、使用和检修电动机的依据。

（1）型号

异步电动机的型号主要包括产品代号、设计序号、规格代号和特殊环境代号等，产品代号表示电动机的类型，用大写印刷体的汉语拼音字母表示。如 Y 表示异步电动机，YR 表示绕线式异步电动机等。设计序号用阿拉伯数字表示，其规格是用中心高、铁心外径、机座号、机座长度、铁心长度、功率、转速或极数表示，如 Y180M－4 中：

Y 表示三相笼型异步电动机；180 表示机座中心高 180mm；M 为机座长度代号（S 表示短机座，M 表示中机座，L 表示长机座）；4 为磁极数（磁极对数 $p=2$）。

我国目前生产的异步电动机种类很多，现有老系列和新系列之别。老系列电动机已不再生产，现有的将逐步被新系列电动机所取代。新系列电动机符合国际电工协会标准，国际通用性，技术、经济指标更高。

我国生产的异步电动机的主要产品系列有：

Y 系列为一般的小型笼型全封闭自冷式三相异步电动机，主要用于金属切削机床、通用机械、矿山机械和农业机械等；YD 系列是变极多速三相异步电动机；YR 系列是一般用途三相绕线转子异步电动机；YZ 和 YZR 系列是起重和冶金用三相异步电动机，YZ 是笼型，YZR 是绕线转子；YB 系列是防爆式笼型异步电动机；YCT 系列是电磁调速异步电动机。

其他类型的异步电动机可参阅有关产品目录。

（2）额定值

1）额定功率 P_N。额定功率指电动机在额定运行状态时，轴上输出的机械功率，单位

为 kW。

2）额定电压 U_N 和接法。额定电压指电动机额定运行状态时，定子绕组应加的线电压，单位为 V。有的铭牌上给出两个电压值，这是对应于定子绕组三角形和星形两种不同的联结方式。当铭牌标为 220/380V 时，表明当电源为 220V 时，电动机定子绕组用三角形联结；而电源为 380V 时，电动机定子绕组用星形联结。两种方式都能保证每相定子绕组在额定电压下运行。为了使电动机正常运行，一般规定电源电压波动不应超过额定值的 ±5%。

3）额定电流 I_N。指电动机在额定电压下运行，输出功率达到额定值时，流入定子绕组的线电流，单位为 A。

4）额定频率 f_N。指加在电动机定子绕组上的允许频率。我国电力网的频率规定为 50Hz。

5）额定转速 n_N。指电动机在额定电压、额定频率和额定输出功率的情况下，电动机的转速，单位为 r/min。

6）绝缘等级。指电动机内部所有绝缘材料允许的最高温度等级，它决定了电动机工作时允许的温升。

7）定额。也称为工作制，是按电动机在额定运行状态时的持续时间，常用的定额有连续（S1）、短时（S2）及断续（S3）三种。“连续”表示该电动机可以按铭牌的各项定额长期运行。“短时”表示只能按照铭牌规定的进行短时使用。“断续”表示只能按照铭牌规定的进行短时、周期性断续使用。

8）防护等级。是显示电动机防止杂物与水进入的能力。它是由外壳防护首字母 IP 后跟两位具有特定含义的数字代码进行标定的。

在铭牌上除了以上主要数据外，有的电动机还标有额定功率因数 $\cos\varphi_N$。异步电动机的 $\cos\varphi_N$ 随负载的变化而变化，满载时约为 0.7～0.9，轻载时较低，空载时只有 0.1 左右。实际使用时要根据负载的大小来合理选择电动机容量，防止“大马拉小车”。由于异步电动机的效率和功率因数都在接近额定负载值时达到最大值，因此选用电动机时应使电动机容量与负载相匹配。如果选得过小，电动机运行时过载，其温升过高影响电动机寿命甚至损坏电动机。但也不能选得太大，否则，不仅电动机费用增加，而且电动机长期在低负载下运行，其效率和功率因数都较低，不够经济实用。

3.2 交流电动机的绕组

码 3-5 交流电动机的绕组

3.2.1 交流电动机绕组的基本知识

1. 线圈

线圈是构成交流绕组的基本单元，由一匝或多匝线圈串联而成。每个线圈在铁心槽内的部分是线圈产生磁场和电势的主要部分，故称为有效边或导体。在槽外的部分把有效边连接起来，称为端部。

2. 极距 τ

极距是相邻两磁极轴线之间的距离，通常用定子槽数来表示，即

$$\tau = \frac{Z}{2p} \tag{3-3}$$

3. 节距 y

节距是一个线圈的两个有效边在定子圆周上跨过的距离，用槽数来表示。$y=\tau$ 时称为整

距绕组；$y<\tau$ 时称为短距绕组；$y>\tau$ 时称为长距绕组。由于长距绕组端部跨距大，用铜量大，故很少采用。为使绕组的磁场和电势较大，应使节距 y 接近或等于极距 τ。

4. 电角度与机械角度

电动机圆周从几何角度看为360°，这种角度被称为机械角度。但从电磁观点来看，经过N、S一对磁极时，磁场的空间分布曲线或线圈中的感应电势正好交变一周，相当于360°，故称之为360°电角度。若电动机的极对数为 p，则其电角度与机械角度的关系为

$$电角度=p\times 机械角度 \tag{3-4}$$

5. 槽距角 α

相邻两槽之间的距离用电角度表示，称为槽距角，即

$$\alpha=\frac{p\times 360°}{Z} \tag{3-5}$$

6. 每极每相槽数 q

在每个磁极下每相绕组所占有的槽数，称为每极每相槽数 q。若定子绕组相数为 m_1，则

$$q=\frac{Z}{2pm_1} \tag{3-6}$$

7. 相带

每个极面下的导体被平均分给各相，则每一相绕组在每个极面下所占的范围，用电角度表示称为相带。因为每个磁极占有的电角度是180°，对三相绕组而言，一相占有60°电角度，被称为60°相带。由于三相绕组在空间彼此要相距120°电角度，且相邻磁极下导体感应电动势方向相反，根据节距的概念，沿一对磁极对应的定子内圆其相带的划分依次为A、Z、B、X、C、Y。

3.2.2 三相单层绕组

单层绕组的每个槽内只嵌放一个有效边，线圈的总数为总槽数的一半。单层绕组可分为链式绕组、同心式绕组、交叉式绕组等。

1. 链式绕组

单层链式绕组是由形状、几何尺寸和节距都相同的线圈连接而成，就整个外形来看，形如长链，故称为链式绕组。单层链式绕组A相展开图如图3-9所示。

单层链式绕组每个线圈节距相等，绕线方便；采用短距绕组，减少了用铜量。链式绕组主要用于 $q=2$ 的4、6、8极小型三相异步电动机中。

2. 同心式绕组

同心式绕组是将每对磁极下属于同一相的绕组连成同心形状，如图3-10所示。同心式绕组的特点是绕组同心排列，端部互相错开，叠压层数较少，有利于嵌线，线圈散热较好；但绕组节距不等，绕线不便。

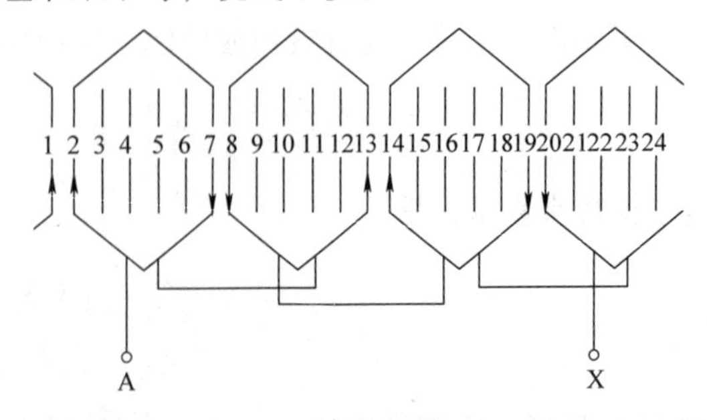

图3-9 单层链式绕组A相展开图

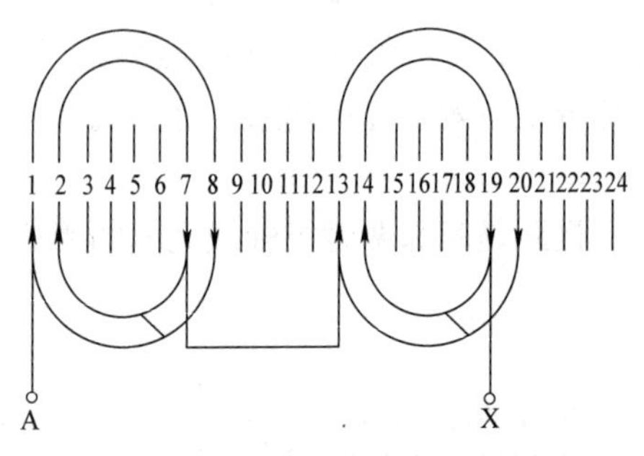

图3-10 单层同心式绕组A相展开图

同心绕组端部连接线长，它适用于 $q=4$、6、8 等偶数的 2 极小型三相异步电动机中。

3. 交叉式绕组

交叉式绕组是由线圈个数和节距都不相等的两种线圈组构成，同一组线圈的形状、几何尺寸和节距均相同，各线圈组的端部都互相交叉。其优点是线圈端部较短，节约用铜量。交叉式绕组主要用于 $q=3$、$2p=4$ 或 6 的小型三相异步电动机中。

例如一台 $Z=36$、$2p=4$ 的三相异步电动机，经计算其极距 $\tau=9$，每极每相槽数 $q=3$，槽距角 $\alpha=20°$。按照 $q=3$ 分相，则 A 相的绕组展开图如图 3-11 所示。

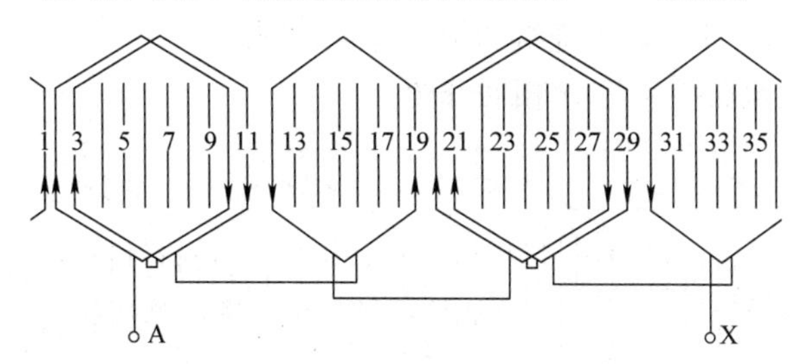

图 3-11　单层交叉式绕组 A 相展开图

单层绕组的优点是每槽只有一个有效边，嵌线方便；无层间绝缘，槽利用率高；链式和交叉式绕组线圈端部较短而省铜。但不论什么样的绕组形式，其有效边均与整距绕组相同，只是改变了端部的绕向，所以从电磁性能来看，仍然相当于整距绕组。与双层绕组相比，单层绕组的电磁性能较差，故主要用于 10kW 以下的小型异步电动机。

3.2.3　三相双层绕组

双层绕组的每个槽内放两个不同线圈的有效边，一个在上层，另一个在下层。对于一个线圈来讲，它的一个有效边在某一槽的上层，另一个有效边则应放在相距一个节距 y 的另一槽的下层。整台电机的线圈数等于定子槽数。双层绕组的节距可根据需要在一定范围内选择，以改善电动机的电磁性能，10kW 以上的电动机一般采用双层绕组。双层绕组可分为叠绕组和波绕组，本节仅介绍双层叠绕组。叠绕组是指相串联的后一个线圈的端接部分紧叠在前一个线圈端接部分的上面，整个绕组成折叠式。

【例 3-1】　一台三相双层叠绕组电动机。$2p=4$，$z=24$，$y=5$。说明三相双层叠绕组的构成原理，并绘出展开图。

解：1）计算极距 τ、每极每相槽数 q、槽距角 α。

$$\tau=\frac{z}{2p}=\frac{24}{4}=6;\quad q=\frac{z}{2p\cdot m}=\frac{24}{4\times3}=2;\quad \alpha=\frac{p\times360°}{24}=30°$$

2）分相。

根据 $q=2$，按 60°相带次序 A、Z、B、X、C、Y，对上层线圈有效边进行分相，即 1 和 2 两个槽为 A；3 和 4 两个槽为 Z；5 和 6 两个槽为 B；…，如表 3-1 所列。

表 3-1　按双层 60°相带次序进行分相

第一对极	相带	A	Z	B	X	C	Y
	槽号或上层边	1 和 2	3 和 4	5 和 6	7 和 8	9 和 10	11 和 12
第二对极	相带	A	Z	B	X	C	Y
	槽号或上层边	13 和 14	15 和 16	17 和 18	19 和 20	21 和 22	23 和 24

3）构成相绕组并绘出展开图。

根据上述对上层线圈边的分相以及双层绕组的嵌线特点，将一个线圈的一个有效边放在上层，将另一个有效边放在下层。如将1号线圈一个有效边放在1号槽上层（实线表示），则将另一个有效边（根据节距 $y=5$）放在6号槽下层（用虚线表示），以此类推。将一个极面下属于A相的1，2号两个线圈顺向串联起来构成一个线圈组（也称极相组），再将第2个极面下属于A相的7，8号两个线圈串联构成第2个线圈组。按照同样方法，另两个极面下属于A相的13，14号和19，20号线圈分别构成第3、第4个线圈组，这样每个极面下都有一个属于A相的线圈组，所以双层绕组的线圈组数和磁极数相等。然后根据电动势相加的原则把4个线圈组串联起来组成U相绕组。B、C相绕组的组成也是相同的。

图3-12所示是三相双层叠绕组A相展开图。

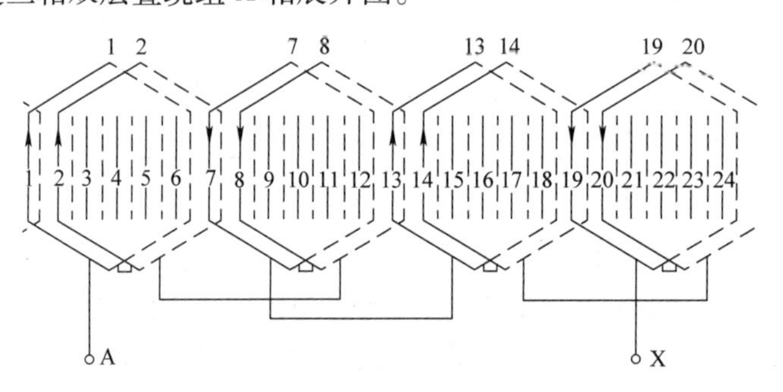

图3-12　三相双层叠绕组A相展开图

各线圈组也可以采用并联连接，通常用 a 来表示每相绕组的并联支路数，对于图3-12，则 $a=1$，即有一条并联支路。随着电机容量的增加，要求增加每相绕组的并联支路数。如本例绕组也可以构成2条或4条并联支路，则 $a=2$ 或 $a=4$。由于每相线圈组数等于磁极数，其最大可能并联支路数 a 等于每相线圈组数，也等于磁极数，即 $a=2p$。

3.3　三相异步电动机的机械特性

码3-6　三相异步电动机的机械特性

3.3.1　机械特性的定义和表达式

三相异步电动机的机械特性是指电动机的电磁转矩 T_{em} 与转速 n 之间的关系，即 $n=f(T_{em})$。因为异步电动机转速 n 与转差率 s 之间存在 $n=n_1(1-s)$ 关系，所以异步电动机的机械特性通常也用 $s=f(T_{em})$ 的形式表示。

三相异步电动机的机械特性有三种表达式，分别为物理表达式、参数表达式和实用表达式。

1. 物理表达式

$$T_{em}=C_T\Phi_m I_2'\cos\varphi_2 \tag{3-7}$$

式中，C_T 为异步电动机的转矩常数；Φ_m 为异步电动机的每极磁通；I_2' 为折算到定子侧的转子电流；$\cos\varphi_2$ 为转子电路的功率因数。

式（3-7）表明，异步电动机的电磁转矩是由主磁通 Φ_m 与转子电流的有功功率 $I_2'\cos\varphi_2$ 相互作用产生的，在形式上与直流电动机的转矩表达式 $T_{em}=C_T\Phi I_a$ 相似，它是电磁力定律在异步电动机中的具体体现。

2. 参数表达式

$$T_{em}=\frac{m_1 p U_1^2 \frac{R_2'}{s}}{2\pi f_1\left[\left(R_1+\frac{R_2'}{s}\right)+(X_1+X_2')^2\right]} \tag{3-8}$$

在上式中，定子相数 m_1、磁极对数 p、定子相电压 U_1、电源频率 f_1、定子每相绕组电阻 R_1 和漏抗 X_1、折算到定子侧的转子电阻 R_2'和漏抗 X_2'等都是不随转差率 s 变化的常量。当电动机的转差率 s（或转速 n）变化时，可由式（3-8）求出相应的电磁转矩 T_{em}，因此可以绘出图 3-13 所示的机械特性曲线。

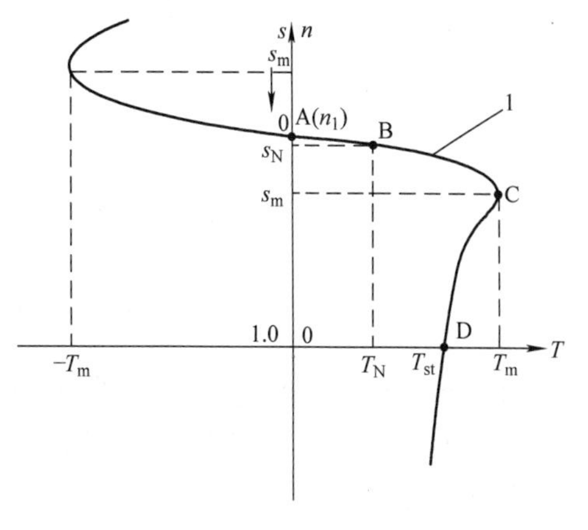

图 3-13 机械特性曲线

3. 实用表达式

$$T_{em}=\frac{2T_m}{\frac{s}{s_m}+\frac{s_m}{s}} \tag{3-9}$$

式中的 T_m 和 s_m 可根据异步电动机产品目录数据进行计算而求得

$$T_m=\lambda_m T_N \tag{3-10}$$

$$T_N=9550\frac{P_N}{n_N}\quad (N \cdot m) \tag{3-11}$$

式中，P_N的单位为 kW；n_N的单位为 r/min。

忽略空载转矩，当 $s=s_N=\frac{n_1-n_N}{n_1}$时，$T_{em}=T_N$，将其代入实用表达式（3-9）得

$$T_N=\frac{2T_m}{\frac{s_N}{s_m}+\frac{s_m}{s_N}} \tag{3-12}$$

对上式中的 s_m进行求解，考虑到 $T_m=\lambda_m T_N$，得

$$s_m=s_N(\lambda_m+\sqrt{\lambda_m^2-1}) \tag{3-13}$$

求出 s_m和 T_m后，在实用表达式中只剩下 T_{em}和 s 两个未知数了。给定一系列的 s 值，按实用表达式（3-9）可算出一系列对应的 T_{em}值，就可绘出机械特性 $n=f(T_{em})$ 曲线，同时还可利用它进行机械特性的其他计算。

上述异步电动机机械特性的三种表达式，虽然都能用来表征电动机的运行性能，但其应用场合各有不同。一般来说，物理表达式适用于对电动机的运行做定性分析；参数表达式适用于分析各种参数变化对电动机运行性能的影响；实用表达式适用于电动机机械特性的工程计算。

3.3.2 机械特性的固有特性和人为特性

1. 固有机械特性

三相异步电动机工作在额定电压及额定频率下，电动机定子绕组按规定的接线方式连接，定子及转子回路不外接任何电器元器件时的机械特性称为固有机械特性。其形状如图 3-14 所示。

三相异步电动机的固有机械特性可以利用实用表达式（3-9）计算得到。方法是先利用实

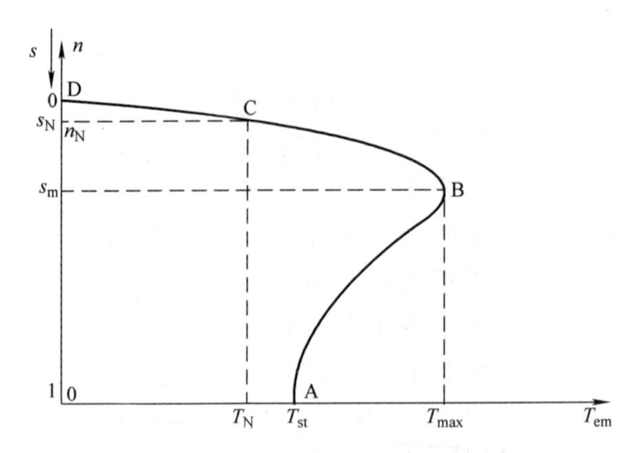

图 3-14　三相异步电动机的固有机械特性

用表达式计算出同步转速点 D、额定运行点 C、最大转矩点 B 和起动点 A 这几个特殊点，然后将这些点连接起来便得到固有特性曲线。当然，计算的点越多，做出的曲线就越精确。

下面对机械特性上的几个特殊点进行说明。

图 3-14 中 D、C、B、A 点的介绍如下。

1）同步转速点 D：其特点是 $n=n_1$，$s=0$，$T_{em}=0$，转子电流 $I_2=0$。D 点为理想空载运行点，即在没有外界转矩的作用下，异步电动机本身不可能达到同步转速点。

2）额定运行点 C：其特点 $n=n_N$，$s=s_N$，$T_{em}=T_N$，$I_1=I_N$。异步电动机可长期运行在额定状态。

3）最大转矩点 B：其特点是对应的电磁转矩为最大转矩 T_m，对应的转差率称为临界转差率 s_m。

理论分析和实际测试都可以证明，最大电磁转矩 T_m 和临界转差率 s_m 具有以下特点。

① T_m 与 U_1^2 成正比，与转子电阻 R_2 无关，s_m 与 U_1 无关；

② 当电源电压一定，s_m 与转子电阻 R_2 成正比，T_m 与 R_2 无关。

最大电磁转矩对电动机来说具有重要意义。电动机运行时，若负载转矩短时突然增大，且大于最大电磁转矩，则电动机将因为承载不了而停转。为了保证电动机不会因短时过载而停转，一般电动机都具有一定的过载能力。显然，最大电磁转矩愈大，电动机短时过载能力愈强，因此把最大电磁转矩 T_m 与额定转矩 T_N 之比称为电动机的过载能力，用 λ_m 表示。即

$$\lambda_m=\frac{T_m}{T_N}$$

λ_m 是三相异步电动机运行性能的一个重要参数。三相异步电动机运行时绝不可能长期运行在最大转矩处。因为，此时电流过大，温升会超过允许值，有可能烧毁电动机，同时在最大转矩处运行时转速也不稳定。一般情况下，三相异步电动机的 $\lambda_m=1.6\sim2.2$，起重、冶金、机械专用的三相异步电动机的 $\lambda_m=2.2\sim2.8$。

4）起动点 A：其特点是 $n=0$，$s=1$，对应的转矩 T_{st} 称为起动转矩，又称为堵转转矩，它是异步电动机接通电源开始起动时的电磁转矩。

起动时，要求 T_{st} 大于负载转矩 T_L，此时电动机的工作点就会沿着 $n=f(T_{em})$ 曲线上升，电磁转矩增大，转速越来越高，很快越过最大转矩，然后随着转速的增高，电磁转矩又逐渐减小，直到电磁转矩等于负载转矩时，电动机以某一转速稳定运行。

当 $T_{st}<T_L$ 时，则电动机无法起动，出现堵转现象，电动机的电流达到最大，造成电动机

过热。此时应立即切断电源，减轻负载或排除故障后再重新起动。

起动转矩 T_{st}和额定转矩 T_N 的比值称为电动机的起动系数，用 λ_{st}表示。即

$$\lambda_{st}=\frac{T_{st}}{T_N}$$

λ_{st}反映了异步电动机的起动能力。λ_{st}是针对笼型电动机而言。因为绕线式电动机通过增加转子回路的电阻 R_2，可加大或改变起动转矩，这是绕线式电动机的优点之一。一般的笼型电动机的 $\lambda_{st}=1.0\sim2.0$；起重、冶金、机械专用的笼型电动机的 $\lambda_{st}=2.8\sim4.0$。

2. 人为机械特性

人为地改变三相异步电动机的某些参数所得到的机械特性称为人为机械特性。

由参数表达式（3-8）可知，三相异步电动机人为机械特性种类很多，下面分析几种常见的人为机械特性。

1）降低定子回路端电压的人为机械特性。

由于三相异步电动机的磁路在额定电压下已有饱和的趋势，故不宜再升高其电压。由前面分析可知，降低定子回路端电压 U_1 时，n_1 不变，s_m 不变，T_{em}与 U_1^2 成正比地降低。所以 U_1 下降后的人为机械特性曲线如图 3-15 所示。

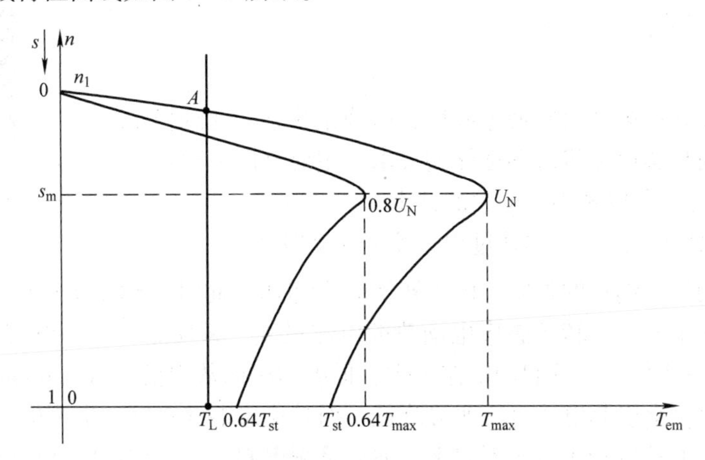

图 3-15　降低定子回路端电压的人为机械特性曲线

由图 3-15 可见，降低定子回路端电压后的人为机械特性曲线线性段的斜率变大，即特性变软。T_{st}和 T_{em}均按 U_1^2 关系减小，即电动机的起动转矩倍数和过载能力均显著下降。如果电动机在额定负载下运行，U_1 降低后将导致 n 下降，s 增大，转子电流因转子电动势的增大而增大，从而引起定子电流增大，导致电动机过载。长期欠电压过载运行，必然使电动机过热，电动机的使用寿命缩短。另外电压下降过多，可能出现最大转矩小于负载转矩，这时电动机将堵转。

2）转子回路串接对称电阻的人为机械特性。

绕线式三相异步电动机的转子回路内可以串接对称电阻 R（要求三相串接的电阻阻值相等）。如图 3-16a 所示，由固有机械特性上的几个特殊点的分析可知，此时 n_1、T_m 不变，而 s_m 则随外接电阻的增大而增大。其人为机械特性如图 3-16b 所示。

由图 3-16b 可见，在一定范围内增加对称电阻 R，可以增大电动机的起动转矩。当所串接的电阻使 $s_m=1$ 时，对应的起动转矩将达到最大转矩，如果再增大该电阻，起动转矩反而会减小。另外，转子串接对称电阻后，其机械特性曲线线性段的斜率增大，特性变软。

转子电路串接对称电阻适用于绕线转子异步电动机的起动、制动和调速。

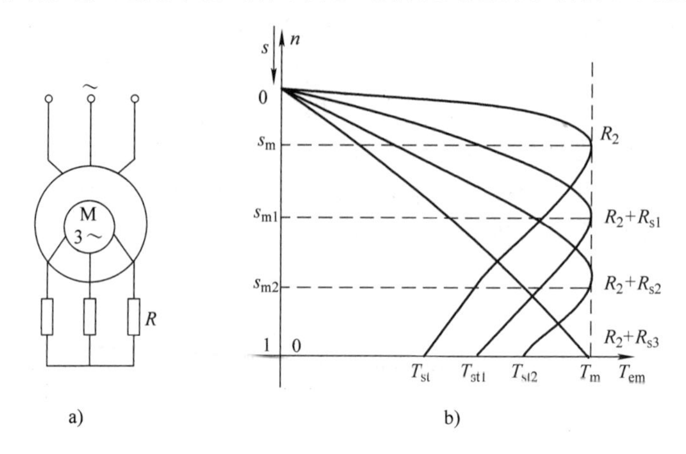

图3-16　绕线式异步电动机转子回路串接对称电阻的人为机械特性

a）转子回路串接对称电阻　b）人为机械特性

3.4　三相异步电动机的起动

码3-7　三相异步电动机的起动

电动机的起动是指电动机接通电源后，由静止状态加速到稳定运行状态的过程。对异步电动机起动性能的要求，主要有以下两点：

① 起动电流要小，以减小对电网的冲击。

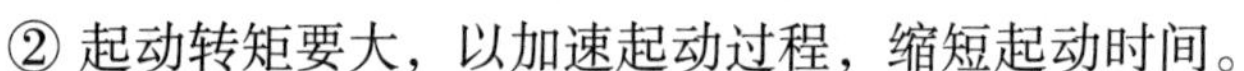

② 起动转矩要大，以加速起动过程，缩短起动时间。

三相异步电动机在起动的瞬间，由于转子尚未加速，此时 $n=0$，$s=1$，旋转磁场以最大的相对速度切割转子导体，转子感应电动势的电流最大，致使定子起动电流 I_1 也很大，其值约为额定电流的4～7倍。尽管起动电流很大，但因功率因数很低，所以起动转矩 T_{st} 较小。

过大的起动电流会引起电网电压明显降低，而且还影响接在同一电网的其他用电设备的正常运行，严重时连电动机本身也转不起来。如果是频繁起动，不仅使电动机温度升高，还会产生过大的电磁冲击，影响电动机的寿命。起动转矩小会使电动机起动时间拖长，既影响生产效率又会使电动机温度升高，如果小于负载转矩，电动机就无法起动。

由于异步电动机存在着起动电流很大、而起动转矩却较小的问题，必须在起动瞬间限制起动电流，并应尽可能地提高起动转矩，以加快起动过程。对于容量和结构不同的异步电动机，考虑到负载的性质以及电网的容量，可采取不同的起动方式来解决起动电流大、起动转矩小的问题。下面对笼型异步电动机和绕线转子异步电动机常用的几种起动方法进行讨论。

3.4.1　三相笼型异步电动机的起动

1. 直接起动

所谓直接起动，就是利用刀开关或接触器将电动机定子绕组直接接到额定电压的电源上，故又被称为全压起动。直接起动的优点是起动设备和操作都比较简单，其缺点就是起动电流大、起动转矩小。因此，直接起动只在较小容量电动机中使用，因电动机起动电流相对较小，且体积小、惯性小、起动快，一般来说对电网、对电动机本身都不会造成影响。如7.5kW以下的电动机可采用直接起动。若电动机的起动电流倍数满足电动机容量和电网容量的经验公式：

$$k_{\mathrm{I}} \leqslant \frac{1}{4}\left[3+\frac{\text{电源容量（kV·A）}}{\text{电动机容量（kW）}}\right] \tag{3-14}$$

则电动机就可直接起动，否则应采用减压起动。

2. 减压起动

对大中型笼型异步电动机，可采用减压起动方法，以限制起动电流。即起动时降低加在电动机定子绕组上的电压，使起动电压小于额定电压，待电动机转速上升到一定数值后，再使电动机承受额定电压，保证电动机在额定电压下稳定工作。

（1）定子回路串接电抗器或电阻起动

三相笼型异步电动机在定子回路中串接电抗器（可改接为电阻器，但能耗较大，适用于较小容量电动机）减压起动，起动时，电动机定子回路串入电抗器（或电阻），待转速接近稳定值时，将电抗器（或电阻）切除，使电动机恢复正常工作情况。由于起动时，起动电流在电抗器（或电阻）上产生一定的电压降，使得加在定子绕组的电压降低了，因此限制了起动电流，但也使起动转矩大大减小。因此，定子串电抗器（或电阻）减压起动只适用于电动机的轻载起动。

（2）星－三角（Y－△）减压起动

对于正常运行时定子绕组是三角形联结的三相异步电动机，起动时可以采用星形联结，使电动机每相所承受的电压降低，因而降低了起动电流，待电动机起动完毕，再接成三角形，故这种起动方式被称为星－三角（Y－△）减压起动，其接线原理图如图3-17所示。

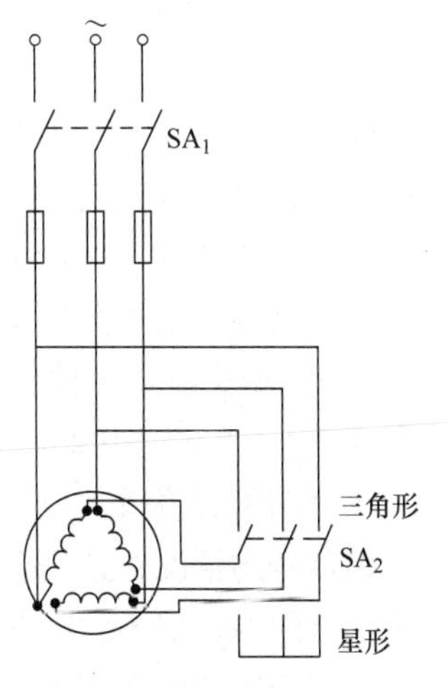

图3-17　Y－△减压起动接线原理图

起动时，先将控制开关SA_2投向星形联结的位置，将定子绕组接成星形，然后合上电源控制开关SA_1。待转速上升到一定数值后，再将SA_2切换到三角形联结的位置上，电动机定子绕组便接成三角形后便可在全压下正常工作。

三相笼型异步电动机起动时定子绕组接成星形，正常运行时接成三角形，则起动时定子每相电压降为额定电压的$1/\sqrt{3}$，设定子绕组每相阻抗的大小为$|z|$，电动机的额定电压为U_{N}。

△联结时直接起动的线电流为

$$I_{\mathrm{st}\triangle}=\frac{U_{\mathrm{N}}/\sqrt{3}}{|Z|} \tag{3-15}$$

Y联结时减压起动的线电流为

$$I_{\mathrm{stY}}=\sqrt{3}\frac{U_{\mathrm{N}}}{|Z|} \tag{3-16}$$

因此，$\dfrac{I_{\mathrm{stY}}}{I_{\mathrm{st}\triangle}}=\dfrac{1}{3}$。

根据$T_{\mathrm{st}}\propto U_1^2$，可得起动转矩减小的倍数为

$$\frac{T_{\mathrm{stY}}}{T_{\mathrm{st}\triangle}}=\left(\frac{U_{\mathrm{N}}/\sqrt{3}}{U_{\mathrm{N}}}\right)^2=\frac{1}{3} \tag{3-17}$$

由此可见，Y-△减压起动时，起动电流和起动转矩都降为直接起动的1/3。

Y-△减压起动操作方便，起动设备简单，应用较为广泛，但它仅适用于正常运行时定子绕组作三角形联结的电动机，因此一般用途的小型异步电动机，当容量大于4kW时，定子绕组都采用三角形联结。由于起动转矩为直接起动时的1/3，这种起动方法多用于空载或轻载起动。

（3）自耦变压器减压起动

自耦减压起动是利用自耦变压器将电网电压降低后再将其加到电动机定子绕组上，待转速接近稳定值时再将电动机直接接到电网上。其原理如图3-18所示。

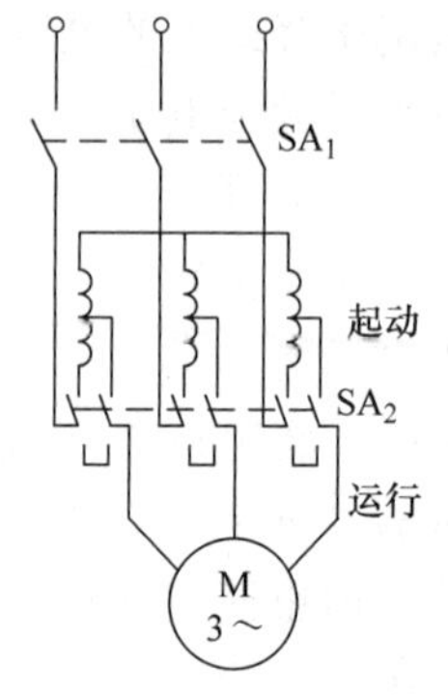

图3-18　自耦变压器减压起动原理图

起动时，将开关SA_2扳到“起动”位置，自耦变压器一次侧接电源，二次侧接电动机定子绕组，实现减压起动。当转速接近额定值时，将开关SA_2扳向“运行”位，切除自耦变压器，使电动机直接接入电网全压运行。

自耦变压器减压起动时，电动机定子电压为直接起动时的$1/K$（K为自耦变压器的变比），定子电流（即自耦变压器二次电流）也降为直接起动时的$1/K$，而自耦变压器一次的电流则要降低为直接起动时的$1/K^2$；由于电磁转矩与外加电压的平方成正比，故起动转矩也降低为直接起动时的$1/K^2$。这表明，起动转矩降低的倍数与起动电流降低的倍数相同。

自耦变压器的二次侧上备有几个不同的电压抽头，以供用户选择电压。例如，QJ型有3个抽头，其输出电压分别是电源电压的55%、64%、73%，相应的电压比分别为1.82、1.56、1.37；QJ3型也有3个抽头，其输出电压分别为电源电压的40%、60%、80%，相应的电压比分别为2.5、1.67、1.25。

在电动机容量较大或正常运行时连成星形，并带一定负载起动时，宜采用自耦减压起动，它根据负载的情况，选用合适的变压器抽头，以获得需要的起动电压和起动转矩。此时，起动转矩仍有削弱，但不致降低1/3（与星-三角减压起动相比较）。

自耦变压器的体积大、重量重、价格较高、维修麻烦，且不允许被频繁移动；但优点是可根据需要选择起动电压，使用灵活，可适用于不同的负载。

3.4.2　三相绕线转子异步电动机的起动

三相笼型异步电动机直接起动时，起动电流大，起动转矩不大；减压起动时，虽然减小了起动电流，但起动转矩也随电压的平方关系减小，因此笼型异步电动机只能用于空载或轻载起动。

绕线转子异步电动机，若转子回路串入适当的电阻，既能限制起动电流，又能增大起动转矩，克服了笼型异步电动机起动电流大、起动转矩不大的缺点，这种起动方法适用于大、中容量异步电动机重载起动。绕线转子异步电动机的起动分为转子回路串电阻和转子回路串频敏变阻器两种起动方法。

1. 转子回路串接电阻起动

为了在整个起动过程中得到较大的加速转矩，并使起动过程比较平滑，应在转子回路中串入多级对称电阻。起动时，随着转速的升高，逐段切除起动电阻，与直流电动机电枢串电阻起动类似，称为电阻分级起动。图3-19为三相绕线转子异步电动机转子回路串接对称电阻后分级起动的接线图和起动时的机械特性曲线。

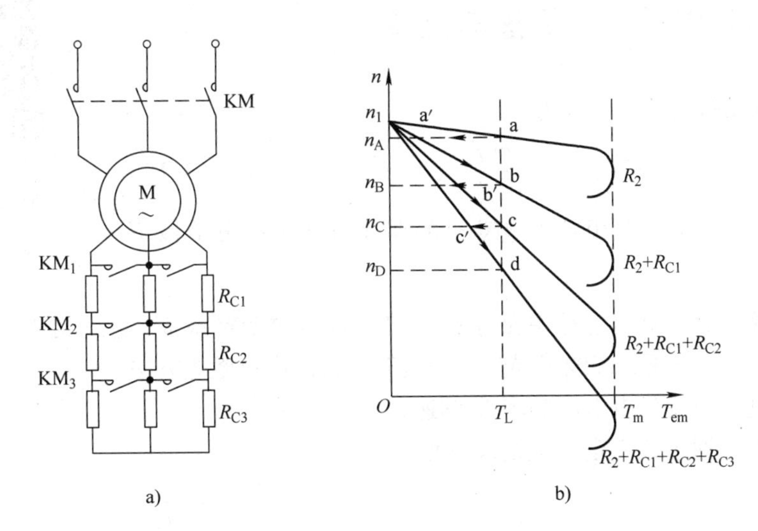

图 3-19　三相绕线转子异步电动机转子回路串接对称电阻分级起动

a）接线圈　b）起动时的机械特性曲线

绕线转子异步电动机不仅能在转子回路串入电阻以减小起动电流，增大起动转矩，而且还可以在小范围内进行调速，因此，广泛地应用于起动较困难的机械（如起重吊车、卷扬机等）上；但它的结构比笼型异步电动机复杂，造价高，效率也稍低。在起动过程中，当切除电阻时，转矩突然增大，会在机械部件上产生冲击；当电动机容量较大时，转子电流很大，起动设备也将变得庞大，操作和维护工作量大。为了克服这些缺点，目前多采用频敏变阻器作为起动电阻。

2. 转子回路串接频敏变阻器起动

频敏变阻器是一个三相铁心绕组（三相绕组接成星形），铁心一般做成三柱式，由几片或几十片较厚（30～50mm）的 E 形钢板或铁板叠装制成。

其起动时接线原理图如图 3-20 所示。电动机起动时，转子绕组中的三相交流电通过频敏变阻器，在铁心中产生交变磁通，该磁通在铁心中产生很强的涡流，使铁心发热，产生涡流损耗，频敏变阻器线圈的等效电阻随着频率的增大而增加，由于涡流损耗与频率的二次方成正比，当电动机起动时（$s=1$），转子电流（即频敏变阻器线圈中通过的电流）频率最高（$f_2=f_1$），因此频敏变阻器电阻和感抗最大。起动后，随着转子转速的逐渐高，转子电流频率（$f_2=sf_1$）便逐渐降低，于是频敏变阻器铁心中的涡流损耗及等效电阻也随之减小。实际上频敏电阻器相当于一个电阻器，它的电阻是随交变电流的频率而变化的，故称为频敏变阻器，它正好满足了三相绕线转子异步电动机的起动要求。

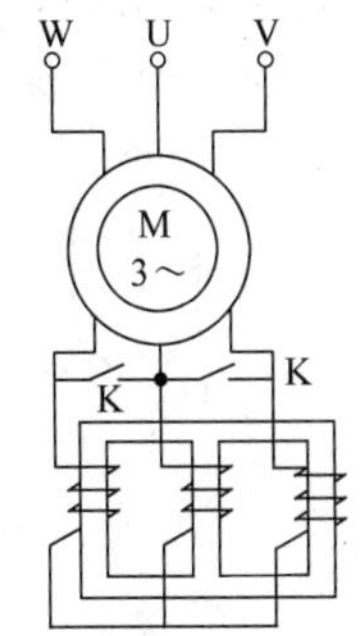

图 3-20　转子回路串接频敏变阻器起动接线原理图

由于频敏变阻器在工作时总存在着一定的阻抗，使得机械特性比固有机械特性软一些，因此，在起动完毕后，可用接触器将频敏变阻器短接，使电动机在固有特性上运行。

频敏变阻器是一种静止的无触无变阻器，它具有结构简单、起动平滑、运行可靠、成本低廉、维护方便等优点。

3.5 三相异步电动机的调速与反转

三相异步电动机的转速公式为

$$n = n_1(1-s) = \frac{60f_1}{p}(1-s) \tag{3-18}$$

从式（3-18）可见，三相异步电动机的调速方法可以分成以下几种类型：

① 变转差率调速。调速过程中保持 n_1 不变，通过改变转差率 s 达到调速的目的。这种调速方式包括降低电源电压、绕线式异步电动机转子回路串电阻等方法；

② 变频调速。改变供电电源频率 f_1 调速；

③ 变极调速。通过改变定子绕组极对数 p 调速。

3.5.1 变极调速

变极调速是在电源频率 f_1 不变的条件下，改变定子绕组极对数 p 来改变同步转速 n_1。由于异步电动机正常运行时，转差率 s 都很小，根据 $n=(1-s)n_1$，电动机的转速与同步转速接近，改变同步转速 n_1 就可达到改变电动机转速 n 的目的。这种调速方法的特点是只能按极对数的倍数改变转速。

定子极对数的改变通常是通过改变定子绕组的连接方法来实现的，由于笼型电动机的定子绕组极对数改变时，转子极对数能自动地改变，始终保持 $p_2=p_1$，所以这种方法一般只能用于笼型异步电动机，改变定子绕组连接而改变磁极对数的原理如图 3-21 所示。

图 3-21 是一相绕组的两个线圈，$1A_1$、$1A_2$ 表示第一个线圈的首、尾；$2A_1$、$2A_2$ 表示第二个线圈首、尾。如将两个线圈首、尾依次串联相接，可得到 $2p=4$ 的四极分布磁场，如图 3-21a 所示：如将第一个线圈的尾 $1A_2$ 与第二个线圈的尾 $2A_2$ 连接，组成反向串联结构，可得到 $2p=2$ 的两极分布磁场，如图 3-21b 所示；或接成图 3-21c 中的反向并联方式，即可得到 $2p=2$ 的气隙磁场。

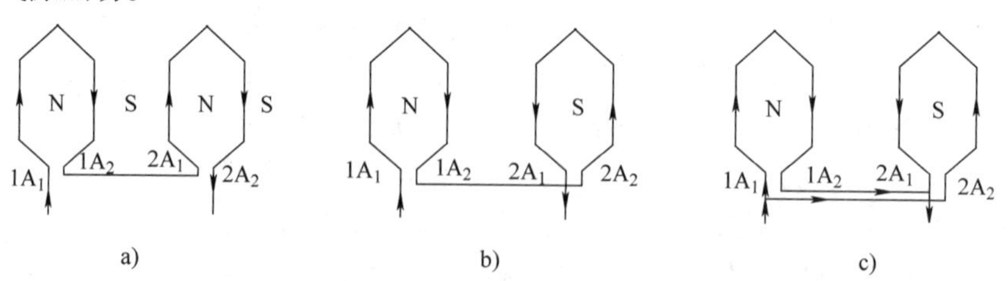

图 3-21 异步电动机变极原理

a）$2p=4$ b）$2p=2$ c）$2p=2$

比较上面的连接方法，图 3-21b、c 中的第 2 个线圈中的电流方向与图 3-21a 中的相反，极对数也降低了一半。可见，只要将一相绕组中的任一半相绕组的电流反向，电动机绕组的极对数就呈倍数变化。再根据 $n_1=\dfrac{60f_1}{p}$，同步转速 n_1 就发生变化，如果拖动恒转矩负载，运行转速也接近成倍数变化，这就是单相绕组的变极调速原理。

由于定子三相绕组在空间是对称的，其他两相改变方法与此相同，只是在空间差 120°电角度。

3.5.2 变频调速

根据转速公式可知，当转差率 s 变化不大时，异步电动机的转速 n 基本上与电源频率 f_1 成正比。连续调节电源频率就可以平滑地改变电动机的转速。但是单一地调节电源频率，将导致电动机运行性能的恶化，其原因可分析如下。

电动机正常运行时，定子漏阻抗压降很小，可以认为

$$U_1 \approx E_1 = 4.44 f_1 N_1 k_{w1} \Phi_0$$

若端电压 U_1 不变，则当频率 f_1 减小时，主磁通 Φ_0 将增加，这将导致磁路过分饱和、励磁电流增大、功率因数降低、铁心损耗增大；而当 f_1 增大时，Φ_0 将减小、电磁转矩及最大转矩下降、过载能力降低、电动机的容量也得不到充分利用。因此，为了使电动机能保持较好的运行性能，要求在调节 f_1 的同时改变定子电压 U_1，以维持 Φ_0 不变，或者保持电动机的过载能力不变。U_1随 f_1 怎样变化最为合适呢？一般认为，在任何类型负载下变频调速时，若能保持电动机的过载能力不变，则电动机的运行性能较为理想。

随着电力电子技术的发展，已出现各种性能良好、工作可靠的变频调速电源装置，促进了变频调速的广泛应用。变频调速时以额定频率 f_{1N} 为基频，可以从基频向上调速，得到 $f_1 > f_{1N}$；也可以从基频向下调速，得到 $f_1 < f_{1N}$。

1. 基频以下变频调速（保持 U_1/f_1 = 恒值，即恒转矩调速）

如果将频率下调，而端电压 U_1 为额定值，则随着 f_1 下降，气隙每极磁通 Φ_0 增加，使电动机磁路进入饱和状态。过饱和时，会使励磁电流迅速增大，使电动机运行性能变差。因此，变频调速需设法保证 Φ_0 不变。若保持 U_1/f_1 = 恒值，电动机最大电磁转矩 T_m 在基频附近可视为恒值，在频率更低时随着频率 f_1 下调，最大转矩 T_m 将变小。其机械特性如图 3-22a 所示，可见它是一种近似于恒转矩调速的类型。

2. 基频以上变频调速（恒功率调速）

在基频以上变频调速时，按比例升高电源电压是不允许的，只能保持电压为 U_N 不变，频率 f_1 越高，磁通 Φ_m 越低，是一种降低磁通而升速的方法。此时电动机最大电磁转矩及其临界转差率与频率的关系，可近似表示为

$$T_m \propto \frac{1}{f_1^2}, \quad s_m \propto \frac{1}{f_1} \tag{3-19}$$

其机械特性如图 3-22b 所示，其运行特性近似是平行的，这种调速方式可近似认为是恒功率调速类型。

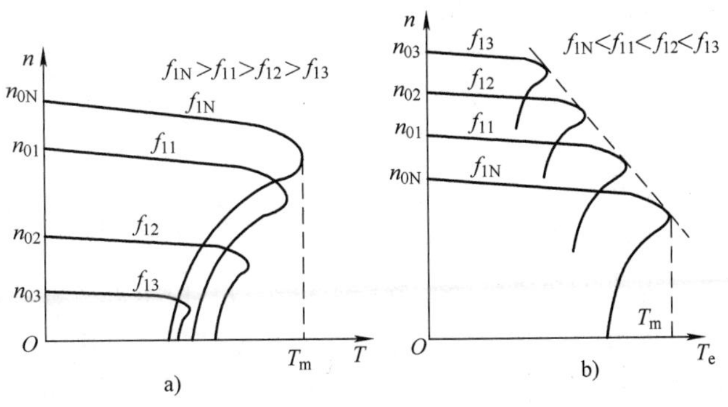

图 3-22 变频调速的机械特性

a）基频以下调速（U_1/f_1 = 常数） b）基频以上调速（U_1 = 常数）

3.5.3 变转差率调速

变转差率调速包括减压调速、绕线式转子异步电动机转子回路串电阻调速和电磁转差离合器调速。

1. 减压调速

从降低定子端电压的人为机械特性知道，在降低电压时，其同步转速 n_1 和临界转差率 s_m 不变，电磁转矩 $T_{em} \propto U_1^2$。当电动机拖动恒转矩负载时，降低定子端电压时可以降低转速，如图 3-23 所示。

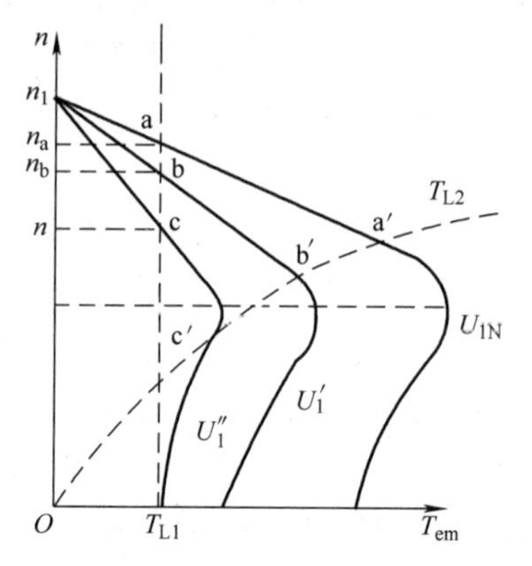

图 3-23 降低定子端电压调速时的机械特性

由图 3-23 可见，当负载转矩为恒转矩 T_{L1} 时，如电压由 U_{1N}，降到 U_1'时，转速将由 n_a 降到 n_b。随着电压 U_1 的降低，转差率 s 在增加，达到了调速的目的。但是随着电压 U_1 的降低，T_m 下降很快，使电动机的带负载能力大为下降。对于恒转矩负载，电动机不能在 $s > s_m$ 时稳定运转，因此调速范围只有 $0 \sim s_m$：对于一般的异步电动机 s_m 很小，所以调速范围很小；但若负载为通风机类负载，如图 3-23 中的特性曲线 T_{L2}，在 $s > s_m$ 时，拖动系统也能稳定运转，因此调速范围显著扩大了。

2. 绕线式转子异步电动机转子回路串电阻调速

转子回路串联电阻调速也是一种改变转差率的调速方法。如图 3-19 所示，绕线式转子异步电动机转子回路中接入变阻器，电阻越大，曲线越偏向下方。在一定的负载转矩下，电阻越大，转速越低。这种调速方法损耗较大，调整范围有限，但这种方法具有设备简单、初期投资不高的优点；适用于恒转矩负载（如起重机），对于通风机负载也可应用。

3. 电磁转差离合器调速

电磁转差离合器是一个笼型异步电动机与负载之间的互相连接的电气设备，如图 3-24 所示。

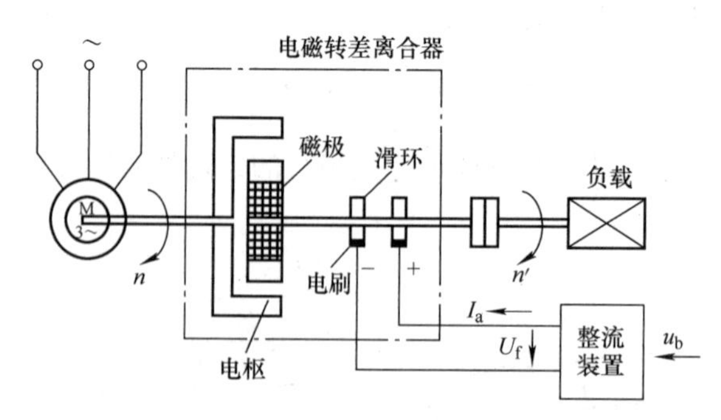

图 3-24 电磁转差离合器

电磁转差离合器主要由电枢和磁极两个旋转部分组成，电枢部分与三相异步电动机相连是主动部分。电枢部分相当于由无穷多单元导体组成的笼型转子，其中流过的涡流类似于笼型异步电动机的电流。磁极部分与负载连接，是从动部分，磁极上励磁绕组通过滑环，电刷与整流装置连接，由整流装置提供励磁电流。

电磁转差离合器的工作原理与异步电动机的相似。当异步电动机运行时，电枢部分随异步电动机的转子同速旋转，转速为 n，转向设为逆时针方向。若磁极部分的励磁绕组通入的励磁电流 $I_f=0$ 时，磁极的磁场为零，电枢与磁极二者之间既无电的联系又无磁的联系，因此无电磁转矩产生，磁极及关联的负载是不会转动的，这时负载相当于与电动机“离开”。若磁极部分的励磁绕组通入的励磁电流 $I_f\neq0$ 时，磁极部分则产生磁场，磁极与电枢二者之间就有了磁的联系。由于电枢与磁极之间有相对运动，电枢载流导体受磁极的磁场作用产生电磁转矩，在它的作用下，磁极部分的负载跟随电枢转动，此时负载相当于被“合上”，而且负载转速始终小于电动机转速 n，即电枢与磁极之间一定要有转差 Δn。基于这种电磁适应原理，使电枢与磁极之间产生转差的设备称为电磁转差离合器。

由于异步电动机的固有机械特性较硬，可以认为电枢的转速 n 是恒定不变的，而磁极的转速取决于磁极绕组电流 I_f 的大小。因此只要改变磁极电流 I_f 的大小，就可以改变磁场的强弱，使磁极转速发生变化，从而达到调速的目的。

采用电磁转差离合器调速设备简单、运行可靠、控制方便且可以平滑调速，调速范围较大（调速比 10:1），因此被广泛应用于纺织、造纸等工业部门及通风机、泵的调速系统中。

3.6 三相异步电动机的制动

码 3-9 三相异步电动机的制动

当电磁转矩 T_{em} 与转速 n 的方向相反时，电动机运行于制动状态，此时电动机运行于机械特性的二、四象限，电磁转矩为制动转矩。异步电动机制动的目的是使电力拖动系统快速停车或者使拖动系统尽快减速，对于位能性负载，制动运行可获得稳定的下降速度。在制动运行状态中，根据 T_{em} 与 n 的不同情况，又分为回馈制动、反接制动和能耗制动。

3.6.1 能耗制动

三相绕线转子异步电动机的能耗制动接线图如图 3-25a 所示。制动时，接触器触点 KM_1 断开，使电动机脱离电网，同时接触器触点 KM_2 闭合，在定子绕组中通入直流电流（称为直流励磁电流），于是定子绕组便产生一个恒定的磁场。转子因惯性而继续旋转并切割该恒定磁场，转子导体中便产生感应电动势及感应电流。由图 3-25b 可以判定，转子感应电流与恒定磁场作用产生的电磁转矩为制动转矩，因此转速迅速下降，当转速下降至零时，转子感应电动势和感应电流均为零，制动过程结束。制动期间，转子的动能转变为电能消耗在转子回路的电阻上，故称为能耗制动。

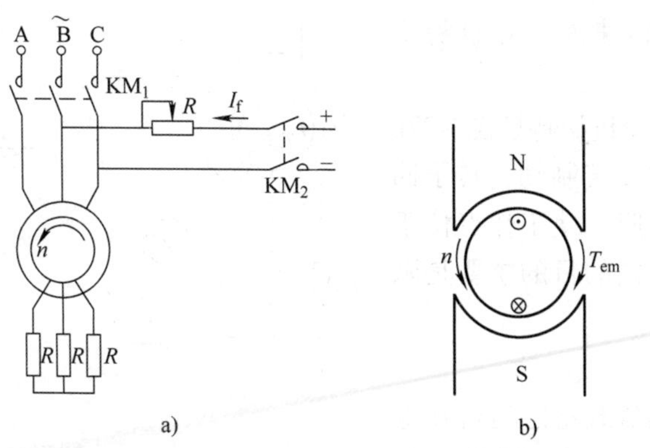

图 3-25 三相绕线转子异步电动机能耗制动的电路原理

1. 反抗性恒转矩负载时的能耗制动与停车

三相异步电动机拖动反抗性恒转矩负载 T_{L1}、$-T_{L1}$ 并采用能耗制动运行时，电动机能耗制动的运行如图3-26所示。制动前，电动机拖动负载 T_{L1} 在固有特性上的A点稳定运行，采用能耗制动后，运行点立即从A点变到B点，然后异步电动机在第Ⅱ象限沿能耗制动曲线运行，转速逐步降低，如果不改变运行方式，最后将准确停在 $n=0$ 处，这就是能耗制动过程。也就说，三相异步电动机拖动反抗性恒转矩负载时，采用能耗制动可以准确制动停车。

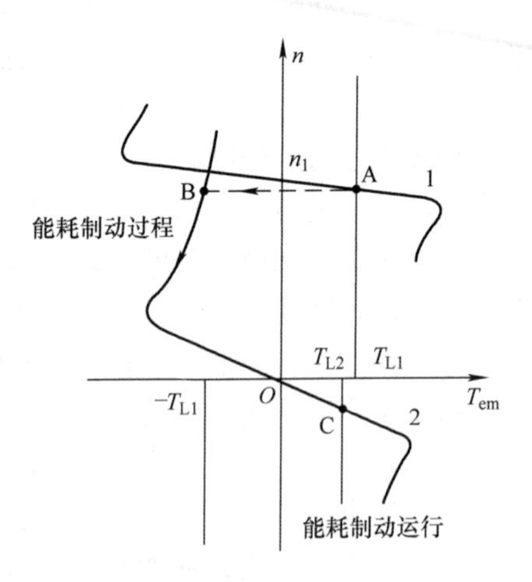

图3-26　能耗制动

1—固有机械特性　2—能耗制动机械特性

2. 位能性恒转矩负载的能耗制动运行

三相异步电动机拖动位能性恒转矩负载 T_{L1}、T_{L2} 运行时，如果需要制动停车，在 $n=0$ 时需及时切断直流电源，才能保证准确停车。如果需要反转运行，则不能切断直流电源，这时电动机拖着负载先减速到 $n=0$ 后（电动机运行点从A点平移到B点是由于在制动瞬间拖动系统转速来不及变化的缘故），接着便反转，A→B→O→C，最后稳定运行于第Ⅳ象限的工作点C，这是能耗制动运行。

这种运行状态下，电动机电磁转矩 $T_{em}>0$，而转速 $n<0$，即电磁转矩 T_{em} 方向与转速 n 方向相反。例如起重机低速（指转速绝对值比同步转速 n_1 小）下放重物时，经常运行在这种状态。通过改变直流励磁电流 I_f 的大小，或改变转子回路所串电阻 R_c 的值，均可以调节能耗制动运行时电动机的转速。

能耗制动运行时功率关系与能耗制动停车时的一致，电动机轴上输入的机械功率来自负载性位能的减少。机械功率在电动机内转换为电功率后被消耗在转子回路中。

3.6.2　反接制动

1. 倒拉反转反接制动

倒拉反转反接制动电路如图3-27a 所示，三相异步电动机原稳定运行于A点，转子回路中突然串接较大电阻，由于转速不能突变，将运行到B点并沿曲线2运行，当转速降为 $n=0$（C点）时，$T_C<T_L$，在重物 G 的作用下，倒拉电动机反方向旋转，并加速到D点，这时 $T_D=T_L$，电动机转速为 $-n_D$ 且稳定运行，重物匀速下降。

由倒拉反转反接制动机械特性图3-27b 可见，要实现倒拉反转反接制动，转子回路必须串接足够大的电阻，使工作点位于第Ⅳ象限。这种制动方式的目的主要是限制重物的下放速度。

2. 定子两相反接的反接制动

当异步电动机带动负载稳定运行在电动状态时，将定子两相绕组出线端对调时，由于改变了定子电压的相序，所以定

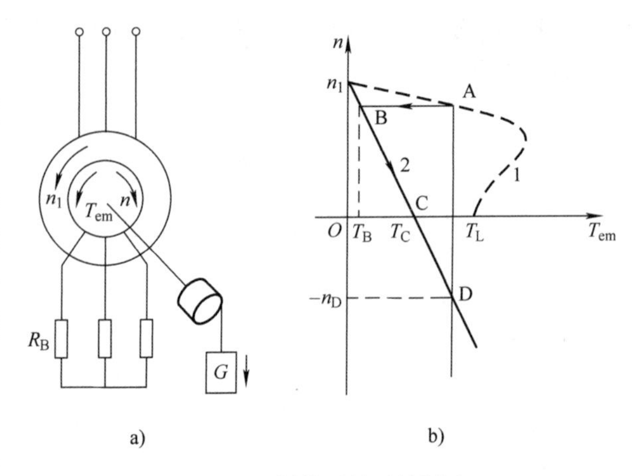

图3-27　倒拉反转反接制动

a）倒拉反转反接制动电路　b）倒拉反转反接制动机械特性

子旋转磁场方向改变了，电磁转矩方向也随之改变，变为制动性质，电动机便进入了反接制动状态。

对于绕线式异步电动机，为了限制反接制动时过大的电流冲击，电源相序反接的同时在转子回路中串接较大电阻，对于笼型异步电动机可在定子回路中串入电阻。三相绕线式异步电动机的反接制动接线原理如图 3-28a 所示。

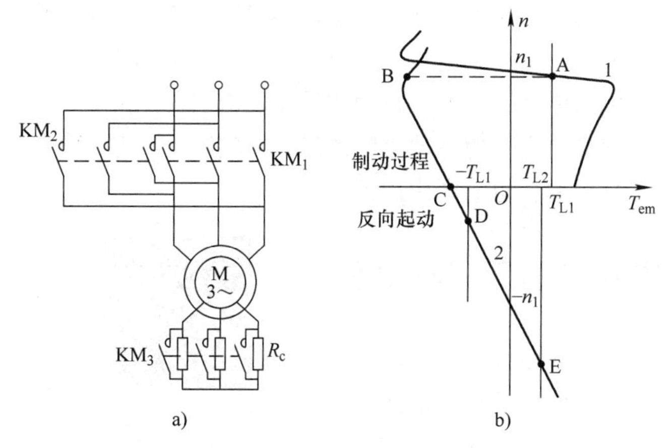

图 3-28　三相绕线式异步电动机的反接制动

a）接线原理图　b）机械特性

1—固有机械特性　2—反相序、转子回路串电阻的人为机械特性

图 3-28a 中，当 KM_1、KM_3 闭合时，电动机在第Ⅰ象限的机械特性曲线 1 上的 A 点稳定运行，反接制动时 KM_1、KM_3 断开，KM_2 闭合，改变了电源相序，转子回路中串入电阻，成为反接制动状态。反接制动后，电动机的运行点从曲线 1 的 A 点，平移到特性曲线 2 的 B 点，电动机的电磁转矩为 $-T_{em}$。在 $-T_{em}$ 和负载转矩共同作用下，电机转速急速下降，从运行点 B 沿曲线 2 降到 C 点，转速为零。从 B→C 的运行过程称为反接制动。反接制动到 C 点后，根据负载形式和大小，可能出现以下 3 种运行状态：

（1）反抗性负载且 $|-T_L|>|-T_C|$

如果反接制动曲线上的 C 点转矩 $-T_C$ 与负载转矩 $-T_L$ 满足 $|-T_L|>|-T_C|$，如图 3-28b 所示，异步电动机将准确停车。

（2）反抗性负载且 $|-T_L|<|-T_C|$

当反接制动到 C 点的转矩 $-T_C$ 与反抗性负载转矩 $-T_L$ 满足 $|-T_L|<|-T_C|$时，由于异步电机反向起动转矩大于反向负载转矩，异步电动机将反转起动，运行点沿反接制动曲线 2 运行至 D 点，最终稳定运行在第Ⅲ象限，这时异步电动机工作在反向电动状态。在这种条件下，如果需要制动停车，必须在反接制动到 C 点时切断电源，确保准确停车。

（3）位能性负载

当异步电动机拖动位能性负载且被反接制动到 C 点时，运行点沿曲线 2 从 B→C→D→ $-n_1$→E，最后稳定运行到 E 点，异步电动机工作在反向回馈制动状态。

综上分析，稳定电动运行的异步电动机，相序突然反接以后，其最终的运行状态与负载形式与大小有关。所谓反接制动只是指电动机的旋转磁场和转速相反且在第Ⅱ象限的一段运行过程。

3.6.3 回馈制动

异步电动机的转速超过同步转速时，便进入回馈制动运行状态。在异步电动机电力拖动系统中，只有在外界能量（位能、动能）的作用下，转速才有可能超过同步转速，引起电磁转矩反向而成为制动转矩，电动机进入回馈制动状态。

回馈制动时，异步电动机处于发电状态，不过如果定子不接电网，电动机不能从电网吸取无功电流以建立磁场，就发不出有功电能。这时，如在异步电动机三相定子出线端并上三相电容器提供无功功率即可发出电来，这便是自励式异步发电机。

回馈制动常用于高速且要求匀速下放重物的场合。实际上，除了下放重物时产生回馈制动外，在变极或变频调速过程中，也会产生回馈制动。

3.7 单相异步电动机的原理与类型

码 3-10 单相异步电动机

码 3-11 单相异步电动机的工作原理（动画）

单相异步电动机是用单相交流电源供电的一类驱动用电动机，具有结构简单、成本低廉、运行可靠及维修方便等一系列优点。和容量相同的三相异步电动机比较，单相异步电动机的体积较大，运行性能也较差，所以单相异步电动机通常只做成小型的，其容量从几瓦到几百瓦。由于只需单相交流 220V 电源电压，故使用方便，应用广泛，并且有噪声小、对无线电系统干扰小等优点，因而多用在小型动力机械和家用电器等设备上，如电钻、小型鼓风机、医疗器械、风扇、洗衣机、冰箱、冷冻机、空调机、抽油烟机、电影放映机及家用水泵等，是日常现代化设备必不可少的驱动源。

3.7.1 单相异步电动机的工作原理

单相异步电动机与三相异步电动机相似，包括定子和转子两部分。转子都是笼型的，定子铁心由硅钢片叠压而成，定子铁心上嵌有定子绕组。单相单电容异步电动机结构如图 3-29 所示。

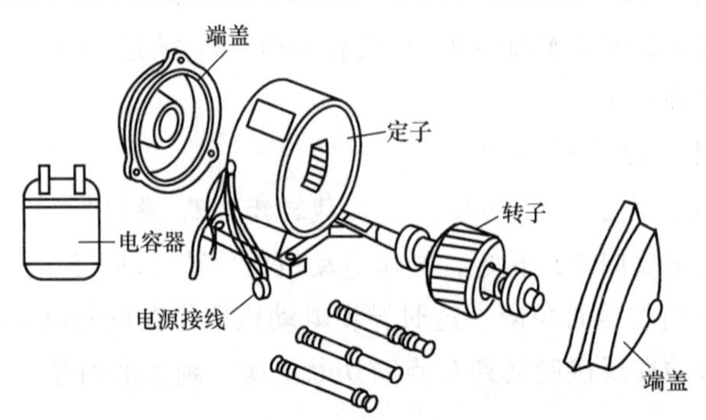

图 3-29 单相单电容异步电动机结构图

单相异步电动机正常工作时，一般只需要单相绕组即可，但单相绕组通以单相交流电时产生的磁场是脉动磁场，单相运行的电动机没有起动转矩。为使电动机能自行起动和改善运行性能，除工作绕组（又称主绕组）外，在定子上还安装一个辅助的起动绕组（又称副绕组）。

给单相交流绕组通入单相交流电流将产生脉动磁势，一个脉动磁势可以分解为两个大小相等、转速相同、转向相反的圆形旋转磁势。分别用 $F+$、$F-$ 表示，建立起正转和反转磁场

Φ_+、Φ_-，这两个磁场切割转子导体，产生感应电动势和感应电流，从而形成正、反向电磁转矩 T_{em+}、T_{em-}，叠加后即为推动转子转动的合成转矩 T_{em}。其转矩特性曲线如图 3-30 所示。

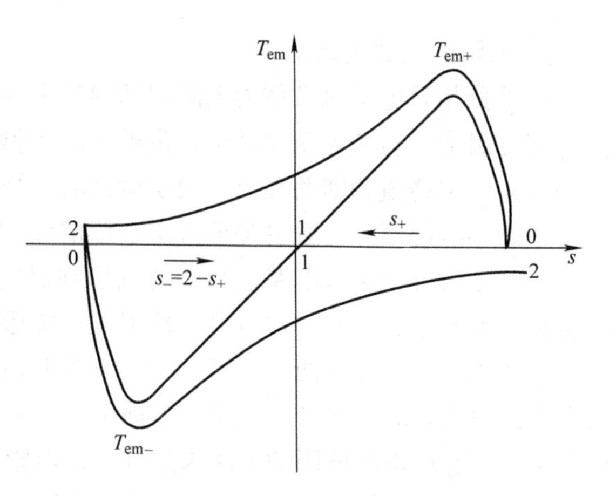

图 3-30　单相异步电动机的 $T=f(s)$ 曲线

转子静止时，$n=0$，$S=1$，合成转矩为 0。单相异步机无起动转矩，不能自行起动。由此可知，三相异步电动机电源断一相，相当于一台单相异步电动机，故不能起动。

若用外力使单相异步电动机转动起来，由于合成电磁转矩不再为零，在这个合成转矩的作用下，即使不需要其他的外在因素，单相异步电动机仍会沿着原来的运动方向继续运转。单相异步电动机合成转矩方向取决于外加力使转子开始旋转时的方向。

由于反向转矩存在，使合成转矩也随之减小，故单相异步电动机的过载能力较低。

3.7.2　单相异步电动机的主要类型

从前面分析我们知道，单相异步电动机不能自行起动，而必须依靠外力来完成起动过程。不过它一旦起动即可朝起动方向连续不断地运转下去。根据起动方式的不同，单相异步电动机可以分为许多不同的类型。常用的有罩极式电动机、电阻分相式电动机和电容式电动机。

1. 罩极式电动机

罩极式电动机的结构原理见图 3-31 所示，定子上有凸出的磁极，主绕组就安置在这个磁极上。在磁极表面约1/3处开有一个凹槽，将磁极分成为大小两部分，在磁极小的部分套着一个短路铜环，将磁极的一部分罩了起来，称为罩极，它相当于一个副绕组。当定子绕组中接入单相交流电源后，磁极中将产生交变磁通，穿过短路铜环的磁通，在铜环内产生一个相位上滞后的感应电流。由于这个感应电流的作用，磁极被罩部分的磁通不但在数量上和未罩部分不同，而且在相位上也滞后于未罩部分的磁通。这两个在空间位置不一致而在时间上又有一定相位差的交变磁通，就在电机气隙中构成脉动变化近似的旋转磁场。这个旋转磁场切割转子后，就使转子绕组中产生感应电流。载有电流的转子绕组与定子旋转磁场相互作用，转子得到起动转矩，从而使转子由磁极未罩部分向被罩部分的方向旋转。

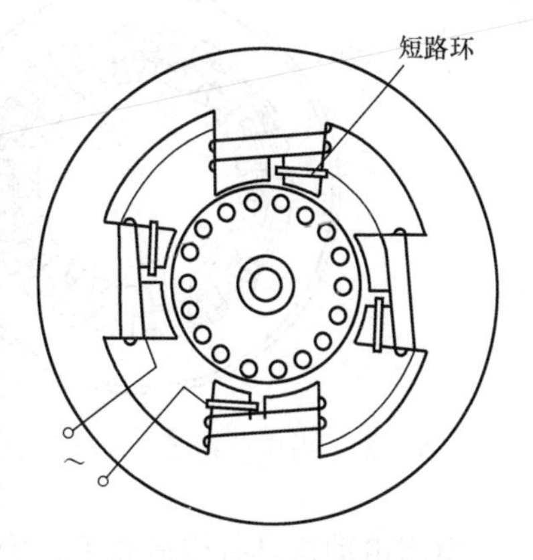

图 3-31　罩极式电动机结构示意图

罩极式电动机也有将定子铁心做成隐极式的，即槽内除主绕组外，还嵌有一个匝数较少、与主绕组错开一个电角度、且自行短路的辅助绕组。

罩极式电动机具有结构简单、制造方便、造价低廉、使用可靠、故障率低的特点。其主要缺点是效率低、起动转矩小、不能反转等。罩极电动机多用于轻载起动的负荷：凸极式集中绕组罩极式电动机，常用于仪表、风扇等；隐极式分布绕组罩极式电动机则用于小型鼓风机、油泵中。

2. 电阻分相式电动机

电阻分相式电动机又称为电阻起动异步电动机，它构造简单，主要由定子、转子、离心开关三部分组成。转子为笼型结构，定子采用齿槽式，如图3-32所示。定子铁心上面布置有两套绕组，即主绕组和辅助绕组。用于运行的主绕组使用较粗的导线绕制，用于起动的辅助绕组用较细的导线绕制。一般主绕组占定子总槽数的2/3，辅助绕组占定子总槽数的1/3。辅助绕组只在起动过程中接入电路，当电动机达到额定转速的70%～80%时，使用离心开关可将辅助绕组从电源电路断开，这时电动机进入正常运行状况。

定子铁心上布置的两套绕组在空间位置上相差90°电角度，在起动时为了使辅助绕组电流与主绕组电流在时间上产生相位差，通常用增大辅助绕组本身的电阻（如采用细导线），或在辅助绕组回路中串联电阻的方法来达到，即电阻分相式。

由于这两套绕组中的电阻与电抗分量不同，故电阻大、电抗小的辅助绕组中的电流，比主绕组中的电流先期达到最大值。因而在两套绕组之间出现了一定的相位差，形成了两相电流。结果就建立起了一个旋转磁场，转子就因电磁感应作用而旋转。

电阻分相式电动机的起动依赖定子铁心上相差90°电角度的主、辅助绕组来完成。由于要使主、辅助绕组间的相位差足够大，就要求辅助绕组选用细导线来增加电阻。因而辅助绕组导线的电流密度都比主绕组大，故只能短时工作。起动完毕后必须立即与电源切断，如超过一定时间，辅助绕组就可能因发热而烧毁。

电阻分相式电动机的起动，可以用离心开关或多种类型的起动继电器去完成。图3-33所示即为用离心开关起动的分相式电动机接线图。

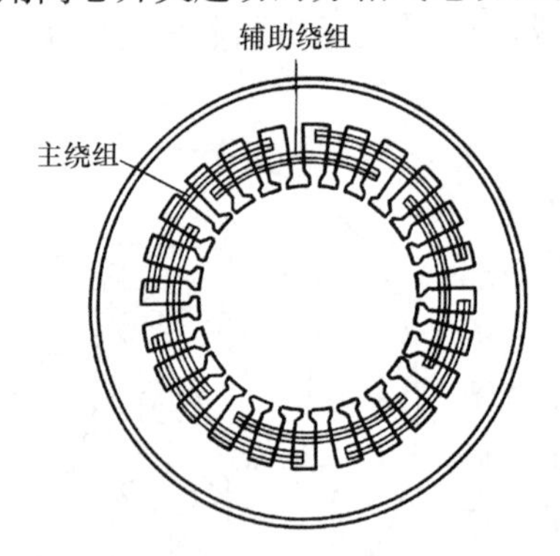

图3-32　电阻分相式电动机的定子示意图

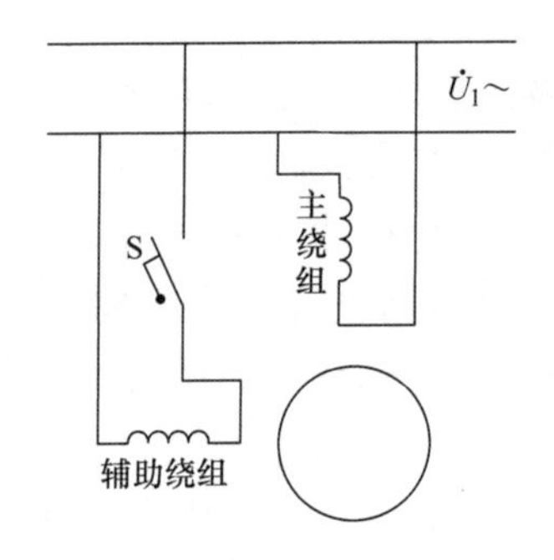

图3-33　电阻分相式电动机的接线图

电阻电动机具有构造简单、价格低廉、故障率低、使用方便的特点。分相式电动机具有中等起动转矩和过载能力，适用于低惯量负载、不经常起动、负载可变且转速基本不变的场合，如小型车床、鼓风机、电冰箱压缩机、医疗器械等。

3. 电容式电动机

单相电容式电动机具有三种类型，即电容起动式，电容运转式，电容起动和运转式。电容式电动机和同样功率的分相电动机在外形尺寸、定/转子铁心、绕组、机械结构等都基本相同，只是添加了1～2个电容器而已。

由单相异步电动机的工作原理可知，单相异步电动机定子有两套绕组，在起动时，接入不同相位的电流后，产生了一个近似两相的旋转磁场，从而使电动机转动。在分相式电动机中，主绕组电阻较小而电抗较大，辅助绕组则电阻较大而电抗较小，也就是利用这个原理。因此辅助绕组中的电流大致与线路电压是同相位的。而在实际上，每套绕组的电阻和电抗不可能完全减少为零，所以两套绕组中电流90°相位差是不可能获得的。实用上只要相位差足够大时，就能产生近似的两相旋转磁场，从而使转子转动起来。

如在电容式电动机的辅助绕组中串联一只电容器，它的电流在相位上就将比线路电压超前。将绕组和电容器容量适当设计，两套线圈电流就完全可以达到90°相位差的最佳状况，这样就改进了电动机的性能。但在实际上，起动时定子中的电流关系还随转子的转速而改变。因此，要使它们在这段时间内仍有90°的相位差，那么电容器电容量的大小就必须随转速和负载而改变，显然这种办法实际上是做不到的。由于这个原因，根据电动机所拖动的负载特性，而将电动机做适当设计，这样就有了上面所说的三种类型的电容电动机。

1）电容起动式电动机。如图3-34所示，主绕组的出线端为A、X，辅助绕组的出线端为Z_1、Z_2。电容器经过离心开关接入到辅助绕组，接通电源，电动机即起动运转，当转速达到额定转速的70%～80%时，离心开关动作，切断辅助绕组的电源。

在这种电动机中，电容器一般装在机座顶上。由于电容器只在起动时极短的时间内工作，故可采用电容量较大、价格较便宜的电解电容器。为加大起动转矩，其电容量可适当选大些。

2）电容运转式电动机。如图3-35所示，电容器与辅助绕组中没有串接起动装置，因此电容器与辅助绕组和主绕组一起长期运行在电源线路上。在这类电动机中，要求电容器能长期耐较高的电压，故必须使用价格较贵的纸介质或油浸纸介质电容器，而绝不能采用电解电容器。

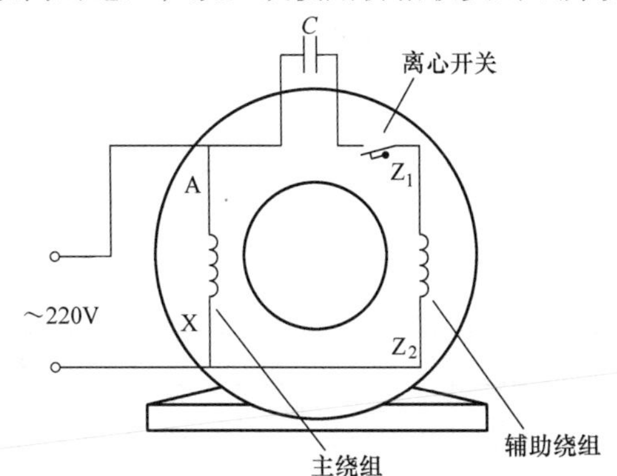

图3-34　单相电容起动式电动机接线图

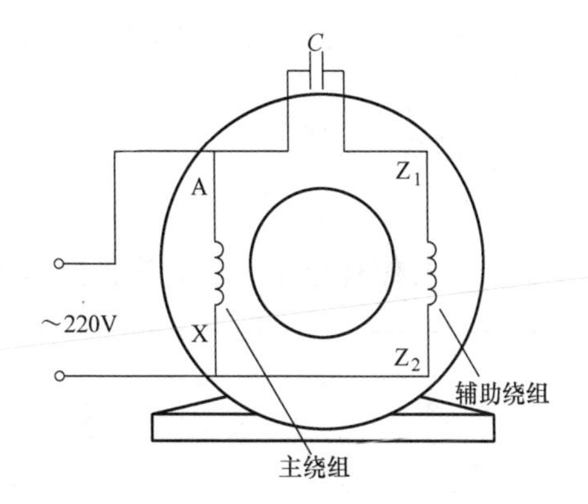

图3-35　单相电容运转式电动机接线图

电容运转式电动机省去了起动装置，从而简化了电动机的整体结构、降低了成本、提高了运行可靠性。同时由于辅助绕组也参与运行，这样就实际增加了电动机的输出功率。

3）电容起动和运转式电动机。如图3-36和图3-37所示，这种电动机兼有电容起动和电容运转两种电动机的特点。电动机静止时离心开关是接通的，给电后起动电容参与起动工作，当转子转速达到额定值的70%～80%时离心开关便会自动跳开，起动电容完成任务并被断开。起动电容的容量相对较大，以保证电动机有较高的起动转矩。

将运转电容串接到起动绕组使其参与运行工作。运转电容的电容量相对较小，以保证有较好的运转特性。这种接法一般用在空气压缩机、切割机、木工机床等负载大而不稳定的地方。电容起动和运转式电动机中起动电容容量大、运转电容容量小，耐压一般都大于400V。

4）电容电动机三种类型的特性及用途。

电容起动式电动机具有较高起动转矩，一般达到额定转矩的3～5倍，故适用于满载起动的场合。由于它的电容器和辅助绕组只在起动时接入电路，所以它的运转与同样大小分相式电动机基本相同。单相电容起动式电动机多用于电冰箱、水泵、小型空气压缩机及其他需要满载起动的电器、机械。

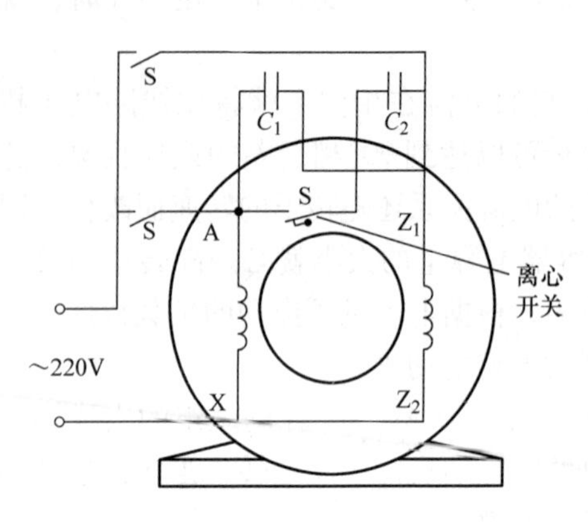

图 3-36　不分主、辅助绕组的电动机接线图

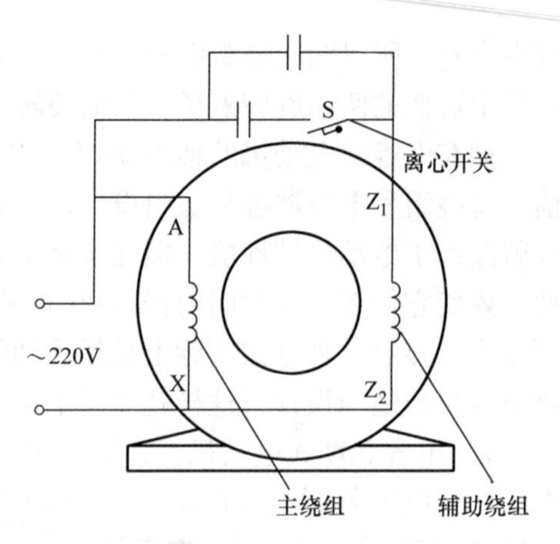

图 3-37　分主、辅助绕组的电动机接线图

单相电容运转式电动机起动转矩较低，但功率因数和效率均比较高。它体积小、重量轻、运行平稳、振动与噪声小、可反转、能调速，适用于直接与负载连接的场合，如电风扇、通风机、录音机及各种空载或轻载起动的机械，但不适于空载或轻载运行的负载。

单相电容起动和运转式电动机具有较好的起动性能，较高的功率因数、效率和过载能力，可以调速。适用于带负载起动和要求低噪声的场合，如小型机床、泵等。

3.8　任务工单

3.8.1　工作任务：三相笼型异步电动机的拆装

<table>
<tr><td colspan="4">任务工单</td><td>编号：3-1</td></tr>
<tr><td>工作任务</td><td colspan="2">三相笼型异步电动机的拆装</td><td>建议学时</td><td>2</td></tr>
<tr><td>班级</td><td></td><td>学员姓名</td><td></td><td>工作日期</td><td></td></tr>
<tr><td>任务目标</td><td colspan="5">① 掌握三相异步电动机的结构和工作原理；
② 熟练掌握电动机绕组拆卸和绕制及电动机装配过程；
③ 掌握电动机绕组端子的确定、绝缘电阻的测试、空载运行电流的测试等方法；
④ 掌握万用表、兆欧表、钳形电流表的使用；
⑤ 培养严谨细心、规范操作的习惯和爱岗敬业、争创一流的精神。</td></tr>
<tr><td>设备及材料</td><td colspan="5">万用表、兆欧表、钳形电流表、三相笼型异步电动机、撬棍、拉具、厚木板、划线板、绕线机、竹签、沙带、铜线、绝缘材料等。</td></tr>
<tr><td>任务分工</td><td colspan="5">项目负责人全面负责任务分配、组员协调，并完成以下任务：总体方案设计；系统安装，管理资产、工具、耗材的发放和收回。</td></tr>
<tr><td>任务步骤</td><td colspan="5">1. 电动机的拆卸
在拆卸前，应准备好各种工具，做好拆卸前记录和检查工作，在线头、端盖、刷握处做好标记，便于修复后的装配。
① 拆除电动机的所有引线。
② 拆卸此带轮或联轴器，先将带轮或联轴器上的固定螺钉或销钉松脱或取下，再用专用工具“拉马”转动丝杠，把带轮或联轴器慢慢拉出。
③ 拆卸风扇或风罩。拆卸带轮后，就可把风罩卸下来。然后取下风扇上的定位螺栓，用锤子轻敲风扇四周，旋转拆卸下来或从轴上顺槽拔出，卸下风扇。</td></tr>
</table>

（续）

任务步骤	④ 拆卸轴承盖和端盖。一般小型电动机只拆风扇一侧的端盖。 ⑤ 抽出转子。对于笼型转子，可直接从定子腔中抽出。 2. 定子绕组的绕制及嵌放 （1）绕制线圈 ① 在绕线模上放好卡紧用的布带，将引线排在右手边，然后由右向左开始绕线。 ② 用毛毡浸石蜡的压板将电磁线夹紧，绕线时拉力要适当，导线排列要整齐，避免交叉混乱，匝数要准确。同时，必须保护导线的绝缘层不受损坏。 ③ 检查线圈尺寸、匝数，两个直线边用布带扎紧，以免松散。 （2）嵌线 嵌线工艺流程是：准备绝缘材料→放置槽绝缘→嵌线→封槽口→端部整形。 ① 选用绝缘材料时，主绝缘材料和引出线、套管、绑线、浸渍漆等应为同一绝缘等级，彼此配套使用。 ② 槽绝缘的裁剪与放置需根据电动机的绝缘等级，选择合适的绝缘材料后，再根据具体需要对绝缘材料进行剪裁和放置。槽绝缘的长度根据电动机容量而定。 ③ 嵌线。在实际嵌线过程中，最初安放的两个线圈称为起把线圈，要求隔槽放置。当嵌放绕组的另一边时，称为覆槽。嵌线前，将绕组分三等份放好，依次为 U、W、V 三相。嵌线次序如下： a. 选好第一槽位置，嵌 U 相一只绕组的一条有效边，另一条有效边暂时不嵌，此过程简称为嵌 U_1 槽。 b. 隔一槽，即在第三槽，嵌 W 相绕组的一条边，另一条边暂时不嵌，称为嵌 W_3 槽。 c. 再隔一槽，即在第五槽，嵌 V 相绕组的一条边，即 V_5 槽，然后将另一边覆入 24 槽，称为嵌 V_5 槽 - 覆入 24 槽。接着嵌线次序为：嵌 U_7 槽 - 覆入 2 槽，嵌 W_9 槽，覆入 4 槽，嵌 V_{11} 槽 - 覆入 6 槽，嵌 U_{13} 槽 - 覆入 8 槽，嵌 W_{15} - 覆入 10 槽，嵌 V_{17} 槽 - 覆入 12 槽，嵌 U_{19} 槽 - 覆入 14 槽，嵌 W_{21} 槽 - 覆入 16 槽，嵌 V_{23} 槽 - 覆 18 槽，最后将开始的两只起把线圈的另一条有效边分别进行覆槽，将 U_1 绕组覆入 20 槽，将 W_3 绕组覆入 22 槽，这样，嵌线完毕。 嵌线时须注意：绕组端部引线须放在同一侧，同时一边嵌线一边放好隔相绝缘。 （3）封槽口 嵌线完毕后，把高出槽口的绝缘材料齐槽口剪平，把线压实，穿入盖槽纸，从一端把槽楔打入。 工艺要点：一般槽楔长度比槽绝缘短 2 ~ 3mm，其端面呈梯形，厚度为 3mm 左右，两端的棱角应该去掉。与槽绝缘接触的一面要光滑，以免在槽楔插入槽内时损坏槽绝缘。 （4）放绕组端部隔相绝缘 为保证三相绕组间的绝缘，在线圈组（极相组）间必须隔一层隔相纸。 （5）绕组后端部的整形 用橡皮锤将绕组端部向外敲打，成为喇叭状，且喇叭口均匀，不能防碍转子安装。 工艺要点：喇叭口的大小要合适，口过小影响通风散热，放入转子也困难；口过大，使端部与机壳太近，影响绝缘。 注意：喇叭口打成后要检查一下相间绝缘，若在敲打中，绝缘破裂或位移，应补修。捆扎后端部时，捆扎带要整理平整而展开，分布均匀，与线圈基本垂直。 （6）绕组前端部接线 按尾尾相接、首首相接的原则进行顺时针接线，最后留出 6 根引线接在出线盒的接线板上。 （7）转子安放、加装端盖、装机 3. 装配后的检查 ① 机械检查 所有紧固螺钉是否拧紧，用手转动电动机转轴，转子转动是否灵活，无扫膛、无松动；轴承是否有杂声等。 ② 电气性能检查 用万用表测量每个绕组的直流电阻，其阻值要相同。检测三相绕组每相对地的绝缘电阻和相间绝缘

（续）

<table>
<tr><td>任务步骤</td><td>电阻，其阻值不得小于 0.5MΩ。按铭牌要求接好电源线，在机壳上接好中性线，接通电源，用钳形电流表检测三相空载电流，检测是否符合允许值。检查电动机升温是否正常，运转中有无异响。
4. 三相异步电动机定子绕组首尾端的判别
先用万用表测量各相绕组的两个端子，将其中的任意两相绕组串联，如图 3-38 所示。将控制屏左侧调压器旋钮调至零位，开启电源总开关，按下“开”按钮，接通交流电源。
调节调压旋钮，并在绕组端施以单相低电压 U（80～100V），注意电流不应超过额定值，测出第三相绕组的电压，如测得的电压值不为 0，表示两相绕组的末端与首端相联，如图 3-38a 所示。反之，如测得电压近似为零，则两相绕组的末端与末端（或首端与首端）相连，如图 3-38b 所示。用同样方法可测出第三相绕组的首末端。
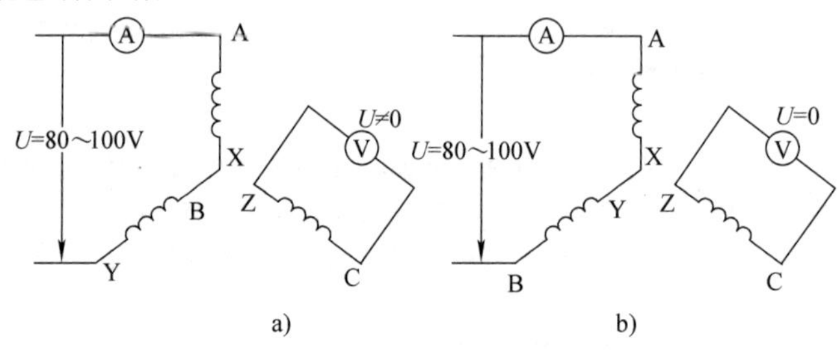

图 3-38　三相异步电动机定子绕组首尾端测定</td></tr>
<tr><td>检查和评估</td><td>1）介绍工作中出现的错误、疑难情况及处理办法；
2）自我评价；
自评：□优秀　□良好　□合格
3）提出工作建议或改进办法。</td></tr>
<tr><td>备注</td><td>注意：1）遵守安全操作规程，预防安全事故的发生。
2）掌握工艺过程的动作要领，并能在规定时间内完成。
3）文明生产，杜绝养成乱拆、乱放、不讲清洁的坏习惯。</td></tr>
</table>

3.8.2　工作任务：三相笼型异步电动机的空载堵转试验

<table>
<tr><td colspan="6">任务工单　　　　编号：3-2</td></tr>
<tr><td>工作任务</td><td colspan="3">三相笼型异步电动机的空载堵转试验</td><td>建议学时</td><td>1</td></tr>
<tr><td>班级</td><td></td><td>学员姓名</td><td></td><td>工作日期</td><td></td></tr>
<tr><td>任务目标</td><td colspan="5">① 了解三相异步电动机的相关标准规范；
② 熟悉三相异步电动机的机械特性和人为机械特性；
③ 掌握三相异步电动机的空载、堵转试验的方法；
④ 培养团结友爱、协作互助的精神和认真严谨，操作规范的习惯。</td></tr>
<tr><td>设备及材料</td><td colspan="5">导轨、测速发电机及转速表、校正过的直流电动机、三相笼型异步电动机、交流电压表、交流电流表、三相智能功率表、功率因数表、直流电压表、直流电流表、三相可调电阻器、波形测试及开关板、连接导线若干。</td></tr>
<tr><td>任务分工</td><td colspan="5">项目负责人全面负责任务分配、组员协调，并完成以下任务：总体方案设计，系统安装，管理资产、工具、耗材的发放和收回。</td></tr>
</table>

任务步骤

1. 空载实验

① 按图3-39接线。电动机绕组为△接法（$U_N=220V$），直接与测速发电机同轴连接，不接负载电动机DJ23。

② 把交流调压器调至电压最小值位置，接通电源，逐渐升高电压，使电动机起动并旋转，观察电动机旋转方向。并使电动机旋转方向符合要求（如转向不符合要求需调整相序时，必须切断电源）。

③ 保持电动机在额定电压下空载运行数分钟，使机械损耗达到稳定后再进行实验。

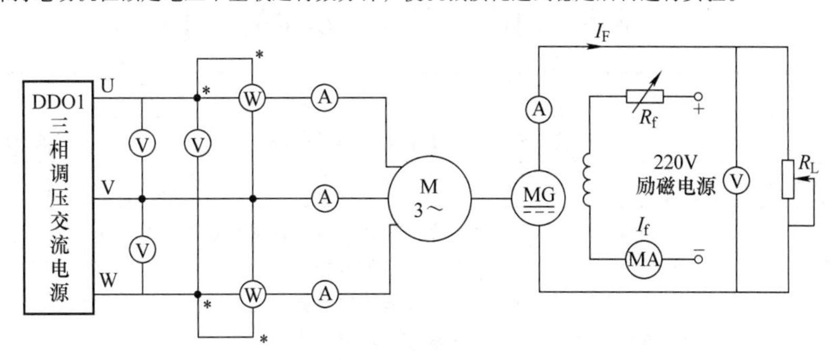

图3-39 三相笼型异步电动机实验接线图

④ 调节电压，使其由1.2倍额定电压开始逐渐降低，直至电流或功率显著增大为止。在该范围内读取空载电压、空载电流、空载功率。

⑤ 在测取空载实验数据时，需在额定电压附近多测几点，取数据7～9组，并记录于表3-2中。

表3-2 空载实验数据记录表

U_{0L}/V				I_{0L}/A				P_0/W			$\cos\varphi_0$
U_{AB}	U_{BC}	U_{CA}	U_{0L}	I_A	I_B	I_C	I_{0L}	P_I	P	P_0	

2. 短路实验

① 测量接线如图3-39所示。用制动工具把三相电动机堵住。制动时可用DD05上的圆盘固定在电动机轴上，螺杆装在圆盘上。

② 调压器调至零，合上交流电源开关，调节调压器使之逐渐升压，使短路电流升至1.2倍额定电流时，再逐渐降压，使短路电流降至0.3倍额定电流为止。

③ 在这范围内读取短路电压、短路电流、短路功率。

④ 共取数据5～6组记录于表3-3中。

表3-3 短路实验数据记录表

序号	U_{KL}/V				I_{KL}/A				P_K/W		
	U_{AB}	U_{BC}	U_{CA}	U_{KL}	I_A	I_B	I_C	I_{KL}	P_I	P_{II}	P_K

（续）

检查和评估	1）介绍工作中出现的错误、疑难情况及处理办法； 2）自我评价； 自评：□优秀　□良好　□合格 3）提出工作建议或改进办法。
备注	注意：测量前检查仪表的量程、接法是否符合要求。

3.8.3　工作任务：测试三相笼型异步电动机的工作特性

任务工单　　编号：3-3

工作任务	测试三相笼型异步电动机的工作特性			建议学时	1
班级		学员姓名		工作日期	
任务目标	① GB 50169—2016《电气装置安装工程　接地装置施工及验收规范》。 ② 掌握三相异步电动机负载试验的方法。 ③ 用直接负载法测试三相笼型异步电动机的工作特性。 ④ 养成认真思考、踏实干事工作习惯。				
设备及材料	导轨、测速发电机及转速表、校正过的直流电动机、三相笼型异步电动机、交流电压表、交流电流表、三相智能功率表、功率因数表、直流电压表、直流电流表、三相可调电阻器、波形测试及开关板、连接导线若干。				
任务分工	项目负责人全面负责任务分配、组员协调，并完成以下任务：总方案设计，系统安装，管理资产、工具、耗材的发放和收回。				
任务步骤	① 测量接线如图 3-39 所示。同轴连接负载电动机。图中 R_f 用 D42 上 1800Ω 阻值，R_L 用 D42 上（1800Ω 阻值加上 2 只 900Ω 并联）共 2250Ω 阻值。 ② 合上交流电源，调节调压器使之逐渐升至额定电压并保持不变。 ③ 合上校正过的直流电动机的励磁电源，调节励磁电流至校正值（50mA 或 100mA）并保持不变。 ④ 调节负载电阻 R_L（注：先调节 1800Ω 电阻，调至零值后用导线短接再调节 450Ω 电阻），使异步电动机的定子电流逐渐上升，直至升到 1.25 倍额定电流。 ⑤ 从此负载开始，逐渐减小负载直至空载，在该范围内读取异步电动机的定子电流、输入功率、转速、直流电动机的负载电流 I_F 等数据。 ⑥ 共取数据 8～9 组并记录于表 3-4 中。				

表 3-4　$U_{1\Phi}=U_{1N}=220\text{V}$（△接法），$I_F=$　　mA 数据记录表

序号	I_{1L}/A				P_1/W			I_F	T_2	n
	I_A	I_B	I_C	I_{1L}	P_{I}	P_{II}	P_1	/A	/(N·m)	/(r/min)

检查和评估	1）介绍工作中出现的错误、疑难情况及处理办法； 2）自我评价； 自评：□优秀　□良好　□合格 3）工作建议或改进办法。
备注	注意：测量前注意仪表的量程、接法是否符合要求。

3.8.4 工作任务：三相笼型异步电动机的起动

<table>
<tr><td colspan="4">任务工单　　　　　　　　　　编号：3-4</td></tr>
<tr><td>工作任务</td><td colspan="2">三相笼型异步电动机的起动</td><td>建议学时</td><td>1</td></tr>
<tr><td>班级</td><td></td><td>学员姓名</td><td></td><td>工作日期</td><td></td></tr>
<tr><td>任务目标</td><td colspan="5">① 了解 IEC 60034－12－2002 旋转电机．第 12 部分：单速三相笼型感应电动机的起动性能；
② 了解三相笼型异步电动机的起动和调速方法；
③ 通过试验测熟悉笼型异步电动机的 3 种起动；
④ 养成独立思考、认真严谨的习惯，操作规范，具备安全意识。</td></tr>
<tr><td>设备及材料</td><td colspan="5">电源控制屏、导轨、测速发电机及转速表、三相笼型异步电动机、三相线绕式异步电动机、校正过的直流电机、直流电压表、直流电流表、交流电流表、交流电压表、三相可调电抗器、波形测试及开关板、起动与调速电阻箱、测功支架、测功盘及弹簧秤、连接导线若干。</td></tr>
<tr><td>任务分工</td><td colspan="5">项目负责人全面负责任务分配、组员协调，并完成以下任务：总方案设计，系统安装，管理资产、工具、耗材的发放和收回。</td></tr>
<tr><td>任务步骤</td><td colspan="5">见下文</td></tr>
</table>

1. 三相笼型异步电动机直接起动

① 按图 3-40 接线。电动机绕组为△接法。异步电动机直接与测速发电机同轴连接，不连接负载电动机 DJ23。

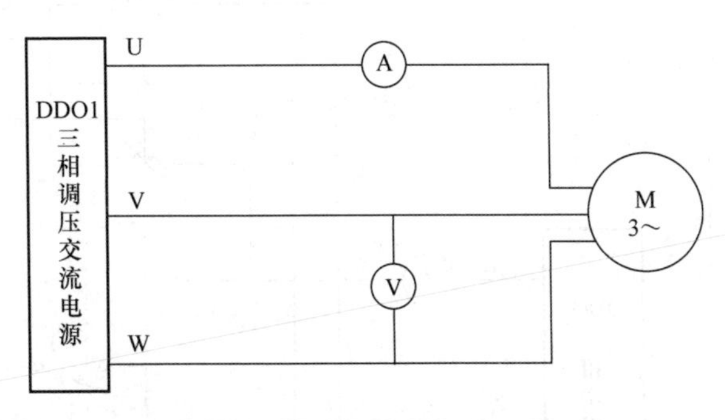

图 3-40　三相笼型异步电动机直接起动

② 把交流调压器调到零位，开启电源总开关，按下“开”按钮，接通三相交流电源。

③ 调节调压器，使输出电压到达电动机额定电压 220V，使电动机起动并旋转，如电动机旋转方向不符合要求需调整相序，此时必须按下“关”按钮，切断三相交流电源。

④ 再按下“关”按钮，断开三相交流电源，待电动机停止旋转后，按下“开”按钮，接通三相交流电源，使电动机全压起动，观察电动机起动瞬间电流值（按指针式电流表偏转的最大位置所对应的读数值定性计量）。

⑤ 断开电源开关，将调压器调到零位，电动机轴伸出端装上圆盘（圆盘直径为 10cm）和弹簧秤。

⑥ 合上开关，调节调压器，使电动机电流为 2～3 倍的额定电流，读取电压值 U_K、电流值 I_K，如表 3-5所列。

表 3-5　数据记录表

测量值			计算值		
U_K/V	I_K/A	F/N	T_K/(N·m)	I_{st}/A	T_{st}/(N·m)

2. 星－三角（Y－△）起动

① 按图 3-41 接线。线接好后把调压器调到零位。

（续）

<table>
<tr><td>任务步骤</td><td>

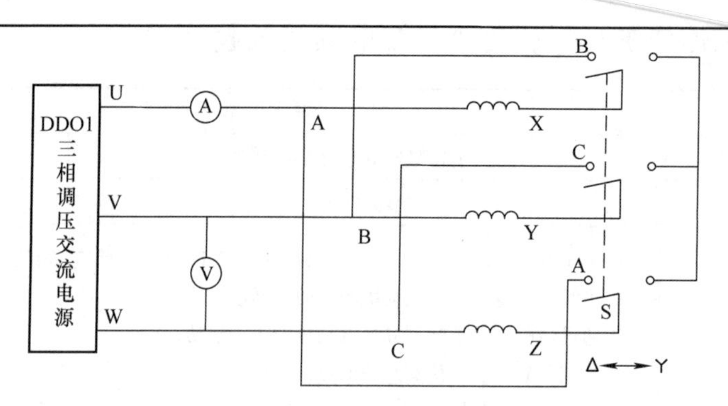

图 3-41　三相笼型异步电机星 - 三角起动

② 三刀双掷开关合向右边（Y接法）。合上电源开关，逐渐调节调压器使电压升至电动机额定电压220V，打开电源开关，待电动机停转。

③ 合上电源开关，观察起动瞬间电流，然后把 S 合向左边，使电动机（△）正常运行，整个起动过程结束。观察起动瞬间电流表的显示值，使其与其他起动条件下的瞬间电流值做定性比较。

3. 自耦变压器起动

① 按图 3-42 接线。电动机绕组为△接法。

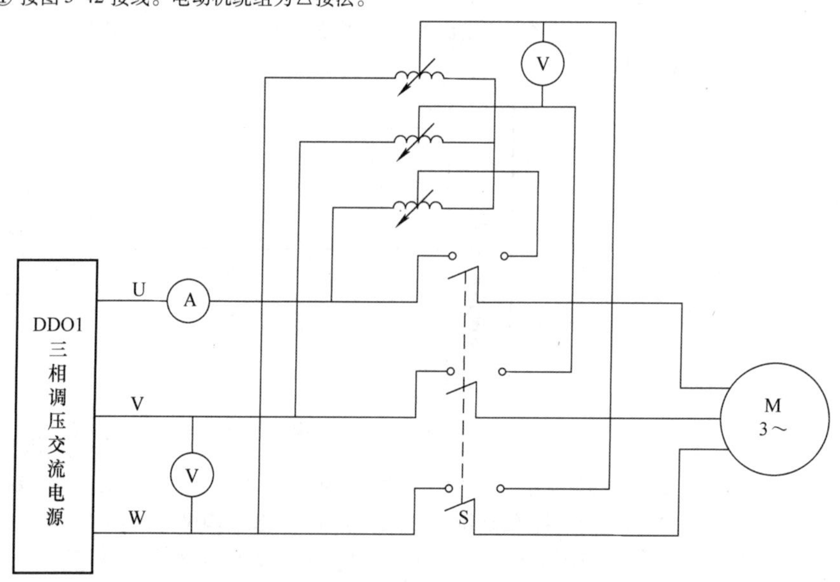

图 3-42　三相笼型异步电动机自耦变压器起动

② 三相调压器调到零位，开关 S 合向左边。自耦变压器选用 D43 挂箱。

③ 合上电源开关，调节调压器使输出电压为电动机额定电压 220V，断开电源开关，待电动机停转。

④ 开关 S 合向右边，合上电源开关，使电动机由自耦变压器降压起动（自耦变压器抽头输出电压分别为电源电压的 40%、60% 和 80%），经过一定时间再把 S 合向左边，使电动机按额定电压正常运行，整个起动过程结束。观察起动瞬间电流做定性比较。

</td></tr>
<tr><td>检查和评估</td><td>1）介绍工作中出现的错误、疑难情况及处理办法；
2）自我评价；
自评：□优秀　□良好　□合格
3）工作建议或改进办法。</td></tr>
<tr><td>备注</td><td></td></tr>
</table>

3.8.5 工作任务：三相绕线转子异步电动机的起动与调速

<table>
<tr><td colspan="4">任务工单</td><td>编号：3-5</td></tr>
<tr><td>工作任务</td><td colspan="2">三相绕线转子异步电动机的起动与调速</td><td>建议学时</td><td>1</td></tr>
<tr><td>班级</td><td></td><td>学员姓名</td><td></td><td>工作日期</td></tr>
<tr><td>任务目标</td><td colspan="4">① 了解三相绕线式异步电动机的起动和调速性能；
② 掌握三相绕线转子异步电动机的起动和调速方法；
③ 测试绕线转子异步电动机的起动和调速；
④ 养成举一反三、认真思考、严谨的习惯，操作规范，具备安全意识。</td></tr>
<tr><td>设备及材料</td><td colspan="4">电源控制屏、导轨、测速发电机及转速表、三相笼型异步电动机、三相线绕转子异步电动机、校正过的直流发电机、直流电压表、毫安表、安培表、交流电流表、交流电压表、三相可调电抗器、波形测试及开关板、起动与调速电阻箱、测功支架、测功盘及弹簧秤、连接导线若干。</td></tr>
<tr><td>任务分工</td><td colspan="4">项目负责人全面负责任务分配、组员协调，并完成以下任务：总方案设计，系统安装，管理资产、工具、耗材的发放和收回。</td></tr>
</table>

任务步骤

1. 线绕转子异步电动机转子绕组串入可变电阻器起动

电动机定子绕组 Y 形接法的操作步骤如下。

① 按图 3-43 接线。

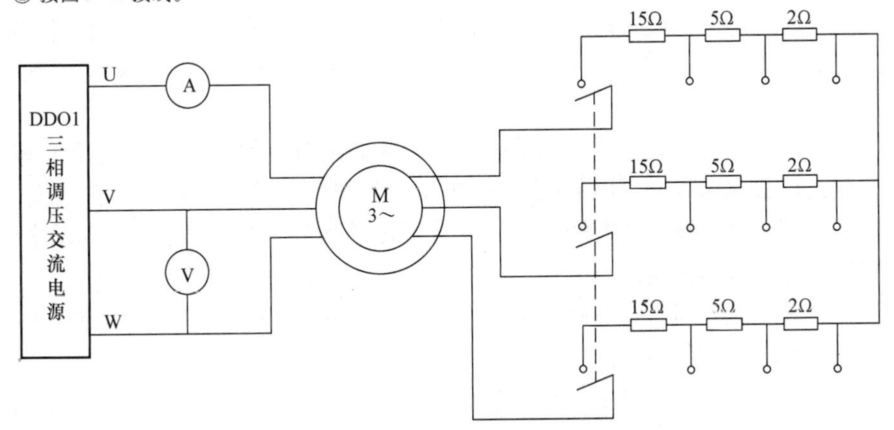

图 3-43　线绕转子异步电动机转子绕组串电阻起动

② 转子每相串入的电阻选为 DJ17－1 起动与调速电阻箱。

③ 调压器调到零位，电动机转轴的伸出端装上圆盘和弹簧秤。

④ 接通交流电源，调节输出电压（电动机转向应符合要求），当定子电压为 180V，且转子绕组分别串入不同电阻值时，测取定子电流和转矩。

⑤ 试验时通电时间不应超过 10s（以免绕组过热）。数据记入表 3-6 中。

表 3-6　数据记录表

R_{st}/Ω	0	2	5	15
F/N				
I_{st}/A				
$T_{st}/(\mathrm{N \cdot m})$				

2. 线绕转子异步电动机转子绕组串入可变电阻器调速

① 接线路如图 3-43 所示。同轴连接校正直流电动机 MG，将其作为线绕式异步电动机 M 的负载，MG 的实验电路参考图 2-37 左边的接线。电路接好后，将 M 的转子附加电阻调至最大。

（续）

<table>
<tr><td>任务步骤</td><td>② 合上电源开关，电动机空载起动，保持调压器的输出电压为电动机额定电压 220V，转子附加电阻调至零。
③ 调节校正过的直流发电机的励磁电流 I_f，使其达到校正值（100mA 或 50mA），再调节直流发电机负载电流，使电动机输出功率接近额定功率并保持该输出转矩 T_2 不变，改变转子附加电阻（每相附加电阻分别为 0Ω、2Ω、5Ω、15Ω），测相应的转速并记录于表 3-7 中。
表 3-7　$U=220V$，$I_f=$　　mA 数据记录表
<table>
<tr><td>r_{st}/Ω</td><td>0</td><td>2</td><td>5</td><td>15</td></tr>
<tr><td>$n/(r/min)$</td><td></td><td></td><td></td><td></td></tr>
</table>
</td></tr>
<tr><td>检查和评估</td><td>1）介绍工作中出现的错误、疑难情况及处理办法；
2）自我评价；
自评：□优秀　□良好　□合格
3）工作建议或改进办法。</td></tr>
<tr><td>备注</td><td></td></tr>
</table>

小　　结

三相异步电动机旋转磁场产生的条件是：对三相对称绕组通以三相对称电流，其转向取决于三相的相序，其转速 $n_1=60f_1/p$。异步电动机转子转速总是小于同步转速，其转差率 s 的范围为 $0<s<1$。

异步电动机直接起动时，起动电流一般为额定电流的 4～7 倍。三角形联结的异步电动机，在空载或轻载起动时，可以采取Y/△起动。负载比较重的，可采用自耦变压器起动，自耦变压器有抽头可供选择。绕线转子异步电动机转子回路串电阻起动时，起动电流比较小，而起动转矩比较大，起动性能好。

异步电动机的调速有三种方法，即变极、变频和变转差率。异步电动机的制动分为能耗制动、反接制动、回馈制动。

单相异步电动机是接单相交流电源运行的异步电动机，通入交流电流时在绕组中产生了脉振磁场，使电动机不能自行起动。为了解决单相异步电动机起动问题，常用分相起动或罩极起动。

习　　题

1. 填空题

（1）电动机是将________能转换为________能的设备。

（2）三相异步电动机主要由________和________两部分组成。

（3）三相异步电动机的转子有________式和________式两种形式。

（4）三相异步电动机的三相定子绕组通以________，则会产生________。三相异步电动机旋转磁场的转速被称为________，它与电源频率和________有关。

（5）三相异步电动机旋转磁场的转向是由________________决定的，运行中若旋转磁场的转向改变了，转子的转向________________。

（6）三相异步电机的调速方法有________、________和转子回路串电阻调速。

（7）三相异步电动机机械负载加重时，其定子电流将________。

（8）笼型三相异步电动机常用的减压起动方法有________起动和________起动。

（9）三相异步电动机采Y－△减压起动时，其起动电流是三角形联结全压起动电流的________，起动转矩是三角形联结全压起动时的________。

（10）某三相异步电动机额定电压为380/220V，当电源电压为220V时，定子绕组应接成________接法；当电源电压为380V时，定子绕组应接成________接法。

2. 选择题

（1）异步电动机旋转磁场的转向与________有关。

A. 电源频率　　B. 转子转速　　C. 电源相序

（2）当电源电压恒定时，异步电动机在满载和轻载下的起动转矩是________。

A. 完全相同的　　B. 完全不同的　　C. 基本相同的

（3）当三相异步电动机的机械负载增加时，如定子端电压不变，其旋转磁场速度________。

A. 增加　　B. 减少　　C. 不变

（4）当三相异步电动机的机械负载增加时，如定子端电压不变，其转子的转速________。

A. 增加　　B. 减少　　C. 不变

（5）笼型异步电动机空载运行与满载运行相比，其定子输入电流应________。

A. 大　　B. 小　　C. 相同

（6）笼型异步电动机空载起动与满载起动相比，起动转矩________。

A. 大　　B. 小　　C. 不变

（7）降低电源电压后，三相异步电动机的起动转矩将________。

A. 减小　　B. 不变　　C. 增大

（8）某三相异步电动机的额定转速为735r/min（同步转速是1000r/min），电源频率$f=50Hz$相对应的转差率为________。

A. 26.5%　　B. 2%　　C. 51%　　D. 18.3%

（9）异步电动机起动电流大的原因是________。

A. 电压太高　　B. 转子导条与定子旋转磁场相对速度差大　　C. 负载转矩过大

（10）三相异步电动机在一定的负载转矩下运行，若电源电压降低，电动机的转速将________。

A. 增大　　B. 降低　　C. 不变

（11）从降低起动电流来考虑，三相异步电动机可以采用减压起动，但起动转矩将________，因而只适用空载或轻载起动的场合。

A. 降低　　B. 升高　　C. 不变

（12）工频条件下，三相异步电动机的额定转速为1420r/min，则电动机的磁对数为________。

A. 1　　B. 2　　C. 3　　D. 4

3. 问答题

（1）试述异步电动机的基本工作原理。异步电动机和同步电动机的基本差别是什么？

（2）什么叫转差率？为什么异步电动机运行必须有转差？如何根据转差率来判断异步电动机的运行状态？

（3）一台接在电网上的异步电动机，假如用其他原动机拖动，使它的转速n高于旋转磁场的速度n_1，如图3-44所示。试画上转子导条中感应电动势和有功电流的方向，以及这时转子有功电流与磁场作用产生的转矩方向。说明如把原动机去掉，异步电动机的转速 n 能否继续大于 n_1，为什么？

（4）设有一台 50Hz 八极的三相异步电动机，额定转差率为 4.3%，问该机的同步转速是多少？额定转速是多少？当该机以 150r/min 反转时，转差率是多少？当该机运行在800r/min时，转差率是多少？当该机在起动时，转差率是多少？

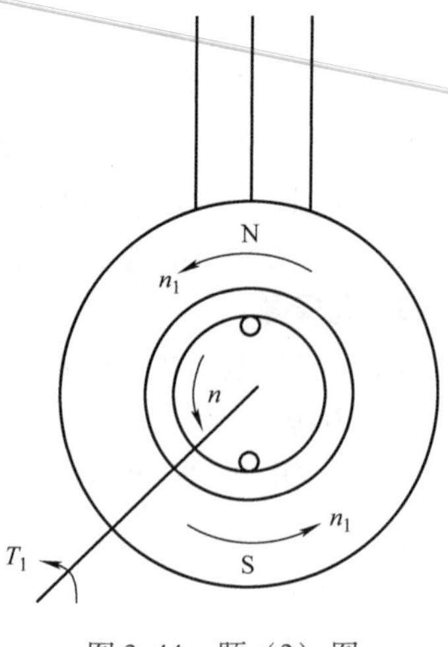

图 3-44　题（3）图

（5）异步电动机定子绕组与转子绕组没有直接联系，为什么负载增加时，定子电流和输入功率会自动增加，试说明其物理过程。从空载到满载，电动机主磁通有无变化？

（6）异步电动机带额定负载运行时，若电源电压下降过多，会产生什么严重后果？试说明其原因。如电源电压下降 5%，而负载转矩不变，对 T_{max}、T_{st}、n_1、$n(s)$、I_1 和 Φ_m 等有何影响？

（7）为什么变频恒转矩调速时要求电源电压随频率呈正比变化？若电源的频率降低，而电压大小不变，会出现什么后果？

（8）单相异步电动机主要分为哪几种类型？简述罩极电动机的工作原理。

（9）三相异步电动机起动时，如果电源一相断线，这时电动机能否起动？如绕组一相断线，这时电动机能否起动？星形联结和三角形联结情况是否一样？如果运行中电源或绕组一相断线，能否继续旋转，有何不良后果？

（10）什么叫同步电动机？转速为 1500r/min、频率 50Hz 的同步电动机是几极的？

4. 计算题

（1）在额定工作情况下的 Y180L－6 型三相异步电动机，其转速为 960r/min，频率为 50Hz，问该电动机的同步转速是多少？有几对磁极？转差率是多少？

（2）一台两极三相异步电动机，额定功率为 10kW，额定转速为 $n_N = 2940$r/min，额定频率 $f_1 = 50$Hz，求：额定转差率 s_N 和轴上的额定转矩 T_N。

（3）一台三相异步电动机，电源频率 $f_1 = 50$Hz，额定转差率 $s_N = 2\%$。求：当极对数 $p = 3$ 时电动机的同步转速 n_1 及额定转速 n_N。

（4）极数为 8 的三相异步电动机，电源频率 $f_1 = 50$Hz，额定转差率 $s_N = 4\%$，额定功率 $P_N = 10$kW，求：额定转速和额定电磁转矩。

中国能建葛洲坝白鹤滩机电项目部桥机班长梅琳

2021 年 4 月 25 日，上午 9 时 20 分许，随着“开始起吊”的指令，位于转子上方 20 多米的桥机操作室里，身着橘红工装的女驾驶员梅琳平复着激动的心情，微微起身观察了一下现场环境，稳稳地抬起操纵杆，两台载重 1300 吨的桥机将这个庞然大物稳稳抬起，吊离地面－平移－下落，一小时后，发电机轴上的十根销钉，精准插入到转子的销钉孔中，转子吊装圆满成功。梅琳掩饰不住自己的兴奋：“能亲手把由中国自主设计制造、世界单机容量最大的机组转子安全吊装就位，是我一生的荣耀！”

梅琳父亲是葛洲坝机电公司的桥机工，她常常惊讶于父亲现场操作的重要和神奇。2002 年 11 月，三峡左岸电站 5 号转子吊装的现场震撼到她，她激动地对师傅说：“哪天我也要吊转子。”师傅告诉她，转子吊装是我们桥机工的最高追求，标准就三个字：稳准快，而且要万无一失。梅琳记住了，7 年后因为达不到该标准，她决定从“稳”练起：用工地的空汽油桶装了满满一桶水，业余时间来回“吊装”。不知“吊装”了多少次，不知洒了多少水，只知道洒出的水越来越少，最后同一桶水无论“吊装”多少来回，她都能滴水不洒。

2003 年 8 月，梅琳首获三峡左岸电站 4 号机组转子吊装重任，积极参与吊装方案讨论，反复学习技术要领，平时把每一个构件都当作转子来吊装，体会“稳准快”。2003 年 9 月 6 日，4 号机组转子吊装当天，她早早地来到操作室，默记操作要领和注意事项，一遍遍在心里操作：起吊、平移、下落、就位，好不容易平稳住加速的心跳……“毕竟是第一次，又是三峡工程，还是很紧张，转子就位的那一刻，我才发现，手心全是汗。一身也全是汗。”她回忆道。

梅琳以“专注做好一件事”的工匠精神，实现了水电桥机操作工的最高梦想。

第4章 控制电机

控制电机是指在自动控制系统中传递信息、变换和执行控制信号用的电机。它广泛应用于国防、航天航空技术、先进工业技术与现代化装置中。如雷达的扫描跟踪、轮船方位控制、飞机自动驾驶、轧钢控制、数控机床控制、工业机器人控制、遥测遥控、自动化仪表及计算机外围设备等都少不了控制电机。控制电机所遵循的基本电磁规律与常规的旋转电机没有本质上的差别，但是控制电机与常规的旋转电机用途不同，性能指标要求也就不一样。常规的旋转电机主要是在电力拖动系统中，用来完成机械能与电能的转换，对它们的要求着重于起动和运转状态。而控制电机主要是在自动控制系统和计算装置中，完成对机电信号的检测、解算、放大、传递、执行或转换，对它们的要求主要是运行高可靠性、特性参数高精度及对控制信号的快速响应性等。

4.1 伺服电动机

码 4-1 伺服电动机

伺服电动机又称为执行电动机，在自动控制系统中作为执行元件。它将输入的电压信号转变为转轴的角位移或角速度输出，改变输入信号的大小和极性可以改变伺服电动机的转速与转向，故输入的电压信号又称为控制信号或控制电压。

根据使用电源的不同，伺服电动机分为直流伺服电动机和交流伺服电动机两大类。直流伺服电动机输出功率较大，功率范围为1～600W，有的甚至可达上千瓦；而交流伺服电动机输出功率较小，功率范围一般为0.1～100W。

4.1.1 直流伺服电动机

直流伺服电动机实际上就是他励直流电动机，其结构和原理与普通的他励直流电动机相同，只不过直流伺服电动机输出功率较小而已。

当直流伺服电动机励磁绕组和电枢绕组都通过电流时，电动机转动起来，当其中的一个绕组断电时，电动机立即停转，故输入的控制信号，既可加到励磁绕组上，也可加到电枢绕组上。若把控制信号加到电枢绕组上，通过改变控制信号的大小和极性来控制转子转速的大小和方向，这种方式是电枢控制；若把控制信号加到励磁绕组上进行控制，这种方式是磁场控制。磁场控制有较大的缺点（调节特性在某一范围不是单值函数，每个转速对应两个控制信号），使用的场合很少。

对直流伺服电动机进行电枢控制时，电枢绕组即为控制绕组，控制电压 U_c 直接加到电枢绕组上进行控制。而励磁方式则有两种：一种对励磁绕组通直流电流进行励磁，称之为电磁式直流伺服电动机；另一种使用永久磁铁作磁极，省去励磁绕组，称为永磁式直流伺服电动机。

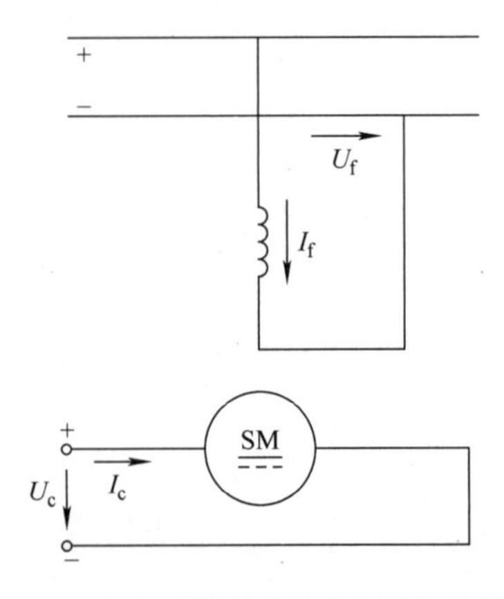

图4-1 直流伺服电动机电枢控制电路图

直流伺服电动机进行电枢控制的电路如图4-1所示，

将励磁绕组接到电压恒定为 U_{f} 的直流电源上，产生励磁电流 I_{f}，从而产生励磁磁通 Φ_0，电枢绕组接控制电压 U_{c}，那么直流伺服电动机电枢回路的电压平衡公式为：$U_{\mathrm{c}}=E_{\mathrm{a}}+I_{\mathrm{c}}R$。

若不计电枢反应的影响，电动机的每极气隙磁通 Φ 将保持不变，则

$$E_{\mathrm{a}}=C_{\mathrm{e}}\Phi n$$

电动机的电磁转矩公式为

$$T=C_{\mathrm{T}}\Phi I_{\mathrm{c}}$$

1. 机械特性

由上面三式可得到电枢控制的直流伺服电动机的机械特性方程式为

$$n=\frac{U_{\mathrm{c}}}{C_{\mathrm{e}}\Phi}-\frac{R}{C_{\mathrm{e}}C_{\mathrm{T}}\Phi^2}T=n_0-\beta T \tag{4-1}$$

改变控制电压 U_{c}，而机械特性的斜率 β 不变，故其机械特性曲线是一组平行的直线，如图 4-2 所示。

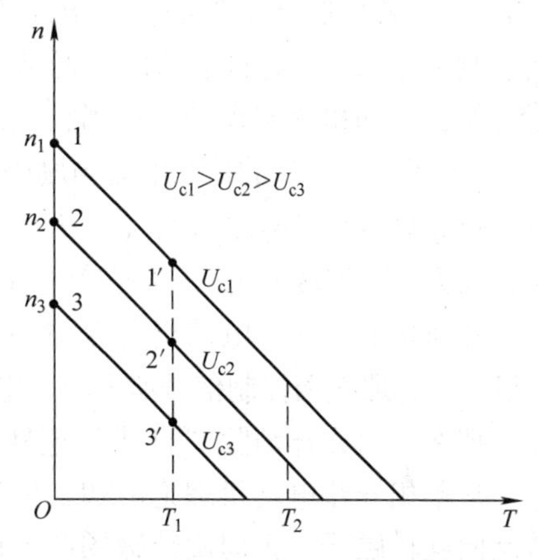

图 4-2　直流伺服电动机的机械特性

理想空载转速为

$$n_0=\frac{U_{\mathrm{c}}}{C_{\mathrm{e}}\Phi}$$

机械特性曲线与横轴的交点处的转矩就是 $n=0$ 时的转矩，即直流伺服电动机的堵转转矩 T_{k}。

$$T_{\mathrm{k}}=\frac{C_{\mathrm{T}}\Phi}{R}$$

控制电压为 U_{c} 时，若负载转矩 $T_1\geqslant T_{\mathrm{k}}$，则电动机堵转。

2. 调节特性

调节特性是指在一定的转矩下电动机的转速 n 与控制电压 U_{c} 的关系。调节特性也可由式（4-1）画出，调节特性也是一组平行线，如图 4-3 所示。

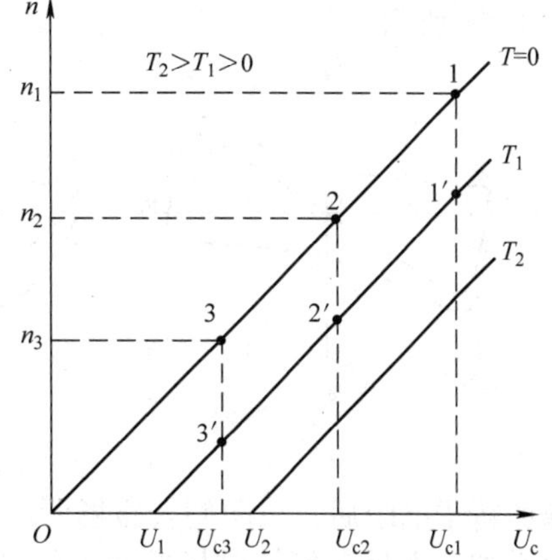

图 4-3　直流伺服电动机的调节特性

由调节特性可以看出，当转矩不变时，如 $T=T_1$，增强控制信号 U_{c}，直流伺服电动机的转速增加，且呈正比例关系；反之，减弱控制信号（将 U_{c} 减弱到某一数值 U_1 时），直流伺服电动机停止转动，即在控制信号 U_{c} 小于 U_1 时，电动机堵转。要使电动机能够转动，控制信号 U_{c} 必须大于 U_1 才行，故 U_1 叫作始动电压，实际上始动电压就是调节特性与横轴的交点。所以，从原点到始动电压之间的区段，叫作某一转矩时直流伺服电动机的失灵区。由图可知，T 越大，始动电压也越大，反之亦然；当为理想空载（$T=0$）时，始动电压为 0V，即只要有信号，不管是大是小，电动机都转动。

从上述分析可知，电枢控制时，直流伺服电动机的机械特性和调节特性都是线性的，而且不存在“自转”现象（控制信号消失后，电动机仍不停止转动的现象叫“自转”现象），在自动控制系统中是一种很好的执行元件。

4.1.2 交流伺服电动机

码 4-2 伺服电动机的工作原理（动画）

码 4-3 伺服电动机的结构（动画）

1. 工作原理

交流伺服电动机也叫两相伺服电动机。如图 4-4 所示，电动机定子上有两相绕组，一相叫励磁绕组，接到交流励磁电源 $\dot{U}_f$ 上；另一相为控制绕组，接入控制电压 $\dot{U}_c$，两绕组在空间上互差 90°电角度，励磁电压 $\dot{U}_f$ 和控制电压 $\dot{U}_c$ 频率相同。

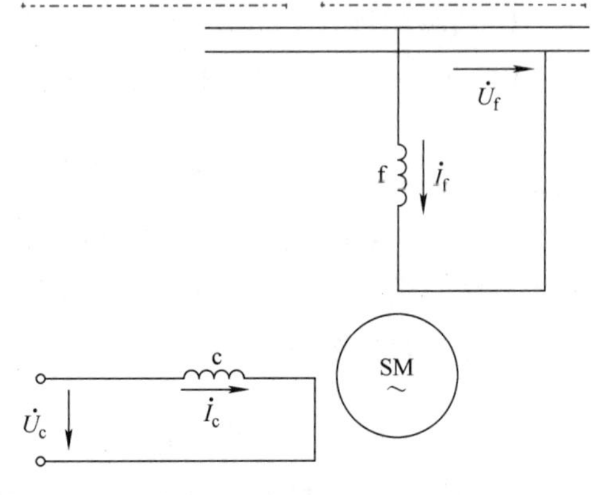

图 4-4 交流伺服电动机原理图

交流伺服电动机的工作原理与单相异步电动机有相似之处。当交流伺服电动机的励磁绕组接到励磁电压 $\dot{U}_f$ 上，若控制绕组加的控制电压 U_c 为 0V 时（即无控制电压），产生的是脉振磁通势，所建立的是脉振磁场，电动机无起动转矩；当控制绕组加的控制电压 $\dot{U}_c \neq 0V$，且产生的控制电流与励磁电流的相位不同时，建立起椭圆形旋转磁场（若 $\dot{I}_c$ 与 $\dot{I}_f$ 相位差为 90°时，则为圆形旋转磁场），于是产生起动力矩，电动机转子转动起来。如果电动机参数与一般的单相异步电动机一样，那么当控制信号消失时，电动机转速虽会下降些，但仍会继续不停地转动（自转）。

那么，怎么样消除“自转”这种失控现象呢？

从单相异步电动机理论可知，单相绕组通过电流产生的脉振磁场可以分解为正向旋转磁场和反向旋转磁场，正向旋转磁场产生正转矩 T_+，起拖动作用，反向旋转磁场产生负转矩 T_-，起制动作用。正转矩 T_+ 和负转矩 T_- 与转差率 s 的关系如图 4-5 中虚线所示，电动机的电磁转矩 T 应为正转矩 T_+ 和负转矩 T_- 的合成，在图中用实线表示。

如果交流伺服电动机的参数与一般的单相异步电动机一样，那么转子电阻较小，其机械特性如图 4-5a 所示。

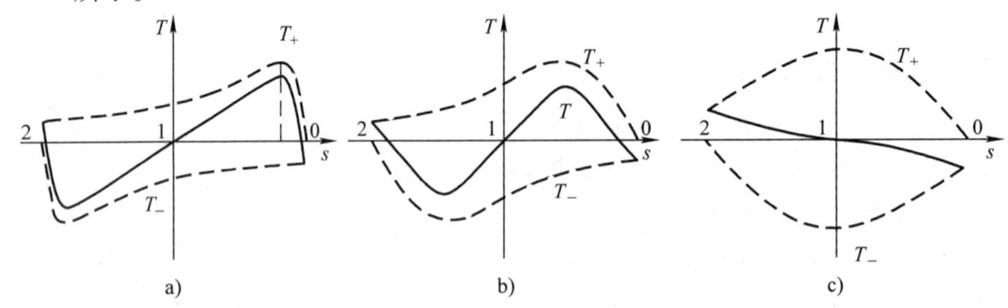

图 4-5 交流伺服电动机自转的消除

增加转子电阻后，正向旋转磁场所产生的最大转矩 T_{m+} 时的临界转差率 s_{m+} 随转子电阻的增加而增加，而反向旋转磁场所产生的最大转矩所对应的转差率 $s_m = 2 - s_{m+}$ 相应减小，合成转矩即电动机电磁转矩则相应减小；继续增加转子电阻，使正向磁场产生最大转矩时的 $s_{m+} \geqslant 1$，使正向旋转的电动机在控制电压消失后的电磁转矩为负值，即为制动转矩，使电动机制动到停止；若电动机反向旋转，则在控制电压消失后的电磁转矩为正值，也为制动转矩，也使电动机制动到停止，从而消除“自转”现象，可以通过增加转子电阻的办法来消除“自转”。

如图 4-5c 所示。在设计电动机时，必须满足：

$$s_{m+} \approx \frac{r_2'}{x_1 + x_2'} \geqslant 1$$

即 $$r_2' \geqslant X_1 + X_2' \tag{4-2}$$

式中，r_2'为转子回路电阻，X_1 为定子每相绕组漏抗，X_2'为折算到定子侧的转子漏抗。

增大转子回路电阻 r_2'，使 $r_2' \geqslant X_1 + X_2'$不仅可以消除“自转”现象，还可以扩大交流伺服电动机的稳定运行范围。但转子回路电阻过大，会降低起动转矩，从而影响快速响应性能。

2. 基本结构

交流伺服电动机的定子与异步电动机类似，在定子槽中装有励磁绕组和控制绕组，而转子主要有两种结构形式。

（1）笼型转子

这种笼型转子和三相异步电动机的笼型转子一样，但笼型转子的导条采用高电阻率的导电材料制造，如青铜、黄铜。另外，为了提高交流伺服电动机的快速响应性能，宜把笼型转子做得又细又长，以减小转子的转动惯量。

（2）非磁性空心杯转子

非磁性空心杯转子结构示意图如图 4-6 所示。非磁性空心杯转子交流伺服电动机有两个定子：外定子和内定子，外定子铁心槽内安放有励磁绕组和控制绕组，而内定子一般不放绕组，仅作为磁路的一部分。空心杯转子位于内外绕组之间，通常用非磁性材料（如铜、铝或铝合金）制成，在电动机旋转磁场作用下，杯形转子内感应产生涡流，涡流再与主磁场作用产生电磁转矩，使杯形转子转动起来。

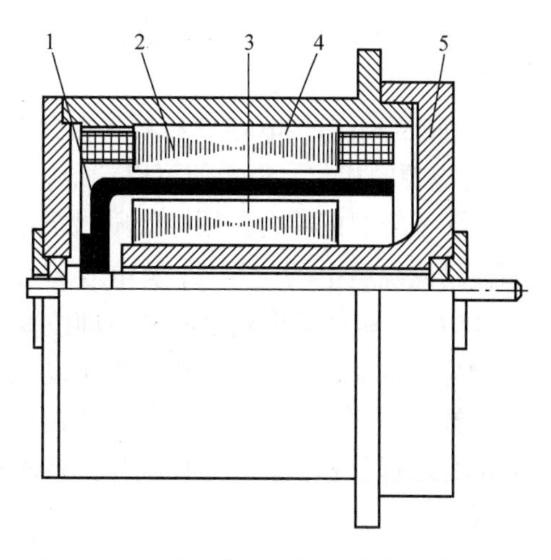

图 4-6　非磁性空心杯转子结构示意图

1—空心杯转子　2—外定子

3—内定子　4—机壳　5—端盖

由于非磁性空心杯转子的壁厚为0.2～0.6mm，因而其转动惯量很小，故电动机快速响应性能好，而且运转平稳平滑，无抖动现象。由于使用内、外定子，气隙较大，故励磁电流较大，体积也较大。

3. 控制方法

如果在交流伺服电动机的励磁绕组和控制绕组上分别加以两个幅值相等、相位差 90°电角度的电压，那么电动机的气隙磁场是一个圆形旋转磁场。如果改变控制电压 $\dot{U}_c$ 的大小或相位，那么气隙磁场是一个椭圆形旋转磁场，控制电压 $\dot{U}_c$ 的大小或相位不同，椭圆形旋转磁场的椭圆度不同，产生的电磁转矩也不同，从而调节电动机的转速；当 $\dot{U}_c$ 的幅值为 0V 或者 $\dot{U}_c$ 与 $\dot{U}_f$ 相位差为 0°电角度时，气隙磁场为脉振磁场，无起动转矩，因此，交流伺服电动机的控制方式有三种。

（1）幅值控制

如图 4-7 所示，幅值控制是通过改变控制电压 $\dot{U}_c$ 的大小来控制电动机转速，此时控制电压 $\dot{U}_c$ 与励磁电压 $\dot{U}_f$ 之间的相位差始终保持 90°电角度。

在 $\dot{U}_c = 0$ 时，控制信号消失，气隙磁场为脉振磁场，电动机不转或停转。

（2）相位控制

这种控制方式是通过改变控制电压 $\dot{U}_c$ 与励磁电压 $\dot{U}_f$ 之间的相位差来实现对电动机转速和转向的控制，而控制电压的幅值保持不变。

如图 4-8 所示，改变 $\dot{U}_c$ 与 $\dot{U}_f$ 相位差的大小，可以改变电动机的转速，还可以改变电动机的转向：将交流伺服电动机的控制电压 $\dot{U}_c$ 的相位改变 180°电角度时（即极性对换），若原来的控制绕组内的电流 $\dot{I}_c$ 超前于励磁电流 $\dot{I}_f$，相位改变 180°电角度后，$\dot{I}_c$ 反而滞后于 $\dot{I}_f$，从而电动机气隙磁场的旋转方向与原来相反，使交流伺服电动机反转。

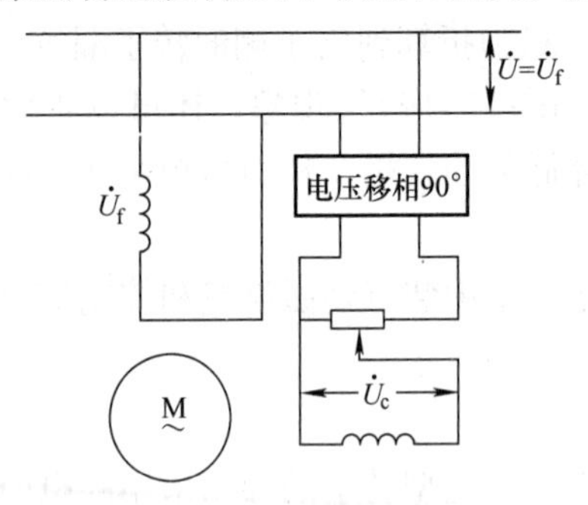

图 4-7　幅值控制接线图

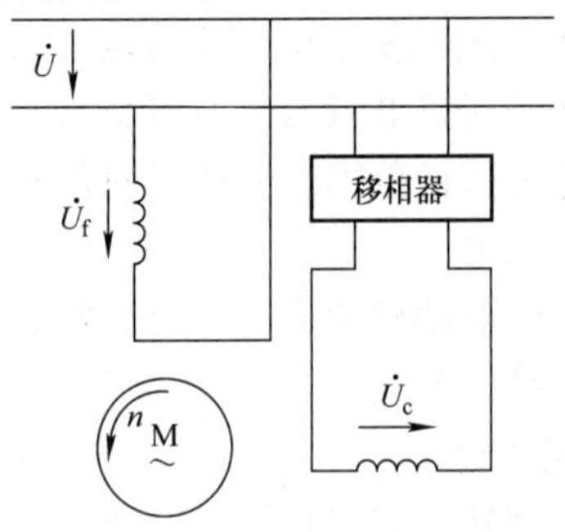

图 4-8　相位控制接线图

（3）幅值－相位控制

交流伺服电动机的幅值－相位控制接线图如图 4-9 所示。

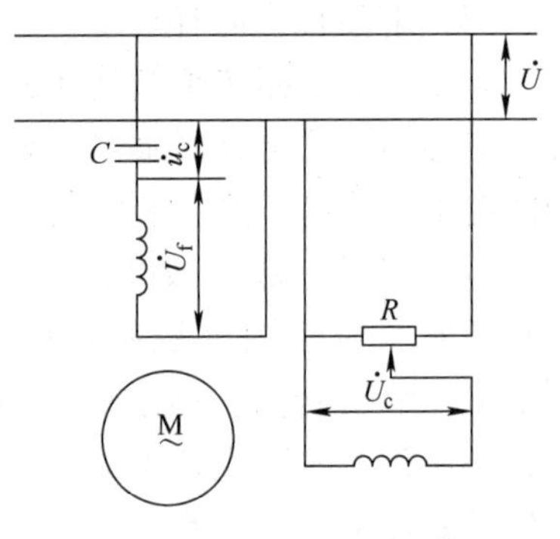

图 4-9　幅值－相位控制接线图

励磁绕组串接电容 C 后将其接到交流电源上，控制电压 $\dot{U}_c$ 与电源同相位，但幅值可以调节，当 $\dot{U}_c$ 的幅值可以改变时，转子绕组的耦合作用，使励磁绕组的电流 I_f 也变化，从而使励磁绕组上的电压 $\dot{U}_f$ 及电容 C 上的电压也跟随改变，$\dot{U}_c$ 与 $\dot{U}_f$ 的相位差也随之改变，即改变 $\dot{U}_c$ 的大小，$\dot{U}_c$ 与 $\dot{U}_f$ 的相位差也随之改变，从而改变电动机的转速。

幅度－相位控制电路简单，不需要复杂的移相装置，只需电容进行分相，具有电路简单、成本低廉、输出功率较大的优点，因而成为使用最多的控制方式。

4.2　测速发电机

码 4-4　测速发电机

码 4-5　霍尔传感器测速发电机的应用（动画）

在控制系统中，测速发电机是一种检测元件，它能把机械转速转换为电压信号，因此应用广泛。测速发电机也有交流测速发电机、直流测速发电机两类。

4.2.1　直流测速发电机

直流测速发电机包括电磁式和永磁式两类。电磁式直流测速发电机采用他励结构，其工作原理与他励直流电动机相同，如图 4-10 所示。

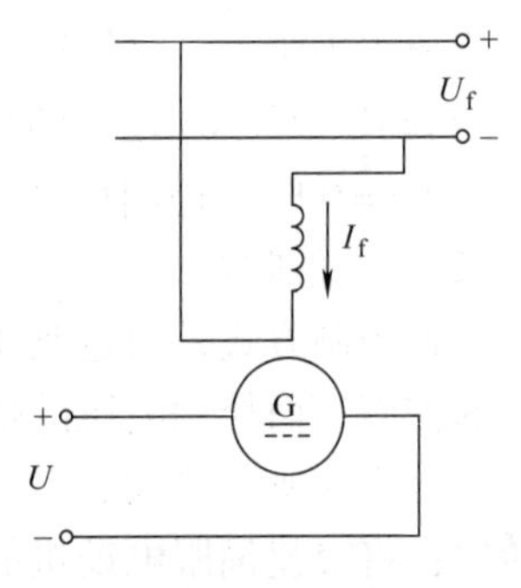

图 4-10　直流测速发电机原理

直流测速发电机的励磁绕组接固定电源 U_f，励磁绕组产生恒定磁场，电枢绕组在外力拖动下以转速 n 旋转时，电枢上的导体切割气隙磁通 Φ，电刷两端感应的电势为 $E_a=C_e\Phi n$。

空载时，直流测速发电机的输出电压就是空载电势 E_a，即 $U_0=E_a$，因此输出电压与转速成正比。负载以后，如果负载电阻为 R_L，电枢回路的总电阻为 R_a（包括电刷接触电阻），

当负载电流为I时，在不计电枢反应（电枢电流产生的磁场对主磁极磁场产生的影响）的条件下，输出电压为

$$U = E_a - R_a I = E_a - R_a \frac{U}{R_L} \tag{4-3}$$

将$E_a = C_e \Phi n$代入式（4-3），整理后得

$$U = \frac{C_e \Phi}{1 + \frac{R_a}{R_L}} n = Cn \tag{4-4}$$

从式（4-4）可见，只要保持Φ、R_a、R_L不变，直流测速发电机的输出电压U与转速呈线性关系，但是当负载电阻R_L减小时，输出电压随之降低。R_L为常数时的输出特性如图4-11所示。

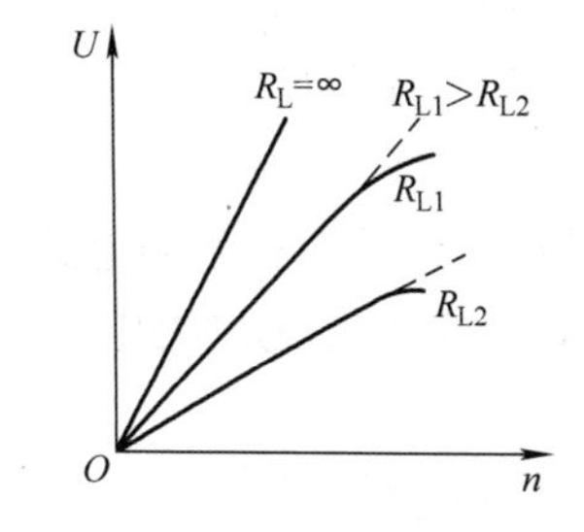

图4-11 直流测速发电机的输出特性

从图中可见，负载电阻越小，输出电压越低。随着负载电阻减小，电枢电流加大，电枢反应的去磁作用增加，尤其在高速时，造成输出电压与转速之间的线性关系不再满足。为减少电枢反应的影响，直流伺服电动机常常安装补偿绕组。

直流测速发电机能把转速线性地变成电压信号，直流伺服电动机能把电压信号线性地变为转速，所以直流测速发电机和直流伺服电动机是两种互为可逆的运行方式。

4.2.2 交流测速发电机

交流测速发电机有异步与同步之分，在自动控制系统中交流异步测速发电机应用较广，这里仅介绍交流异步测速发电机的工作原理与运行特性。

交流异步测速发电机与交流伺服电动机的结构相似，其转子结构有笼型的，也有杯形的，在自动控制系统中多用空心杯转子异步测速发电机。

空心杯转子异步测速发电机定子上有两个在空间上互差90°电角度的绕组，一为励磁绕组，另一为输出绕组，如图4-12所示。

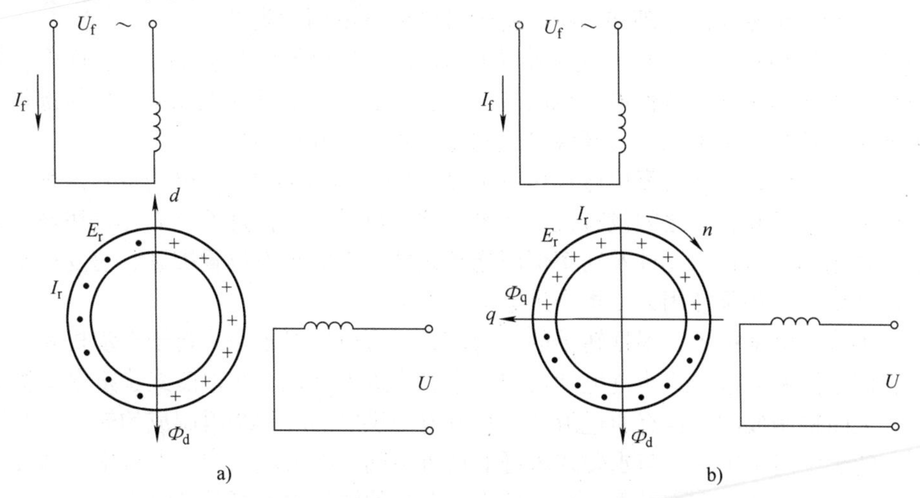

图4-12 空心杯转子异步测速发电机原理图

当定子励磁绕组外接频率为f的恒压交流电源U_f，励磁绕组中有电流I_f流过，在直轴（即d轴）上产生以频率f脉振的磁通Φ_d。

在转子不动时，脉振磁通 Φ_d 在空心杯转子中感应出变压器电势（空心杯转子可以看成有无数根导条的笼式转子，相当于变压器短路时的二次绕组，而励磁绕组相当于变压器的一次绕组），产生与励磁电源同频率的脉振磁场 Φ_d，也为 d 轴，与处于 q 轴的输出绕组无磁通交链，在转子转动时转子切割直轴磁通 Φ_d，在杯形转子中感应产生旋转电势 E_r，其大小正比于转子转速 n，并以励磁磁场 Φ_d 的脉振频率 f 交变。又因空心杯转子相当于短路绕组，故旋转电势 E_r 在杯形转子中产生交流短路电流 I_r，其大小正比于 E_r，其频率为旋转电势 E_r 的交变频率 f。若忽视杯形转子的漏抗的影响，那么电流 I_r 所产生的脉振磁通 Φ_d 的大小正比于 E_r，在空间位置上与输出绕组的轴线（q 轴）一致，因此转子脉振磁场 Φ_d 与输出绕组相交链而产生感应电势 E。据上分析有

$$E \propto \Phi_q \propto I_r \propto E_r \propto n \tag{4-5}$$

输出绕组感应产生的电势 E 实际就是交流异步测速发电机输出的空载电压 U，其大小正比于转速 n，其频率为励磁电源的频率 f。

4.3 步进电动机

码 4-6　步进电动机

码 4-7　步进电动机的结构（动画）

码 4-8　步进电动机的工作原理（动画）

步进电动机是一种把电脉冲转换成角位移的电动机。用专用的驱动电源向步进电动机供给一系列的且有一定规律的电脉冲信号，每输入一个电脉冲，步进电动机就前进一步，其角位移与脉冲数成正比，电动机转速与脉冲频率成正比，而且转速和转向与各相绕组的通电方式有关。

4.3.1 步进电动机的工作原理

1. 步进电动机的分类

步进电动机是数字控制系统中一种十分重要的自动化执行元件。它和计算机数字系统结合可以把脉冲数转换成角位移，并且可用作电磁制动轮、电磁差分器、电磁减法器或角位移发生器等。步进电动机根据作用原理和结构，基本可分成下面两大类型：

第一类为电磁型步进电动机。这种步进电动机是早期的步进电动机，它通常只有一个绕组。并且仅靠电磁作用还不能使电动机的转子作步进运行，必须加上相应的机械部件，才能产生步进的效果。这种步进电动机有螺线管式和轮式步进电动机两种。

第二类为定子和转子间仅靠电磁作用就可以产生步进作用的步进电动机。这种电动机一般有多相绕组，在定子和转子之间没有机械联系。这种电动机有良好的可靠性及快速响应性。工业应用上大量用作状态指示元件及功率伺服拖动元件，有时也作位置控制、速度控制元件。在计算机应用系统中，都是使用第二类步进电动机。

在第二类步进电动机中，根据转子的结构形式，可以分成永磁式转子电动机和反应式转子电动机，它们也简称为永磁式步进电动机和反应式步进电动机。在永磁式步进电动机中，它的转子是用永久磁钢制成的，也有通过滑环由直流电源供电的励磁绕组制成的转子，在该类步进电动机中，转子中产生励磁。与永磁式步进电动机不同，在反应式步进电机中，其转子由软磁材料制成齿状，转子的齿也称显极，在这种步进电机的转子中没有励磁绕组。

下面仅以反应式步进电动机为例，说明步进电动机的基本运行原理。

2. 步进电动机的原理

图 4-13 为一台三相六拍反应式步进电动机，定子上有三对磁极，每对磁极上绕有一相控

制绕组，转子有四个分布均匀的齿，齿上没有绕组。

当 A 相控制绕组通电，而 B 相和 C 相不通电时，步进电动机的气隙磁场与 A 相绕组轴线重合，而磁力线总是力图从磁阻最小的路径通过，故电动机转子受到一个转矩，在步进电动机中称之为静转矩。在此转矩的作用下，使转子的齿 1 和齿 3 旋转到与 A 相绕组轴线相同的位置上，如图 4-13a 所示；此时整个磁路的磁阻最小，转子只受到径向力的作用而该转矩为零。如果 B 相通电，A 相和 C 相断电，那转子受反应转矩而转动，使转子齿 2、齿 4 与定子极 B、B′对齐，如图 4-13b 所示；此时转子在空间上逆时针转过的空间角 q 为 30°，即前进了一步。转过的这个角叫作步距角。同样的如果 C 相通电，A 相 B 相断电，转子又逆时针转动一个步距角，使转子的齿 1、齿 3 与定子极 C、C′对齐，如图 4-13c 所示。如此按 A—B—C—A 顺序不断地接通和断开控制绕组，电动机便按一定的方向一步一步地转动，若按 A—C—B—A 顺序通电，则电动机反向一步一步转动。

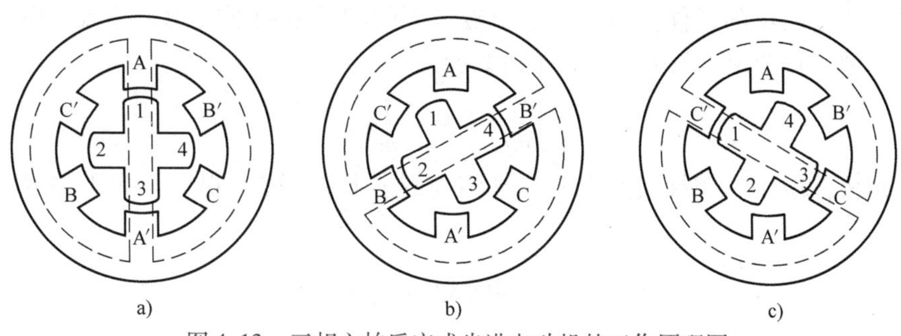

图 4-13　三相六拍反应式步进电动机的工作原理图

在步进电动机中，控制绕组每改变一次通电方式，称为一拍，每一拍转子就转过一个步距角，上述的运行方式每次只有一个绕组单独通电，控制绕组每换接 3 次而构成一个循环，故这种方式称为三相单三拍。若按 A—AB—B—BC—C—CA—A 顺序通电，每次循环需换接 6 次，故称之为三相六拍，因单相通电和两相通电轮流进行，故又称之为三相单、双六拍。

三相单、双六拍运行时步距角与三相单三拍不一样。当 A 相通电时，转子齿 1、3 与定子磁极 A、A′对齐，与三相单三拍一样，如图 4-14a 所示。当控制绕组 A 相和 B 相同时通电时，转子齿 2、4 受到反应转矩使转子逆时针方向转动，转子逆时针转动后，转子齿 1、3 与定子磁极 A、A′轴线不再重合，从而转子齿 1、3 也受到一个顺时针的反应转矩，当这两个方向相反的转矩大小相等时，电动机转子停止转动，如图 4-14b 所示。当 A 相控制绕组断电而只由 B 相控制绕组通电时，转子又转过一个角度使转子齿 2、4 与定子磁极 B、B′对齐，如图 4-14c 所示，即三相六拍运行方式中两拍转过的角度刚好与三相单三拍运行方式中一拍转过的角度一样，也就是说三相六拍运行方式的步距角是三相单三拍的一半，即为 15°。接下来的通电顺序为 BC—C—CA—A，其运行原理与步距角与前半段 A—AB—B 一样，即通电方式每变换一次，

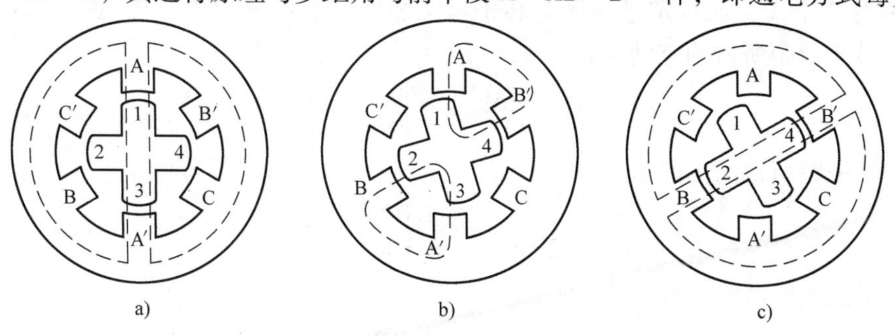

图 4-14　步进电动机的三相单、双六拍运行方式

转子继续按逆时针转过一个步距角（$\theta_s=15°$）。如果改变通电顺序，按 A—AC—C—CB—B—BA—A 顺序通电，则步进电动机顺时针一步一步转动，步距角 θ_s 也是 15°。

另外还有一种运行方式，按 AB—BC—CA—AB 顺序通电，每次均有两个控制绕组通电，故称为三相双三拍，实际是三相六拍运行方式去掉单相绕组单独通电的状态，转子齿与定子磁极的相对位置与图 4-14b 一样或类似。不难分析，按三相双三拍方式运行时，其步矩角与三相单三拍一样，都是 30°。

由上面的分析可知，同一台步进电动机，其通电方式不同，步距角可能不一样，采用单、双拍通电方式，其步矩角 θ_s 是单拍或双拍的一半；采用双极通电方式，其稳定性比单极要好。

上述结构的步进电动机无论采用哪种通电方式，步距角要么为 30°，要么为 15°，都太大，无法满足生产中对精度的要求，在实践中一般采用转子齿数很多、定子磁极上带有小齿的反应式结构，转子齿距与定子齿距相同，转子齿数根据步距角的要求而被初步决定，但准确的转子齿数还要满足自动错位的条件。即每个定子磁极下的转子齿数不能为正整数，而应相差 $1/m$ 个转子距齿，那么每个定子磁极下的转子齿数应为：

$$\frac{Z_r}{2mp}=K\pm\frac{1}{m} \tag{4-6}$$

式中，m 为相数，$2p$ 为一相绕组通电时在气隙周围上形成的磁极数，K 为正整数。那么转子总的齿数为

$$Z_r=2mp\left(K\pm\frac{1}{m}\right) \tag{4-7}$$

当转子齿数满足上式时，当电动机的每个通电循环（N 拍）转子转过一个转子齿距，用机械角度表示则为

$$\theta=\frac{360°}{Z_r} \tag{4-8}$$

那么一拍转子转过的机械角是步距角，为

$$\theta_s=\frac{360°}{Z_rN} \tag{4-9}$$

从而步进电动机转速为

$$n=\frac{60f\theta_s}{360°}=\frac{60f}{Z_rN} \tag{4-10}$$

要想提高步进电动机在生产中的精度，可以增加转子的齿数，在增加的同时还要满足式（4-7）才行。

图 4-15 是一种步距角较小的反应式步进电动机的典型结构。其转子上均匀分布着 40 个齿，定子上有三对磁极，每对磁极上绕有一组绕组，A、B、C 三相绕组接成星形。定子的每个磁极上都有 5 个齿，而且定子齿距与转子齿距相同，若作三相单三拍运行，则 $N=m=3$，那么有每个转子齿距所占的空间角为

$$\theta_1=\frac{360°}{Z_r}=\frac{360°}{40}=9°$$

每一定子极距所占的空间角为

$$\theta_2=\frac{360°}{2mp}=\frac{360°}{2\times3\times1}=60°$$

每一定子极距所占的齿数为

$$\frac{Z_r}{2mp}=\frac{40}{2\times3\times1}=6\frac{2}{3}=7-\frac{1}{3}$$

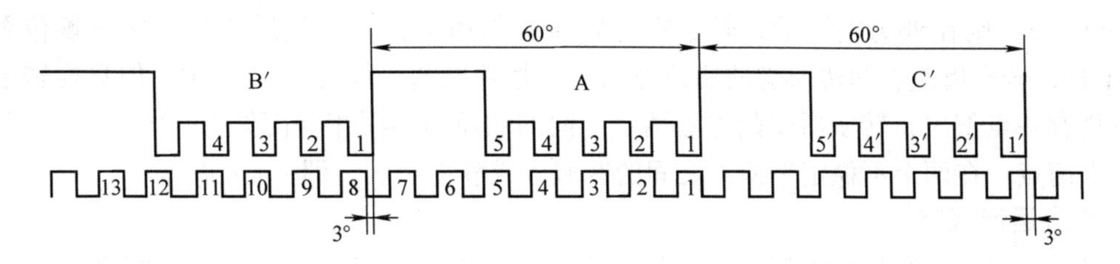

a)

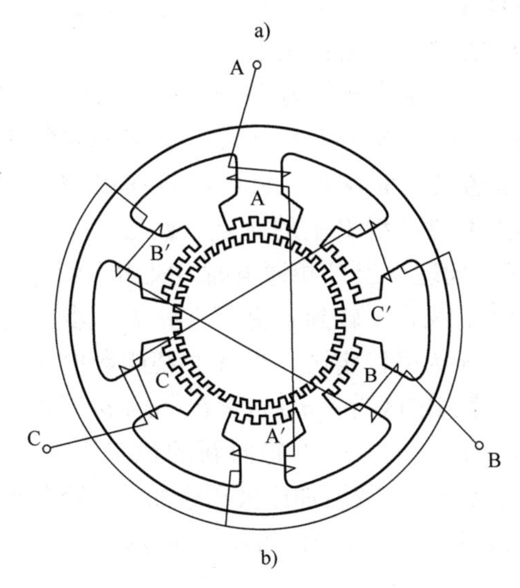

b)

图 4-15　三相反应式步进电动机

a）展开图　b）结构图

其步距角为

$$\theta_s = \frac{360°}{Z_r N} = \frac{360°}{40 \times 3} = 3°$$

若步进电机作三相六拍方式运行，则步距角为

$$\theta_s = \frac{360°}{Z_r N} = \frac{360°}{40 \times 6} = 1.5°$$

4.3.2　步进电动机的运行特性

反应式步进电机的运行特性根据各种运行状态分别阐述。

1. 静态运行状态

步进电动机不改变通电情况的运行状态称为静态运行。电机定子齿与转子齿中心线之间的夹角 θ 叫作失调角，用电角度表示。步进电动机静态运行时转子受到的反应转矩 T_{em} 叫作静转矩，通常以使 θ 增加的方向为正。步进电动机的静转矩 T_{em} 与失调角之间的关系 $T_{em}=f(\theta)$ 被称作矩角特性。实践表明，反应式步进电动机的静转矩 T_{em} 与失调角 θ 的关系近似为 $T_{em}=-kI^2\sin\theta$。

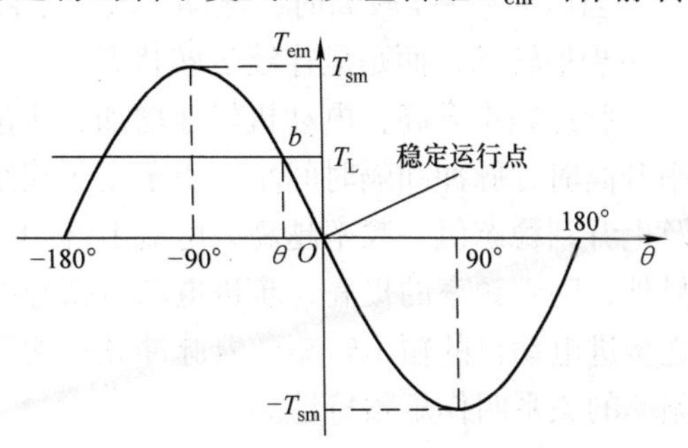

图 4-16　步进电动机的静转矩特性曲线

步进电动机在静转矩的作用下，转子必然有一个稳定平衡位置，如果步进电动机为空载即 $T_L=0$，那么转子在失调角 $\theta=0$ 处稳定，如图 4-16 所示。在静态运行情况下，如有外力使转子齿偏离定子

齿，$0<\theta<\pi$，则在外力消除后，转子在静转矩的作用下仍能回到原来的稳定平衡位置。当$\theta=\pm\pi$时，转子齿左右两边所受的磁拉力相等而相互抵消，静转矩$T_{em}=0$，但只要转子向左或向右稍有一点偏离，转子所受的左右两个方向的磁拉力不再相等而失去平衡，故$\theta=\pm\pi$是不稳定平衡点。在两个不稳定平衡点之间的区域构成静稳定区，即$-\pi<\theta<\pi$。

2. 步进运行状态

当接入控制绕组的脉冲频率较低，电动机转子完成一步之后，下一个脉冲才到来，电动机呈现出一转一停的状态，故称之为步进运行状态。

当负载$T_L=0$（即空载）时，通电顺序为A—B—C—A，当A相通电时，在静转矩的作用下转子稳定在A相的稳定平衡点a，如图4-17所示。显然失调角$\theta=0$，静转矩$T_{em}=0$。当A相断电、B相通电时，矩角特性转为曲线B，曲线B落后曲线A一个步距角$\theta_s=2/3\pi$，转子处在B相的静稳定区内，为矩角特性曲线B上的a'点，此处$T_{em}>0$，转子继续转动，停在稳定平衡点b处，此处T_{em}又为0。同理，当C相通电时，又由b到b'点，然后停在曲线C的稳定平衡点c处，接下来A相通电，又由c转到a'并停在a处。步进电动机的运行状态如图4-17所示。A相通电时，$-\pi<\theta<\pi$为静稳定区，当A相绕组断电并转到B相绕组通电时，新的稳定平衡点为b，对应于它的静稳定区为$-\pi+\theta_b<\theta<\pi+\theta_b$（图中$\theta_b=2/3\pi$），在换接的瞬间，转子的位置只要停留在此区域内，就能趋向新的稳定平衡点b，所以区域（$-\pi+\theta_b$，$\pi+\theta_b$）称为动稳定区，显而易见，相数增加或极数增加，步距角越小，动稳定区越接近静稳定区，即静、动稳定区重叠越多，步进电动机的稳定性越好。

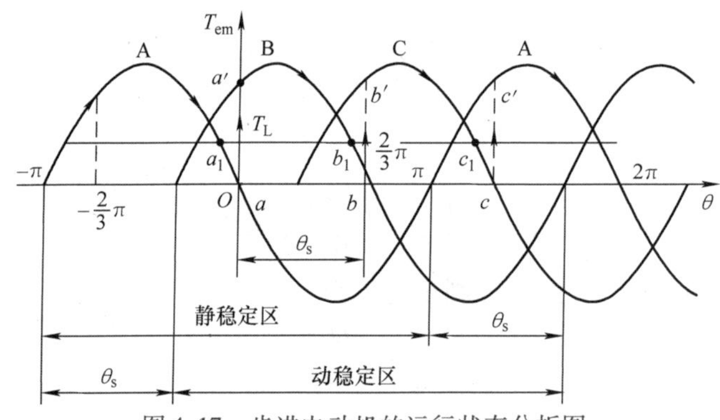

图4-17　步进电动机的运行状态分析图

上面是步进电动机空载步进运行的情况，当步进电动机带上负载运行时情况有所不同。带上负载T_L后，转子每走一步不再停留在稳定平衡点，而是停留在静转矩等于负载转矩的点上，即图4-17中a_1、b_1、c_1（即$T=T_L$）处。其具体分析和空载分析相同。

3. 连续运转状态

当脉冲频率f较高时，电动机转子未停止而下一个脉冲已经到来，步进电动机已经不是一步一步地转动，而是呈连续运转状态。

脉冲频率升高，电动机转速增加，步进电动机所能带动的负载转矩将减小。主要是因为频率升高时，脉冲间隔时间小，由于定子绕组电感有延缓电流变化的作用，控制绕组的电流来不及上升到稳态值。频率越高，电流上升到达的数值也就越小，因而电动机的电磁转矩也越小。另外，随着频率的提高，步进电动机铁心中的涡流增加很快，也使电动机的输出转矩下降。总之步进电动机的输出转矩随着脉冲频率的升高而减小，步进电动机的平均转矩与驱动电源脉冲频率的关系叫作矩频特性。

码 4-9　直线电动机

4.4　直线电动机

与旋转电动机传动相比，直线电动机传动主要具有下列优点：

① 直线电动机由于不需要中间的传动机械，因而使整个机械得到简化，提高了精度，减少了振动和噪声。

② 快速响应。用直线电动机驱动时，由于不存在中间传动机构的惯量和阻力矩的影响，因而加速和减速时间短，可实现快速起动和正反向运行。

③ 仪表用的直线电动机，可以省去电刷和换向器等易损零件，提高可靠性，延长使用寿命。

④ 直线电动机由于散热面积大，容易冷却，所以允许较高的电磁负荷，可提高电动机的容量定额。

⑤ 装配灵活性大，往往可将电动机和其他机件合成一体。

直线电动机的类型很多，从原理上讲，每一种旋转电动机都有与之相对应的直线电动机。直线电动机按其工作原理可分为直线感应电动机、直线直流电动机、直线同步电动机等。

4.4.1　直线感应电动机

1. 直线感应电动机的基本结构

直线感应电动机主要有扁平型、圆筒型和圆盘型 3 种类型，其中扁平型应用最为广泛。

（1） 扁平型

直线电动机可以看作是由旋转式感应电动机演变而来的。设想把旋转式感应电动机（如图 4-18a）沿径向剖开，并将圆周展开成直线，即可得到扁平型直线感应电动机，如图 4-18b 所示。由定子演变而来的一侧称为一次侧，由转子演变而来的一侧称为二次侧。

图 4-18b 所示的直线感应电动机，其一次侧和二次侧长度是相等的。由于运行时一次侧和二次侧之间要作相对运动，为了保证在所需的行程范围内，一次侧和二次侧之间的电磁耦合始终不变，实际应用时必须把一次侧和二次侧制造成不同长度，既可以是一次侧长、二次侧短，也可以是一次侧短，二次侧长。前者称为长一次侧，后者称短一次侧，如图 4-18 所示。由于短一次侧结构比较简单，制造成本和运行费用均比较低，故除特殊场合外，一般均采用短一次侧。

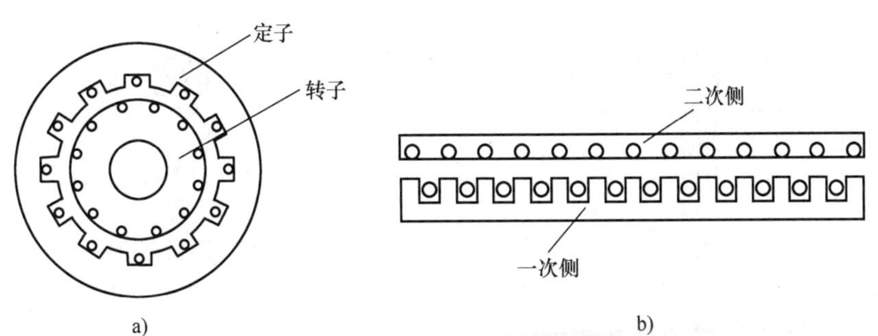

图 4-18　直线感应电动机的演变过程

a）旋转式感应电动机　b）直线感应电动机

图 4-19 所示的扁平型直线感应电动机，仅在二次侧的一边具有一次侧，这种结构形式称为单边型。它的特点是在一次侧和二次侧之间存在较大的法向吸力，这在大多数场合下是不希望发生的。若在二次侧的两边都装上一次侧，则法向吸力可以互相抵消，这种结构形式称为双

边型，如图 4-20 所示。

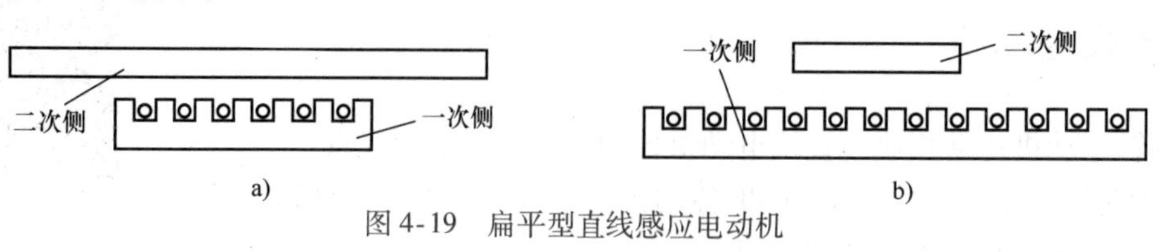

图 4-19　扁平型直线感应电动机

a）短一次侧　b）长一次侧

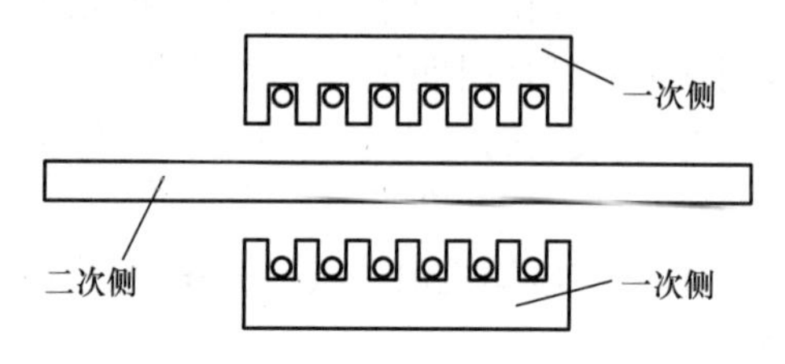

图 4-20　双边型直线感应电动机

扁平型直线感应电动机的一次侧铁心由硅钢片叠成，与二次侧相对的一面开有槽，槽中放置绕组。绕组可以是单相、两相、三相或多相的。二次侧有两种结构类型：一种是栅型结构，铁心上开槽，槽中放置导条；并用端部导条连接所有槽中导条；另一种是实心结构，采用整块均匀的金属材料，可分为非磁性二次侧和钢二次侧。非磁性二次侧的导电性能好，一般为铜或铝。

（2）圆筒型（管型）

将图 4-21a 所示的扁平型直线感应电动机沿着和直线运动相垂直的方向卷成筒状，就形成了圆筒型直线感应电动机，如图 4-21b 所示。在特殊场合，这种电动机还可以制成既有旋转运动又有直线运动的旋转直线电动机。旋转直线的运动体可以是一次侧，也可以是二次侧。

（3）圆盘型

圆盘型直线感应电动机如图 4-22 所示。它的二次侧被做成扁平的圆盘形状，能绕通过圆心的轴自由转动：将一次侧放在二次侧圆盘靠外边缘的平面上，使圆盘受切向力作旋转运动。但其运行原理和设计方法与扁平型直线感应电动机相同，故仍属直线电动机范畴。

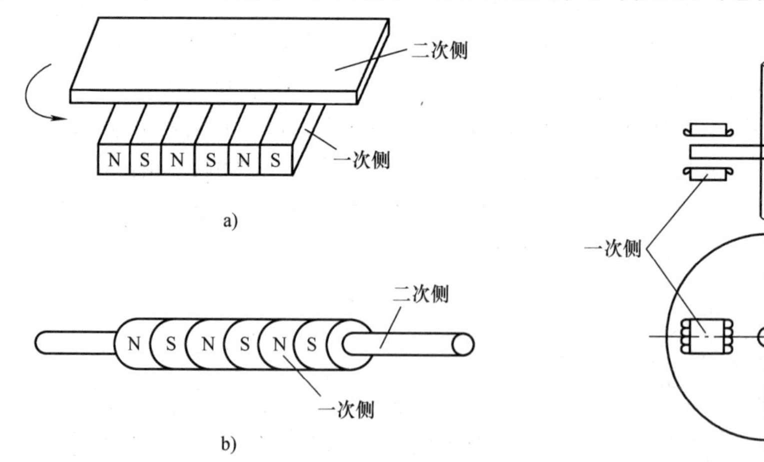

图 4-21　圆筒型直线感应电动机

a）扁平型　b）圆筒型

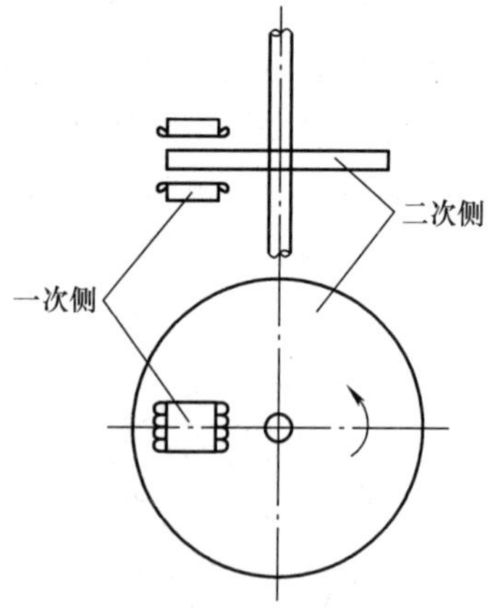

图 4-22　圆盘型直线感应电动机

2. 直线感应电动机的基本工作原理

直线感应电动机是由旋转电动机演变而来的。当一次侧的三相（或多相）绕组通入对称正弦交流电流时，会产生气隙磁场。当不考虑由于铁心两端断开而引起的纵向边缘效应时，这个气隙磁场的分布情况与旋转电动机相似，沿着直线方向按正弦规律分布。但它不是旋转而是沿着直线平移，被称为行波磁场，如图 4-23 中曲线所示。

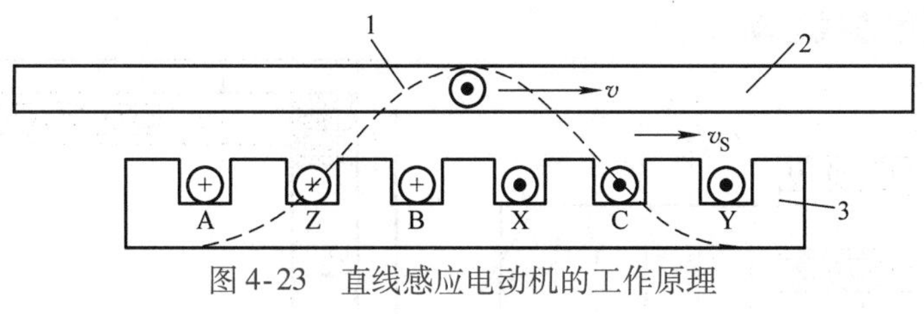

图 4-23　直线感应电动机的工作原理

1—行波磁场　2—二次侧　3—一次侧

显然行波磁场的移动速度与旋转磁场在定子内圆表面上的线速度是一样的。行波磁场移动的速度称为同步速度，即

$$v_s = \frac{D}{2}\frac{2\pi n_0}{60} = \frac{D}{2}\frac{2\pi}{60}\frac{60f_1}{p} = 2f_1\tau \tag{4-11}$$

式中，D 为旋转电动机定子内圆周的直径；τ 为极距，$\tau = \pi D/2p$；p 为极对数；f_1 为电源的频率。

行波磁场切割二次侧导条，将在导条中产生感应电动势和电流，导条的电流和气隙磁场相互作用，产生切向电磁力。如果一次侧固定不动，二次侧则在这个电磁力的作用下，顺着行波磁场的移动方向作直线运动。若二次侧移动的速度用 v 表示，转差率用 s 表示，则有

$$s = \frac{v_s - v}{v_s} \tag{4-12}$$

在电动状态时，s 在 0 ~ 1。

二次侧的移动速度为

$$v = (1 - s)v_s = 2\tau f_1(1 - s) \tag{4-13}$$

可见，改变极距或电源频率，均可改变二次侧移动的速度；改变一次绕组中通电相序，可改变二次侧移动的方向。

4.4.2　直线直流电动机

直线直流电动机通常做成圆筒型。它的优点是：结构简单，运行效率高，控制较方便、灵活，与闭环控制系统结合可精确控制位移、速度和加速度，控制范围广，调速平滑性好。它的缺点是：存在带绕组的电枢和电刷。直线直流电动机应用非常广泛，如在工业检测、自动控制、信息系统以及其他技术领域中都有应用。

直线直流电动机类型较多，按励磁方式可分为永磁式和电磁式两大类。前者多用于驱动功率较小的场合，如自动控制仪器、仪表；后者多用于驱动功率较大的场合。

1. 永磁式直线直流电动机

永磁式直线直流电动机的磁极由永久磁铁做成，按其结构特征可分为动圈型和动铁型两种。动圈型在实际中用得较多。如图 4-24 所示，在铁架两端装有极性同向的两块永久磁铁，当移动绕组中通直流电流时，便产生电磁力。只要电磁力大于滑轨上的静摩擦阻力，绕组就沿着滑轨作直线运动，运动的方向由左手定则确定。改变绕组中直流电流的大小和方向，即可改变电磁力的大小和方向。

2. 电磁式直线直流电动机

任一种永磁式直线直流电动机，只要把永久磁铁改成电磁铁，就成为电磁式直线直流电动机，它同样也有动圈型和动铁型两种。图 4-25 所示为电磁式动圈型直线直流电动机的结构。当励磁绕组通电后产生磁通并与移动绕组的通电导体相互作用产生电磁力，克服滑轨上的静摩

擦力，移动绕组便作直线运动。

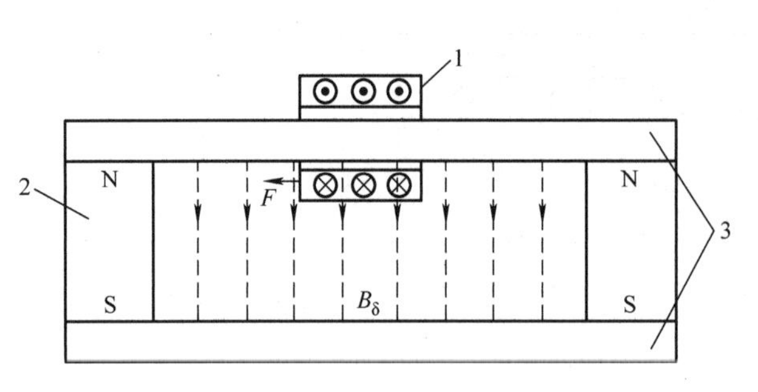

图 4-24 永磁式动圈型直线直流电动机结构示意图

1—移动绕组 2—永久磁铁 3—软铁

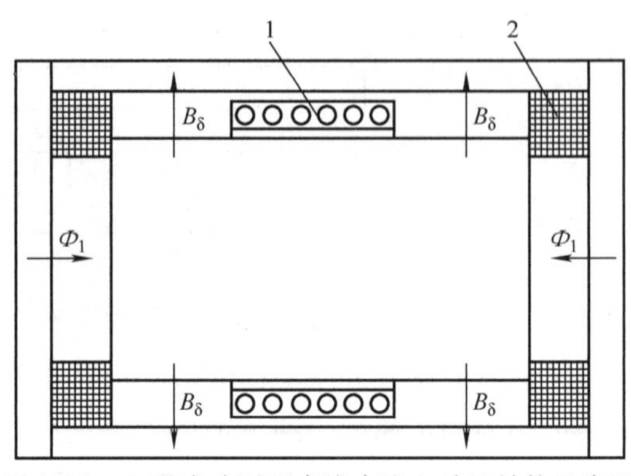

图 4-25 电磁式动圈型直线直流电动机结构示意图

1—移动绕组 2—励磁绕组

4.5 超导电机

超导电机是利用超导体作为绕组材料的新型电机，现有的超导电机主要是发电机和单极直流电机。

超导电机和常规电机没有差别，只是将常规绕组换成了超导体绕组。该绕组利用超导性材料在低温环境下电阻变为零的特点，在不是很粗的导线上能通过很强的电流，产生很强磁场，即形成超导磁体。大大提高了电机的功率密度，减少了电机的重量、体积和材料用量。

4.5.1 超导发电机

在同步发电机中，励磁绕组电流是直流，电枢绕组电流是交流。然而，在稳定运行时，由于电枢绕组的交流磁场与转子同步旋转，转子绕组所经历的磁场是直流磁场。因此，只在励磁绕组中采用超导技术的半超导发电机比全超导发电机实现起来要容易一些。到目前为止，大部分超导发电机均是半超导发电机。

超导发电机由定子和转子两部分组成，其基本结构如图 4-26 所示。

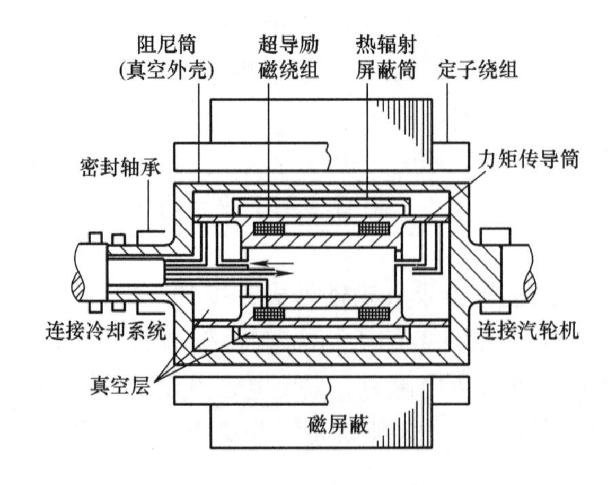

图 4-26 超导发电机的基本结构

（1）定子

常规发电机中，电枢绕组嵌于铁心之中，铁心是绕组的支撑件。由于电枢电流是交流电流，铁心要选用铁耗低的硅钢片。超导发电机中，由于磁通密度高，采用非磁性高强度材料支撑绕组。但是，为了构成电枢绕组的磁回路和防止磁场泄露，在定子外层需要采用铁磁材料屏蔽。

（2）转子

用超导体制成的励磁绕组运行在低温环境，超导发电机的转子一般采用多重圆筒结构，转子内筒为冷却介质存储槽，然后依次是转子励磁绕组及其支撑筒、热辐射屏蔽筒、阻尼筒、力矩传导筒。

1）冷却介质存储槽及输送、回收系统。超导体必须运行在临界温度以下才能维持稳定的超导态。支撑超导绕组的内筒兼做冷却介质存储槽。低温超导发电机中的冷却介质为液氦，高温超导发电机可用液氮或温度在30K左右的低温氦气作为冷却介质。冷却介质从冷却系统输入到转子内部以冷却超导线圈，蒸发的冷却介质通过回流通道排出，并和外部冷却系统形成循环。冷却介质存储槽外为真空层，以抑制热量的侵入。

2）转子励磁绕组。常规发电机中，由于导线的电流密度受到限制，仅靠绕组难以产生很强的磁场，必须将绕组嵌入铁心中，铁磁材料的饱和磁通密度小于2T，因此，常规发电机中的磁通密度小于2T。实用低温超导材料的允许电流密度比铜线高出至少两个数量级，临界磁场大于10T。所以，使用超导技术不仅可以省去铁心，而且可以运行在磁通密度远高于铁心磁饱和状态的条件下（一般设计为5～7T）。

3）热辐射屏蔽筒。绕组筒外为真空层，其中设有热辐射屏蔽筒，其作用是降低从常温向低温的热传导，提高冷却效率。真空层抑制通过空气的热传导，热辐射屏蔽筒抑制从常温外筒来的热辐射。

4）阻尼筒。阻尼筒既具有常规发电机中阻尼绕组的功能（在电磁动态过程中抑制转子的非同期振荡），又具有缓解动态过程中定子的交流磁场对超导绕组影响的作用，以提高超导稳定性。为了提高阻尼性能，可采用多重阻尼筒。热辐射屏蔽筒也可兼有阻尼筒作用。

5）力矩传导筒。在发电机中，电枢绕组切割磁力线产生感应电动势，向负载输出电能，原动机向转子提供驱动转矩。常规发电机中，转矩通过轴直接传给转子铁心，铁心带动励磁绕组旋转。但在超导发电机中，必须尽量抑制进入超导低温环境的热量传导，所以不能用传热量大的实心轴传递转矩，而要采用可抑制热量传导、壁厚较薄（传热量和传热截面积成正比）的力矩传导筒。

4.5.2 超导单极直流电机

采用超导励磁绕组及液态电刷，可以制成高电压、大电流、大容量的直流电机。有圆盘式和折入式两种。这两种电机均可作发电机运行（由原动机驱动），也可作电动机运行（由电刷引入电流）。超导单极直流电机适用于船舶、轧钢领域，以及大型卷扬机和慢速压缩机等场合，很有发展前途。

4.6 电动机的选择

各种电动机在运行过程中都会产生损耗，这些损耗一方面降低了电动机运行时的效率，另一方面损耗转变为热能，使其温度升高。电动机温度与周围冷却介质温度之差，称为温升，它是电动机的一项重要性能指标。

绝缘材料是电动机中耐热性最差的部分。所以发热问题直接关系到电动机的使用寿命和运行的可靠性。为了限制发热对电动机的影响，使电动机的温度不超过一定的数值，一方面要控制电动机各部分的损耗，使发热量减少；另一方面要改善电动机的冷却系统，提高其传热和散热能力，从而把电动机内部的热量很快地传导和散发出去。

电动机的温升不仅取决于负载的大小，还与负载的持续时间有关，即与电动机的工作方式有关。根据电动机在运行于不同的机械负载和不同的工作方式，有其相应的负载功率计算方式，通过负载功率即可完成对电动机的选择。电力拖动系统进行合适的电动机选择，才能保证系统可靠地工作和经济地运行。

4.6.1 电动机的基本运行条件

GB/T 755—2019《旋转电机　定额和性能》中规定的电动机的基本运行条件包括：对海拔高度、环境温度、冷却介质和相对湿度的要求，电气条件，运行期间电压和频率的变化，电机的中性点接地等规定。

1）海拔：一般不超过 1000m。特殊要求下微特电动机运行的海拔高度可达 2500～31200m。

2）最高环境温度：电动机运行地点的环境温度随季节而变化，一般不超过 40℃。但一些专用电动机可超过 40℃，微特电动机的最高环境温度为 125℃。

3）最低环境温度：对已安装就位并处于运行或断电停转的电动机，运行地点的最低环境温度为 -15℃；对微特电动机其最低空气温度为 -55℃。对于用水作为初级或次级冷却介质的电动机其最低环境空气温度为 5℃。

4）环境相对湿度：电动机运行地点的湿度最大月份中月平均最高相对湿度为 90%，同时该月月平均最低温度不高于 25℃。

5）电压和电流的波形对称性：对于交流电动机，其电源电压波形的正弦性畸变率不超过 5%；对于多相电动机，电源电压的负序分量不超过 5%（长期运行）或 1.5%（不超过几分钟的短时运行），且电压的零序分量不超过正序分量的 1%。

6）运行期间电压的偏差：当电动机的电源电压（如为交流电源时，频率为额定）在额定值的 95%～105%之间变化，输出功率仍能维持额定值。当电压发生上述变化时，电动机的性能和温升允许偏离规定。

7）运行期间的频率偏差：交流电动机的频率（电压为额定）额定值的偏差不超过 ±1%时，输出功率仍能维持额定值。

8）电压和频率同时发生偏差：电压和频率同时发生偏差（两者偏差分别不超过 ±5% 和 ±1%），若两者都是正值，且其和不超过 6%；或两者均为负值，或分别为正值和负值，且其绝对值之和不超过 5% 时，电动机输出功率仍能维持额定值。

9）电动机的中性点接地：交流电动机（Y联结）应能在中性点处于接地电位或接近接地电位的情况下连续运行。如果电动机绕组的线端与中性点端的绝缘不同，应在电动机的使用说明书中说明，不允许将电动机的中性点接地或将多台电动机的中性点相互连接。

4.6.2 电动机的绝缘材料和允许温升

电动机温升是衡量电机性能的一个重要指标，它表征电动机的内部损耗，即表征电动机发热的物理量。电动机内部耐热性最差的部分就是绝缘材料。

1. 电动机的绝缘等级

电动机在运行中，由于损耗产生热量，使电动机的温度升高，电动机所能容许达到的最高温度取决于电动机所用绝缘材料的耐热程度，被称为绝缘等级。电动机的绝缘系统大致分为：

绝缘电磁线、绝缘槽、浸渍漆、绕组引接线、接线绝缘端子等。不同的绝缘材料，其最高容许温度是不同的。电动机中常用的绝缘材料，按其耐热能力，分为 A、E、B、F 和 H 五级。电动机绝缘耐热等级及温度限值如表 4-1 所列。

表 4-1　电动机绝缘耐热等级及温度限值

绝缘耐热等级	A	E	B	F	H
最高容许温度/℃	105	120	130	155	180
最高容许温升/K	60	75	80	105	125

以前电动机最常用的绝缘等级为 B 级，目前最常用的绝缘等级为 F 级，H 级也正在陆续被采用。

绝缘材料根据各自耐热等级，在其极限温度时，于正常运行条件下，应能保证长期使用。一般情况下电动机在正常运行条件下的使用期限约为 20 年，绝缘材料的使用寿命与使用温度的关系是电动机运行温度每增加 10℃，绝缘寿命减半。

2. 电动机各部分的允许温升

电动机温度 t 与周围冷却介质的温度 t_0 之差称为电动机温升，用 θ 表示，即

$$\theta = t - t_0$$

表示电动机发热及散热情况的是温升，而不是温度。

当电动机所用的绝缘材料确定后，电动机的最高允许温度就确定了，此时温升的限值就取决于冷却介质的温度。一般电动机中冷却介质是空气，它的温度随地区及季节而不同，为了制造出能在全国各地全年都能适用的电动机，并明确统一的检查标准，国家标准规定：冷却空气的温度定为 40℃。在此环境温度下，电动机绕组的温升限值：E 级绝缘的为 75K，B 级绝缘的为 80K。

电动机运行时，输出功率越大，则电流和损耗越大，温度就越高，但最高温度不得超过绝缘的最高允许温度。因此，电动机容许的长期最大输出功率（即电动机的容量或额定功率）受绝缘的最高允许温度限制，或者说容量由绝缘的最高允许温度所决定。电动机铭牌上所标明的额定功率就是指在标准的环境温度（我国规定为 40℃）和规定的工作方式下，其温度不超过绝缘的最高允许温度时的最大输出功率。

4.6.3　电动机的工作方式

电动机工作时，负载持续时间的长短对电动机的发热情况影响较大，对正确选择电动机的功率也有影响。电动机的工作制就是对电动机承受负载情况的说明。国家标准把电动机的工作制分为 S1 ~ S9 共 9 类。下面介绍常用的 S1、S2、S3 三种工作制。

1. 连续工作制（S1）

连续工作制是指电动机在恒定负载下持续运行，其工作时间足以使电动机的温升达到稳定温升。纺织机、造纸机等很多连续工作的生产机械都选用连续工作制电动机。其典型负载图和温升曲线如图 4-27 所示。

对于连续工作制的电动机，取使其稳定温升 τ_{ss} 恰好等于最高容许温升时的输出功率作为额定功率。

2. 短时工作制（S2）

短时工作制是指电动机拖动恒定负载在给定的时间内运行。该运行时间不足以使电动机达到稳定温升，随之即断电停转一定时间（使电动机冷却到与冷却介质的温差在 2K 以内）。其典型负载图及温升曲线如图 4-28 所示。短时工作制标准时限为 10min、30min、60min、90min。

为了充分利用电动机，用于短时工作制的电动机在规定的运行时间内应达到容许温升，并按照这个原则规定电动机的额定功率，即按照电动机拖动恒定负载运行，取在规定的运行时间内实际达到的最高温升恰好等于最高容许温升时的输出功率，作为电动机的额定功率。

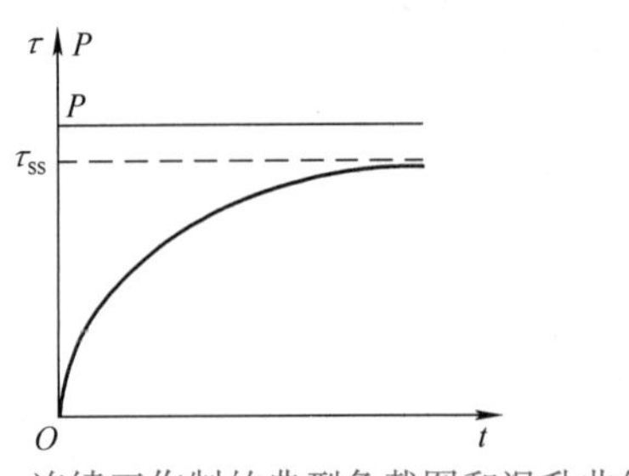

图 4-27　连续工作制的典型负载图和温升曲线

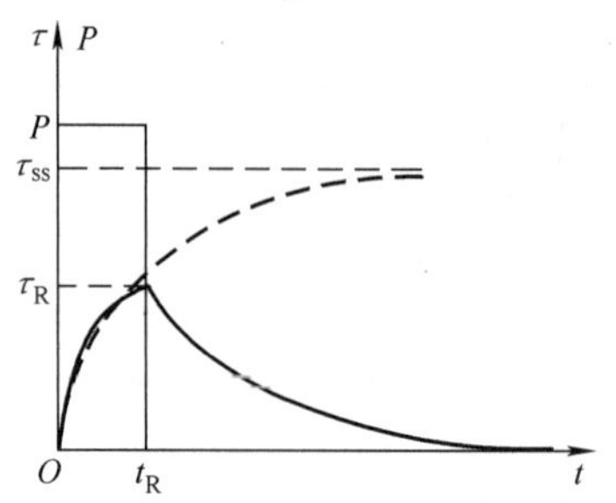

图 4-28　短时工作制的典型负载图和温升曲线

3. 断续周期工作制（S3）

电动机按一系列相同的工作周期运行，周期时间一般不大于 10min，每一周期包括一段恒定负载运行时间 t_R，一段断电停机时间 t_S，但 t_S及 t_R都较短，t_R时间内电动机不能达到稳定温升，而在 t_S时间内温升也未下跌到零，下一工作周期即已开始。这样，每经过一个周期 t_R+t_S，温升便有所上升，经过若干周期后，电动机的温升即在一个稳定的小范围内波动。其典型负载图和温升曲线如图 4-29 所示。

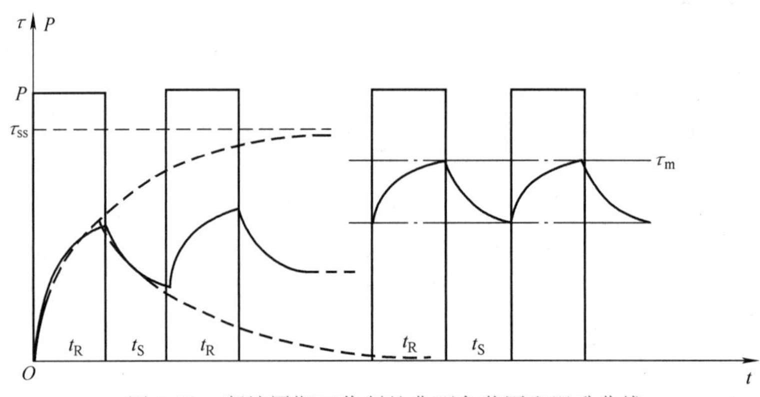

图 4-29　断续周期工作制的典型负载图和温升曲线

4.6.4　不同工作制下电动机的功率选择

正确地选择电动机的额定功率十分重要。如果额定功率选小了，电动机经常在过载状态下运行，会使它因过热而过早地损坏；还有可能承受不了冲击负载或造成起动困难。额定功率选得过大也不合理，此时不仅增加了设备投资，而且由于电动机经常在欠载下运行，其效率及功率因数等力能指标变差，浪费了电能，增加了供电设备的容量，使综合经济效益下降。

确定电动机额定功率时主要考虑以下因素：一个是电动机的发热及温升；另一个是电动机的短时过载能力。对于笼型异步电动机还应考虑起动能力。确定电动机额定功率的最基本的方法是依据机械负载变化的规律，绘制电动机的负载图，然后根据电动机的负载图计算电动机的发热和温升曲线，从而确定电动机的额定功率。

在选择连续恒定负载的电动机时，只要计算出负载所需功率 P_L，选择一台额定功率 P_N略大于 P_L的连续工作制电动机即可，不必进行发热校核。对起动比较困难（静阻转矩大或带有较大的飞轮力矩）而采用笼型异步电动机或同步电动机的场合，应校验其起动能力。

考虑到在过渡过程中电动机的电流较正常工作时大，而可变损耗与电流的二次方成正比，故电动机发热较严重。但平均功率 P_{zd} 和平均转矩 M_{zd} 中没有反映过渡过程中电动机发热加剧的情况，因此，电动机额定功率按下式预选

$$P_e = (1.1 \sim 1.6) P_{zd}$$

在上式中，如果过渡过程在整个工作过程中占较大比重时，则系数（1.1～1.6）应选偏大的数值。

对于短时工作制和重复短时工作制电动机容量的选择比较复杂，对于长时工作制，其校验也是比较复杂，在此就不一一介绍。但人们在工程实践中，总结出了某些生产机械选择电动机功率的实用方法。这些方法比较简单，但有一定的局限性，如统计分析法。

这种方法是将同类型生产机械所选用的电动机功率进行统计分析，找出电动机功率和该类生产机械主要参数之间的关系，再根据实际情况，定出相应的指数。例如我国的机械制造工业已经总结出了不同类型机床主传动电动机功率 P 的统计分析公式如下。

（1）车床

$$P = 36.5D^{1.54} \quad (\text{kW})$$

式中　D——工件的最大直径，单位为 m。

（2）立式车床

$$P = 20D^{0.88} \quad (\text{kW})$$

式中　D——工件的最大直径，单位为 m。

（3）摇臂钻床

$$P = 0.0646D^{1.19} \quad (\text{kW})$$

式中　D——最大钻孔直径，单位为 mm。

（4）外圆磨床

$$P = 0.1KB \quad (\text{kW})$$

式中　B——砂轮宽度，单位为 mm。

K——考虑砂轮主轴采用不同轴承时的系数，当采用滚动轴承时 $K = 0.8 \sim 1.1$，若采用滑动轴承时 $K = 1.0 \sim 1.3$。

（5）卧式镗床

$$P = 0.004D^{1.7} \quad (\text{kW})$$

式中　D——镗杆直径，单位为 mm。

（6）龙门刨床

$$P = \frac{1}{166}B^{1.15} \quad (\text{kW})$$

式中　B——工作台宽度，单位为 mm。

例如：我国 C660 型车床的工件最大直径为 1250mm，用上列公式计算出的主拖动电动机的功率为 $P = 36.5 \times 1.25^{1.54}\text{kW} = 52\text{kW}$。实际选用 $Pe = 60\text{kW}$ 的电动机。实践证明，所选用的电动机是合适的。

4.6.5　电动机额定数据的选择

电动机的选择，除确定电动机的额定功率外，还需根据生产机械的技术要求、技术经济指标和工作环境等条件，合理地选择电动机的类型、外部结构形式、额定电压和额定转速。

1. 电动机类型的选择

电动机类型的选择原则是在满足生产机械对过载能力、起动能力、调速性能指标及运行状态等各方面要求的前提下，优先选用结构简单、运行可靠、维护方便、价格便宜的电动机。

1）对起动、制动及调速无特殊要求的一般生产机械，如机床、水泵、风机等，应选用笼型异步电动机。

2）对需要分级调速的生产机械，如某些机床、电梯等，可选用多速异步电动机。

3）对起动、制动比较频繁，要求起动、制动转矩大，但对调速性能要求不高，调速范围不宽的生产机械，可选用绕线式转子异步电动机。

4）当生产机械的功率较大又不需要调速时，多采用同步电动机。

5）对要求调速范围宽、调速平滑、对拖动系统过渡过程有特殊要求的生产机械，可选用他励直流电动机。

2. 电动机额定电压的选择

电动机的额定电压主要根据电动机运行场合配电电网的电压等级而定。我国中、小型三相异步电动机的额定电压通常为220V、380V、660V、3000V和6000V。额定功率大于100kW的电动机，选用3000V和6000V；小型电动机选用380V；煤矿用的生产机械常采用380/660V的电动机。直流电动机的额定电压一般为110V、220V和440V。

国际上大多数国家的电源频率都是50Hz，而美国、加拿大、巴西、哥伦比亚和韩国的电源频率都是60Hz。其电压有460V、575V、2300V、4000V、6600V、13200V等。

3. 电动机额定转速的选择

额定功率相同的电动机，额定转速高时，其体积小，价格低；由于对生产机械的转速有一定的要求，电动机转速越高，传动机构的传动比就越大，导致传动机构复杂，增加了设备成本和维修费用。因此，应综合考虑电动机和生产机械两方面的各种因素后再确定较为合理的电动机额定转速。

对连续运转的生产机械，可从设备初投资，占地面积和运行维护费用等方面考虑，确定几个不同的额定转速，进行比较，最后选定合适的传动比和电动机的额定转速。对经常起动、制动和反转，但过渡过程时间对生产率影响不大的生产机械，主要根据过渡过程能量最小的条件来选择电动机的额定转速。对经常起动、制动和反转，且过渡过程持续时间对生产率影响较大，则主要根据过渡过程时间最短的条件来选择电动机的额定转速。

小　　结

伺服电动机在自动控制系统中用作执行元件，用于将输入的控制电压转换成电动机转轴的角位移或角速度输出，伺服电动机的转速和转向随着控制电压的大小和极性的改变而改变。

测速发电动机是自动控制系统中的信号元件，它可以把转速信号转换成电气信号。

步进电动机属于断续运转的同步电动机。当电源输入一种脉冲电压时，电动机相应转过一个固定角度。转子就这样沿某一方向一步一步转动。

直线电动机是一种能直接产生直线运动的电动机，是由旋转电动机演变而来的。

习　　题

1. 常用的特种电动机有哪些？自动控制系统对特种电动机有哪些要求？

2. 为什么要求交流伺服电动机有较大的电阻？

3. 直流伺服电动机有哪几种控制方式？

4. 异步测速发电机在转子不动时，为什么没有电压输出？转动时，为什么输出电压能与转速成正比，而频率却与转速无关？

5. 步进电动机的转速与哪些因素有关？如何改变其转向？

6. 步距角为 1.5°/0.75° 的磁阻式三相六极步进电动机转子有多少个齿？若频率为 2000Hz，电动机转速是多少？

7. 试述直线感应电动机的工作原理，如何改变运动的速度和方向？它有哪几种主要类型？各有什么特点？

8. 磁滞式同步电动机与永磁式和反应式的相比，突出优点是什么？

大美中国女科学家梁建英

梁建英是中国高铁享誉世界的幕后功臣。

1995 年，23 岁的梁建英成为一名电气系统设计技术员，短短 3 年后她便能独立设计整车的电气原理图。2006 年，梁建英带领团队设计完全自主创新的高速列车，从时速 200km 的“和谐号”到时速 350km 的“复兴号”，从无到有，从跟跑到领跑，梁建英带领团队，将中国高铁打造成一张亮丽的“国家名片”。

第5章 常用低压电器

低压电器是电气控制系统中的基本组成元器件，控制系统的优劣与所用低压电器直接相关。电气技术人员只有掌握低压电器的基本知识和常用低压电器的结构和工作原理，并能准确选用、检测和调整常用低压电器元器件，才能分析设备电气控制系统的工作原理，处理一般故障并进行维修。本章主要介绍了低压电器基本知识和一些常用低压电器，低压开关、主令电器、熔断器、接触器和继电器。

5.1 常用低压电器的基本知识

码5-1 低压电器基本知识

低压电器是指用在交流50Hz、1200V以下及直流1500V以下的电路中，能根据外界的信号和要求，手动或自动地接通、断开电路，以实现对电路或电气设备的切换、控制、保护、检测和调节的工业电器。

低压电器作为基本控制电器，广泛应用于输配电系统和自动控制系统。无论是低压供电系统还是控制生产过程的电力拖动控制系统均由用途不同的各类低压电器组成。

5.1.1 低压电器的分类

1. 按动作原理分类

1）手动电器：人工操作发出动作指令的电器，如刀开关、组合开关及按钮等。

2）自动电器：按照操作指令或参数变化自动动作，如接触器、继电器、熔断器和行程开关等。

2. 按用途和所控制的对象分类

1）低压控制电器：主要用于电气控制系统，用于各种控制电路和控制系统的电器，如接触器、继电器等。

2）低压配电电器：主要用于低压配电系统中电能输送和分配的电器，如刀开关、转换开关、熔断器、自动开关、低压断路器等。

3）低压主令电器：主要用于自动控制系统中发送动作指令的电器，如按钮、转换开关等。

4）低压保护电器：主要用于保护电源、电路及用电设备，使它们不致在短路、过载等状态下遭到损坏的电器，如熔断器、热继电器等。

5）低压执行电器：主要用于完成某种动作或传送功能的电器，如电磁铁、电磁离合器等。

3. 按工作环境分类

1）一般用途低压电器：用于海拔高度不超过2000m，周围环境温度在-25～40℃之间，空气相对湿度90%以下，安装倾斜度不大于5°，无爆炸危险介质及无显著摇动和冲击振动场合的电器。

2）特殊用途电器：是指在特殊环境和工作条件下使用的各类低压电器，通常在一般用途低压电器的基础上派生而成，如防爆电器、船舶电器、化工电器、热带电器、高原电器以及牵引电器等。

5.1.2 低压电器的组成

低压电器一般由感受部分和执行部分组成。

1. 感受部分

感受部分感受外界的信号并作出有规律的反应。在自动切换电器中，感受部分大多由电磁机构组成，如交流接触器的线圈、铁心和衔铁构成电磁机构。在手动电器中，感受部分通常为操作手柄，如主令控制器由手柄和凸轮块组成感受部分。

2. 执行部分

执行部分根据指令要求，用于执行电路接通、断开等任务，如交流接触器的触头连同灭弧装置。对自动开关类的低压电器，还具有中间（传递）部分，它的任务是把感受和执行两部分联系起来，使它们协同一致，按一定的规律动作。

5.1.3 低压电器的主要性能指标

1. 额定电压

额定电压是保证电器在规定条件下能长期正常工作的电压值。有电磁机构的控制电器还规定了线圈的额定电压。

2. 额定电流

额定电流是保证电器在规定条件下能长期正常工作的电流值。同一电器在不同的使用条件下有不同的额定电流等级。低压电器只有在额定工作状态下才能长期正常工作。

3. 通断能力

通断能力是开关电器在规定条件下能在给定电压下接通和断开的预期电流值。通断能力与电器的额定电压、负载性质、灭弧方法等有很大关系。

4. 电气寿命

电气寿命是在规定的正常工作条件下，开关电器的机械部分在不需修理或更换零件时可执行负载操作的循环次数。

5. 机械寿命

机械寿命是开关电器的机械部分在需要修理或更换机械零件前所能承受的无载操作循环次数。

5.1.4 电磁式低压电器

电磁式低压电器在电气控制系统中使用量最大、类型很多。各类电磁式电器在工作原理和构造上基本相同，就其结构而言，主要有检测部分（电磁机构）和执行部分（触头系统），其次还有灭弧系统和其他缓冲机构等。电磁机构的电磁吸力和反力特性是决定电气性能的主要因素之一。触头系统存在接触电阻和灭弧现象，对电器的安全运行影响较大。

1. 电磁机构

电磁机构的主要作用是将电磁能转换为机械能并带动触头动作，来接通或断开电路。电磁机构由吸引线圈、铁心和衔铁组成。吸引线圈绕在铁心柱上，静止不动，铁心又称为静铁心。衔铁可以动作的，称为动铁心。其工作原理为当线圈通入电流产生磁场，磁场的磁通经铁心、衔铁和工作气隙形成闭合回路，产生电磁吸力，将衔铁吸向铁心。当电磁吸力大于反作用弹簧拉力时，衔铁被铁心可靠地吸住。但电磁吸力过大，会使衔铁与铁心发生严重的碰击。

常见的电磁机构的结构形式如图 5-1 所示。铁心有 E 型、双 E 型、U 型、甲壳螺管型。

电磁机构可分为三种类型：

① 衔铁沿直线运动的双 E 型直动式铁心，如图 5-1b、e 所示。一般用于交流接触器、继电器。

② 衔铁沿轴转动的拍合式铁心，如图 5-1f、g 所示。多用于交流电器中。

③ 衔铁沿棱角转动的拍合式铁心，如图 5-1c 所示。一般用于直流电器中。

④ 螺管式如图 5-1a、d 所示，不常用。

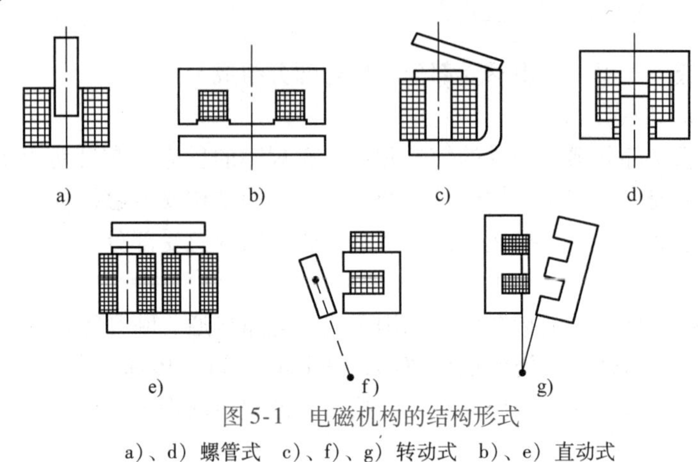

图 5-1　电磁机构的结构形式

a)、d) 螺管式　c)、f)、g) 转动式　b)、e) 直动式

吸引线圈的作用是将电能转化为磁场能，按线圈的接线形式分为电压线圈和电流线圈。电压线圈并联在电源两端，电流大小由电源电压和线圈本身的阻抗决定，其匝数多、导线细、阻抗大、电流小，一般用绝缘性能好的漆包线绕成。电流线圈串联在电路中，反映电路中的电流，其匝数少、导线粗，一般用扁铜带或粗铜线绕成。

按通入线圈的电源种类，线圈分为直流线圈和交流线圈。直流线圈做成瘦高型，不设骨架，线圈和铁心直接接触，以利于散热。交流线圈和铁心都发热，线圈做成短粗型，设有骨架，使铁心和线圈隔离，以利于散热。

电磁机构通入交流电时，产生的电磁吸力是脉动的，电磁吸力时而大于反作用弹簧拉力，时而小于反作用弹簧拉力，使衔铁在吸合过程中产生振动。消除振动的措施是在铁心中引用短路环。

具体方法为：在交流电磁机构铁心柱距端面 1/3处开一个槽，槽内嵌入铜环（又称短路环或分磁环），如图 5-2 所示。吸引线圈通入交流电时，由于短路环的作用，使铁心中的磁通分为两部分，即通过短路环的磁通和不通过短路环的磁通。两部分磁通存在相位差，二者不会同时为零，如果短路环设计得合理，合成电磁吸力总大于反作用弹簧拉力，衔铁吸合时不会产生振动和噪声。

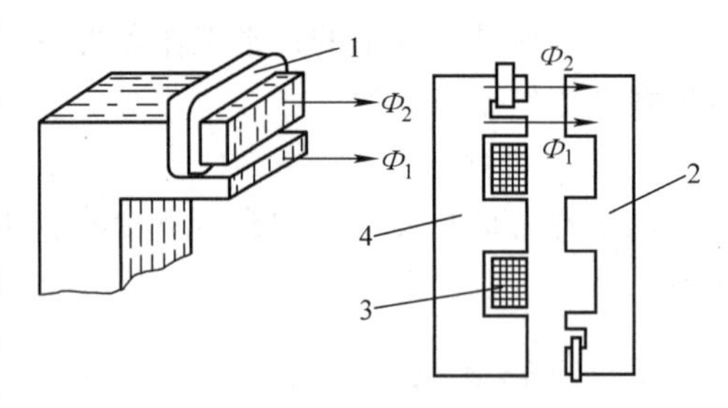

图 5-2　交流电磁铁的短路环

1—断路环　2—衔铁　3—线圈　4—铁心

2. 触头系统

触头是有触点电器的执行部分，通过触头的闭合、断开以控制电路的通、断。

1）触头材料。触头通常用铜、银、镍及其合金材料制成，有时也在铜触头表面电镀锡、银或镍。铜的表面容易氧化而生成一层氧化铜，它将增大触头的接触电阻，银质触头具有较低且稳定的接触电阻。对于大中容量的低压电器，触头采用滚动接触，可将氧化膜去掉，这种结构的触头，一般常采用铜质材料。触头之间的接触电阻包括“膜电阻”和“收缩电阻”。“膜电阻”是触头接触表面在大气中自然氧化而生成的氧化膜造成的。膜电阻可能会比触头本身的电阻大几十到几千倍。“收缩电阻”是由于触头的接触表面不十分光滑，实际接触的面积总是小于触头原有的可接触面积，使电阻增加，从而使接触区的导电性能变差，由于这种原因增加的电阻称为“收缩电阻”。

此外，触头在运行时还存在触头磨损，包括电磨损和机械磨损。电磨损是由于在通断过程中触头间的放电作用使触头材料发生力学性能和化学性能变化而引起的。电磨损的程度取决于放电时间内通过触头间隙电荷量的多少及触头材料性质等。电磨损是引起触头材料损耗的主要原因之一。机械磨损是由于机械作用使触头材料发生磨损和消耗。机械磨损的程度取决于材料硬度、触头压力及触头的接触方式等。为了使接触电阻尽可能小，一要选用导电性好的、耐磨性好的金属材料作触头，使触头本身电阻尽量减小；二是使触头接触得紧密些。另外在使用过程中尽量保持触头清洁。

2）触头的接触形式。触头的接触形式及结构形式很多，通常按其接触形式可分为三种：点接触、线接触和面接触，如图5-3所示。面接触时的实际接触面要比线接触的大，而线接触的又要比点接触的大。触头的结构形式有指形触头和桥式触头等，如图5-4所示。

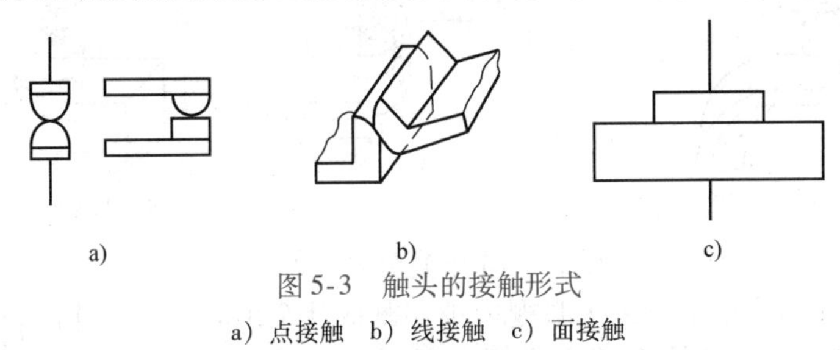

图5-3　触头的接触形式

a）点接触　b）线接触　c）面接触

3. 电弧和灭弧方法

实践证明，开关电器切断有电流的电路时，如果触头间电压大于10～20V，电流超过80mA时，触头间会产生强烈而耀眼的光柱，即是电弧。电弧是电流流过空间气隙的现象，说明仍有电流通过。当电弧持续不熄时，会产生很多危害：①延长了开关电器切断故障的时间；②由于电弧的温度很高（表面温度可达3000～4000℃，中心温度可达10000℃），如果电弧长时间燃烧，不仅将触头表面的金属熔化或蒸发，而且引起电弧附近电气绝缘材料烧坏，引起事故；③使油开关内部温度和压力剧增引起爆炸；④形成飞弧造成电源短路事故。因此应在开关电器中采用有效措施，使电弧迅速熄灭。

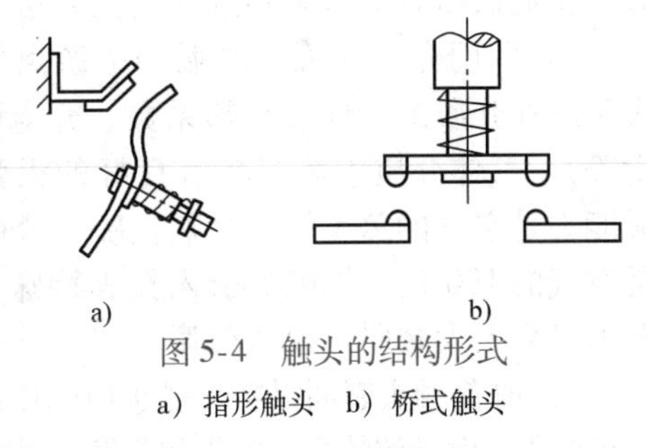

图5-4　触头的结构形式

a）指形触头　b）桥式触头

（1）电弧的形成

当开关电器的触头分离时，触头间的距离很小，触头间电压即使很低，但电场强度很大（$E=U/d$），在触头表面由于强电场发射和热电子发射产生的自由电子，逐渐加速运动，并在间隙中不断与介质的中性质点产生碰撞游离，使自由电子的数量不断增加，导致介质被击穿，引起弧光放电，弧隙温度剧增，产生热游离，不断有大量自由电子产生，间隙由绝缘变成导电通道，电弧持续燃烧。

（2）电弧的熄灭

在电弧产生的同时，还伴随着一个去游离的过程，即异性带电质点相互中和成中性质点。它主要表现在正负离子的复合和离子向弧道周围的扩散。因此电弧的产生和熄灭，是游离和去游离作用的结果。当游离作用大于去游离作用时，电弧电流越来越大，电弧持续燃烧；当游离作用小于去游离作用时，电弧电流越来越小，直至电弧熄灭。因此，为迅速灭弧，要人为增大去游离的作用。

（3）灭弧方法

为了加速电弧熄灭，常采用以下灭弧方法。

1）吹弧：利用气体或液体介质吹动电弧，使之拉长、冷却。按照吹弧的方向，分纵吹和横吹。另外还有两者兼有的纵横吹，大电流时横吹，小电流时纵吹。

2）拉弧：加快触头的分离速度，使电弧迅速拉长，表面积增大迅速冷却。其原理如图 5-5所示。如开关电器中加装强力开断弹簧来实现此目的。

3）多断口灭弧：同一相采用两对或多对触头，使电弧分成几个串联的短弧，使每个断口的弧隙电压降低，触头的灭弧行程缩短，提高灭弧能力。双断口灭弧原理如图 5-6 所示。

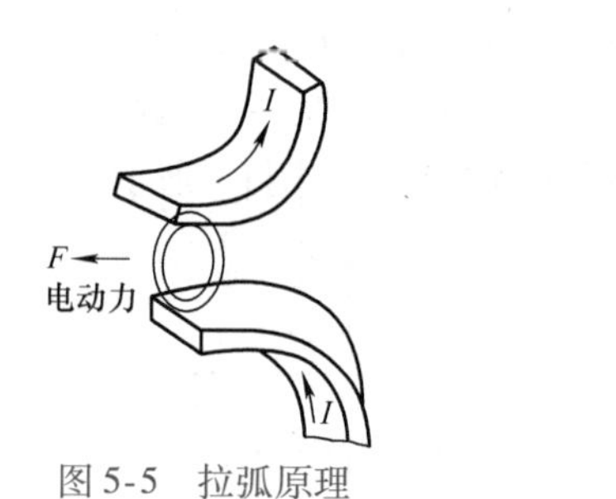

图 5-5　拉弧原理

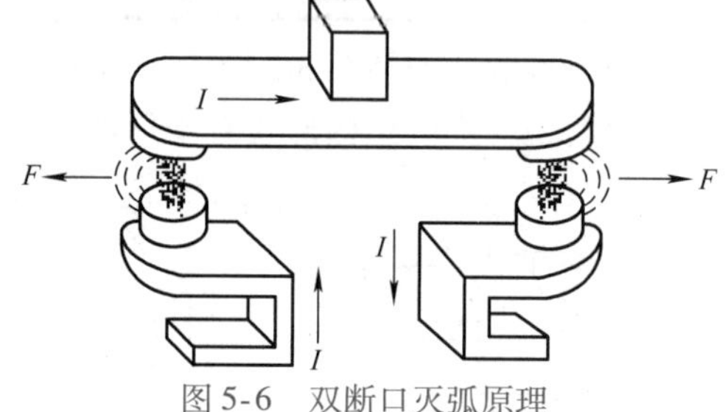

图 5-6　双断口灭弧原理

4）长弧割为短弧：如图 5-7 所示，当开关分断时触头间产生电弧，电弧在磁场力作用下进入灭弧栅内被切割成几个串联的短弧。当外加电压不足以维持全部串联短电弧时，电弧迅速熄灭。交流低压开关多采用这种灭弧方法。

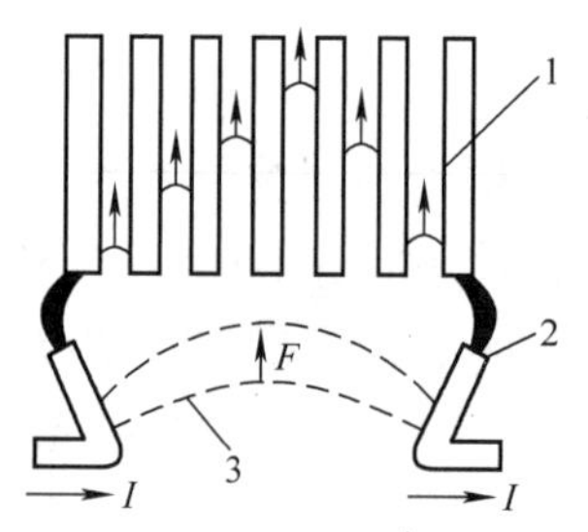

图 5-7　长弧割为短弧示意图
1—灭弧栅片　2—触头　3—电弧

5）利用介质灭弧：电弧中去游离的强度，在很大程度上取决于所在介质的特性（导热系数、介电强度、热游离温度和热容量等）。气体介质中氢气具有良好的灭弧性能和导热性能，其灭弧能力是空气的 7.5 倍；六氟化硫（FS6）气体的灭弧能力更强，是空气的 100 倍，把电弧引入充满特殊气体介质的灭弧室中，使游离过程大大减弱，快速灭弧。

6）改善触头表面材料：触头应采用高熔点、导电导热能力强和热容量大的金属材料，以减少热电子发射导致的金属熔化和蒸发。目前，许多触头的端部镶有耐高温的银钨合金或铜钨合金。

5.2　开关电器

码 5-2　开关电器

开关电器的主要作用是实现对电路通、断控制。常作为电源的引入开关、局部照明电路控制开关，也可以直接控制较小容量电动机的起动、停止和正反转。

5.2.1　刀开关

刀开关主要用在低压成套配电装置中，用于不频繁地手动接通和分断交、直流电路的开关电器或隔离开关，也用于不频繁地接通与分断额定电流以下的负载，如小型电动机等。

1. 刀开关的结构

刀开关的典型结构如图 5-8 所示，它主要由手柄、触刀、静插座和绝缘底板组成。

刀开关按极数分为单极、双极和三极；按操作方式分为直接手柄操作式、杠杆操作机构式和电动操作机构式；按刀开关转换方向分为单投和双投等。

2. 常用的刀开关

目前常用的刀开关有HD单投、HS双投、HR熔断器式刀开关等系列。

(1) HD型单投刀开关

HD型单投刀开关按极数分为一极、二极、三极几种，HD型单投刀开关实物图如图5-9所示，其示意图及图形符号如图5-10所示。其中图5-10a为直接手动操作，图5-10b为手柄操作，图5-10c为单极刀开关符号，图5-10d为双极刀开关符号，图5-10e为三极单投刀开关符号。

(2) HS型双投刀开关

HS型双投刀开关也称转换开关，其作用和单投刀开关类似，常用于双电源的切换或双供电线路的切换等，HS型双投刀开关实物如图5-11所示，其示意图及图形符号如图5-12所示。由于双投刀开关具有机械互锁的结构特点，因此可以防止双电源的并联运行和两条供电线路同时供电。

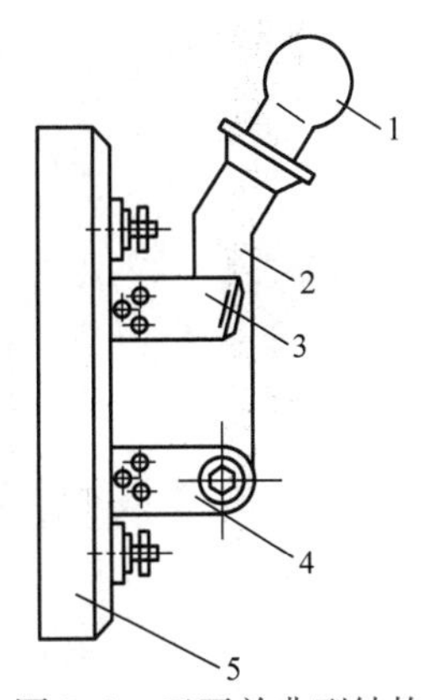

图5-8　刀开关典型结构

1—手柄　2—触刀　3—静插座
4—铰链支座　5—绝缘底板

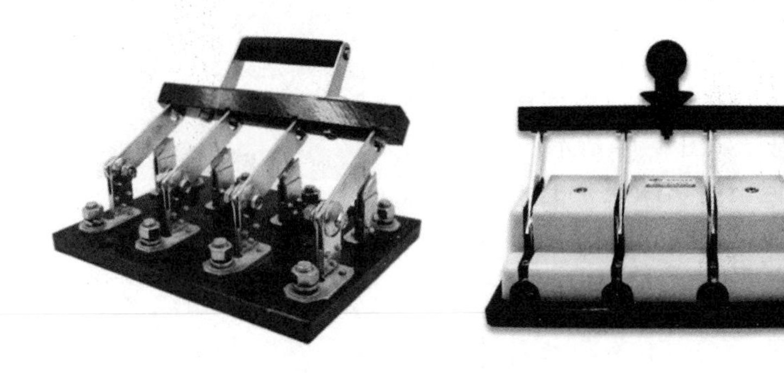

图5-9　HD型单投刀开关实物图

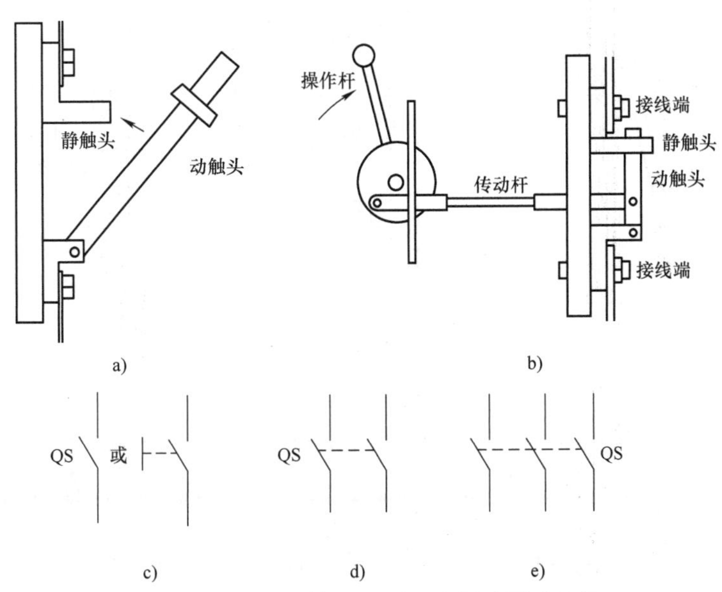

图5-10　HD型单投刀开关示意图及图形符号

a）直接手动操作　b）手柄操作　c）单极刀开关符号　d）双极刀开关符号　e）三极单投刀开关符号

图 5-11　HS 型双投刀开关实物图

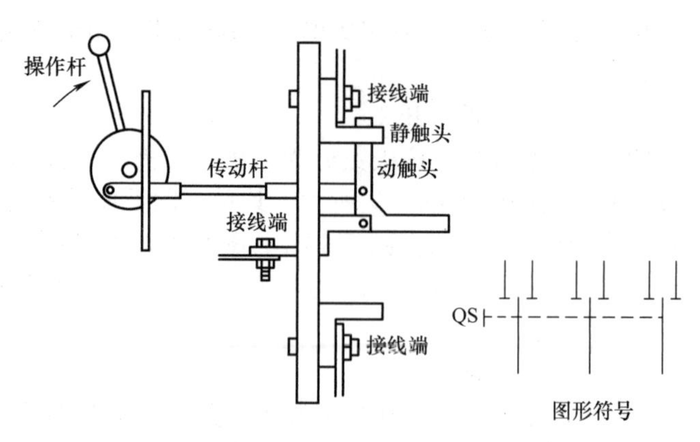

图 5-12　HS 型双投刀开关示意图及图形符号

（3）HR 型熔断器式刀开关

HR 型熔断器式刀开关也称刀熔开关，它实际上是将刀开关和熔断器组合成一体的电器。其操作方便，并简化了供电线路，在供配电线路上应用很广泛，HR 型熔断器式刀开关实物图如图 5-13 所示，其示意图及图形符号如图 5-14 所示。这种开关可以切断故障电流，但不能切断正常的工作电流，所以一般应在无正常工作电流的情况下对其进行操作。

图 5-13　HR 型熔断器式刀开关实物图

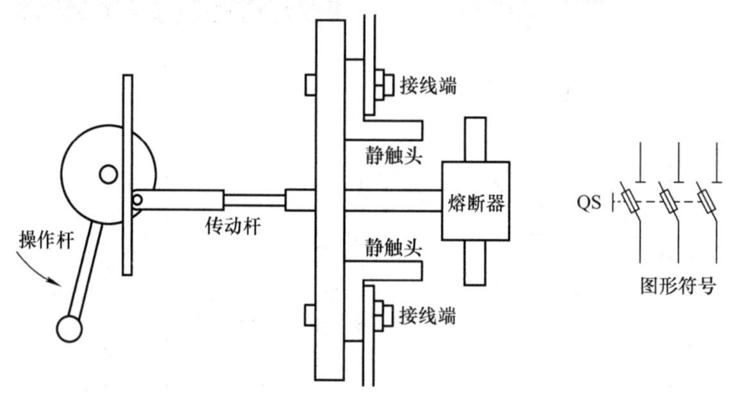

图 5-14　HR 型熔断器式刀开关示意图及图形符号

刀开关没有灭弧装置，因此不能带负载断开或闭合。

（4）注意事项

1）在接线时，刀开关上面的接线端子应接电源线，下方的接线端子应接负载线。

2）在安装刀开关时，处于合闸状态时手柄应向上，不得倒装或平装；如果倒装，拉闸后手柄可能因自重下落引起误合闸，造成人身和设备安全事故。

3）分断负载时，要尽快拉闸，以减小电弧的影响。

3. 开启式负载开关和封闭式负载开关

（1）HK 型开启式负载开关

HK 型开启式负载开关俗称闸刀或胶壳刀开关。由于它结构简单，价格便宜，使用维修方便，故得到广泛应用。主要用作电气照明电路、电热电路和小容量电动机电路的不频繁控制开关，也可用作分支电路的配电开关。

HK 系列开启式负载开关由刀开关和熔断器组合而成，开关的瓷底板上装有进线座、静触头、熔丝、出线座及刀片式动触头，此系列闸刀开关不设专门灭弧装置，整个工作部分用胶木盖罩住，分闸和合闸时应动作迅速，使电弧较快地熄灭，以防电弧灼伤人手、电弧对刀片和触座的灼损。开关分单相双极和三相三极两种，其实物图及图形符号如图 5-15 所示。

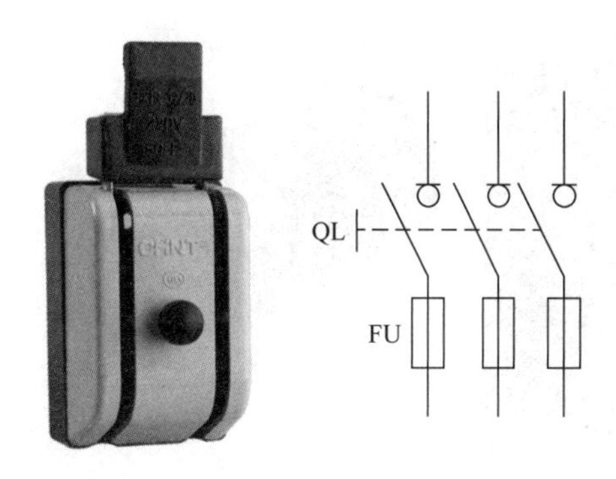

图 5-15　HK 系列开启式负载开关实物图及图形符号

（2）封闭式负载开关

封闭式负载开关（HH 系列）又称铁壳开关，具有铸铁或铸钢制成的全封闭外壳，防护能力较好，用于手动不频繁通、断的带负载的电路，以及作为线路末端短路保护，也可用于控制 15kW 以下的交流电动机不频繁直接起动和停止。

图 5-16 为常用 HH 系列铁壳开关的结构，由刀开关、熔断器操作机构和外壳组成。为了迅速熄灭电弧，在开关上装有速断弹簧，用钩子扣在转轴上，当转动手柄开始分闸（或合闸）时，U 形动闸刀并不移动，只拉伸了弹簧，积累了能量。当转轴转到某一角度时，弹簧力使动触刀迅速从静触座中拉开（或迅速嵌入静触座），电弧迅速熄灭，具有较高的分、合闸速度。为了保证用电安全，此开关的外壳上还装有机械联锁装置。开关合闸时，箱盖不能打开；而箱盖打开时，开关不能合闸。

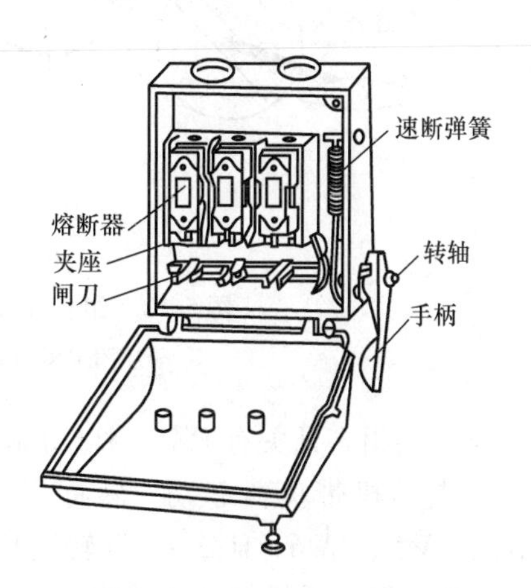

图 5-16　HH 系列铁壳开关的结构

在安装时要垂直安放负载开关，为了使分闸后刀片不带电，进线端在上端与电源相接，出线端在下端与负载相接。合闸时手柄朝上，拉闸时手柄朝下，以保证检修和装换熔丝时的安全，若水平或上下颠倒安放，拉闸后由于闸刀的自重或螺丝松动等原因，易造成误合闸，引起意外事故。

负载开关的主要技术参数：额定电压、额定电流、极数、通断能力、寿命。

5.2.2　组合开关

组合开关又称转换开关，也是一种刀开关。不过组合开关的刀片（动触片）是转动式的，比刀开关轻巧而且组合性强，能组成各种不同的线路。组合开关实物图见图 5-17。

组合开关有单极、双极和三极之分，由若干个动触头及静触头分别装在数层绝缘件内组成，动触头随手柄旋转而变更其通断位置。顶盖部分由滑板、凸轮、扭簧及手柄等零件构成操作机构。由于该机构采用了扭簧储能结构从而能快速闭合及分断开关，使开关闭合和分断的速度与手动操作无关，提高了产品的通断能力。其结构示意图、外形示意图和图形符号如图5-18所示。

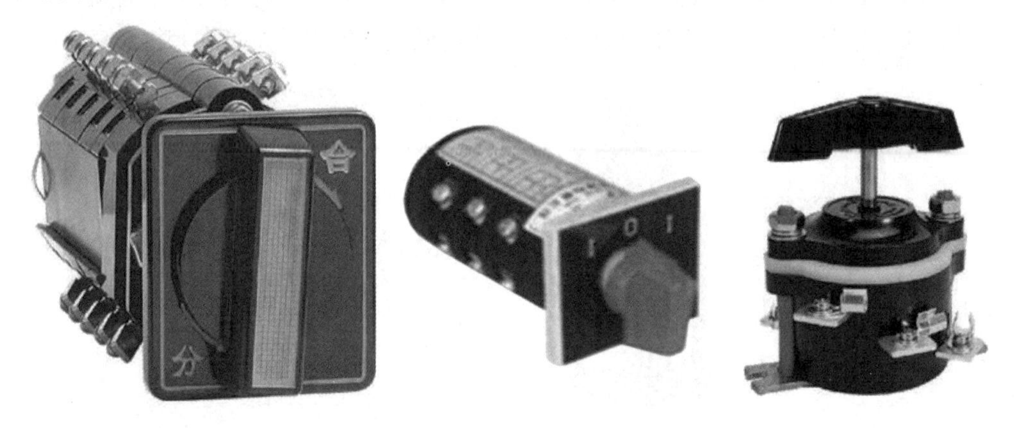

图5-17　组合开关实物图

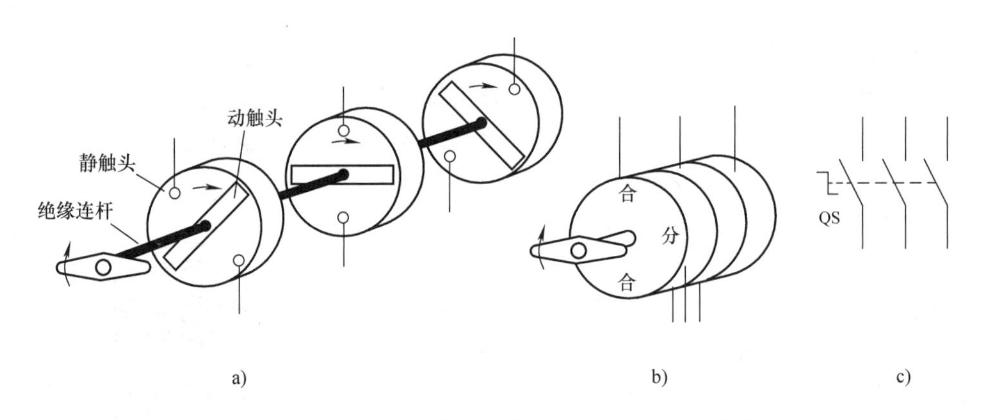

图5-18　组合开关的结构示意图、外形示意图和图形符号

a）内部结构示意图　b）外形示意图　c）图形符号

常用的组合开关有HZ5、HZ10和HZW（3LB、3ST1）系列。其中HZW系列主要用于三相异步电动机带负荷起动、转向以及作主电路和辅助电路转换之用，可全面代替HZ10、HZ12、LW5、LW6、HZ5－S等转换开关。

HZW1开关采用组合式结构，由定位、限位系统，接触系统及面板手柄等组成。接触系统采用桥式双断点结构。绝缘基座分为1～10节，共10种，定位系统采用棘爪式结构，可获得360°旋转范围内90°、60°、45°、30°定位，相应实现4位、6位、8位、12位的开关状态。

5.2.3　低压断路器

码5-3　低压断路器（动画）

低压断路器相当于刀开关、熔断器、热继电器和欠电压继电器的组合，是一种既有手动开关作用又能自动进行欠电压、失电压、过载和短路保护的电器。常用低压断路器实物图见图5-19。

低压断路器具有操作安全、安装和使用方便、动作值可调、分断能力较高、兼顾多种保护、动作后不需要更换元器件等优点，因此得到广泛应用。常用的型号有 DZ5 系列和 DZ10 系列等；低压断路器还可分为 D 系列和 C 系列，D 系列不带漏电保护，C 系列带漏电保护。当电路中发生短路、过载和失电压等故障时，低压断路器能自动切断故障电路，保护线路和电气设备。

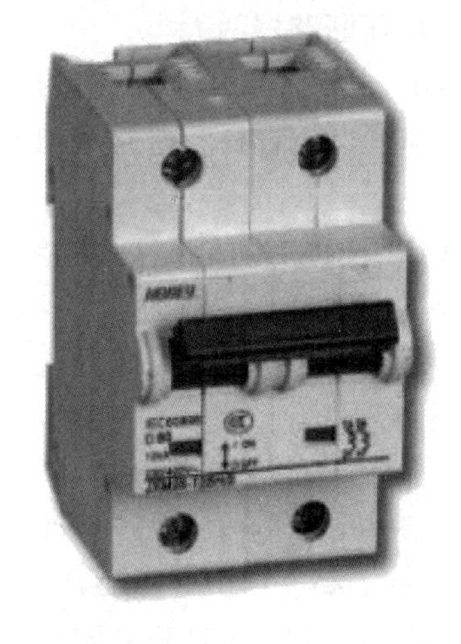

图 5-19　常用低压断路器实物图

1. 低压断路器的工作原理

低压断路器主要由触头系统、操作机构和保护元件三部分组成。主触头由耐弧合金制成，采用灭弧栅片灭弧。操作机构较复杂，其通断可用手柄操作，也可用电磁机构操作，故障时自动脱扣，触头通断的瞬时动作与手柄操作速度无关。其工作原理如图 5-20 所示。

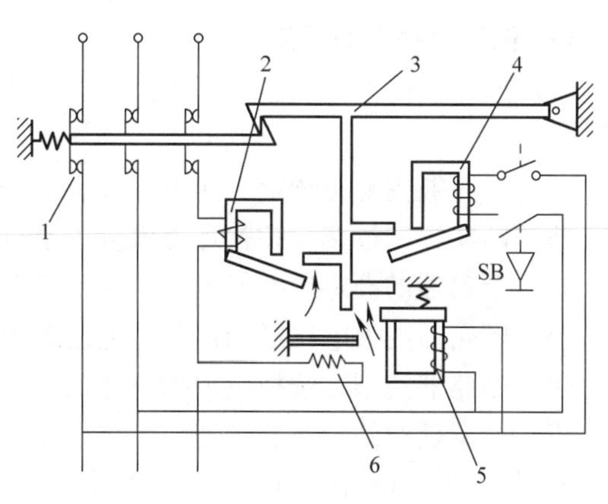

图 5-20　低压断路器工作原理图

1—主触头　2—过电流脱扣器　3—自动脱扣机构　4—分励脱扣器　5—欠电压脱扣器　6—热脱扣器

断路器的主触头 1 是靠操作机构手动或电动合闸的，并由自动脱扣机构 3 将主触头锁在合闸位置上。如果电路发生故障，自动脱扣机构 3 在相关脱扣器的推动下动作，使钩子脱开，于是主触头在弹簧的作用下迅速分断。过电流脱扣器 2 的线圈和热脱扣器 6 的线圈与主电路串联，欠电压脱扣器 5 的线圈与主电路并联，当电路发生短路或严重过载时，过电流脱扣器 2 的衔铁被吸合，使自动脱扣机构动作；当电路过载时，过载脱扣器的热元件产生的热量增加，使双金属片向上弯曲，推动自动脱扣机构 3 动作；当电路失电压时，欠电压脱扣器 5 的衔铁释放，也使自动脱扣机构动作。分励脱扣器 4 则作为远距离分断电路使用，根据操作人员的命令或其他信号使线圈通电，从而使断路器跳闸。断路器根据不同用途可配备不同的脱扣器。

2. 低压断路器的主要技术参数

1）额定电压。断路器的额定电压在数值上取决于电网的额定电压等级，我国电网标准规定为 AC220、380V、660V 及 1140V，DC220、440V 等。同一断路器可以在几种额定电压下使用，但相应的通断能力并不相同。

2）额定电流。断路器的额定电流指断路器长期工作时的允许持续电流。

3）分断能力。开关电器在规定的条件下（电压、频率及交流电路的功率因数和直流电路的时间常数），能在给定的电压下分断的最大电流值，被称为额定短路分断能力。

4）分断时间。指切断故障电流所需的时间，它包括固有的断开时间和燃弧时间。

3. 低压断路器典型产品介绍

低压断路器按其结构特点可分为框架式低压断路器和塑料外壳式低压断路器两大类。

1）万能式断路器。万能式（也称框架式）断路器，主要用于40～100kW电动机回路的不频繁、全压起动，并起短路、过载、失电压保护作用。其操作方式有手动、杠杆、电磁铁和电动机操作四种。额定电压一般为380V，额定电流为200～4000A。

万能式断路器主要系列型号有DW16（一般型）、DW15、DW15HH（多功能、高性能型）、DW45（智能型）、另外还用ME、AE（性能型）和M（智能型）等系列。

2）塑料外壳式低压断路器。塑料外壳式低压断路器又称装置式低压断路器或塑壳式低压断路器。一般用作配电线路的保护开关，以及电动机和照明线路的控制开关等。

塑料外壳式断路器有一个绝缘塑料外壳，触头系统、灭弧室及脱扣器等均安装于外壳内，而手动扳手操作机构露在正面壳外，可手动或电动分合闸。它也有较高的分断能力、动稳定性以及比较完善的选择性保护功能。我国目前生产的塑壳式断路器有DZ5、DZ10、DZX10、DZ12、DZ15、DZX19、DZ20及DZ108等系列产品，DZ108为引进德国西门子公司3VE系列塑壳式断路器技术而生产的产品。

断路器的图形符号及文字符号如图5-21所示。

QF

图5-21　断路器的图形符号及文字符号

4. 低压断路器的选择

1）断路器的额定工作电压应大于或等于线路或设备的额定工作电压。

2）断路器主电路额定工作电流大于或等于负载工作电流。

3）断路器的过载脱扣整定电流应等于负载工作电流。

4）断路器的额定通断能力大于或等于电路的最大短路电流。

5）断路器的欠电压脱扣器额定电压等于主电路额定电压。

6）断路器类型的选择应根据电路的额定电流及保护的要求来选用。

7）具有延时的断路器，若带欠电压脱扣器，则欠电压脱扣器必须是延时的，其延时时间大于或等于短路延时时间。

5.3　熔断器

码5-4　熔断器

熔断器是一种最常用的简单有效的防止严重过载和短路的保护电器。使用时串联在被保护电路的首端，当电路发生短路时，便有较大的短路电流流过熔断器，熔断器中的熔体（熔丝或熔片）发热后自动熔断，切断电路，达到保护电路及电气设备的目的。它具有结构简单、维护方便、价格便宜、体小量轻之优点，因此得到广泛应用。

5.3.1　熔断器的结构和原理

1. 熔断器的结构

熔断器主要由熔体、载熔体件和熔断器底座三部分组成。

熔体是熔断器的核心部分。常做成丝状或片状，其材料有两类：一类为低熔点材料，如铅锡合金等；另一类为高熔点材料，如银、铜、铝等。

载熔体件和熔断器底座起支撑、绝缘和保护作用，由各种耐高温绝缘材料，如瓷、石英玻璃制成。载熔体件一般可对其手动操作，便于操作人员插入和拆卸熔体，有的两端还有接线端子和熔断器底座静触头接触的动触头。熔断器底座上有静触头和接线端子，由于接线端子会将熔断器在通电时产生的热量传导到外部导线，并散发到外部空间，为防止接线端子温度过高而表面氧化，使接触电阻增大并造成恶性循环，接线端子表面均镀覆导电良好和抗氧化的电镀层。有的熔断器还装有熔断器指示器来反映熔断器是否熔断。

2. 熔断器的工作原理

熔断器在使用时，熔体与被保护的电路串联，在正常情况下，熔体中通过额定电流时熔体不应该熔断，当电流增大至某值时，经过一段时间后熔体熔断并熄弧，这段时间称为熔断时间。熔断时间与通过的电流大小有关，熔断器的熔断时间随着电流的增大而减小，即通过熔体的电流越大，熔断时间越短。当电气设备发生轻度过载时，熔断器将持续很长时间才熔断，有时甚至不熔断。

5.3.2 熔断器的分类

常用的低压熔断器有插入式、螺旋式、无填料封闭管式、填料封闭管式等几种。

1. 插入式熔断器

插入式熔断器主要用于380V三相电路和220V单相电路的短路保护，其结构如图5-22所示，主要由瓷座、瓷盖、静触头、动触头、熔丝等组成，瓷座中部有一个空腔，与瓷盖的凸出部分组成灭弧室。

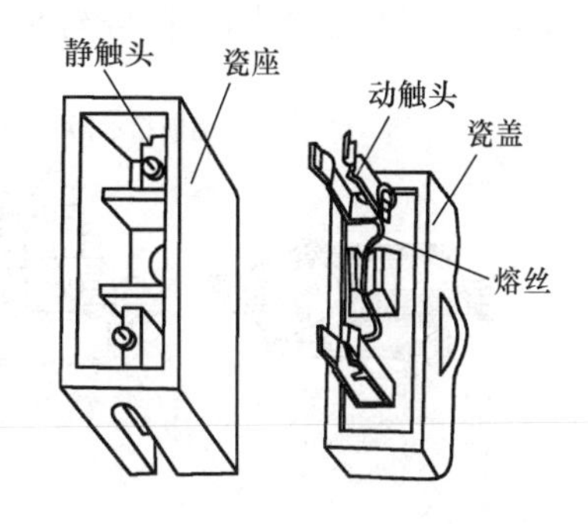

图5-22 RC1插入式熔断器的结构

2. 螺旋式熔断器

螺旋式熔断器用于交流380V、电流200A以内的电路和用电设备的短路保护，其结构如图5-23所示。主要由瓷帽、熔丝、瓷套、上接线端、下接线端及底座等组成。熔芯内除装有熔丝外，还填有灭弧的石英砂。

在安装时，电源线应接在下接线端，负载线应接在上接线端，这样在更换熔断管时（旋出瓷帽）时，金属螺纹壳的上接线端便不会带电，保证了维修者安全。

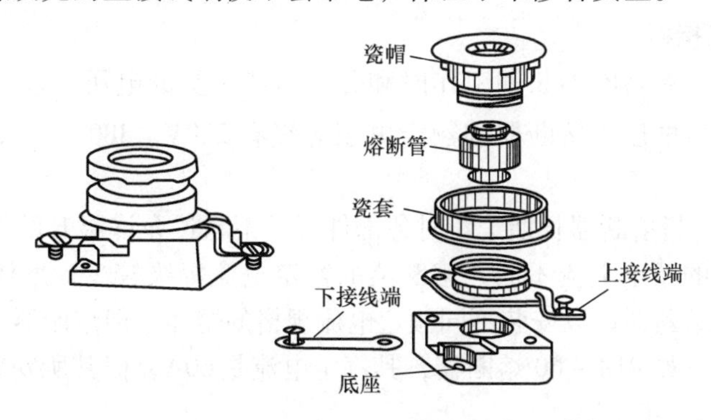

图5-23 螺旋式熔断器的结构

3. 无填料式熔断器

无填料封闭管式熔断器用于交流380V、额定电流1000A以内的低压电路及成套配电设备的短路保护，其结构如图5-24所示。主要由熔断管、夹座组成。熔断管内装有熔体，当大电流通过时，熔体在狭窄处被熔断，钢质管在熔体熔断时所产生高温电弧的作用下，分解出大量气体而增大管内压力，起到灭弧作用。

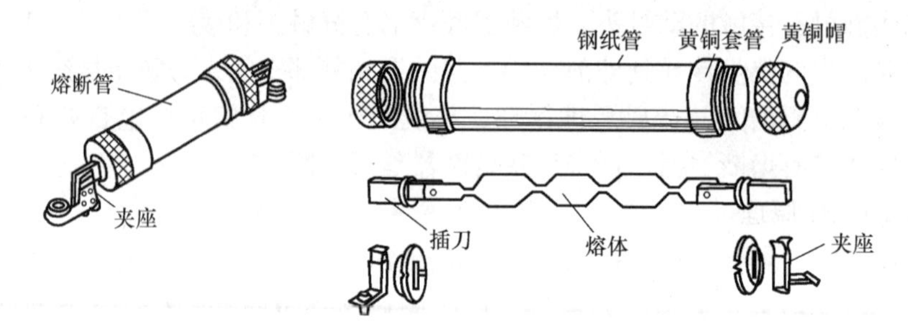

图 5-24　无填料封闭管式熔断器的结构

4. 填料式熔断器

填料封闭管式熔断器主要用于交流 380V、额定电流 1000A 以内的短路电流的电力网络，以及在配电装置中作为电路、电机、变压器及其他设备的短路保护电器。主要由熔管、触刀、夹座、底座等部分组成，如图 5-25 所示。熔管内填满直径为 0.5 ~ 1.0mm 的石英砂，以加强灭弧功能。熔断器的图形符号与文字符号见图 5-26。

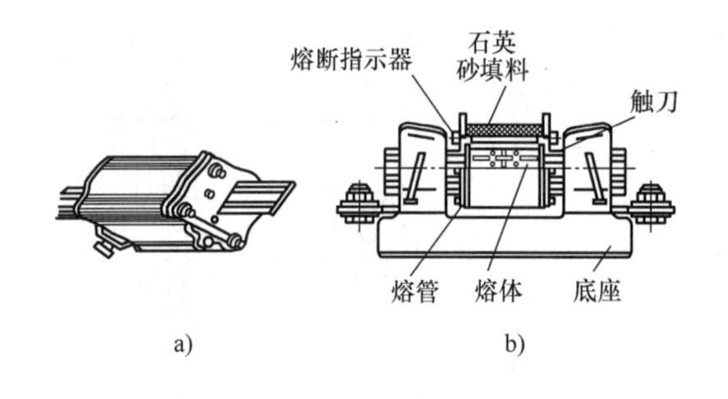

图 5-25　填料封闭管式熔断器的结构
a）熔管　b）整体结构

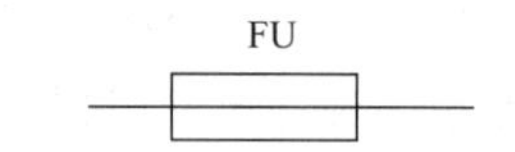

图 5-26　熔断器的图形符号与文字符号

5.3.3　熔断器的性能指标及选择

1. 熔断器的性能指标

1）额定电压 U_N：指熔断器长期工作时和分断后能承受的电压，选用时应保证其值等于或大于电气设备的额定电压。熔断器的额定电压等级有 220V、380V、415V、550V、660V 和 1140V 等。

2）额定电流 I_N：指熔断器长期工作时各部件温升不超过允许温升的最大工作电流。熔断器的额定电流与熔体的额定电流不同，熔断器的额定电流等级较少，熔体的额定电流等级较多，通常同一规格的熔断器可以安装不同额定电流规格的熔体，但熔断器的额定电流应大于或等于熔体的额定电流。如 RL1 - 60 熔断器，其额定电流是 60A，但其所安装的熔体的额定电流就有可能是 60A、50A、40A 等。

3）极限分断能力：指熔断器在规定的额定电压和功率因数（或时间常数）等条件下能分断的最大短路电流。在电路中出现的最大电流一般指短路电流，所以极限分断能力反映了熔断器分断短路电流的能力。

4）最小熔化电流 I_r：通过熔体并使其熔化的最小电流。

5）保护特性曲线：熔断器的保护特性曲线亦称熔断器的安秒特性曲线，是指熔体的熔化电流与熔断时间（熔化时间和燃弧时间之和）的关系曲线。如图 5-27 所示，这一关系与熔体的具体材料和结构有关，其特征是反时限的，即电流越大，熔断时间越短。

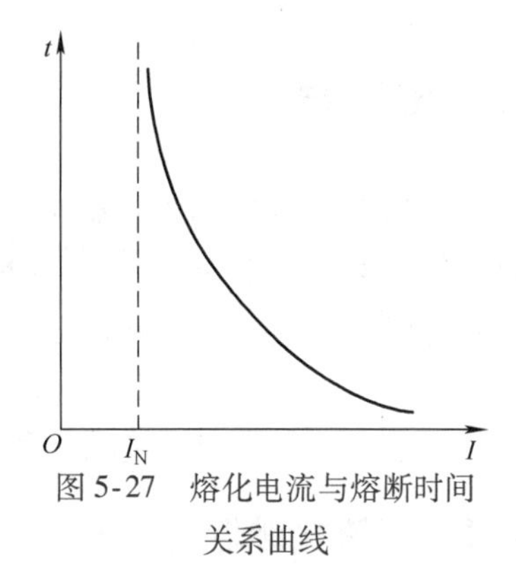

图 5-27　熔化电流与熔断时间关系曲线

2. 熔断器的选择

选择熔断器时主要要考虑熔断器的种类、额定电压和熔体的额定电流等。

（1）熔断器类型的选择

根据使用场合和环境确定熔断器的类型。对于容量小的电动机和照明支线，常采用熔断器作为过载及短路保护，因此熔体的熔化系数可适当小些；对于较大容量的电动机和照明干线，则应着重考虑短路保护和分断能力，通常选用具有较高分断能力的熔断器；当短路电流很大时，宜采用具有限流作用的熔断器。

（2）熔断器额定电压的选择

熔断器额定电压的选择值一般应等于或大于电器设备的额定电压。

（3）熔体的额定电流的选择

1）负载平稳、无冲击的照明电路、电阻、电炉等，熔体额定电流略大于或等于负载电路中的额定电流，即

$$I_{RN} \geqslant I_N$$

式中，I_{RN}为熔体的额定电流；I_N为负载的额定电流。

2）单台长期工作的电动机，熔体额定电流可按最大起动电流选取，也可按下式选取：

$$I_{RN} \geqslant (1.5 \sim 2.5) I_N$$

式中，I_{RN}为熔体的额定电流；I_N为电动机的额定电流。

如果电动机频繁起动，式中系数可适当加大至 3～3.5，具体应根据实际情况而定。

3）多台长期工作的电动机（供电干线）的熔断器，熔体的额定电流应满足下列关系：

$$I_{RN} \geqslant (1.5 \sim 2.5) I_{Nmax} + \sum I_N$$

式中，I_{Nmax}为多台电动机中容量最大的一台电动机额定电流；$\sum I_N$为其余电动机额定电流之和。

当熔体额定电流确定后，根据熔断器额定电流大于或等于熔体额定电流来确定熔断器额定电流。熔断器的类型的选择主要依据负载的保护特性和短路电流的大小选择。

4）熔断器级间的配合。为防止发生越级熔断，上、下级（即供电干、支线）的熔断器之间应有良好的配合。选用时，应使上级（供电干线）熔断器的熔体额定电流比下级（供电支线）的大 1～2 个级差。

5）熔断器的保护特性应与被保护对象的过载特性有良好的配合，使其在整个曲线范围内获得可靠保护。

6）对于保护电动机的熔断器，应注意电动机起动电流的影响。熔断器一般只用作电动机的短路保护，过载保护应采用热继电器。

3. 熔断器的使用、安装及维修注意事项

1）熔体熔断后必须更换额定电流相同的新熔体，不允许用铜丝或铝丝等随意代替。

2）安装软熔丝时应留有一定的松弛度，螺钉不可拧得太紧或太松，否则会损伤熔丝而造成误动作，或因接触不良引起电弧烧坏螺钉。

3）更换熔体时应断电进行，以保证安全；严禁带负载拆装熔体或熔管，以防电弧烧伤人身和设备。

5.4 接触器

码 5-5 接触器

码 5-6 交流接触器（动画）

接触器是一种通用性很强的自动式开关电器，是电力拖动和自动控制系统中一种重要的低压电器。它可以频繁地接通和断开交、直流主电路和大容量控制电路。它具有欠电压释放保护和零压保护作用。接触器可分为交流接触器和直流接触器，其工作原理基本相同。

5.4.1 交流接触器

1. 交流接触器的结构及工作原理

（1）交流接触器的结构

交流接触器由电磁机构、触点系统和灭弧装置组成，常用交流接触器的外形和结构如图 5-28所示。

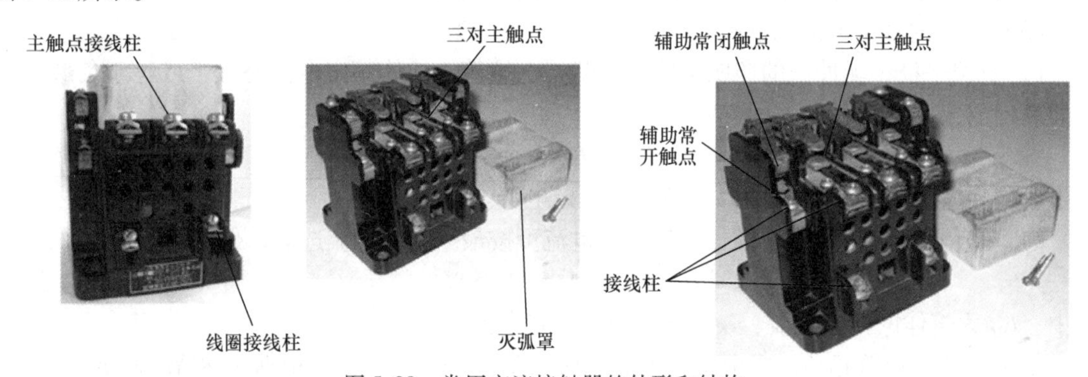

图 5-28 常用交流接触器的外形和结构

（2）交流接触器工作原理

交流接触器的电磁线圈接通电源时，线圈电流产生磁场，使静铁心产生足以克服弹簧反作用力的吸力，将动铁心向下吸合，使常开主触点和常开辅助触点闭合，常闭辅助触点断开。主触点将主电路接通，辅助触点则接通或分断与之相连的控制电路。当接触器线圈电压值降低到某一数值（无论是正常控制还是欠电压、失电压故障，一般降至 85% 线圈额定电压）时，电磁力减少到不足以克服复位弹簧的反作用力时，动铁心在弹簧反作用力的作用下复位，各触点也随之复位。交流接触器的结构及图形符号见图 5-29。

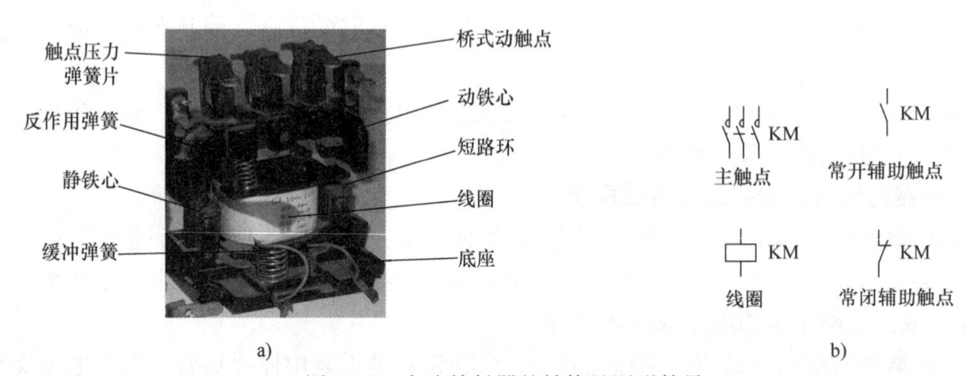

图 5-29 交流接触器的结构及图形符号

a）结构图 b）图形符号

2. 电磁系统

电磁系统由线圈、静铁心、动铁心（衔铁）、复位弹簧等组成，其作用是操纵触点的闭合与断开。图5-30所示为接触器的短路环。为了减少接触器吸合时产生的振动和噪声，在铁心上装有短路环（又称减振环）。

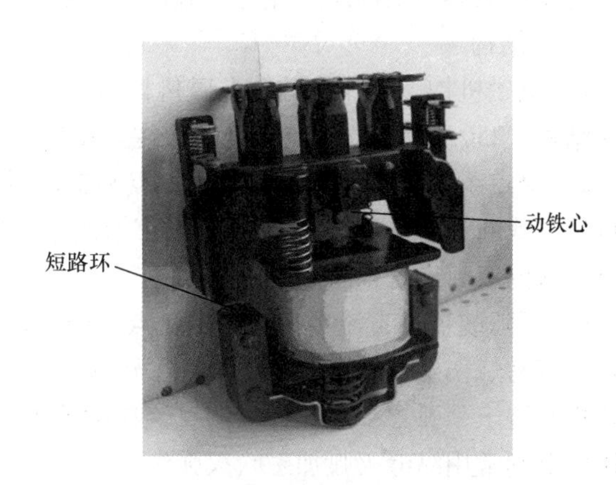

图5-30 接触器的触点系统和短路环

3. 触点系统

触点系统按功能不同分为主触点和辅助触点。主触点用于接通和分断电流较大的主电路，体积较大，一般由三对常开触点组成；辅助触点用于接通和分断小电流的控制电路，体积较小，有常开和常闭两种触点。根据形状不同，分为桥式触点和指形触点，其形状分别如图5-31a、b所示。

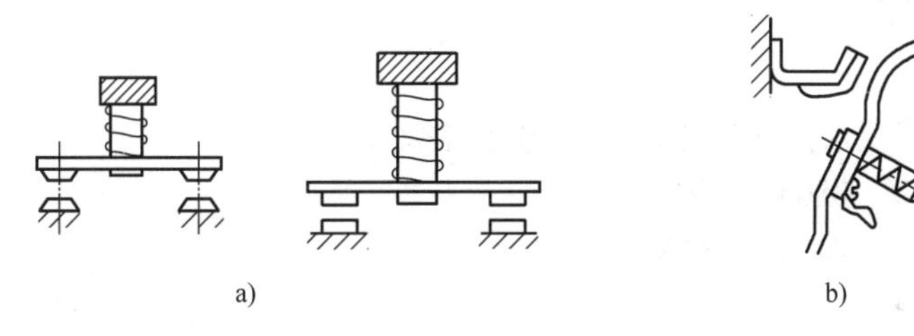

图5-31 接触器的触点结构
a）桥式触点 b）指形触点

4. 灭弧装置

接触器的灭弧系统利用了双断点的桥式触点，具有电动力吹弧的作用。10A以下的交流接触器常采用半封闭式陶土灭弧罩或采用相间隔弧板灭弧；10A以上的交流接触器都有灭弧装置，采用纵缝灭弧及栅片灭弧。大、中容量的交流接触器有的还加装串联磁吹系统。

5.4.2 直流接触器

直流接触器主要用于电压400V、电流600A以下的直流电动机控制电路，控制直流电动机起动、停止、换向、反接制动等。常见直流接触器的实物图如图5-32所示。

CZ0系列

MJL系列

CZ18系列

图5-32 常见直流接触器的实物图

直流接触器的结构及原理与交流接触器基本相同。

（1）结构

1）电磁机构。直流接触器电磁机构由铁心、线圈和衔铁等组成，多采用绕棱角转动的拍合式结构。250A 以上的直流接触器往往采用串联双绕组线圈。

2）触点系统。直流接触器有主触点和辅助触点。主触点一般做成单极或双极，由于使主触点接通或断开的电流较大，所以采用滚动接触的指形触点。辅助触点的通断电流较小，常采用点接触的双断点桥式触点。

3）灭弧装置。直流接触器的主触点在分断较大电流时，灭弧更困难，往往会产生强烈的电弧，容易烧伤触点和延时断电。为了迅速灭弧，直流接触器一般采用磁吹式灭弧装置，并装有隔板及陶土灭弧罩。对小容量的直流接触器也可采用永久磁铁产生磁吹力灭弧，中、大容量的接触器则常用纵缝灭弧加磁吹灭弧法。

（2）工作原理

直流接触器的工作原理与交流接触器类似，这里不再赘述。

5.4.3 接触器的主要技术指标

1. 额定电压

接触器额定电压指主触点额定电压，其电压等级如下。

交流接触器：220V、380V、500V。

直流接触器：220V、440V、660V。

2. 额定电流

接触器额定电流是指主触点额定电流，其电流等级如下。

交流接触器：10A、15A、25A、40A、60A、150A、250A、400A、600A，最高可达 2500A。

直流接触器：25A、40A、60A、100A、150A、250A、400 A、600A。

3. 线圈额定电压

其电压等级如下。

交流线圈：36V、110V、127V、220V、380V。

直流线圈：24V、48V、110V、220V、440V。

4. 额定操作频率

额定操作频率是指接触器每小时通、断次数。交流接触器可高达 6000 次/h，直流接触器可达 1200 次/h。电气寿命可达 500 ~ 1000 万次。操作频率直接影响到接触器的电寿命和机械寿命。

5. 动作值

动作值是指接触器的吸合电压和释放电压。吸合电压是指接触器吸合前，缓慢增加电磁线圈两端电压，使接触器可以吸合的最小电压。释放电压是指接触器吸合后，缓慢降低电磁线圈电压，使接触器释放的最大电压。一般规定，接触器的吸合电压为线圈额定电压的 85% 及以上，而释放电压不高于线圈额定电压的 70% 。

6. 接通与分断能力

接触器的接通与分断能力是指主触点在规定条件下能可靠地接通和分断的电流值。接通是指电路闭合时不会造成接触器触点熔焊；断开是指电路断开时接触器不产生飞弧和过度磨损能可靠灭弧。

5.4.4 接触器的选择

1. 接触器类型选择

接触器的类型应根据负载电流的类型和负载的大小来选择，即是交流负载还是直流负载，是轻负载、一般负载还是重负载。

2. 主触点额定电流的选择

接触器的额定电流应大于或等于被控回路的额定电流。若接触器控制的电动机起动、制动或正反转频繁，一般将接触器主触点的额定电流降一级使用。

3. 额定电压的选择

接触器铭牌上所标电压是指主触点能承受的额定电压，并非线圈的电压。因此，接触器主触点的额定电压应大于或等于负载回路的电压。

4. 线圈额定电压的选择

线圈额定电压不一定等于主触点的额定电压，当线路简单，使用电器少时，可直接选用380V 或 220V 的电压，若线路复杂且使用电器超过 5 个，可用 24V、48V 或 110V 电压。

5. 接触器的触点数量、种类选择

触点数量和种类应满足主、控制电路要求。不同接触器触点数目不同。交流接触器的主触点有三对（常开触点），一般有四对辅助触点（两对常开、两对常闭），最多可达到六对（三对常开、三对常闭）。直流接触器主触点一般有两对（常开触点）；辅助触点有四对（两对常开、两对常闭）。

5.5 继电器

码 5-7 继电器

继电器主要用于控制与保护电路中进行信号转换。继电器具有输入电路（又称感应元件）和输出电路（又称执行元件），当感应元件中的输入量（如电流、电压、温度、压力速度、时间等）变化到某一定值时继电器动作，执行元件便接通或断开控制回路。

继电器种类繁多，按输入量分可分为电压继电器、电流继电器、时间继电器、速度继电器、压力继电器等；按工作原理可分为电磁式、感应式、电动式、电子式等；按用途可分为控制继电器、保护继电器等；按输入量变化形式可分为有无继电器和量度继电器。

由于通信技术的迅速发展，光纤将是未来信息社会传输的主动脉，在光纤通信、光传感、光计算机、光信息处理技术的推动下出现了光纤继电器、舌簧管光纤开关等新型继电器。通用继电器市场继续向小型、薄型和塑封方向发展。

有无继电器是根据输入量的有或无来动作的，无输入量时继电器不动作，有输入量时继电器动作，如中间继电器、通用继电器、时间继电器等。

量度继电器是根据输入量的变化来动作的，工作时其输入量是一直存在的，只有当输入量达到一定值时继电器才动作，如电流继电器、电压继电器、热继电器、速度继电器、压力继电器、液位继电器等。控制中常用的有电流、电压、中间、时间、热继电器，以及温度、压力、计数、频率继电器等。

电压、电流继电器和中间继电器属于电磁式继电器。其结构、工作原理与接触器相似，由电磁系统、触头系统和释放弹簧等组成。由于继电器用于控制电路，流过触头的电流小，一般不需要灭弧装置。下面介绍几种常用继电器。

5.5.1 电磁式继电器

电磁式继电器广泛用于电力拖动系统中，起控制、放大、联锁、保护和调节作用。电磁式继电器的结构和工作原理与接触器基本相同，也由电磁机构和触头系统组成。但接触器只对电压变化做出反应，而继电器可对相应的各种电量或非电量做出反应。接触器一般用于控制大电流电路，其主触点额定电流不小于5A，而继电器一般控制小电流电路，其触点额定电流不大于5A。电磁式继电器按动作原理分为电压继电器、电流继电器、中间继电器和时间继电器。

1. 电流继电器

输入量为电流的继电器称为电流继电器。使用时电流继电器的线圈串联在被测电路中，根据通过线圈电流值的大小而动作。电流继电器线圈的导线粗、匝数少、线圈阻抗小。电流继电器分为过电流继电器和欠电流继电器。过电流继电器是指当继电器中的电流高于某整定值时动作，通过正常工作电流时，衔铁释放，用于频繁和重载起动场合，作为电动机和主电路的短路和过载保护。欠电流继电器是指当继电器中的电流低于某整定值释放，通过正常工作电流时，衔铁吸合，触点动作，一般用于直流电动机欠励磁保护。

过电流继电器和欠电流继电器结构和动作原理相似，过电流继电器由线圈、圆柱形静铁心、衔铁、触点系统和反作用弹簧组成。线圈不通电时，衔铁靠反作用弹簧作用而打开。过电流继电器在正常工作时电磁吸力不足以克服反力弹簧的吸力，衔铁处于释放状态；当线圈电流超过某一整定值时，衔铁吸合，触点动作。而欠电流继电器在线圈电流正常时衔铁是吸合的，当电流低于某一整定值时释放，触点复位。

图5-33为电流继电器的图形和文字符号。其技术参数如下。

1）动作电流 I_q：使电流继电器开始动作所需的电流值。

2）返回电流 I_f：电流继电器动作后返回原状态时的电流值。

3）返回系数 K_f：返回值与动作值之比，$K_f = I_f/I_q$。

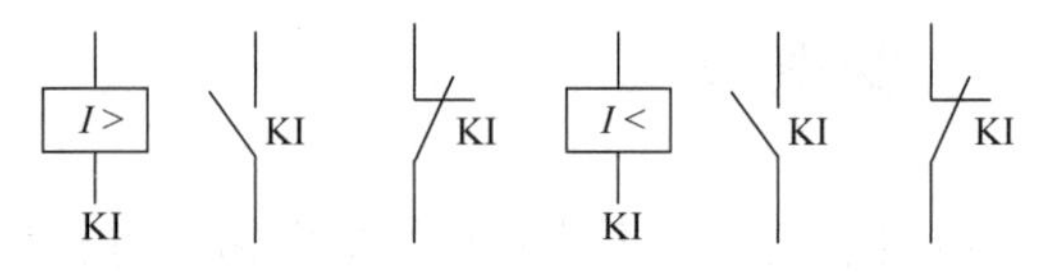

图5-33 电流继电器的图形和文字符号
a）过电流继电器 b）欠电流继电器

2. 电压继电器

输入量为电压的继电器称为电压继电器。使用时电压继电器的线圈并联在被测电路中，根据线圈两端电压的大小接通或断开电路。电压继电器线圈的匝数多、导线细。电压继电器分为过电压继电器、欠电压继电器和零压继电器，常用于交流电路中作过电压、欠电压和失电压保护。电压继电器的结构、原理和内部接线与电流继电器类同，不同之处在于输入量为电压。

图5-34为电压继电器的图形和文字符号。

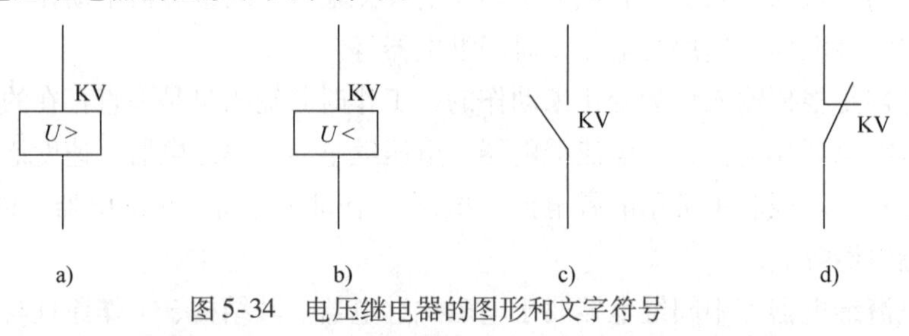

图5-34 电压继电器的图形和文字符号
a）过电压继电器 b）欠电压继电器 c）常开触点 d）常闭触点

3. 中间继电器

中间继电器是用来增加控制电路中的信号数量或将信号放大的继电器。其实质是一种电压继电器，结构和工作原理与接触器相同。中间继电器触点数量较多，没有主辅之分，各对触点允许通过的电流大小相同，多数为5A。因此对于工作电流小于5A的电气控制电路，可用中间继电器代替接触器对其实施控制。图5-35为中间继电器的图形和文字符号。

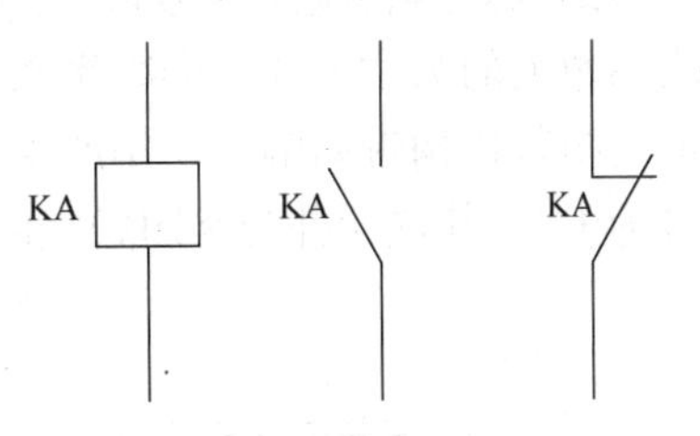

图5-35　中间继电器的图形和文字符号

常用的中间继电器有JZ7和JZ8两种系列。JZ7为交流中间继电器，JZ8为交、直流两用，其触点的额定电流为5A，可用于直接起动小型电动机或接通电磁阀等。

5.5.2　热继电器

热继电器是利用流过继电器的电流所产生的热效应而产生反时限动作的继电器。主要用于电动机的过载保护、断相保护、电流不平衡运行保护和其他电气设备发热状态的控制。热继电器有多种类型，其中常用的有如下3种。

1）双金属片式：利用双金属片受热弯曲推动杠杆使触点动作。

2）热敏电阻式：利用电阻值随温度变化的特性制成的热继电器。

3）易熔合金式：利用过载电流发热使易熔合金达到某一温度值时，合金熔化而使继电器动作。

上述三种热继电器以双金属片式用得最多。

1. 热继电器外形与结构

热继电器的外形与结构示意如图5-36所示。

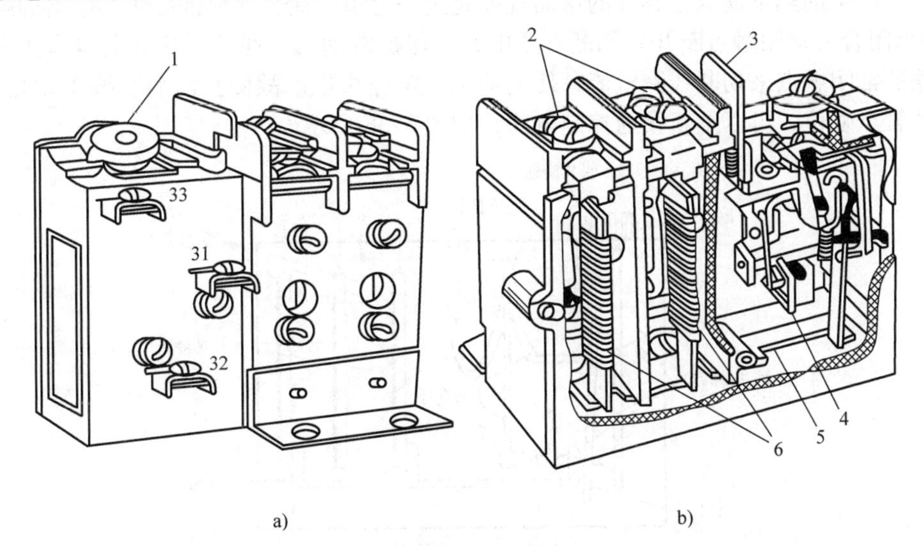

图5-36　热继电器外形与结构示意图

a）外形　b）结构

1—电流整定装置　2—主电路接线柱　3—复位按钮　4—常闭触点　5—动作机构　6—热元件

31—常开触点接线柱　32—公共动触点接线柱　33—常闭触点接线柱

2. 热继电器的工作原理

1）双金属片工作原理

热继电器的感应元件通常采用双金属片（热膨胀系数不同的两种金属片碾压成为一体，膨胀系数大的为主动片，膨胀系数小的为被动片，受热后发生弯曲）结构通过双金属片的变形推动执行机构带动触点动作产生输出，保护电动机过载，如图 5-37a 所示。热继电器的文字符号为 FR，其热元件与常闭触点的图形符号如图 5-37b 所示。

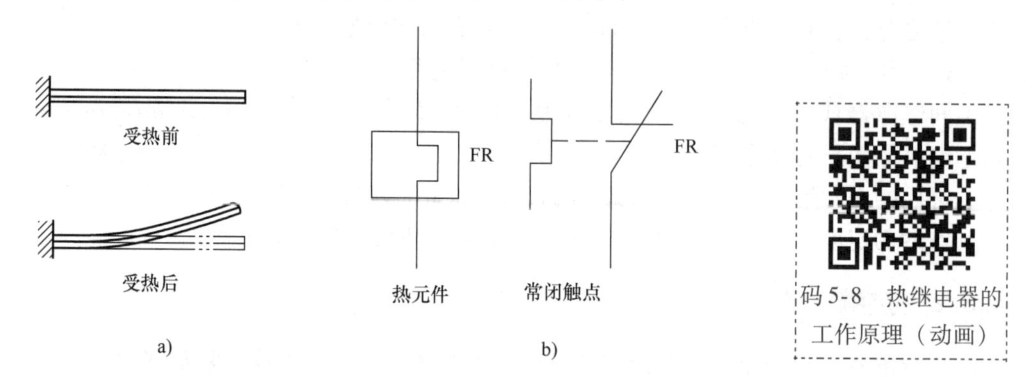

图 5-37　双金属片工作原理示意图及符号
a）双金属片工作原理　b）热继电器图形和文字符号

2）热继电器工作原理

由热继电器结构原理图可知，它主要由双金属片、加热元件、动作机构、触点系统、整定调整装置及手动复位装置等组成。双金属片作为温度检测元件，由两种膨胀系数不同的金属片压焊而成，它被加热元件加热后，因两层金属片伸长不同而弯曲。

将热继电器的三相热元件分别串接在电动机三相主电路中，当电动机正常运行时，热元件产生的热量不会使触点系统动作；当电动机过载时，流过热元件的电流加大，经过一定的时间，热元件产生的热量使双金属片的弯曲程度超过一定值，通过导板推动热继电器的触点动作（常开触点闭合，常闭触点断开）而断开主电路，保护电动机。通常用热继电器串接在接触器线圈电路的常闭触点来切断线圈电流，使电动机主电路失电。故障排除后，按手动复位按钮，热继电器触点复位，可以重新接通控制电路，如图 5-38 所示。

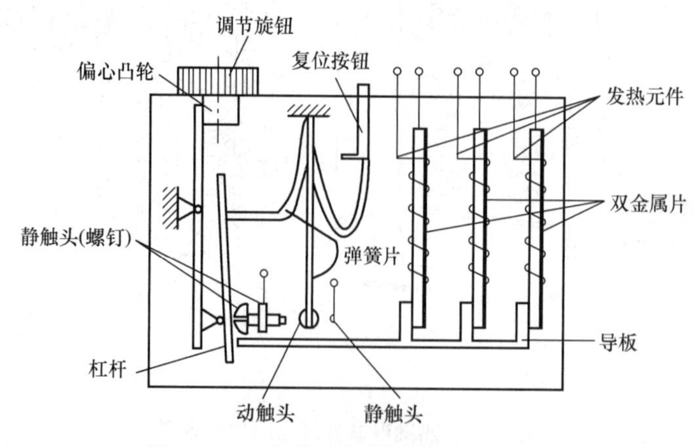

图 5-38　三相热继电器工作原理示意图

热继电器常作为电路的过载保护电器使用。但热继电器有热惯性，大电流出现时它不能立即动作，不能用作短路保护。

3. 热继电器的选用

热继电器的选择主要根据被保护对象的使用条件、工作环境、起动情况、负载性质，电动机的形式以及电动机允许的过载能力等加以考虑。一般原则是：应使热继电器的安秒特性曲线位于电动机的过载特性曲线之下，并尽可能地接近，以充分发挥电动机的过载能力，同时使电动机在短时过载和起动瞬间不受影响。

由电动机的额定电流确定热继电器的型号及热元件的额定电流等级。

1）对星形联结的电动机可选两相或三相结构式的，对三角形联结的电动机最好选择带断相保护的热继电器。所选用的热继电器的整定电流通常与电动机的额定电流相等。

2）过载能力较差的电动机，热元件的额定电流为电动机的额定电流的 60% ~80%。

3）在不频繁起动的场合，若电动机起动电流为其额定电流 6 倍以及起动时间不超过 6s 时，可按电动机的额定电流选取热继电器。

4）当电动机为重复且短时工作制时，要注意确定热继电器的操作频率，对于操作频率较高的电动机不宜使用热继电器作为过载保护。

5.5.3 时间继电器

时间继电器按照所需时间间隔，接通或断开被控制的电路，以协调和控制生产机械的各种动作，它是按整定时间长短进行动作的控制电器，用于需要按时间顺序进行控制的电气控制线路中。

时间继电器种类很多，按构成原理有：电磁式、电动式、空气阻尼式、晶体管式和数字式等。按延时方式分：通电延时型、断电延时型。电动式时间继电器（JS10、JS11、JS17、系列）精确度高，且延时时间可以调整得很长（几分钟到数个小时），但价格较贵，结构复杂，寿命短；电磁式时间继电器（JT3 系列）结构简单，价格便宜，但延时时间较短（0.3 ~ 5.5s），且体积和重量较大；晶体管式时间继电器（JS20 系列）精度高、延时长、体积小、调节方便，可集成化、模块化，广泛用于各种场合；数字式时间继电器以时钟脉冲为基准，其精度高、设定方便、体积小、读数直观。空气阻尼式时间继电器（JS7 系列），具有结构简单、延时范围较大（0.4 ~180s）、寿命长、价格低等优点。部分时间继电器的实物图如图 5-39 所示，下面仅介绍空气阻尼式时间继电器。

空气阻尼式时间继电器(JS7系列)

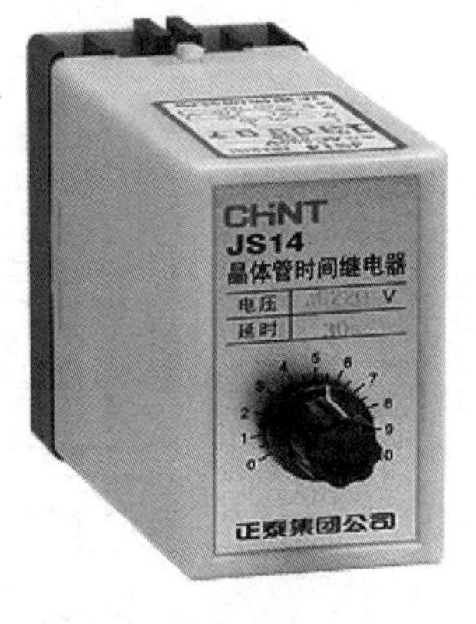

晶体管式时间继电器(JS14系列)

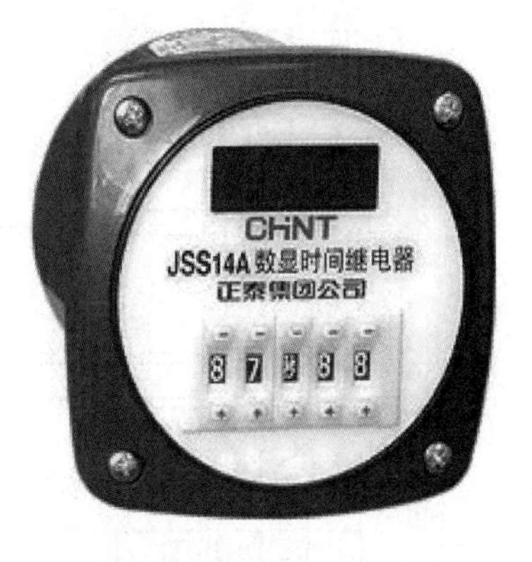

数字式时间继电器(JSS14A系列)

图 5-39 时间继电器的实物图

1. 结构及外形

空气阻尼式时间继电器由电磁机构、工作触点及气室三部分组成，其延时是靠空气的阻尼作用来实现的。按其控制原理分为通电延时和断电延时两种类型。图 5-40 所示为 JS7 – A 系列空气阻尼式时间继电器的外形及结构图。

码 5-9　通电延时型时间继电器的工作原理（动画）

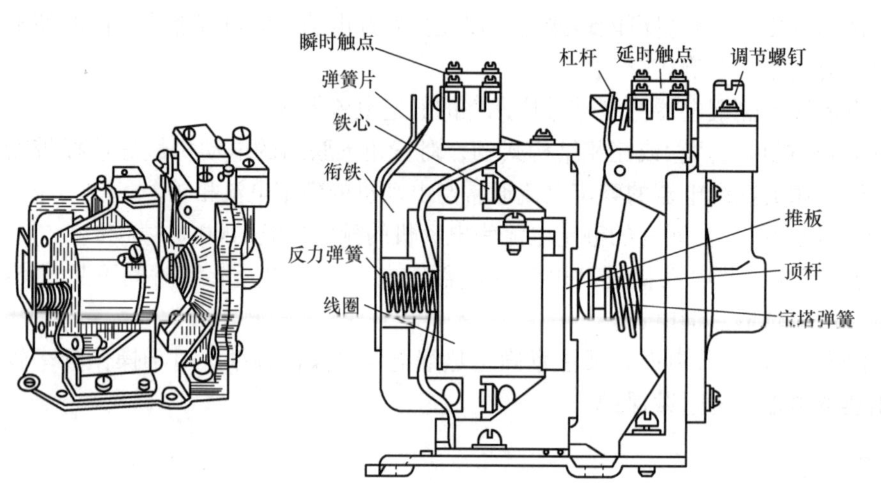

图 5-40　JS7－A 系列空气阻尼式时间继电器外形及结构图

码 5-10　断电延时型时间继电器的工作原理（动画）

2. 工作原理

JS7－A 型空气阻尼式时间继电器工作原理图如图 5-41 所示。通电延时型时间继电器电磁铁线圈 1 通电后，将衔铁 4 吸下，于是顶杆 6 与衔铁 4 间出现一个空隙。当与顶杆 6 相连的活塞 12 在弹簧 7 作用下由上向下移动时，在橡皮膜 9 上面形成空气稀薄的空间（气室），空气由进气孔 11 逐渐进入气室，活塞 12 因受到空气的阻力，不能迅速下降。经过一段时间后，杠杆 15 使延时触点 14 动作（常开触点闭合，常闭触点断开）。从线圈通电开始到触点完成动作为止的时间间隔就是继电器的延时时间。延时时间的长短可通过延时调节螺钉，调节空气室进气孔的大小来改变，延时范围有 0.4～60s 和 0.4～180s 两种。线圈断电时，弹簧 8 使衔铁和活塞等复位，空气经橡皮膜与顶杆 6 之间推开的气隙迅速排出，触点瞬时复位。

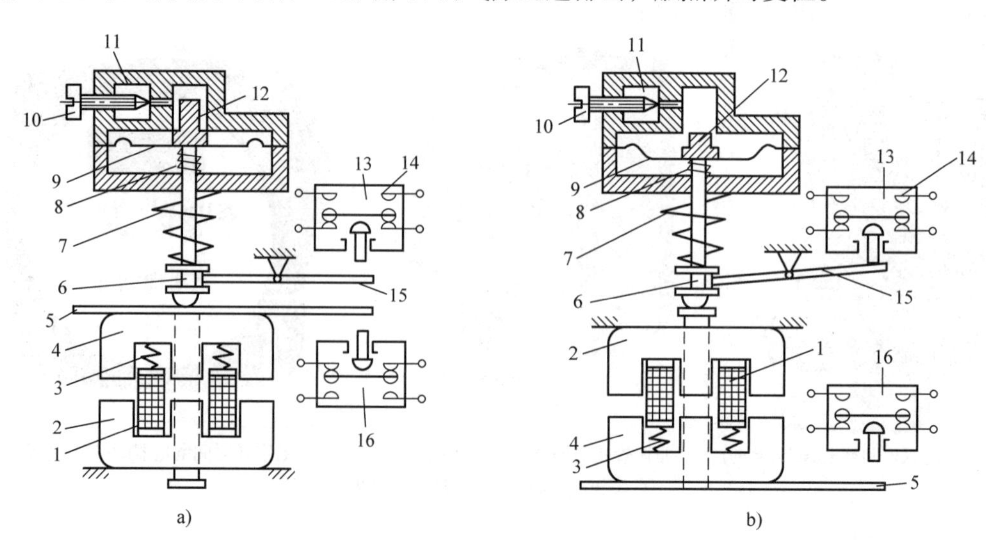

图 5-41　JS7－A 型空气阻尼式时间继电器工作原理图

a）通电延时型　b）断电延时型

1—线圈　2—静铁心　3、7、8—弹簧　4—衔铁　5—推板　6—顶杆　9—橡皮膜

10—螺钉　11—进气孔　12—活塞　13、16—微动开关　14—延时触点　15—杠杆

断电延时型时间继电器与通电延时型时间继电器的原理与结构均相同，只是将其电磁机构翻转180°安装。

3. 文字符号与图形符号

时间继电器的文字符号为KT，图形符号较为复杂，如图5-42所示。

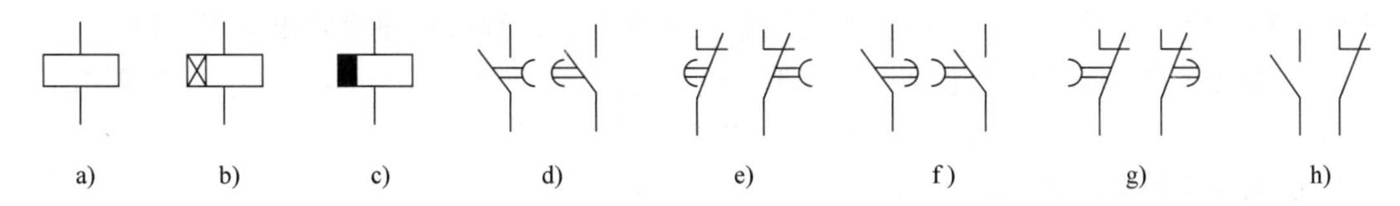

图5-42 时间继电器的图形符号

时间继电器图形符号中，半圈符号向左或向下，表示通电延时；向右或向上，表示断电延时。

图5-42中，a）为线圈一般符号，b）为通电延时线圈，c）为断电延时线圈。

d）为通电延时闭合（常开）触点：通电时延时触点闭合；断电时瞬时触点断开。

e）为通电延时断开（常闭）触点：通电时延时触点断开；断电时瞬时触点闭合。

f）为断电延时断开（常开）触点：通电时瞬时触点闭合；断电时延时触点断开。

g）为断电延时闭合（常闭）触点：通电时瞬时触点断开；断电时延时触点闭合。

h）为瞬动触点，瞬时动作的常开触点和瞬时动作的常闭触点。

空气阻尼式时间继电器的缺点是：延时误差大（±10%～±20%），无调节刻度指示，难以精确地整定延时值。在对延时精度要求高的场合，不宜使用这种时间继电器。

时间继电器的选择主要依据延时方式（通电延时或断电延时）、延时时间和精度要求，以及吸引线圈的电压等级这几项。

5.5.4 速度继电器

码5-11 速度继电器的工作原理（动画）

速度继电器是根据电磁感应原理制成，用来反映转速与转向变化的继电器。速度继电器是利用速度控制原则控制电动机的工作状态的重要电器。

1. 速度继电器的结构

速度继电器又称反接制动继电器。它主要由转子、转轴、定子和触头等部分组成，转子是一个圆柱形永久磁铁，定子是一个笼形空心圆环，并装有笼形绕组。其原理图如图5-43所示。

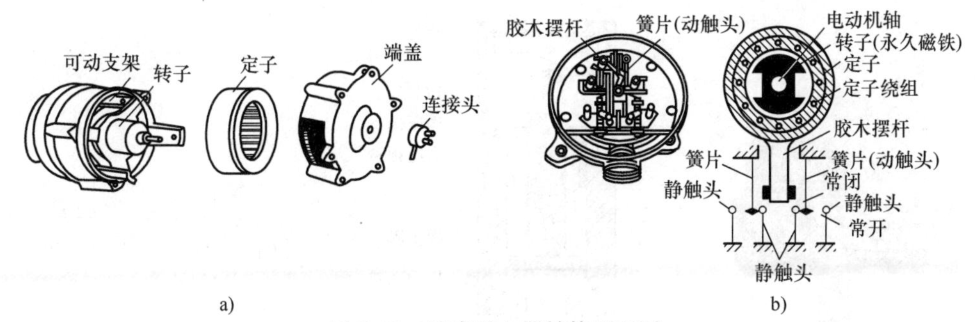

图5-43 速度继电器结构原理图

a）外形 b）结构

2. 速度继电器的工作原理

速度继电器的转轴和电动机的轴通过联轴器相连，当电动机转动时，速度继电器的转子随之转动，定子内的绕组便切割磁力线，形成环内电流，此电流与磁铁磁场相作用，产生电磁转矩，圆环在此力矩的作用下带动摆杆，克服弹簧力而顺转子转动的方向摆动，并拨动触点，改变其通断状态（在摆杆左、右各设一组切换触点，分别在速度继电器正转和反转时发生作用）。当调节弹簧弹力时，可使速度继电器在不同转速时切换触点，改变通断状态。当电动机转速低于某一值或停转时，定子产生的转矩会减小或消失，触点在弹簧的作用下复位。

速度继电器的动作转速一般不低于 120r/min，复位转速在 100r/min 以下，工作时允许的转速高达 1000～3900r/min。常用的速度继电器型号有 JY1 型和 JFZ0 型。

3. 速度继电器的图形和文字符号

速度继电器的文字符号为 KS，其图形符号和文字符号如图 5-44 所示。

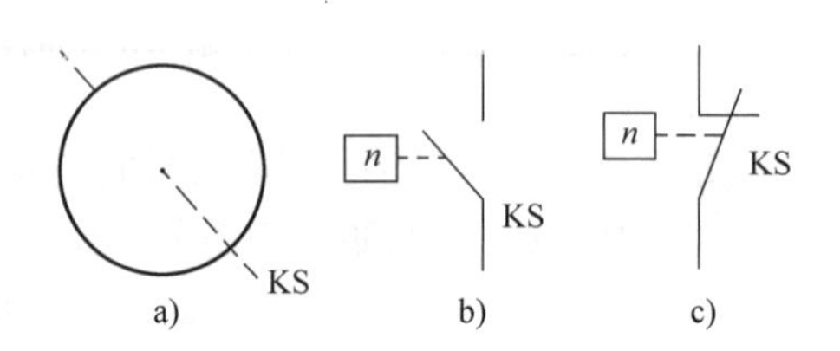

图 5-44　速度继电器的图形符号和文字符号

a）转子　b）常开触点　c）常闭触点

5.5.5　液位继电器

液位继电器主要用于对液位的高低进行检测并发出开关量信号，实现电磁阀、液泵等设备对液位的高低的控制。JYF－02 液位继电器结构示意图及图形符号如图 5-45 所示。

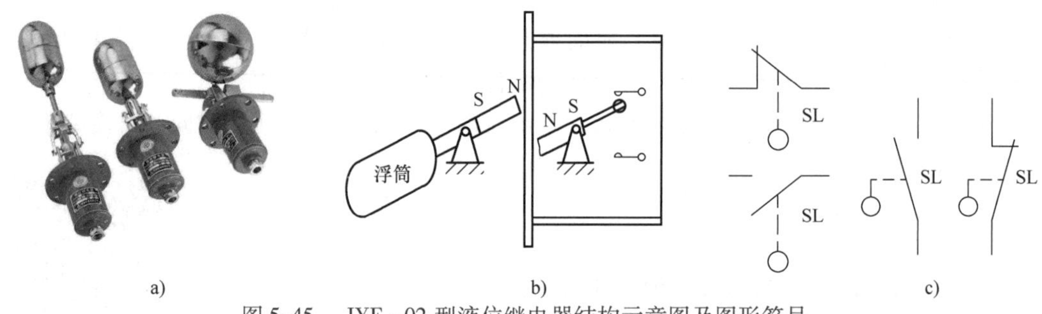

图 5-45　JYF－02 型液位继电器结构示意图及图形符号

a）浮筒液位继电器　b）液位继电器结构示意图　c）图形符号

5.5.6　压力继电器

压力继电器主要用于对液体或气体压力的高低进行检测并发出开关量信号，以实现电磁阀、液泵等设备对压力的高低进行控制。压力继电器结构示意图及图形符号如图 5-46 所示。

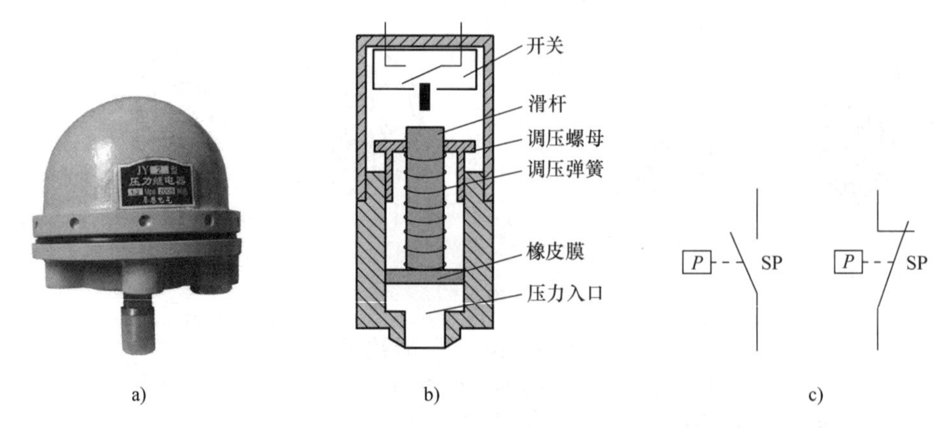

图 5-46　压力继电器结构示意图及图形符号

a）JY2 型压力继电器图　b）压力继电器结构示意图　c）图形符号

5.6 主令电器

码5-12　主令电器

在控制电路中专门发布命令的电器称为主令电器，用以闭合和断开控制电路，控制电力拖动系统中电动机的起动、停车、制动、调速等。

常用主令电器有控制按钮、位置开关、万能转换开关。

5.6.1 按钮开关

码5-13　按钮的工作原理（动画）

1. 按钮开关的用途

按钮开关（简称按钮）是一种接通或断开小电流电路的手动控制电器，常用于控制电路，通过控制继电器、接触器等动作，从而控制主电路的通断。按下按钮，其常开触点闭合，常闭触点断开，松开按钮，在复位弹簧的作用下，触点复位。按钮触点允许通过的电流很小，一般不超过5A，不能直接控制主电路的通断。

2. 按钮开关的外形及结构

按钮开关由按钮帽、复位弹簧、桥式触头和外壳等组成，通常做成复合式，即具有常开触点和常闭触点，其实物图及结构示意图见图5-47。当按下按钮的时候，先断开常闭触头，而后接通常开触头，释放按钮时，在复位弹簧的作用下使触头复位。

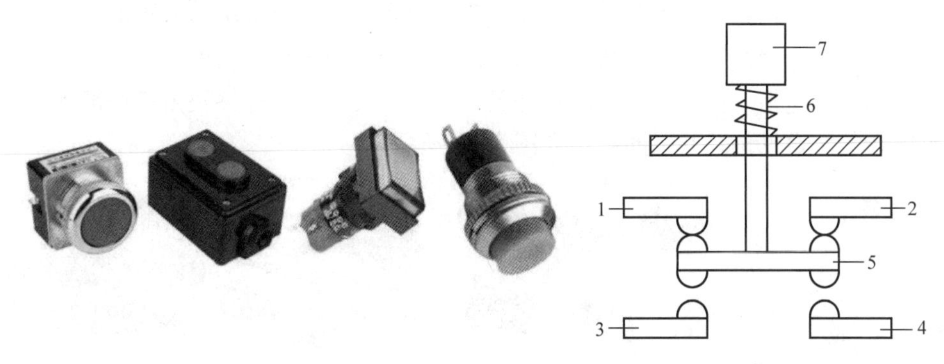

图5-47　按钮开关实物图及结构示意图

1、2—常闭静触头　3、4—常开静触头　5—动触头　6—复位弹簧　7—按钮帽

3. 按钮开关的符号

按钮开关的图形符号和文字符号如图5-48所示。

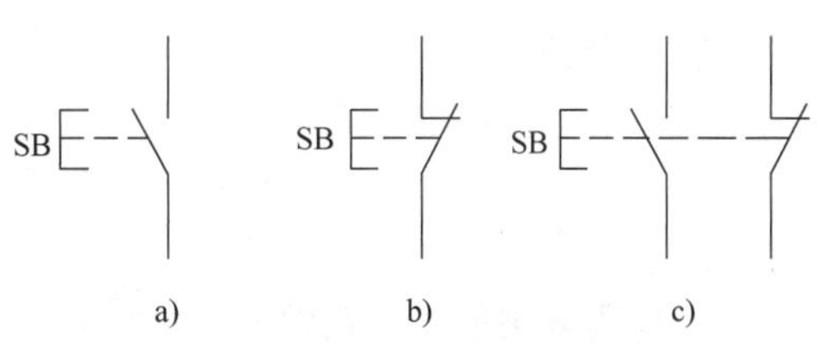

图5-48　按钮开关图形符号和文字符号

a）常开触点　b）常闭触点　c）复合触点

4. 按钮开关的分类

（1）按钮按结构形式、操作方式、防护方式分为如下8类。

1）开启式：未加防护，不能防止偶然触电，类别代号K。

2）保护式：具有保护外壳，可以防止内部的按钮零件受机械损伤或人触电。类别代号H。

3）防水式：具有密封的外壳，可防止雨水侵入，其类别代号S。

4）防腐式：能防止化工腐蚀气体的侵入，其类别代号F。

5）防爆式：能安全用于含有爆炸性气体与尘埃的地方，其类别代号 B。

6）旋钮式：用于旋转操作，一般为面板安装式，其类别代号 X。

7）锁扣式：当按下按钮，动断触点分开，动合触点闭合，并能自行锁住；复位时，需要按箭头方向旋转或再次按下按钮。其类别代号 Z。

8）带灯按钮：按钮内装有用作信号指示的信号灯，多用于控制柜、控制台的面板上。为了标明按钮的具体作用且避免误操作，通常将按钮做成红、绿、黄、蓝、白等不同颜色。一般红色表示停止按钮，绿色表示起动按钮。另外，还有中、英文等标记供选用。类别代号 D。

（2）按用途和触点的结构分

按用途和触点的结构分有停止按钮（常开按钮或常闭按钮）、起动按钮（常开按钮或常闭按钮）和复合按钮（常开、常闭组合按钮）三种。

5. 按钮开关的型号及含义

按钮开关的型号及含义如图 5-49 所示。

不同结构形式的按钮，分别用不同的字母表示：如 K—开启式；S—防水式；H—保护式；F—防腐式；J—紧急式；X—旋钮式；Y—钥匙式；D—带指示灯式；DJ—紧急式带指示灯式。

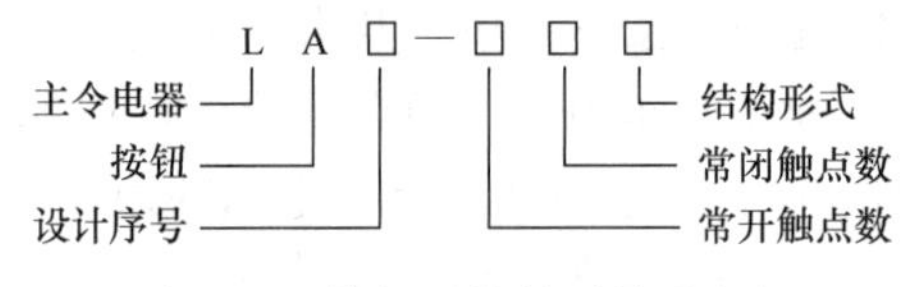

图 5-49　按钮开关的型号及含义

5.6.2　位置开关

位置开关又称行程开关或限位开关，它的作用是将机械位移情况转变为电信号，使电动机运行状态发生改变，即按一定行程自动停车、反转、变速或循环，从而控制机械运动或实现安全保护。位置开关包括：行程开关、限位开关、微动开关、接近开关及由机械部件或机械操作的其他控制开关。常见位置开关实物图如图 5-50 所示。

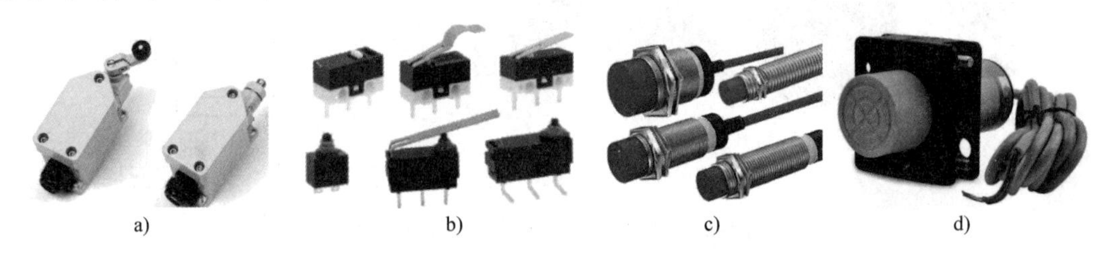

图 5-50　各种位置开关实物图

a）行程开关　b）微动开关　c）限位开关　d）接近开关

1. 行程开关

行程开关又称限位开关或位置开关，其作用和原理与按钮相同，只是其触头的动作不是靠手动操作，而是利用生产机械某些运动部件的碰撞使其触头动作。行程开关触点通过的电流一般也不超过 5A。

（1）行程开关的分类及符号

行程开关有多种构造形式，常用的有按钮式（直动式）、滚轮式（旋转式）。其中滚轮式又有单滚轮式和双滚轮式两种。它们的外形如图 5-51a、b 所示，其图形和文字符号如图5-51c所示。

行程开关按其结构可分为直动式（如 LX1、JL XK1 系列）、滚轮式（如 LX2、JLXK2 系列）和微动式（LXW－11、JLXK1－11 系列）3 种。

（2）直动式行程开关

直动式行程开关的外形及结构原理如图 5-52 所示，它的动作原理与按钮相同。但其触头

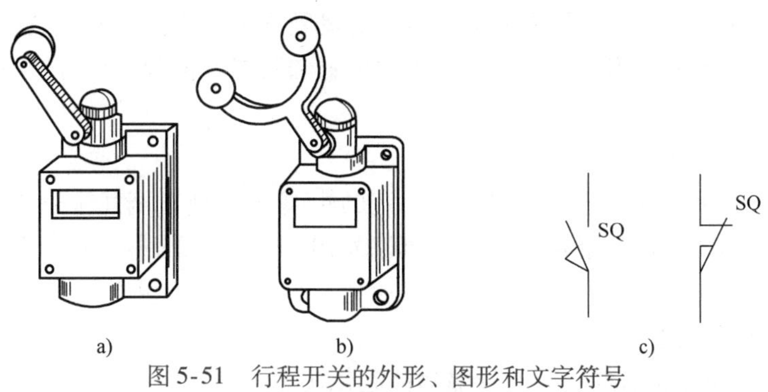

图 5-51　行程开关的外形、图形和文字符号

a）单滚轮式　b）双滚轮式　c）常闭触点、常开触点符号

的分合速度取决于生产机械的运行速度，不宜用于速度低于 0.4m/min 的场合。

（3）滚轮式行程开关

滚轮式行程开关的内部结构如图 5-53 所示。当滚轮 1 受到向左的外力作用时，上转臂 2 向左下方转动，推杆 4 向右转动，并压缩右边弹簧 8，同时下面的小滚轮 5 也很快沿着操纵杆 6 迅速转动，因而使动触头迅速地与右边的静触头分开，并与左边的静触头闭合。这样就减少了电弧对触头的损坏，并保证了动作的可靠性。这类行程开关适合于低速运动的机械。滚动式行程开关又分为单滚轮自动复位和双滚轮（羊角式）非自动复位式，由于双滚轮式行程开关具有两个稳态位置，有“记忆”作用，在某些情况下可使控制电路简化。

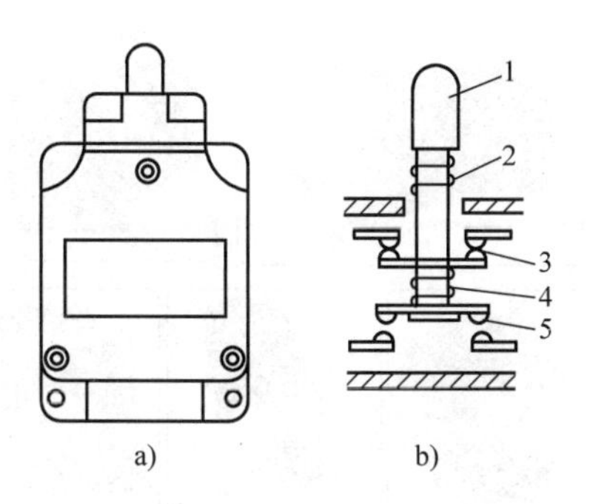

图 5-52　直动式行程开关的外形及结构原理图

a）外形图　b）结构原理图

1—顶杆　2—弹簧　3—动断触点

4—弹簧　5—动合触点

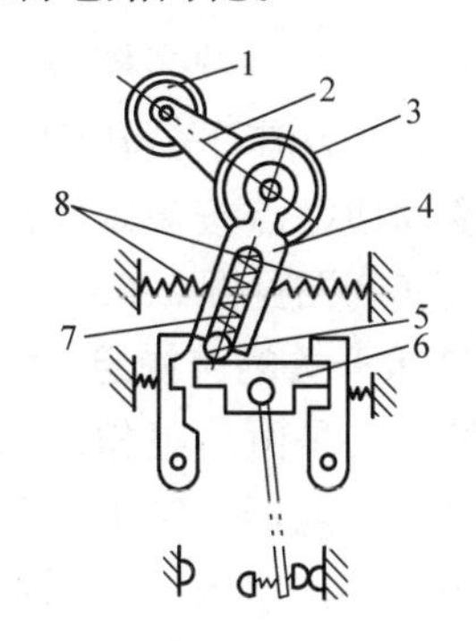

图 5-53　滚轮式行程开关的内部结构

1—滚轮　2—上转臂　3—盘形弹簧　4—推杆　5—小滚轮

6—操纵杆　7—压缩弹簧　8—左、右弹簧

（4）微动式行程开关

微动式行程开关（LXW－11 系列）的结构原理如图 5-54 所示。它是针对行程非常小情况下使用的瞬时动作开关，其特点是操作力小且操作行程短，常用于机械、纺织、轻工、电子仪器等各种机械设备和家用电器中，作限位保护和联锁。微动开关可看成尺寸甚小而又非常灵敏的微动式行程开关。行程开关是利用行程控制原理来实现生产机械电气自动化的重要电器。

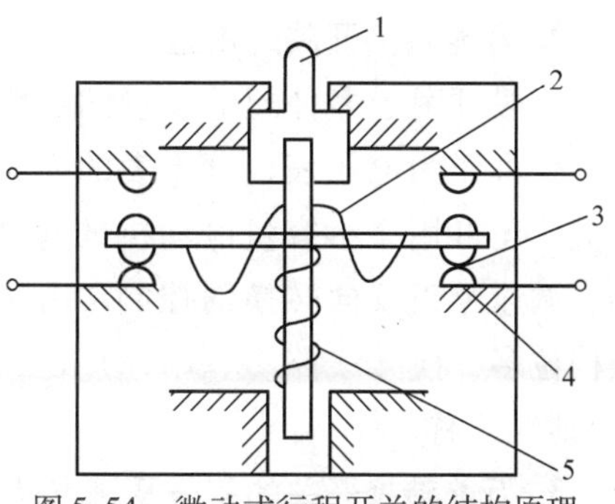

图 5-54　微动式行程开关的结构原理

1—推杆　2—弹簧　3—动合触点

4—动断触点　5—压缩弹簧

2. 微动开关

习惯上将尺寸微小的行程开关称为微动开关，以其操作力小和操作行程短小为特点。可直接用一定力

经过这一微小行程使触头速动，从而使电路转换的灵敏开关。广泛用于机械、纺织、轻工、电子仪器等各种机械设备和家用电器中，作行程、位置和状态的控制，信号转换，限位保护和联锁保护之用。

3. 接近开关

接近开关又称无触头行程开关。它能在一定的距离（几毫米至几十毫米）内检测有无物体靠近。当物体与其接近到设定距离时，就可以发出“动作”信号。接近开关的核心部分是“感辨头”，它对正在接近的物体有很高的感辨能力，是一种非接触测量。

（1）常用的接近开关

1）自感式、差动变压器式：只对导磁物体起作用。

2）涡流式（俗称电感接近开关）：只对导电良好的金属起作用。

3）电容式：对接地的金属起作用。

4）霍尔式：对磁性物体起作用。

（2）接近开关的特点

接近开关的优点是与被测物不接触，不会产生机械磨损和疲劳损伤，工作寿命长，响应快，响应时间只有几毫秒或十几毫秒，无触头、无火花、无噪声，防潮、防尘、防爆性能较好，输出信号负载能力强、体积小、安装、调整方便。缺点是触点通过的电流值较小，短路时易烧毁。

5.6.3 万能转换开关

万能转换开关是一种多档位、多段式以控制多回路的主令电器，当操作手柄转动时，带动开关内部的凸轮转动，从而使触点按规定顺序闭合或断开。常用万能转换开关实物图见图5-55。

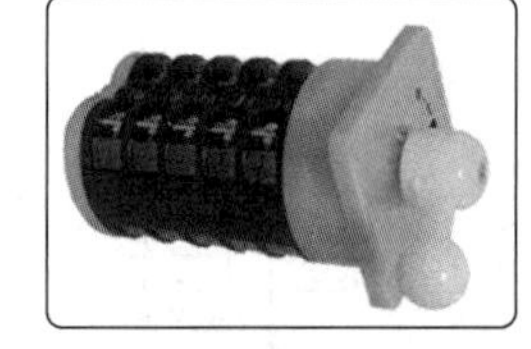

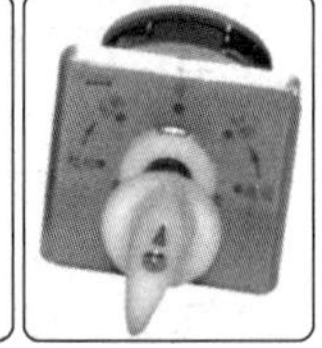

图5-55　常用万能转换开关实物图

1. 万能转换开关的结构组成

万能转换开关是由多组相同结构的触点组件叠装而成的多回路控制电器。它由操作机构、面板、手柄及数个触点座等部件组成，用螺栓组装成为整体。触点座可有1～10层，每层均可装三对触点，并由其中的凸轮进行控制。由于每层凸轮可做成不同的形状，因此当手柄转到不同位置时，通过凸轮的作用，可使各对触点按需要的规律接通和分断。其外形及触点通、断情况如图5-56所示。

2. 万能转换开关的用途

一般可用于多种配电装置的远距离控制，也可作为电压表、电流表的换相测量开关，还可用于小容量电动机的起动、制动、调速及正反向转换的控制。由于其触点档位多、换接线路多、用途广泛，故有“万能”之称。

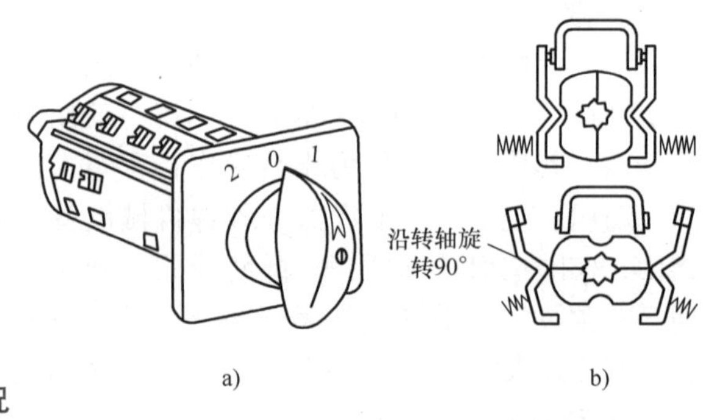

图5-56　万能转换开关外形及触点通、断情况
a）外形　b）触点通、断情况

3. 万能转换开关的符号及触点通断情况

万能转换开关在电气原理图中的文字符号为SA，其图形符号以及各位置的触点

通、断表如图 5-57 所示。图中每根竖的点画线表示手柄位置，点画线上的黑点“●”表示手柄在该位置时，上面这一路触点接通。万能转换开关一定要配合其触点通断表来使用。

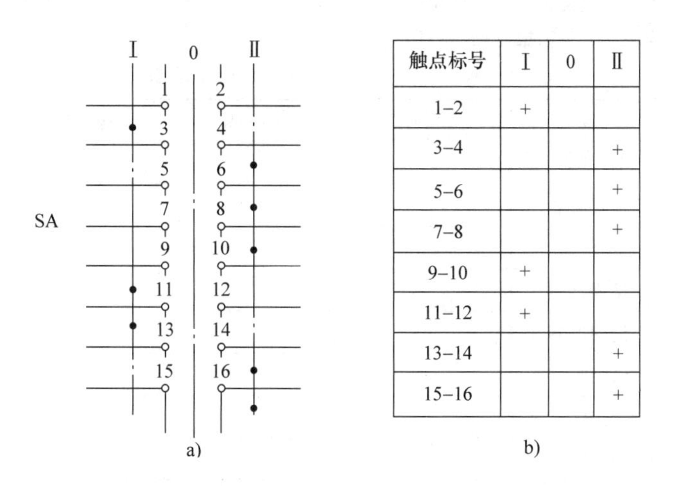

触点标号	I	0	II
1–2	+		
3–4			+
5–6			+
7–8			+
9–10	+		
11–12	+		
13–14			+
15–16			+

图 5-57　万能转换开关符号及触点通、断表

a）图形符号与位置符号　b）触点通、断表

常见的万能转换开关的型号为 LW5 系列和 LW6 系列。选用万能开关时，可从以下几方面入手：若用于控制电动机，则应预先知道电动机的内部接线方式，根据内部接线方式、接线指示牌以及所需要的转换开关断合次序表，画出电动机的接线图，只要电动机的接线图与转换开关的实际接法相符即可。其次，需要考虑额定电流是否满足要求。若用于控制其他电路时，则只需考虑额定电流、额定电压和触点对数。

5.7　任务工单

5.7.1　工作任务：常用低压电器的认识

任务工单					编号：5-1
工作任务	常用低压电器的认识			建议学时	1
班级		学员姓名		工作日期	
任务目标	① 了解 GB/T 14048.3—2017《低压开关设备和控制设备 第 3 部分：开关、隔离器、隔离开关及熔断器组合电器》； ② 认识常用低压电器的结构、型号、规格、用途及调整方法； ③ 掌握热继电器、时间继电器的整定值及调整方法； ④ 培养爱岗敬业、诚实守信、奋发向上的态度。				
设备及材料	闸刀开关、组合开关、按钮、行程开关、熔断器、时间继电器、交流接触器、热继电器、工具箱、连接导线若干等。				
任务分工	项目负责人全面负责任务分配、组员协调，并完成以下任务：低压电气元件认识，管理资产、工具、耗材的发放和收回。				

（续）

<table>
<tr><td>任务步骤</td><td>① 根据实物写出各电器的名称、型号、规格、电气符号等，并理解其含义。
② 填写表内的数据（见表5-1）。</td></tr>
</table>

表5-1　数据记录表

名称	型号	规格	电气符号	用途
闸刀开关				
交流接触器				
热继电器				
熔断器				
时间继电器				
按钮				
组合开关				
行程开关				

<table>
<tr><td>检查和评估</td><td>1）介绍工作中出现的错误、疑难情况及处理办法；
2）自我评价；
自评：□优秀　□良好　□合格
3）工作建议或改进办法。</td></tr>
<tr><td>备注</td><td></td></tr>
</table>

5.7.2　工作任务：接触器的拆装

<table>
<tr><td colspan="5">任务工单</td><td>编号：5-2</td></tr>
<tr><td>工作任务</td><td colspan="3">接触器的拆装</td><td>建议学时</td><td>1</td></tr>
<tr><td>班级</td><td></td><td>学员姓名</td><td></td><td>工作日期</td><td></td></tr>
<tr><td>任务目标</td><td colspan="5">① 了解 GB/T 35743—2017《低压开关设备和控制设备 用于信息交换的产品数据与特性》；
② 认识交直流接触器的结构、型号、规格、用途及应用方法；
③ 熟悉交流接触器的组成和各部分的作用；
④ 养成举一反三、认真思考的态度，操作严谨和规范。</td></tr>
<tr><td>设备及材料</td><td colspan="5">闸刀开关、组合开关、按钮、行程开关、熔断器、时间继电器、交流接触器、热继电器等、工具箱、连接导线若干等。</td></tr>
<tr><td>任务分工</td><td colspan="5">项目负责人全面负责任务分配、组员协调，并完成以下任务：CJ20 交流接触器的拆装，管理资产、工具、耗材的发放和收回。</td></tr>
<tr><td>任务步骤</td><td colspan="5">1. CJ20 接触器的拆装
（1）拆卸前检查
拆卸前先观察整体结构，看器件是否良好，如图5-58所示。</td></tr>
</table>

任务步骤

图 5-58　拆卸前检查

（2）拆下线圈、铁心

松开固定螺钉，取下底盖（图 5-59a），使装铁心的部分显现出如图 5-59b 所示结构。取出静铁心、铁架和缓冲弹簧。拔出线圈接线头，取出线圈，再取出反作用弹簧。

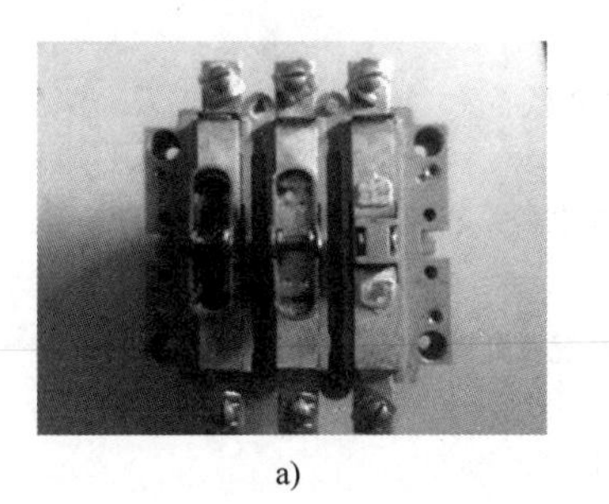

a)

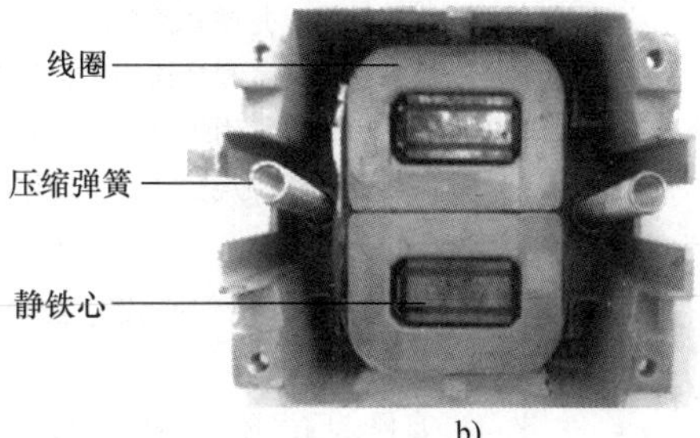

b)

图 5-59　松开外螺母并打开铁心部分

（3）拆下动、静触头

卸下灭弧罩，取出在动触桥上主触点的动触头与压力弹簧片。托起动触桥上辅助动合触点的静触头，同时取出动触桥。取出动触桥上辅助触点的动触头。松开螺钉，取下主触点的静触头或辅助触点的静触头，如图 5-60。

图 5-60　拆下动、静触头

（4）拆卸完毕后的检查

整体拆卸完毕，如图 5-61 所示，检查有无器件损坏。

（续）

<table>
<tr><td>任务步骤</td><td>
图 5-61　整体拆卸完毕后检查有无器件损坏

2. 接触器的安装
交流接触器装配步骤与拆卸步骤相反，具体如下：
① 紧固主触点的静触头或辅助动断触点的静触头。
② 装好动触桥上辅助触点的动触头。
③ 将动触桥装入接触器壳内并拧紧。将辅助动合触点的静触头插入并紧固。松开动触桥，使动触桥上的辅助动合触点的动触头与动合触点的静触头接触良好。
④ 装上主触点的动触头和压力弹簧片。
⑤ 放入反作用弹簧。
⑥ 放入线圈，并插好接线插头。
⑦ 放入反冲弹簧和静铁心架，放上静铁心。
⑧ 放入底盖，紧固螺钉。
⑨ 压放动触桥，观察动触桥动作的灵活性及动断触点接触是否良好。</td></tr>
<tr><td>检查和评估</td><td>1）介绍工作中出现的错误、疑难情况及处理办法；
2）自我评价；
自评：□优秀　□良好　□合格
3）工作建议或改进办法。</td></tr>
<tr><td>备注</td><td>注意：按规定拆解交流接触器，仔细保留好各零部件和螺钉。</td></tr>
</table>

5.7.3　工作任务：转换开关的拆装

<table>
<tr><td colspan="6">任务工单　　　　　编号：5-3</td></tr>
<tr><td>工作任务</td><td colspan="3">转换开关的拆装</td><td>建议学时</td><td>1</td></tr>
<tr><td>班级</td><td></td><td>学员姓名</td><td></td><td>工作日期</td><td></td></tr>
<tr><td>任务目标</td><td colspan="5">① 了解 GB/T 35685.1—2017《低压封闭式开关设备和控制设备 第 1 部分：在维修和维护工作中提供隔离功能的封闭式隔离开关》。
② 了解常用低压电器的结构、型号、规格、用途及调整方法。
③ 熟悉热继电器、时间继电器的整定值及调整方法。
④ 养成独立思考、认真严谨的习惯，操作规范，具备安全意识。</td></tr>
<tr><td>设备及材料</td><td colspan="5">转换开关、工具箱等。</td></tr>
<tr><td>任务分工</td><td colspan="5">项目负责人全面负责任务分配、组员协调，并完成以下任务：转换开关的拆装；管理资产、工具、耗材的发放和收回。</td></tr>
</table>

任务步骤

1. 拆卸转换开关

（1）取出转换开关，检查是否完好无损，备用。转换开关实物图如图 5-62 所示。

图 5-62　转换开关实物图

（2）拆转换开关本体

按图 5-63 所示，用十字螺丝刀将箭头所指处螺钉拆掉，转换开关即被拆卸成如图 5-64所示的四个部分，即本体 a、外部盖板 b、c、螺钉 d 和旋钮 e 4 个部分。

图 5-63　拆转换开关本体

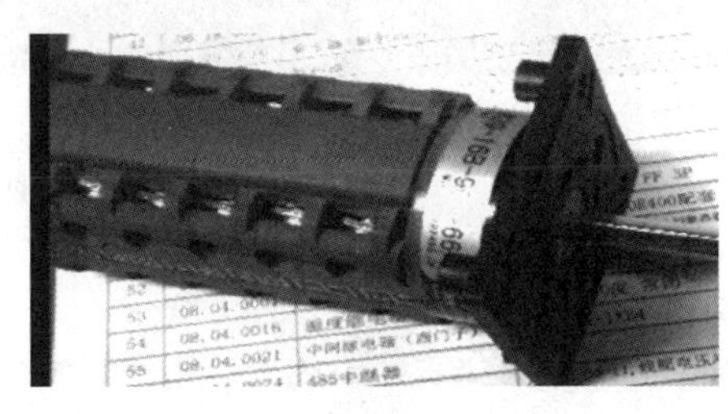

a)

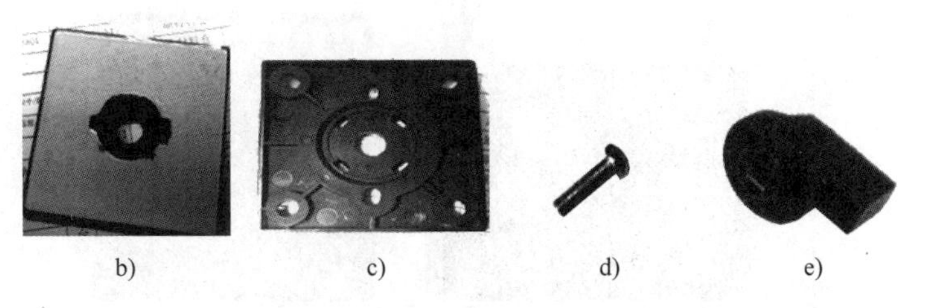

b)　c)　d)　e)

图 5-64　转换开关本体装后四部分

a）本体　b）盖板正面　c）盖板背面　d）螺钉　e）旋钮

（3）拆卸转换开关面板

① 用一字螺丝刀，将面板按图 5-65（a）所示箭头方向，贴在工作台面上（工作台上必须有橡胶垫），用手以图示位置拿住面板，螺丝刀沿着画红圈的孔插入；再用力顶出，听到“咔”一声，将螺丝刀拔出。

（续）

任务步骤

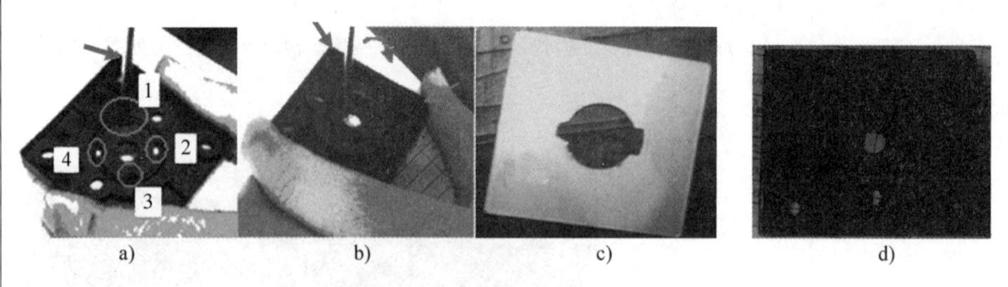

a)　　b)　　c)　　d)

图 5-65　拆转换开关面板

a）拆面板（从 1 孔顶出）　b）拆面板（从 2 孔顶出）　c）拆下的面板　d）拆下面板后的盖板

② 按图 5-65b 所示，顺时针旋转盖板 90°，然后按上一步骤操作，将面板从第 2 孔顶出，依此类推，将面板分别第 3 孔和第 4 孔顶出。

③ 按图 5-65c、图 5-65d 所示，从盖板正面，将面板从盖板上取下。完成转换开关的拆卸。

（4）安装转换开关

1）安装转换开关转轴

按图 5-66a 中箭头所示的孔，右手拿住转换开关本体，从安装板背面，按图 5-66b 中箭头方向从此孔穿过；穿过后的效果如图 5-66c 所示；

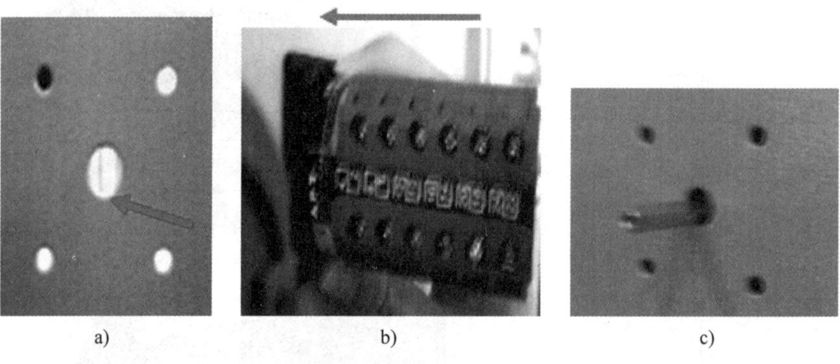
a)　　b)　　c)

图 5-66　安装转换开关转轴

a）安装板上的转轴孔　b）从安装板背面的转轴孔穿过　c）转轴穿孔后的效果

2）安装盖板

① 如图 5-67a 所示，将拆掉面板的盖板，从安装板正面装上，并拧紧螺钉；

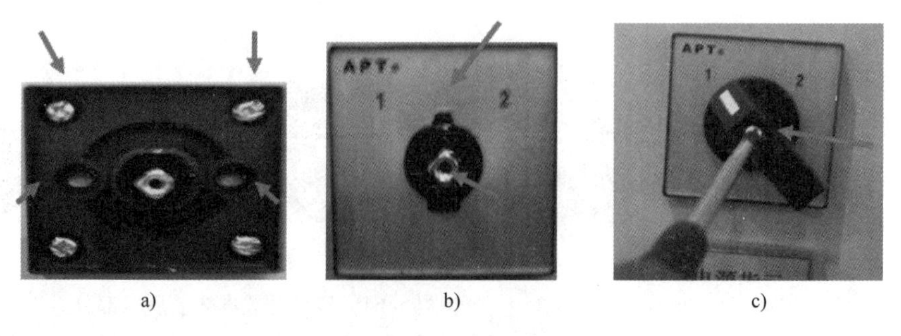

a)　　b)　　c)

图 5-67　安装盖板

a）安装盖板　b）盖上面板　c）安装旋钮

② 如图 5-67b 所示，将面板装到盖板上，定位小缺口朝上、大缺口朝下；注意：装面板时，手应按在面板内孔圈附近，指甲不要划伤面板表面。

③ 如图 5-67c 所示，用十字螺丝刀将旋钮装上。

（续）

检查和评估	1）介绍工作中出现的错误、疑难情况及处理办法； 2）自我评价； 自评：□优秀　□良好　□合格 3）工作建议或改进办法。
备注	

5.7.4　工作任务：常用主令电器的拆装

任务工单　　　　编号：5-4

工作任务	常用主令电器的拆装		建议学时	1
班级		学员姓名	工作日期	
任务目标	① 了解 GB/T 14048.22—2022《低压开关设备和控制设备 第7-4部分：辅助器件 铜导体的PCB接线端子排》； ② 熟悉按钮、胶盖刀开关的基本结构，了解各组成部分的作用； ③ 掌握按钮、胶盖刀开关的拆卸、组装方法，并能进行简单检测； ④ 会用万用表、兆欧表等常用电工仪表检测开关类电器； ⑤ 养成独立思考、认真严谨的习惯，操作规范，具备安全意识。			
设备及材料	钢丝钳、尖嘴钳、螺丝刀、镊子、活扳手等常用电工工具、万用表1块、兆欧表1块、按钮1只、胶盖刀开关1只。			
任务分工	项目负责人全面负责任务分配、组员协调，并完成以下任务：按钮、开关的拆装，管理资产、工具、耗材的发放和收回。			

任务步骤

1. 按钮开关的拆装

把一个按钮开关拆开，观察其内部结构，将主要零部件的名称及作用记入表5-2中。然后，将按钮开关组装后还原，用万用表电阻档测量各对触点之间的接触电阻，测量结果记入表5-2中。

表5-2　按钮开关的结构及测量值记录

<table>
<tr><td colspan="2">型号</td><td colspan="2">额定电流</td><td colspan="2">主要零部件</td></tr>
<tr><td colspan="2"></td><td colspan="2"></td><td>名称</td><td>作用</td></tr>
<tr><td colspan="4">触点数量</td><td></td><td></td></tr>
<tr><td colspan="2">常开</td><td colspan="2">常闭</td><td></td><td></td></tr>
<tr><td colspan="2"></td><td colspan="2"></td><td></td><td></td></tr>
<tr><td colspan="4">触点间接触电阻/Ω</td><td></td><td></td></tr>
<tr><td colspan="2">常开</td><td colspan="2">常闭</td><td></td><td></td></tr>
<tr><td>最大值</td><td>最小值</td><td>最大值</td><td>最小值</td><td></td><td></td></tr>
<tr><td></td><td></td><td></td><td></td><td></td><td></td></tr>
</table>

2. 胶盖刀开关的拆装

把一个胶盖刀开关拆开，观察其内部结构，将主要零部件的名称及作用记入表5-3中。然后，合上开关，用万用表电阻档测量各对触点之间的接触电阻，用兆欧表测量每两相触点之间的绝缘电阻。测量后将开关组装并还原，测量结果记入表5-3中。

（续）

<table>
<tr><td>任务步骤</td><td>
表 5-3　胶盖刀开关的结构与测量值记录
<table>
<tr><td>型号</td><td colspan="2">极数</td><td colspan="2">主要零部件</td></tr>
<tr><td></td><td colspan="2"></td><td>名称</td><td>作用</td></tr>
<tr><td colspan="3">触点间接触电阻/Ω</td><td></td><td></td></tr>
<tr><td>L_1 相</td><td>L_2 相</td><td>L_3 相</td><td></td><td></td></tr>
<tr><td></td><td></td><td></td><td></td><td></td></tr>
<tr><td colspan="3">相间绝缘电阻/MΩ</td><td></td><td></td></tr>
<tr><td>$L_1 - L_2$</td><td>$L_1 - L_3$</td><td>$L_2 - L_3$</td><td></td><td></td></tr>
<tr><td></td><td></td><td></td><td></td><td></td></tr>
</table>
</td></tr>
<tr><td>检查和评估</td><td>1）介绍工作中出现的错误、疑难情况及处理办法；
2）自我评价；
自评：□优秀　□良好　□合格
3）工作建议或改进办法。</td></tr>
<tr><td>备注</td><td>注意：常开触点的电阻在按钮开关受压时测量。</td></tr>
</table>

小　　结

低压电器的种类较多，本章主要介绍常用的开关电器、主令电器、接触器 、继电器、断路器、熔断器的作用、结构、工作原理、主要参数及图形符号。

熔断器在一般电路中可用作过载和短路保护，在电动机的电路中只适宜作短路保护而不能作过载保护。断路器可用作电路的不频繁通断，一般具有过载、短路或欠电压的保护功能。接触器可以远距离、频繁地通断大电流电路。继电器是根据不同的输入信号控制小电流电路通断的电器，分控制继电器和保护继电器两大类。

每种电器都有其规定的技术参数和使用范围，要根据使用条件正确选用。各类电器的技术参数可在产品样本及电工手册中查到。

保护电器和控制电器的使用，除了要根据控制保护要求和使用条件选用具体型号外，还要根据被保护、被控制电路的条件，进行调整和整定动作值。

习　　题

1. 填空题

（1）各类电磁式电器其结构主要有________和________，其次还有灭弧系统和其他缓冲机构等。

（2）常用的灭弧方法有________、________、________和________几种。

（3）低压断路器相当于刀开关、熔断器、热继电器和欠电压继电器的组合，是一种既有手动开关作用又能自动进行________、________、________和________保护的电器。

（4）低压断路器主要由________、________和________三部分组成。

（5）熔断器一般只用作电动机的________保护，________保护应采用热继电器。

（6）欠电流继电器的作用是当电路电流过低时立即将电路切断。当欠电流继电器线圈通过________的额定电流时吸合，当线圈中的电流降至额定电流的________时释放。

（7）热继电器常作为电路的________保护电器使用。

(8) 速度继电器的动作转速一般不低于________，复位转速约在________以下。

(9) 一般红色按钮表示________，绿色按钮表示________。

2. 选择题

(1) 在接线时，刀开关的________接线端子应接电源线。

A. 上面与下面都行　　B. 上面与下面都不行　　C. 下面　　D. 上面

(2) 断路器的额定工作电压应________线路或设备的额定工作电压。

A. 小于或等于　　B. 大于或等于　　C. 小于　　D. 大于

(3) 熔断器是最常用的________保护电器。

A. 过载　　B. 欠电压　　C. 短路　　D. 失电压

(4) 为了减少接触器吸合时产生的振动和噪声，在铁心上装有________。

A. 短路环　　B. 静铁心　　C. 线圈　　D. 复位弹簧

(5) 热继电器的文字符号为________。

A. KT　　B. FR　　C. SA　　D. KA

(6) 时间继电器通电延时断开（常闭）触点：通电时，延时触点断开；断电时，________。

A. 瞬时触点断开　　B. 瞬时触点闭合　　C. 延时触点断开　　D. 延时触点闭合

(7) 当按下复合按钮的时候，________。释放按钮时，在复位弹簧的作用下使触点复位。

A. 先断开常闭触点，而后接通常开触点

B. 先接通常闭触点，而后断开常开触点

C. 先接通常开触点，而后断开常闭触点

D. 先断开常开触点，而后接通常闭触点

(8) 电压继电器的线圈与电流继电器的线圈相比，具有的特点是（　　）。

A. 电压继电器的线圈匝数多、导线细、电阻小

B. 电压继电器的线圈匝数多、导线细、电阻大

C. 电压继电器的线圈匝数少、导线粗、电阻小

D. 电压继电器的线圈匝数少、导线粗、电阻大

(9) 通电延时型时间继电器，它的动作情况是（　　）。

A. 线圈通电时触点延时动作，断电时触点瞬时动作

B. 线圈通电时触点瞬时动作，断电时触点延时动作

C. 线圈通电时触点不动作，断电时触点瞬时动作

D. 线圈通电时触点不动作，断电时触点延时动作

3. 判断题

(1) 刀熔开关可以切断故障电流，但不能切断正常的工作电流，所以一般应在正常工作电流的情况下进行操作。（　　）

(2) 在安装刀开关时，处于合闸状态时手柄应向上，不得倒装或平装。（　　）

(3) 在安装时，螺旋式熔断器电源线应接在上接线端，负载线应接在下接线端。（　　）

(4) 在电路正常工作时，欠电流继电器始终是吸合的。（　　）

(5) 速度继电器的文字符号为 SR。（　　）

(6) 习惯上将尺寸微小的行程开关称为微动开关，以其作用小为特点。（　　）

(7) 接近开关又称有触点行程开关。（　　）

4. 问答题

（1）写出下列电器的作用、图形符号和文字符号：

①熔断器；②组合开关；③按钮开关；④自动空气开关；⑤交流接触器；⑥热继电器；⑦时间继电器；⑧速度继电器

（2）在电动机的控制电路中，熔断器和热继电器能否相互代替？为什么？

（3）自动空气开关有哪些脱扣装置？各起什么作用？

（4）如何选择熔断器？

（5）时间继电器 JS7 的延时原理是什么？如何调整延时范围？画出图形符号并解释各触点的动作特点。

（6）线圈电压为 220V 的交流接触器，误接入 220V 直流电源；或线圈电压为 220V 直流接触器，误接入 220V 交流电源，会产生什么后果？为什么？

（7）交流接触器铁心上的短路环起什么作用？若此短路环断裂或脱落后，在工作中会出现什么现象？为什么？

（8）某机床的电动机为 JO_2-42-4 型，额定功率 5.5kW，额定电压 380V，额定电流为 12.5A，起动电流为额定电流的 7 倍，现用按钮进行起停控制，需有短路保护和过载保护，试选用接触器、按钮、熔断器、热继电器和电源开关的型号。

（9）电动机的起动电流很大，起动时热继电器应不应该动作？为什么？

盾构机电气系统的“主治医师”李刚

李刚，这位 20 世纪 80 年代末毕业的技校生，不仅能蒙着眼在上千根电缆的数百个走向和数万个节点中，一气呵成精准无误地插接百余条线路，而且凭借扎实的电气理论基础，参与了国产盾构机电气系统的创新研发，成长为当今国内顶尖的盾构机电气高级技师。

第6章　电动机的基本电气控制

电气控制电路是由各种有触头的接触器、继电器、按钮、行程开关等按不同连接方式组合而成的。其作用是实现电力拖动系统的起动、正反转、制动、调速和保护，满足生产工艺要求，实现生产过程自动化。

随着我国工业的飞速发展，对电力拖动系统的要求不断提高，在现代化的控制系统中采用了许多新的控制装置和元器件，用以实现对复杂的生产过程的自动控制。尽管如此，目前在我国工业生产中应用最广泛、最基本的控制仍是继电器-接触器控制系统。而任何复杂的控制电路或系统，都是由一些比较简单的基本控制环节和保护环节根据不同的要求组合而成。因此掌握这些基本控制环节是学习电气控制电路的基础。

6.1　电气控制电路图的基本知识

电气控制电路主要由各种电器元器件（如接触器、继电器、按钮、开关）和电动机等用电设备组成。在绘制电气控制电路图时，必须使用国家统一规定的电气图形符号和文字符号。国家标准化管理委员会参照国际电工委员会（IEC）颁布的有关文件，制定了我国电气设备的有关国家标准，如：

GB/T 6988.1—2008《电气技术用文件的编制　第1部分：规则》

GB/T 6988.5—2006《电气技术用文件的编制　第5部分：索引》

GB/T 5465.1—2009《电气设备用图形符号　第1部分：概述与分类》

GB/T 5465.2—2008《电气设备用图形符号　第2部分：图形符号》

6.1.1　电气图形、文字符号和接点标记

1. 图形符号

图形符号通常用于图样或其他文件，表示一个设备或概念的图形、标记或字符。图形符号必须按国家标准绘制，图形符号含有符号要素、一般符号和限定符号。

（1）符号要素

它是一种具有确定意义的简单图形，必须同其他图形组合才构成一个设备或概念的完整符号。如接触器常开主触头的符号由接触器触头功能符号和常开触头符号组合而成。

（2）一般符号

用以表示一类产品和此类产品特征的一种简单的符号，如电动机可用一个圆圈表示。

（3）限定符号

一种加在其他符号上用于提供附加信息的符号。

运用图形符号绘制电气系统图时应注意：

1）符号尺寸大小、线条粗细依国家标准可放大和缩小，但在同一张图样中同一符号的尺寸应保持一致，各符号间及符号本身比例应保持不变。

2）标准中示出的符号方位，在不改变符号含义的前提下，可根据图面布置的需要旋转，或呈镜像位置，但文字和指示方向不得倒置。

3）大多数符号都可以加上补充说明标记。

4）有些具体元器件的符号由符号要素、一般符号和限定符号组合而成。

5）国家标准未规定的图形符号，可根据实际需要，按突出特征、结构简单、便于识别的原则进行设计，但需要报国家标准化管理委员会备案。当采用其他来源的符号或代号时，必须在图解和文件上说明含义。

2. 文字符号

文字符号分为基本文字符号和辅助文字符号。文字符号适用于电气技术领域中技术文件的编制，也可表示在电气设备、装置和元件上或其近旁以标明它们的名称、功能、状态和特征。

（1）基本文字符号

基本文字符号有单字母符号和双字母符号两种。单字母符号按拉丁字母顺序将各种电气设备、装置和元器件划分成为23大类，每一类用一个专用单字母符号表示，如“C”表示电容器类，“R”表示电阻器类等。

双字母符号由一个表示种类的单字母符号与另一个字母组成，且以单字母符号在前、另一字母在后的次序列出，如“F”表示保护器件类，“FU”则表示为熔断器。

（2）辅助文字符号

辅助文字符号用来表示电气设备、装置和元器件以及电路的功能、状态和特征。如“RD”表示红色，“L”表示限制等。辅助文字符号也可以放在表示种类的单字母之后组成双字母符号，如“SP”表示压力传感器，“YB”表示电磁制动器等。为简化文字符号，若辅助文字符号由两个以上字母组成时，允许只采用第一位字母进行组合，如“MS”表示同步电动机。辅助文字符号还可以单独使用，如“ON”表示接通，“M”表示中间线等。

（3）补充文字符号的原则

当规定的基本文字符号和辅助文字符号如不再使用，可按国家标准中文字符号组成规律和下述原则予以补充。

1）在不违背标准文字符号编制原则时，可采用国家标准中规定的电气文字符号。

2）在优先采用基本和辅助文字符号的前提下，可补充国家标准中未列出的双字母文字符号和辅助文字符号。

3）使用文字符号时，应按电气名词术语国家标准或专业技术标准中规定的英文术语缩写而成。

4）基本文字符号不得超过两位字母，辅助文字符号一般不超过三位字母。文字符号采用拉丁字母大写正体字，且拉丁字母中“I”和“O”不允许单独作为文字符号使用。

3. 主电路各接点标记

三相交流电源引入线采用L_1、L_2、L_3标记。

分级三相交流电源主电路引入线采用L_1、L_2、L_3的标记再加上阿拉伯数字1、2、3等来标记，如L_{11}、L_{21}、L_{31}；L_{12}、L_{22}、L_{32}等。

各电动机分支电路各接点标记采用三相文字代号后面加数字来表示，数字中的个位数表示电动机代号，十位数字表示该支路各接点的代号，从上到下按数值大小顺序标记。如U_{11}表示M_1电动机的第一相的第一个接点代号，U_{12}为第一相的第2个接点代号，以此类推。电动机绕组首端分别用U_1、V_1、W_1标记，尾端分别用U_1'、V_1'、W_1'标记。双绕组的中点则用U_1''、V_1''、W_1''标记。

控制电路采用阿拉伯数字编号，一般由3位或3位以下的数字组成。标注方法按“等电位”原则进行，在垂直绘制的电路中，标号顺序一般由上而下编号，凡是被线圈、绕组、触头或电阻、电容等元件所间隔的线段，都应标以不同的电路标号。

6.1.2　电气图的分类和作用

电气控制系统图包括电气原理图和电气安装图（电器安装图、接线图）等。各种图的图纸尺寸一般选用 297 ×210(mm × mm)、297 ×420(mm × mm)、420 ×594(mm × mm)、594 × 841(mm × mm)、841 ×1189(mm × mm) 五种幅面，特殊需要可按最新的《机械制图》国家标准选用其他尺寸。

1. 电气原理图

用图形符号和项目代号表示电路各个电器元器件连接关系和电气工作原理的图称为电气原理图，电气原理图并不表示电器元器件的实际大小和位置。如图 6-1 为 CW6132 型普通车床电气原理图。

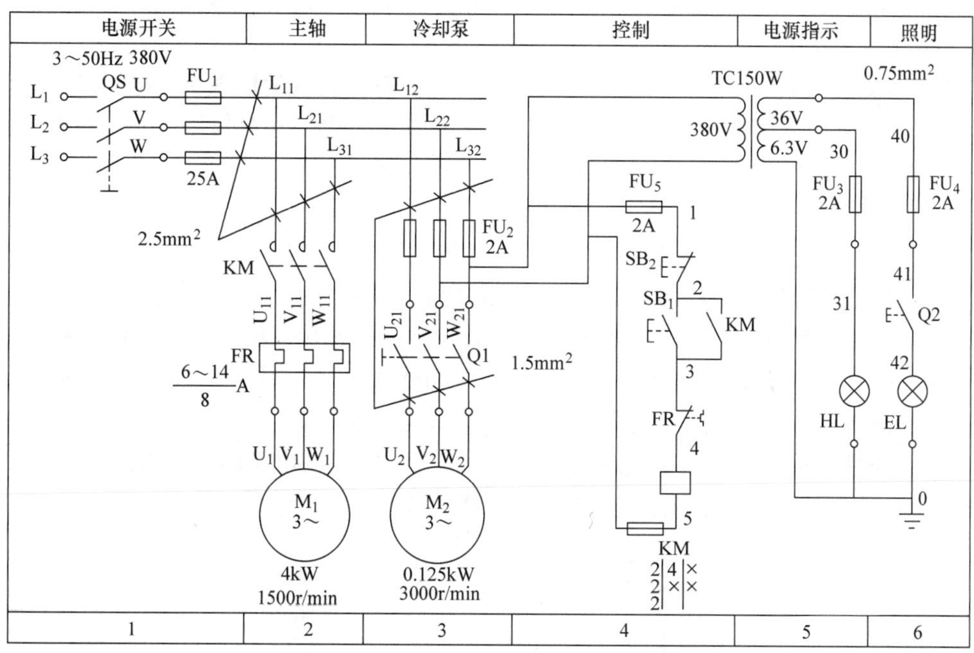

图 6-1　CW6132 型普通车床电气原理图

电气原理图按规定的图形符号、文字符号和回路标号进行绘制，其绘制原则为：

1）原理图上的动力电路、控制电路和信号电路应分开绘出。

2）电源电路一般绘制成水平线，标出各个电源的电压值、极性或频率及相数。

3）动力装置（电动机）主电路及其保护电器支路用垂直线绘制在图面的左侧，控制电路用垂直线绘制在图面的右侧，同一电器的各元件采用同一文字符号表明。

4）所有电路元器件的图形符号均按电器未通电和不受外力作用时的状态绘制。当图形垂直放置时常开动触头在垂线左侧，常闭动触头在垂线右侧（即左开、右闭）；当图形水平放置时常开动触头在水平线下方，常闭动触头在水平线上方（即上闭、下开）。

5）具有循环运动的机械设备，应在电路原理图上绘出工作循环图。对转换开关、行程开关等应绘出动作程序及动作位置示意图和表。

6）由若干元器件组成的具有特定功能的环节，可用虚线框括起来，并标注出环节的主要作用，如速度调节器、电流继电器等。

7）对于外购的成套电气装置，如稳压电源、电子放大器、晶体管时间继电器等，应将其详细电路与参数绘在电气原理图上。

8）全部电动机、电器元器件的型号、文字符号、用途、数量、额定技术数据，均应填写在元器件明细表内。

9）图中自左向右或自上而下表示操作顺序，并尽可能减少线条和避免线条交叉。

10）将图分成若干图区，上方为功能区，表示电路的用途和作用，下方为图号区。在继电器、接触器线圈下方列有触头表，用以说明线圈和触头的从属关系。

2. 电气安装图

电气安装图用来表示电器控制系统中各电器元器件的实际位置和接线情况。它有电器位置图和电气接线图两部分。

（1）电器位置图

电器位置图详细绘制出电器元器件安装位置。图中各电器代号应与相关电路图和电器清单中所有元器件代号相同，图中不需标注尺寸。图6-2为CW6132型普通车床电器位置图。图中$FU_1 \sim FU_4$为熔断器、KM为接触器、FR为热继电器、TC为照明变压器。

（2）电气接线图

电器接线图用来表明电器设备各单元之间的接线关系。它清楚地表明了电器设备外部元器件的相对位置及它们之间的电气连接，是实际安装接线的依据，在具体施工和检修中能够起到电器原理图所起不到的作用，在生产现场得到广泛的应用。

绘制电气接线图的原则是：

1）外部单元同一电器的各部件画在一起，其布置尽可能符合电器实际情况。

2）各电器元器件的图形符号、文字符号和回路标记均与电气原理图保持一致。

3）不在同一控制箱和同一配电盘上的各电器元器件的连接，必须经接线端子板进行。接线图中的电气互连关系用线束表示，连接导线应注明导线规格（数量、截面积），一般不表示实际走线途径，施工时由操作者根据实际情况选择最佳走线方式。

4）对于外部连接线应在图上或用接线表表示清楚，并注明电源的引入点。

图6-3为CW6132型普通车床电气控制接线图。

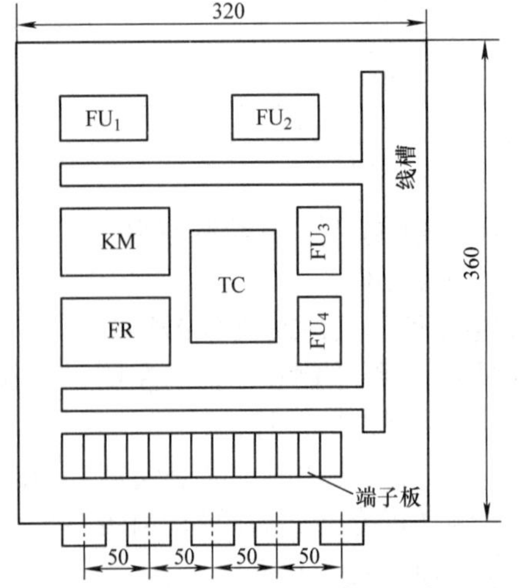

图6-2　CW6132型普通车床电器位置图

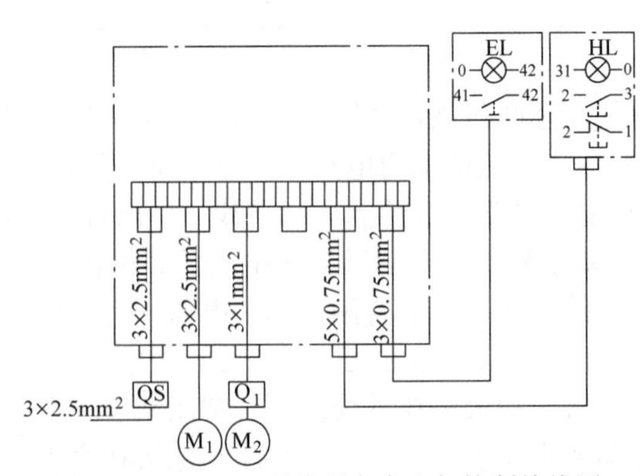

图6-3　CW6132型普通车床电气控制接线图

6.2　三相异步电动机全压起动控制电路

三相异步电动机全压起动为：起动时加在电动机定子绕组上的电压为额定电压，也称直接起动。直接起动的优点是电气设备少、电路简单、维修量小。

6.2.1　单向运转控制电路

码 6-1　连续正转控制电路（动画）

1. 手动正转控制电路

图 6-4 所示为一种手动正转控制电路。图 6-4a 为刀开关控制电路，图 6-4b 为自动开关控制电路。采用开关控制的电路仅适用于不频繁起动的小容量电动机，它不能实现远距离控制和自动控制。

2. 点动正转控制电路

点动正转控制电路是用按钮、接触器来控制电动机运转的最简单的正转控制电路。如图 6-5所示，QS 为三相开关、FU_1、FU_2 为熔断器、M 为三相笼型异步电动机、KM 为接触器，SB 为起动按钮。这种控制方法常用于电葫芦控制和车床拖板箱快速移动的电动机控制。

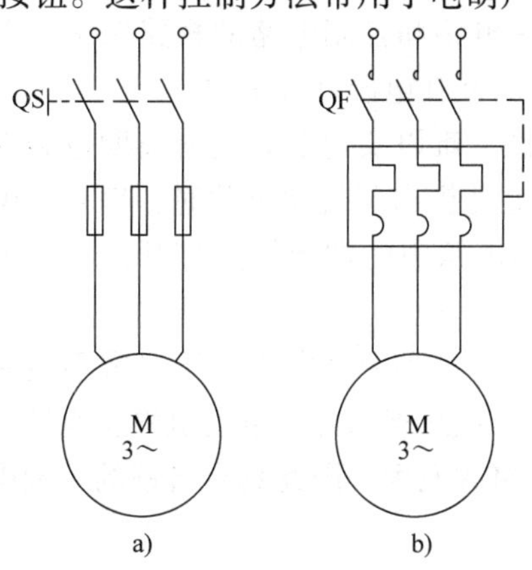

图 6-4　手动正转控制电路

a）刀开关控制电路　b）自动开关控制电路

图 6-5　点动正转控制电路

在分析各种控制电路原理图时，通常用电器文字符号和箭头配合来表示电路的工作原理，即先合电源开关 QS，然后操作如下。

起动：按下起动按钮 SB→接触器 KM 线圈得电→KM 主触点闭合→电动机 M 起动运行。

停止：松开按钮 SB→接触器 KM 线圈失电→KM 主触点断开→电动机 M 失电停转。

停止使用时：断开电源开关 QS。

码 6-2　三相异步电动机连续运行控制

3. 连续正转控制电路

要使上述电路中电动机 M 连续运行，起动按钮 SB 就不能断开，这不符合生产实际要求。为实现电动机的连续运行，可采用图 6-6 所示的接触器自锁正转控制电路。其主电路和点动控制电路的主电路相同，在控制电路中串接了一个停止按钮 SB_2，在起动按钮 SB_1 的两端并接了接触器 KM 的一对常开辅助触点。

先合上电源开关 Q，电路的工作原理如下。

起动：按下 SB_1→KM 线圈得电→$\left\{\begin{array}{l}\text{KM 常开触点闭合}\\ \text{KM 主触点闭合}\end{array}\right\}$→

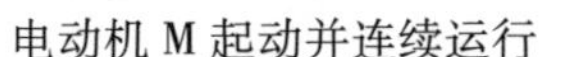

电动机 M 起动并连续运行

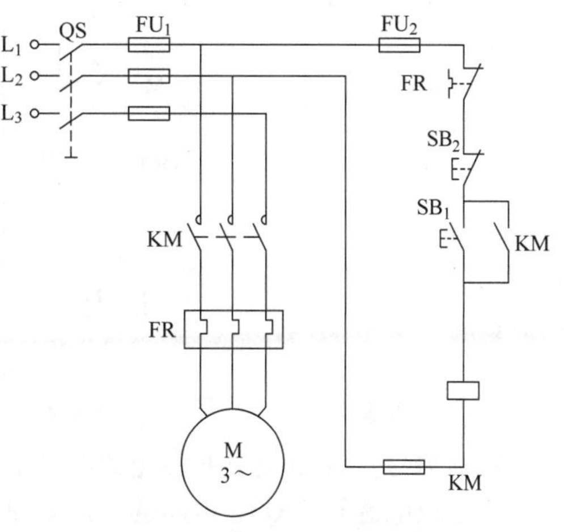

图 6-6　接触器自锁正转控制电路

当松开 SB_1 常开触点复位后，因为接触器 KM 的常开辅助触点闭合时已将 SB_1 短接，控制电路仍保持接通，所以接触器 KM 继续得电，电动机 M 实现连续运转。像这种当松开起动按钮 SB_1 后，接触器 KM 通过自身常开触点而使线圈保持得电的作用叫作自锁（或自保）。与起动按钮 SB_1 并联起自锁作用的常开触点叫自锁触点（也称自保触点）。

停止：按下停止按钮 SB_2→{KM 自锁触点分断；KM 线圈失电；KM 主触点分断}→电动机 M 断电停转

当松开 SB_2 其常闭触点恢复闭合后，因接触器 KM 的自锁触点在切断控制电路时已分断，解除了自锁，SB_1 也是分断的，所以接触器 KM 不能得电，电动机 M 也不会转动。

电路的保护环节：

1）短路保护。由熔断器 FU_1、FU_2 分别实现主电路和控制电路的短路保护。为扩大保护范围，在电路中熔断器应安装在靠近电源端，通常安装在电源开关下边。

2）过载保护。由于熔断器具有反时限和分散性，难以实现电动机的长期过载保护，为此采用热继电器 FR 实现电动机的长期过载保护。当电动机出现长期过载时，串接在电动机定子电路中的双金属片因过热变形，致使其串接在控制电路中的常闭触点打开，切断 KM 线圈电路，电动机停止运转，实现过载保护。

3）失电压和欠电压保护。当电源突然断电或由于某种原因电源电压严重不足时，接触器电磁吸力消失或急剧下降，衔铁释放，常开触点与自锁触点断开，电动机停止运转。而当电源电压恢复正常时，电动机不会自行起动运转，避免事故发生。因此具有自锁的控制电路具有失电压与欠电压保护的功能。

4. 既能点动又能连续运转的正转控制电路

机床设备在正常运行时，一般电动机都处于连续运行状态。但在试车或调整刀具与工件的相对位置时，还需要电动机能点动控制，实现这种控制要求的电路是连续与点动混合控制的正转控制电路，如图 6-7 所示。

图 6-7a 是在接触器自锁正转控制电路的基础上，把手动开关 SA 串接在自锁电路中实现的。当把 SA 闭合或打开时，就可实现电动机的连续或点动控制。

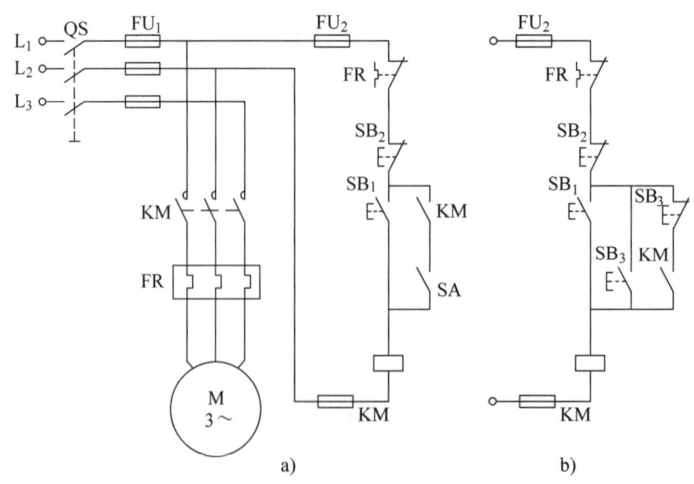

图 6-7　连续运转与点动混合控制正转控制电路

图 6-7b 是在自锁正转控制电路基础上增加一个复合按钮 SB_3 实现连续与点动混合控制。先合上电源开关 QS，电路的工作原理如下。

1）连续运转控制：连续运转的控制原理与图 6-6 原理相同。

2）点动控制。

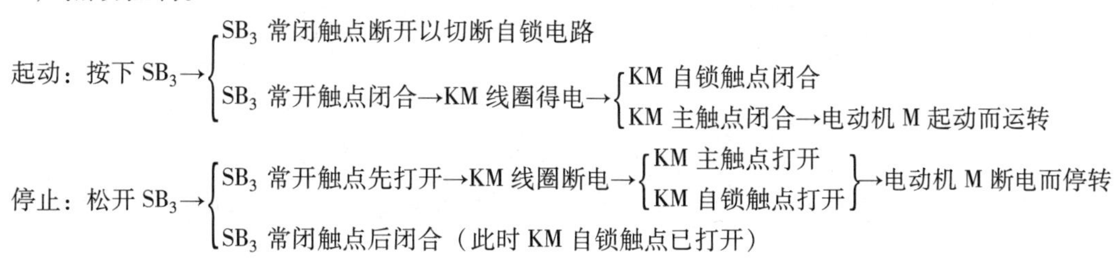

6.2.2　可逆旋转控制电路

生产机械往往要求运动部件能够实现正反两个方向的运动，这就要求电动机能作正反向旋转。由电动机原理可知，改变电动机三相电源的相序，就能改变电动机的旋转方向。常用的可逆旋转控制电路有如下几种。

1. 倒顺开关（万能转换开关）控制的正反转控制电路

图 6-8 为倒顺开关控制的可逆运行电路，对于容量在 5.5kW 以下的电动机，可用倒顺开关直接控制电动机的正反转。对于容量在 5.5kW 以上的电动机，只能用倒顺开关预先选定电动机的旋转方向，而由接触器 KM 来控制电动机的起动与停止。

码 6-3　正反转控制电路（动画）

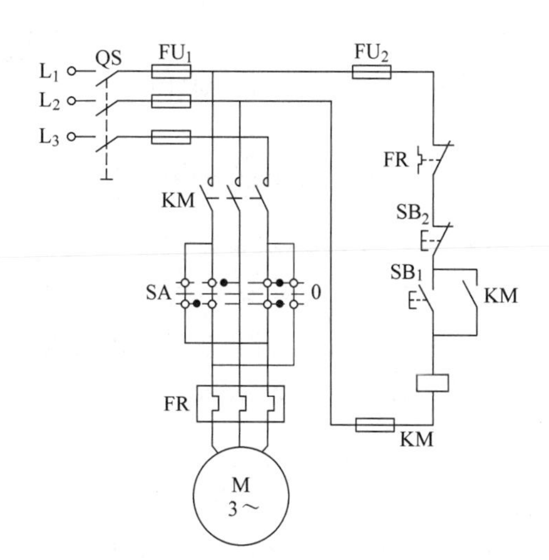

码 6-4　三相异步电动机正反转控制

图 6-8　倒顺开关控制的可逆运行电路

2. 按钮控制的正反转控制电路

图 6-9 为按钮控制的正反转控制电路，其中 KM_1、KM_2 分别控制电动机的正转与反转。图 6-9a 最简单，按下起动按钮 SB_1 或 SB_2，此时 KM_1 或 KM_2 得电吸合，主触点闭合并自锁，电动机正转或反转。按下停止按钮 SB_3，电动停止转动。该电路的缺点是：若电动机正在正转或反转，此时若按下反转起动按钮 SB_2 或正转起动按钮 SB_1，KM_1 与 KM_2 将同时得电使主触点闭合，会造成电源两相短路。为了避免这种现象的发生，可采用联锁的方法来解决。

联锁的方法有两种；一种是接触器联锁，将 KM_1、KM_2 的常闭触点分别串接在对方线圈电路中形成相互制约的控制；另一种是按钮联锁，采用复合按钮，将 SB_1、SB_2 的常闭触点分别串接在对方的线圈电路中形成相互制约的控制。

图 6-9b 是接触器联锁的正反转控制电路，合电源开关 QS 后，线路的工作原理如下：

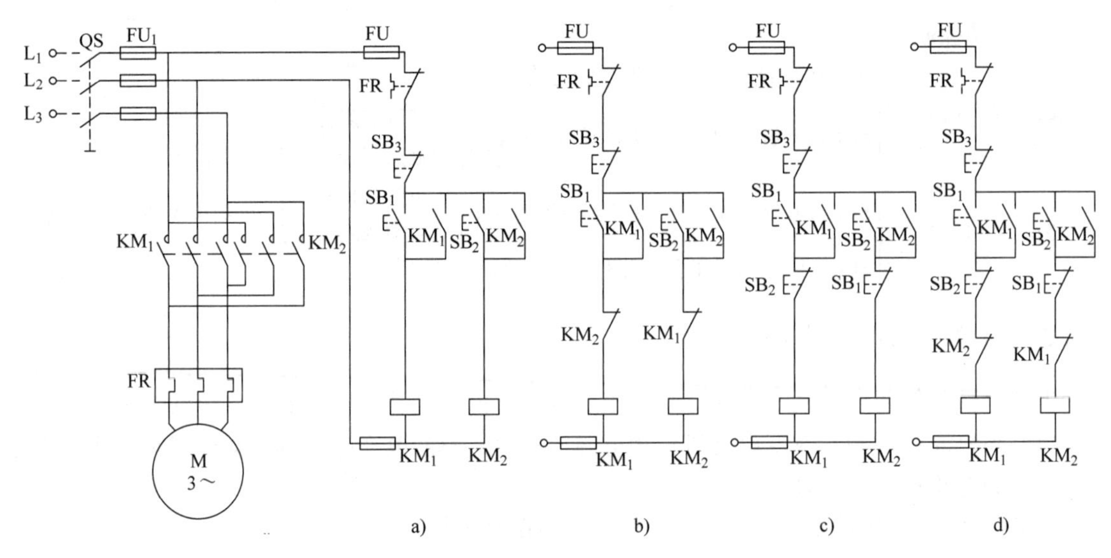

图 6-9　按钮控制的正反转控制电路

1）正转控制。

按下 SB_1 → KM_1 线圈得电 →
- → KM_1 联锁触点断开使 KM_2 线圈回路断开
- → KM_1 主触点闭合
- → KM_1 自锁触点闭合而自锁

（KM_1 主触点闭合、KM_1 自锁触点闭合而自锁）→ 电动机 M 起动并正转

2）反转控制。

先按下 SB_3 → KM_1 线圈断电 →
- → KM_1 联锁触点闭合而解除对 KM_2 的联锁
- → KM_1 主触点断开
- → KM_1 自锁触点断开

（KM_1 主触点断开、KM_1 自锁触点断开）→ 电动机 M 断电而停转

再按下 SB_2 → KM_2 线圈得电 →
- → KM_2 联锁触点断开使 KM_1 线圈回路断开
- → KM_2 主触点闭合
- → KM_2 自锁触点闭合自锁

（KM_2 主触点闭合、KM_2 自锁触点闭合自锁）→ 电动机 M 起动并反转

3）停止。

按下停止按钮 SB_3 → 控制电路断电 → KM_1（或 KM_2）主触点打开 → 电动机 M 断电而停转

接触器联锁正反转控制电路的优点是工作安全可靠，不会因接触器主触点熔焊或接触器衔铁被杂物卡住使主触点不能打开而发生短路。缺点是操作不便，电动机由正转变为反转，必须先按下停止按钮后，才能按反转起动按钮，否则由于接触器的联锁作用，不能实现反转。为克服此电路的缺点，可采用图 6-9c 所示电路。

图 6-9c 所示电路为按钮联锁的正反转控制电路。这种控制电路的工作原理与接触器联锁的正反转控制电路的工作原理基本相同，只是当电动机从正转变为反转时，可直接按下反转起动按钮 SB_2 即可实现，不必先按停止按钮 SB_3。

因为当按下反转起动按钮 SB_2 时串接在正转控制回路中 SB_2 的常闭触点先断开，使正转接触器 KM_1 线圈断电，KM_1 的主触点和自锁触点断开，电动机 M 断电后惯性运转。SB_2 的常闭触点断开后，将其常开触点随后闭合，接通反转控制电路，电动机 M 反转。这样即保证了 KM_1 和 KM_2 的线圈不会同时得电，又可不按停止按钮而直接按反转按钮实现反转。同样，若使电动机从反转变为正转时，只按下正转按钮 SB_1 即可。

这种电路的优点是操作方便，缺点是容易产生短路现象。如：当接触器 KM_1 的主触点熔焊或被杂物卡住时，即使接触器线圈断电，主触点也打不开，这时若按下反转按钮 SB_2，KM_2 线圈得电，其主触点闭合，必然造成短路现象发生。在实际工作中，经常采用的是按钮、接触器双重联锁的正反转控制电路。如图 6-9d 所示电路，该电路兼有以上两种控制电路的优点，使电路安全可靠，操作方便。工作原理与图 6-9c 相似。

3. 自动往返控制电路

有些生产机械，如万能铣床，要求工作台在一定距离内能自动往返，而自动往返通常是利用行程开关控制电动机的正反转来实现工作台的自动往返运动。

图 6-10a 为工作台自动往返运动的示意图。SQ_1 为左移转右移的行程开关，SQ_2 为右移转左移的行程开关。SQ_3、SQ_4 分别为左右极限保护用行程开关。

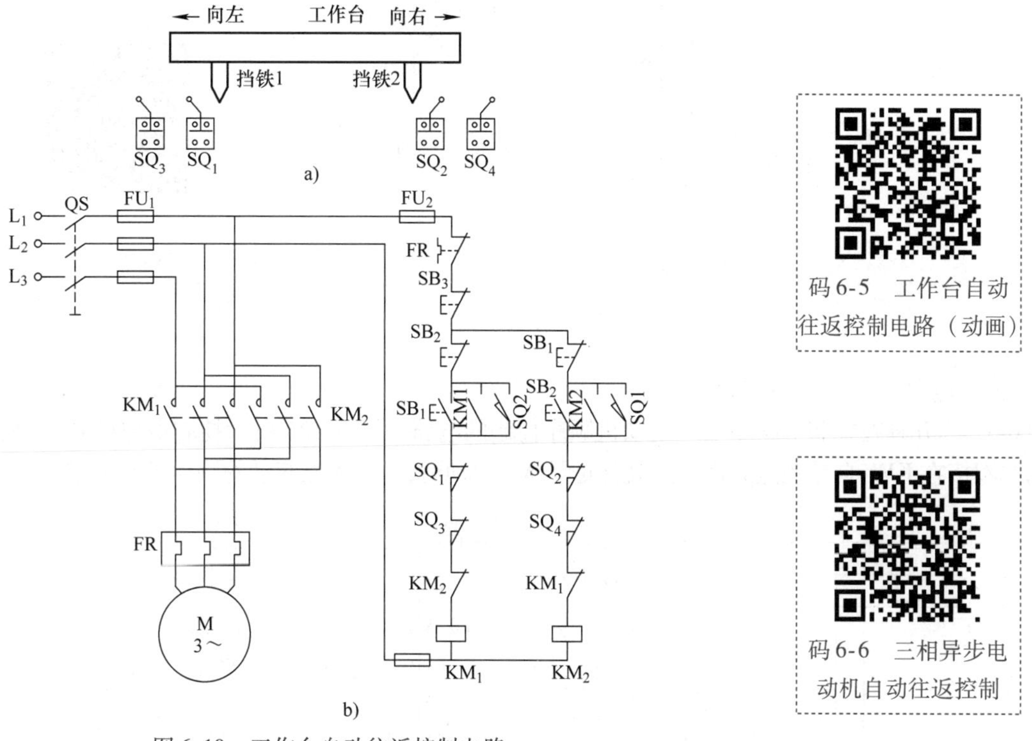

图 6-10　工作台自动往返控制电路

码 6-5　工作台自动往返控制电路（动画）

码 6-6　三相异步电动机自动往返控制

图 6-10b 为工作台自动往返行程控制电路，工作过程如下：按下起动按钮 SB_1，KM_1 得电并自锁，电动机正转，此时工作台向左移动，当到达左移预定位置后，挡铁 1 压下 SQ_1，SQ_1 常闭触点打开使 KM_1 断电，SQ_1 常开触点闭合使 KM_2 得电，电动机由正转变为反转，这时工作台向右移动。当到达右移预定位置后，挡铁 2 压下 SQ_2，使 KM_2 断电，KM_1 得电，电动机由反转变为正转，这时工作台向左移动。如此周而复始地自动往返工作。当按下停止按钮 SB_3 时，电动机停转，工作台停止移动。若因行程开关 SQ_1、SQ_2 失灵，则由极限保护行程开关 SQ_3、SQ_4 实现保护，避免运动部件因超出极限位置而发生事故。

6.2.3　顺序控制电路与多地控制电路

1. 顺序控制电路

1）主电路中实现顺序控制。

图 6-11 为主电路中实现电动机顺序控制的电路，其特点是，M_2 的主电路接在 KM_1 主触点的下面。电动机 M_1 和 M_2 分别通过接触器 KM_1 和 KM_2 来控制，KM_2 的主触点接在 KM_1 主触点的下面，这就保证了当 KM_1 主触点闭合，M_1 起动后，M_2 才能起动。线路的工作原理为：按下 SB_1，KM_1 线圈得电吸合并自锁，M_1 起动后，按下 SB_2，KM_2 才能吸合并自锁，M_2 起动。停止时，按下 SB_3，KM_1、KM_2 断电，M_1、M_2 同时停转。

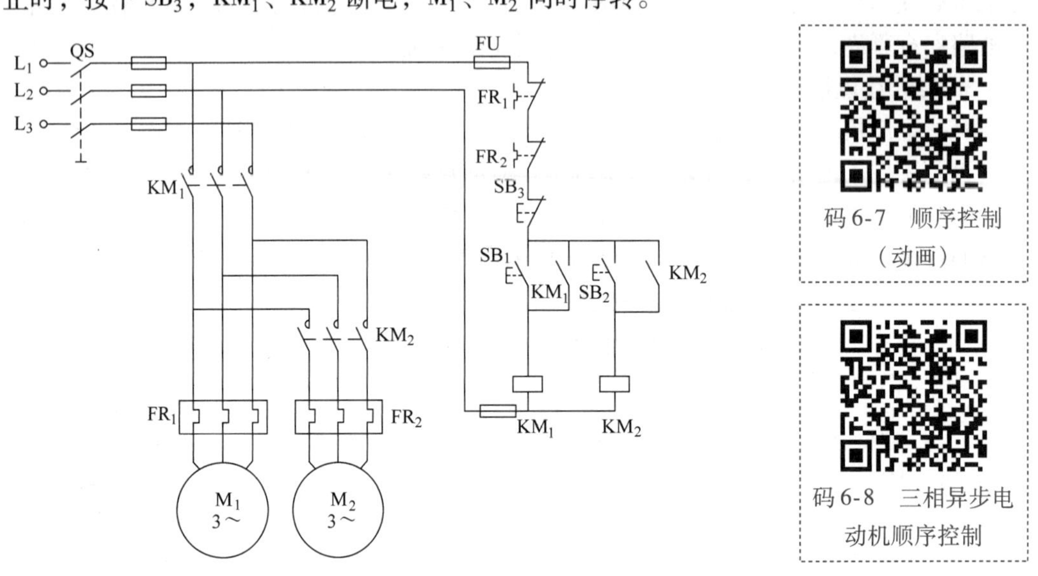

图 6-11　主电路实现的顺序控制

2）控制电路中实现顺序控制。

图 6-12 为几种在控制电路中实现电动机顺序控制的电路。图 6-12a 所示控制电路的特点是：KM_2 的线圈接在 KM_1 自锁触点后面，这就保证了 M_1 起动后，M_2 才能起动的顺序控制要求。

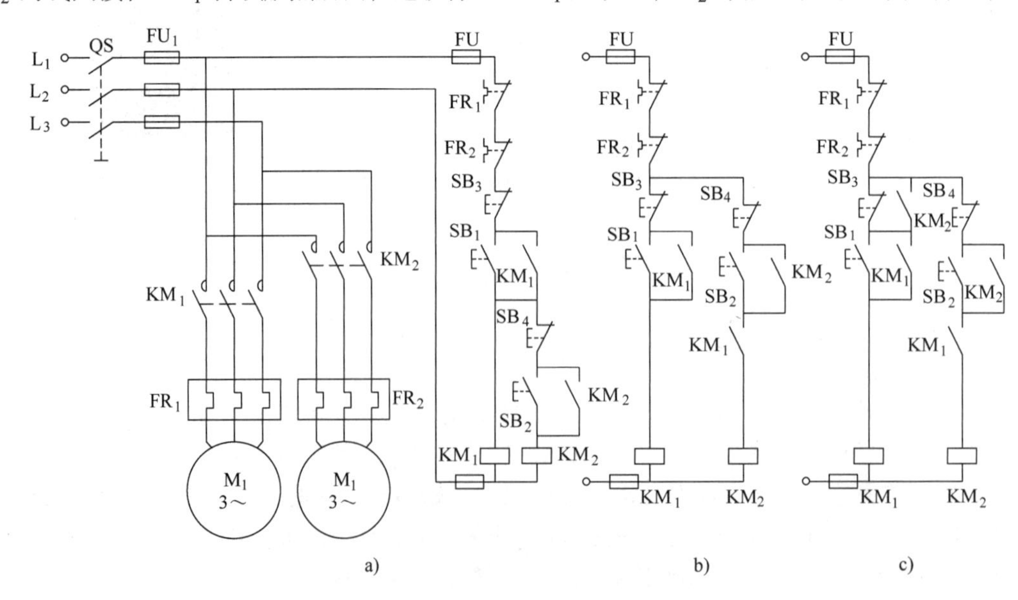

图 6-12　控制电路实现的顺序控制

图 6-12b 所示控制电路的特点是：在 KM_2 的线圈回路中串接了 KM_1 的常开触点，显然 KM_1 不吸合，即使按下 SB_2，KM_2 也不能吸合，这就保证了只有 M_1 电动机起动后，M_2 电动机才能起

动。停止按钮 SB_3 控制两台电动机同时停止，停止按钮 SB_4 控制 M_2 电动机的单独停止。

图 6-12c 所示控制电路的特点是：在图 6-12b 中 SB_3 按钮两端并联了 KM_2 的常开触点，从而实现了 M_1 起动后 M_2 才能起动，而 M_2 停止后 M_1 才能停止的控制要求，即 M_1、M_2 是顺序起动、逆序停止。

2. 多地控制电路

能在两地或多地控制同一台电动机的控制方式叫电动机的多地控制。

图 6-13 为两地控制的控制电路。其中 SB_1、SB_3 为安装在甲地的起动按钮和停止按钮，SB_2、SB_4 为安装在乙地的起动按钮和停止按钮。电路的特点是：起动按钮应并联，停止按钮应串联。这样就可以分别在甲、乙两地控制同一台电动机，达到操作方便的目的。对于三地或多地控制，只要将各地的起动按钮并联、停止按钮串联即可实现。

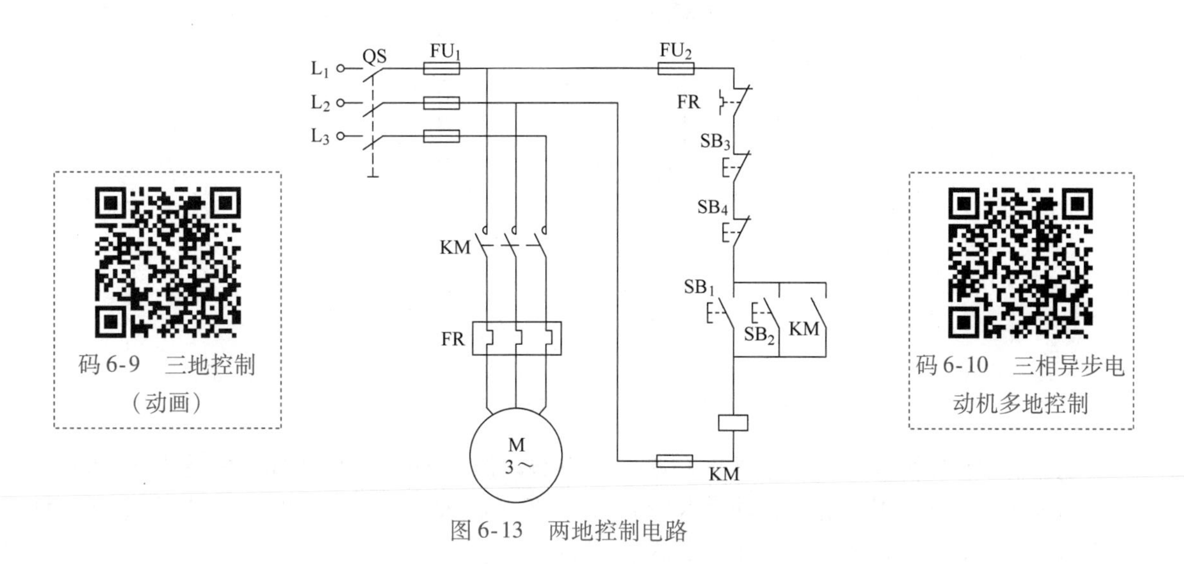

图 6-13　两地控制电路

6.3　三相异步电动机减压起动控制

直接起动是一种简单、经济、可靠的起动方法。但直接起动电流可达额定电流的 4～7 倍，过大的起动电流会导致电网电压大幅度下降，这不仅会减小电动机本身的起动转矩，而且会影响在同一电网上其他设备的正常工作。因此，较大容量的电动机需采用减压起动的方法来减小起动电流。

判断一台电动机能否直接起动，可用下面经验公式来确定：

$$\frac{I_{ST}}{I_N} \leqslant \frac{3}{4} + \frac{S}{4P} \tag{6-1}$$

式中，I_{ST} 为电动机全压起动电流，单位为 A；I_N 为电动机额定电流，单位为 A；S 为电源变压器容量，单位为 kVA；P 为电动机容量，单位为 kW。

通常规定：电源容量在 180kVA 以上，电动机容量在 7kW 以下的三相异步电动机可采用直接起动。

三相笼型异步电动机减压起动的方法有：定子绕组串电阻（电抗）起动；自耦变压器减压起动；丫－△减压起动；延边三角形减压起动等。减压起动的实质是，起动时减小加在电动机定子绕组上的电压，以减小起动电流；而起动后再将电压恢复到额定值，电动机进入正常工作状态。

6.3.1 定子绕组串电阻减压起动控制电路

1. 定子绕组串电阻减压自起动控制电路

图 6-14a 为电动机定子绕组串电阻减压自起动控制电路。SB_1 为起动按钮，SB_2 为停止按钮，R 为起动电阻，KM_1 为电源接触器，KM_2 为切除电阻用接触器，KT 为时间继电器。

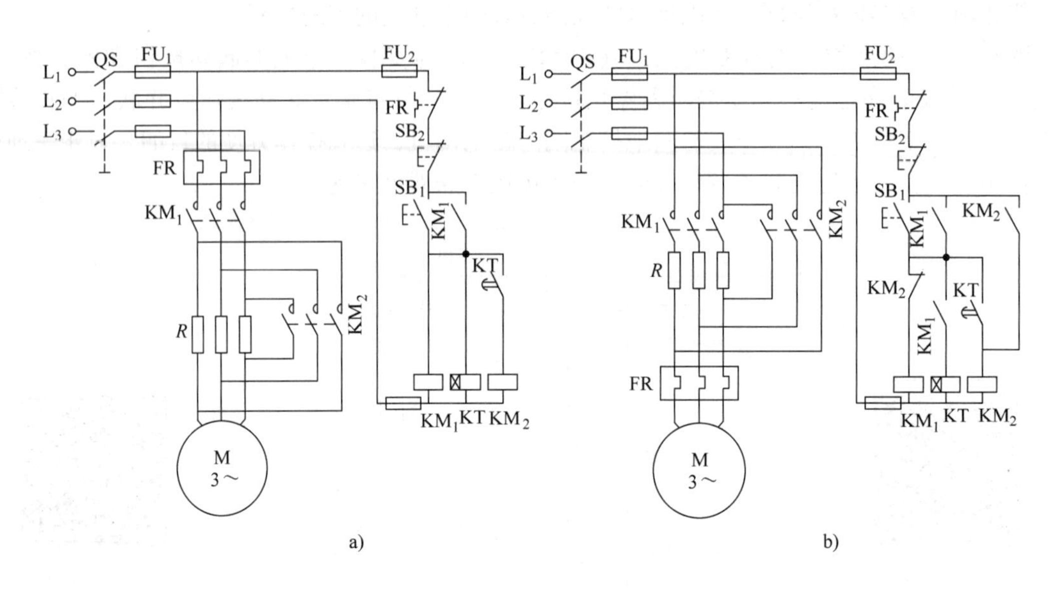

图 6-14 电动机定子绕组串电阻减压自起动控制电路

电路的工作原理为：合上电源开关 QS，按下起动按钮 SB_1，KM_1 得电并自锁，电动机定子绕组串入电阻 R 点减压起动，同时 KT 得电，经延时后 KT 常开触点闭合，KM_2 得电其主触点将电阻 R 短接，电动机进入全压正常运行。

该电路的缺点是，当电动机 M 全压正常运行时，接触器 KM_1 和时间继电器 KT 始终带电工作，从而使能耗增加，电器寿命缩短，增加了出现故障的概率。而图 6-14b 所示电路就是针对上述电路的缺陷而改进的，该线路中的 KM_1 和 KT 只作短时间的减压起动用，待电动机全压运行后就从电路中切除，从而延长了 KM_1 和 KT 的使用寿命，节省了电能，提高了电路的可靠性。

2. 起动电阻 *R* 的计算

起动电阻 R 可按下述近似公式计算：

$$R_{ST}=\frac{220\text{V}}{I_N}\sqrt{\left(\frac{I_{ST}}{I'_{ST}}\right)^2-1} \tag{6-2}$$

式中，R_{ST}为定子绕组每相应串接的起动电阻值，单位为 Ω；I_{ST}为电动机全压起动时起动电流，单位为 A；I'_{ST}为电动机减压起动时起动电流，单位为 A；I_N为电动机额定电流，单位为 A。

起动电阻的功率可用公式计算：

$$P=I'^{2}_{ST}R_{ST} \tag{6-3}$$

式中，P 为起动电阻的功率，单位为 W。

起动电阻 R 仅在起动过程中被接入，且起动时间又很短，因此可按式（6-3）计算值的 1/3～1/2 来选择起动电阻的功率。

6.3.2 星－三角减压起动控制电路

码 6-11 Y－△减压起动控制电路（动画）

星－三角（Y－△）减压起动是指电动机起动时，把定子绕组接成星形，以降低起动电压，减小起动电流；待电动机起动后，再把定子绕组改接成三角形，使电动机全压运行。Y－△起动只能用于正常运行时为三角形联结的电动机。

1. 按钮、接触器控制Y－△减压起动控制电路

图 6-15a 为按钮、接触器控制Y－△减压起动控制电路，接触器 KM_1 用于引入电源，接触器 KM_2 为Y形联结起动，接触器 KM_3 为△运行，SB_1 为起动按钮，SB_2 为Y－△切换按钮，SB_3 为停止按钮。电路的工作原理为：按下起动按钮 SB_1，KM_1、KM_2 得电而吸合，KM_1 自锁，电动机星形联结起动，待电动机转速接近额定转速时，按下 SB_2，KM_2 断电、KM_3 得电并自锁，电动机转换成三角形联结全压运行。

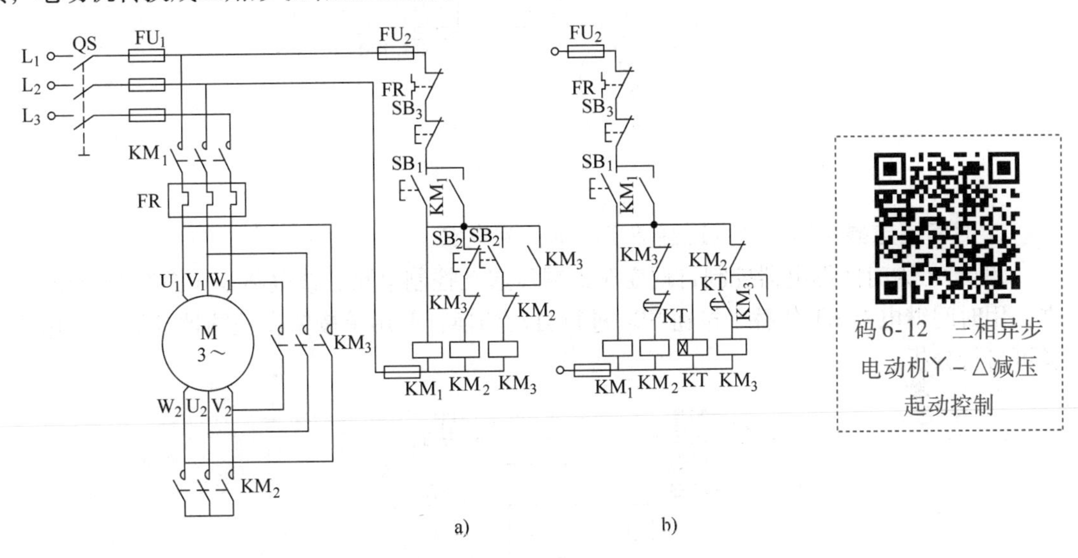

码 6-12 三相异步电动机Y－△减压起动控制

图 6-15 Y－△减压起动控制电路

2. 时间继电器控制Y－△减压起动控制电路

图 6-15b 为时间继电器自动控制Y－△减压起动控制线路，该电路是在图 6-15a 的基础上进行了改进，由时间继电器 KT 代替手动按钮 SB_2 进行自动切换。电路的工作原理为：按下起动按钮 SB_1，KM_1、KM_2 得电而吸合，电动机星形起动，同时 KT 也得电，经延时后时间继电器 KT 常闭触点打开，使得 KM_2 断电后其常开触点闭合，使得 KM_3 得电闭合并自锁，电动机由星形联结切换成三角形联结正常运行。

6.3.3 自耦变压器减压起动控制电路

自耦变压器减压起动是指电动机起动时利用自耦变压器来降低加在电动机定子绕组上的起动电压。待电动机起动后，再将自耦变压器脱离，使电动机在全压下正常运行。

1. 按钮、接触器控制自耦变压器减压起动控制电路

图 6-16 为按钮、接触器控制的自耦变压器减压起动控制电路。KM_1 为变压器星点接触器，KM_2 为变压器电源接触器，KM_3 为运行接触器，KA 为起动中间继电器，SB_1 为起动按钮，SB_2 为运行按钮。合上电源开关 QS，工作原理如下：

按下起动按钮 SB_1，KM_1、KM_2 吸合使变压器投入运行，电动机经变压器减压起动，待电动机转速接近额定转速时，按下 SB_2，KM_1、KM_2 断电后将变压器切除，KM_3 吸合使电动机全压运行。

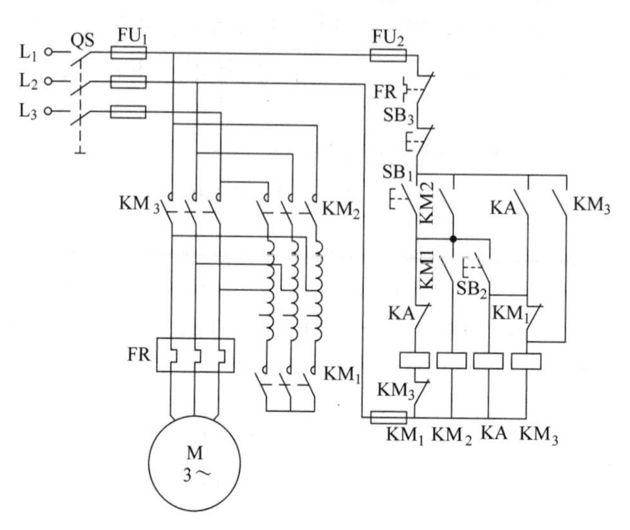

图 6-16　自耦变压器减压起动控制电路

2. 时间继电器控制自耦变压器减压起动控制电路

图 6-17 为时间继电器控制自耦变压器减压起动控制电路，该电路是在图 6-16 的基础上改进，用时间继电器 KT 代替了按钮 SB_2 进行自动切换，并用个按钮实现两地控制。工作原理读者可自行分析。

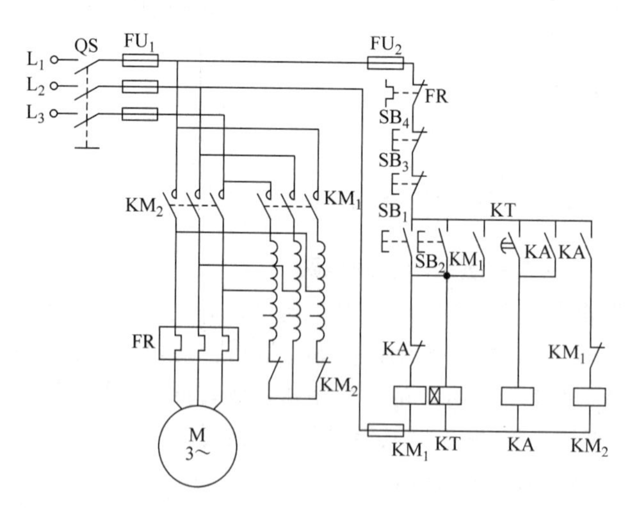

图 6-17　时间继电器控制自耦变压器减压起动控制电路

6.3.4　延边三角形减压起动控制电路

延边三角形减压起动是指电动机起动时，把电动机定子绕组的一部分接“△”，而另一部分接成“Y”，使整个定子绕组接成延边三角形；待电动机起后，再把定子绕组切换成“△”全压运行，如图 6-18c 所示。电动机采用延边三角形联结减压起动时，每相绕组承受的起动电压比三角形联结时低，又比星形联结时高，起动电压介于星形联结和三角形联结之间，而起动电流和起动转矩也是介于星形联结和三角形联结之间。

图 6-18 为延边三角形联结减压起动控制电路，图 6-18a 为主电路，KM_1、KM_2 吸合时，为延边三角形联结减压起动，KM_1、KM_3 吸合时，为三角形联结全压运行。图 6-18b 为控制电路，从主电路的控制要求来看与Y-△减压起动控制电路完全一样。

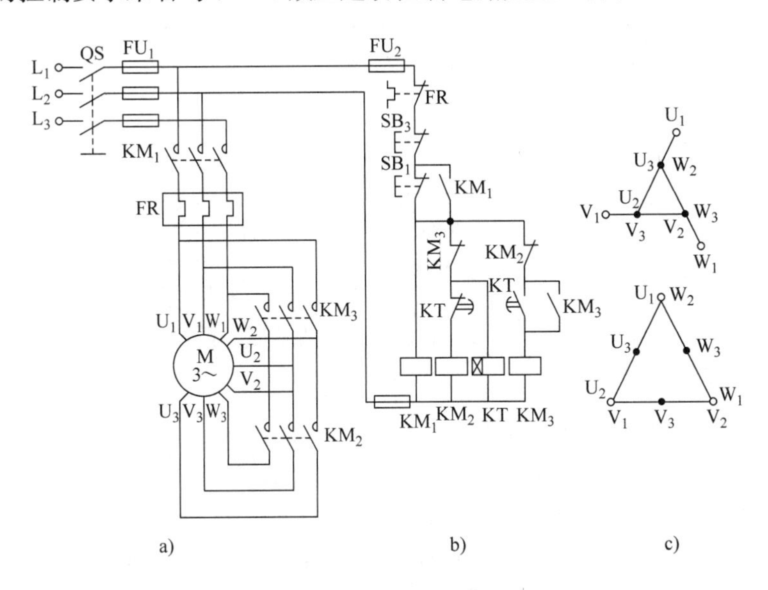

图 6-18　延边三角形联结减压起动控制电路

6.4　三相绕线转子异步电动机起动控制

前面介绍了三相笼型异步电动机的各种起动控制电路，笼型异步电动机的特点是结构简单、价格低、起动转矩小、调速困难。而在实际生产中，有时要求电动机有较大的起动转矩，而且能够平滑调速，因此常采用三相绕线式异步电动机来满足控制要求。绕线转子异步电动机的优点是可以在转子绕组中串接电阻，从而达到减小起动电流、增大起动转矩及平滑调速之目的。

起动时，在转子绕组中串入三相起动变阻器，并把起动电阻调到最大值，以减小起动电流，增大起动转矩。随着电动机转速的升高，起动电阻逐级减小。起动完毕后，起动电阻减小到零，转子绕组被短接，电动机在额定状态下运行。

6.4.1　转子绕组串电阻起动控制电路

1. 按钮操作的控制电路

图 6-19 为按钮操作转子绕组串电阻起动控制电路。工作原理为：合上电源开关 QS，按下 SB_1，KM 得电吸合并自锁，电动机串全部电阻后起动，经一定时间后，按下 SB_2，KM_1 得电吸合并自锁，KM_1 主触点闭合以切除第一级电阻 R_1，电动机转速继续升高；经一定时间后，按下 SB_3，KM_2 得电吸合并自锁，KM_2 主触点闭合以切除第二级电阻 R_2，电动机转速继续升高；当电动机转速接近额定转速时，按下 SB_4，KM_3 得电吸合并自锁，KM_3 主触点闭合，以切除全部电阻，起动结束后电动机在额定转速下正常运行。

该线路的缺点是操作不便，在生产实际中常采用自动短接起动电阻的控制电路。

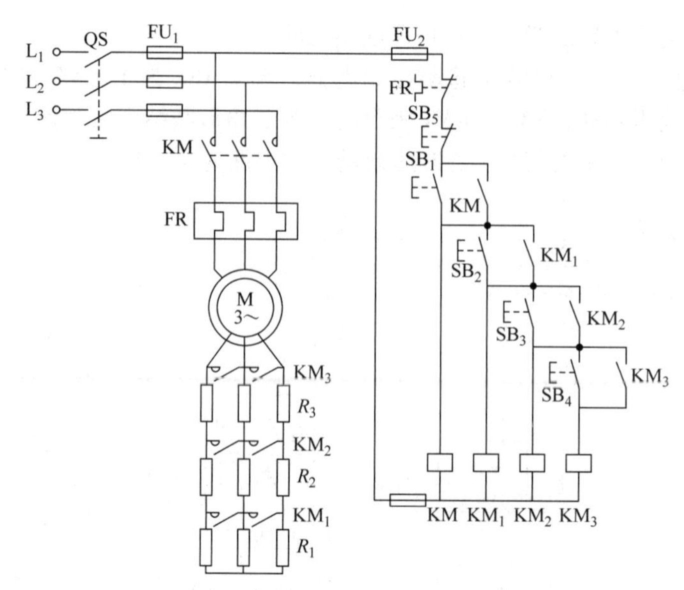

图 6-19　按钮操作转子绕组串电阻起动控制电路

2. 时间继电器控制绕线转子电动机串电阻起动控制电路

图 6-20 为时间继电器控制绕线转子电动机串电阻起动控制电路，又称为时间原则控制，其中三个时间继电器 KT_1、KT_2、KT_3 分别控制三个接触器 KM_1、KM_2、KM_3，使其按顺序依次吸合，自动切除转子绕组中的三级电阻，与起动按钮 SB_1 串接的 KM_1、KM_2、KM_3 三个常闭触点的作用是保证电动机在转子绕组中接入全部起动电阻的条件下才能起动。若其中任何一个接触器的主触点因熔焊或机械故障而没有释放时，电动机就不能起动。工作原理读者可自行分析。

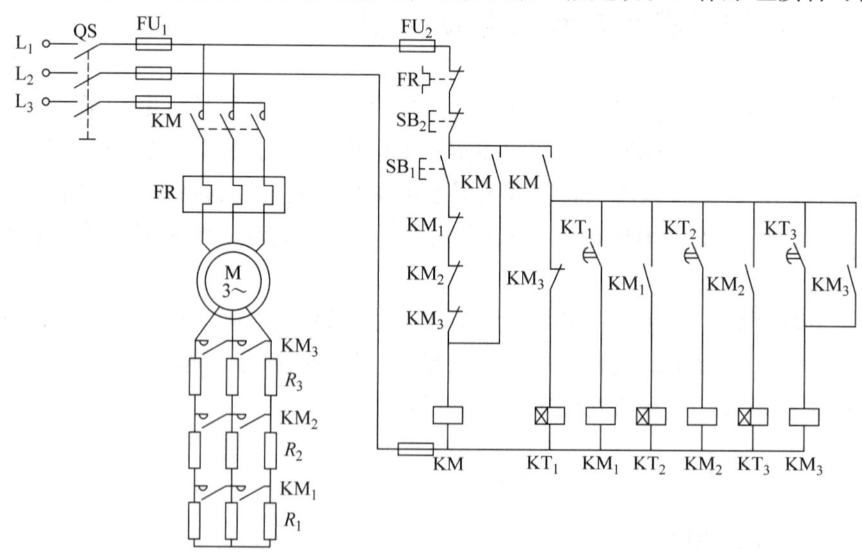

图 6-20　时间继电器控制绕线转子电动机串电阻起动控制电路

3. 电流继电器控制绕线转子电动机串电阻起动控制电路

图 6-21 为电流继电器控制绕线转子电动机串电阻起动控制电路，因根据电流大小进行控制故称之为电流原则控制。KA_1、KA_2、KA_3 三个欠电流继电器的线圈被串接在转子回路中，三个欠电流继电器的吸合电流一样，但释放电流不同，KA_1 的释放电流最大，KA_2 其次，KA_3 最小。当电动机刚起动时转子电流最大，三个电流继电器 KA_1、KA_2、KA_3 都吸合，控制回路中的常闭触点都打开，接触器 KM_1、KM_2、KM_3 的线圈都不能得电而无法吸合，主触点处于

断开状态，全部起动电阻均串接在转子绕组中。随着电动机转速的升高，转子电流在逐渐减小，当电流减小至 KA_1 的释放电流时，KA_1 首先释放，其常闭触点复位，使接触器 KM_1 得电而主触点闭合，切除第一级电阻 R_1。当 R_1 被切除后，转子电流重新增大，电动机转速继续升高，随着转速的升高，转子电流又会减小，当减小至 KA_2 的释放电流时，KA_2 释放，KA_2 的常闭触点复位，KM_2 线圈得电而主触点闭合，第二级电阻 R_2 被切除；如此继续下去，直到全部电阻被切除，电动机起动完毕，进入正常运行状态。中间继电器 KA 的作用是保证电动机在转子电路中接入全部电阻的情况下开始起动。因为刚开始起动时 KA 的常开触点切断了 KM_1、KM_2、KM_3 线圈回路，从而保证了起动时串入全部外接电阻。

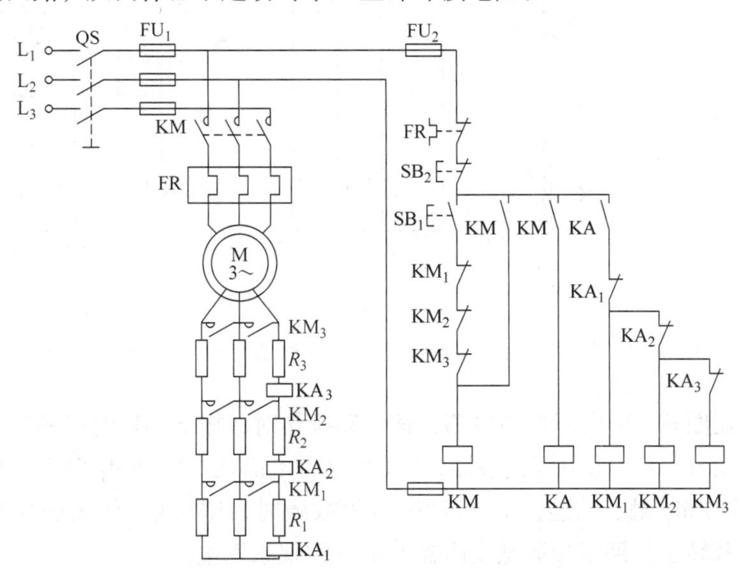

图 6-21 电流继电器控制绕线转子电动机串电阻起动控制电路

6.4.2 转子绕组串频敏变阻器起动控制电路

绕线转子异步电动机转子串电阻起动，使用的电器较多，控制电路复杂，而且起动过程中，电流和转矩会突然增大，产生一定的电气和机械冲击。为了获得较理想的机械特性，常采用转子绕组串频敏变阻器起动。

频敏变阻器是一个铁心损耗很大的三相电抗器，是由铸铁板或钢板叠成的三柱式铁心，在每个铁心上装有一个线圈，线圈的一端与转子绕组相连，另一端作星形联结。频敏变阻器的等效阻抗的大小与频率有关，电动机刚起动时，转速较低，转子电流的频率较高，相当于在转子回路中串接一个阻抗很大的电抗器，随着转速的升高，转子频率逐渐降低，其等效阻抗自动减小，实现了平滑无级起动。

1. 电动机单向旋转时转子绕组串频敏变阻器起动控制电路

图 6-22 为电动机单向旋转时转子绕组串频敏变阻器起动控制电路，图 6-22a 为主电路，KM 为电源接触器，KM_1 为短接频敏变阻器用接触器。图 6-22b 为控制电路，其工作原理为：按下 SB_1，KM 得电吸合并自锁，电动机串频敏变阻器后起动，同时 KT 得电吸合而开始延时，当电动机起动完毕后，KT 的延时常开触点闭合，KM_1 得电后主触点闭合将频敏变阻器短接，电动机正常运行。

该电路的缺点是：当 KM_1 的主触点熔焊或机械部分被卡死，电动机将直接起动，当 KT 线圈出现断线故障时，KM_1 线圈将无法得电，电动机运行时频敏变阻器不能被切除。为了克服

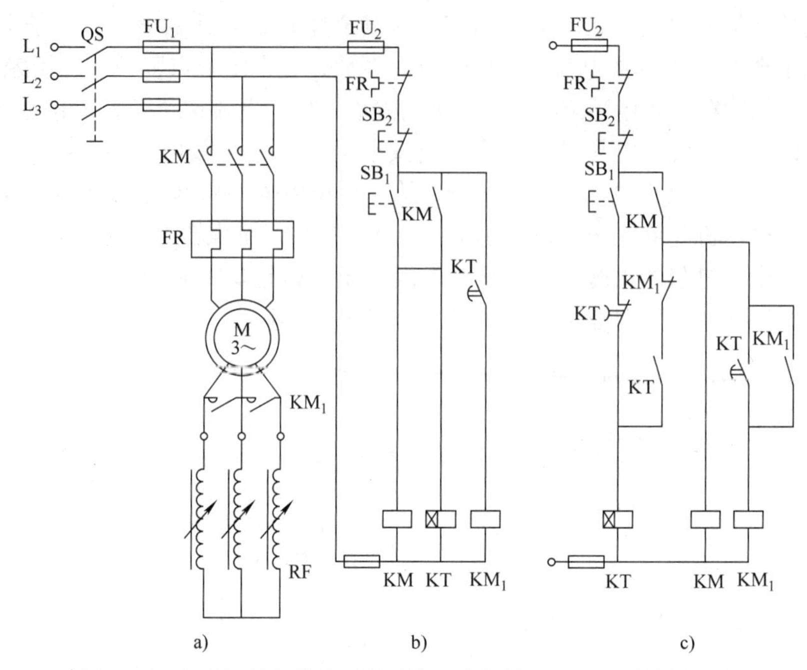

图 6-22　电动机单向旋转时转子绕组串频敏变阻器起动控制电路

上述缺点，可采用图 6-22c 所示控制电路，该电路操作时，按下 SB_1 时间稍长点，待 KM 常开触点闭合后才可松开。KM 为电源接触器，KM 线圈得电需在 KT、KM_1 触点工作正常条件下进行，若发生 KT 与 KM_1 触点粘连，KT 线圈断线等故障时，KM 线圈将无法得电，从而避免了电动机直接起动和转子长期串接频敏变阻器的不正常现象发生。

2. 电动机转子绕组串频敏变阻器正反转起动控制电路

图 6-23 为电动机转子绕组串频敏变阻器正反转手动、自动控制电路。SA 为手动与自动转换开关，KM_1、KM_2 为正反转接触器，KM_3 为短接频敏变阻器用接触器，KT 为时间继电器，

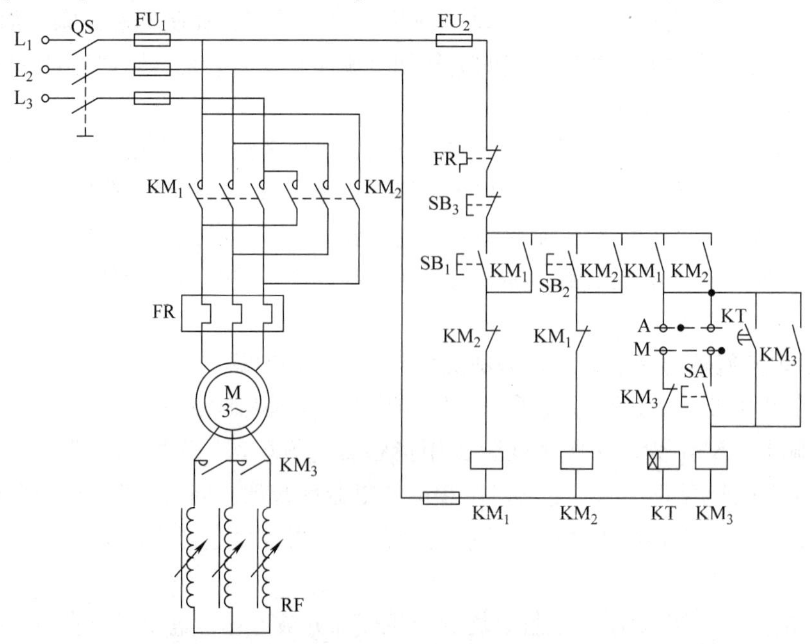

图 6-23　电动机转子绕组串频敏变阻器正反转手动、自动控制电路

该电路的工作原理读者可自行分析。

6.5 三相异步电动机电气制动控制

在生产过程中，有些设备当电动机断电后由于惯性作用，停机时间拖得太长，影响生产效率，并造成停机位置不准确，工作不安全。为了缩短辅助工作时间，提高生产效率和获得准确的停机位置，必须对电动机采取有效的制动措施。

停机制动有两种类型：一是机械制动，二是电气制动。常用的电气制动有反接制动和能耗制动，使电动机产生一个与转子原来转动方向相反的力矩来进行制动。

6.5.1 反接制动控制

反接制动是利用改变电动机电源的相序，使定子绕组产生相反方向的旋转磁场，因而产生制动转矩的一种制动方法。

电动机反接制动时，定子绕组电流很大，为防止绕组过热和减小制动冲击，一般功率在10kW以上电动机定子电路中应串入反接制动电阻。反接制动电阻的接线方法有对称和不对称两种接法，采用对称电阻接法可以在限制制动转矩的同时，也限制制动电流；而采用不对称制动电阻的接法，只是限制了制动转矩，但因未加制动电阻的那一相，仍具有较大的制动电流。反接制动的另一要求是在电动机转速接近于零时，及时切断反相序电源，以防止反向再起动。

1. 单向反接制动的控制电路

反接制动的关键在于电动机电源相序的改变，且当转速下降接近于零时，能自动将电源切除。为此采用了速度继电器来检测电动机的速度变化。在120～3000r/min范围内速度继电器触点动作，当转速低于100r/min时，其触点复位。

图6-24为电动机单向反接制动控制电路。电动机正常运转时，KM_1通电吸合，KS的一对常开触点闭合，为反接制动做准备。当按下停止按钮SB_1时，KM_1断电，电动机定子绕组脱离三相电源，但电动机因惯性仍以很高速度旋转，KS原闭合的常开触点仍保持闭合，当将SB_1按到底使SB_1常开触点闭合，KM_2通电并自锁，电动机定子回路串接电阻后并接上反序电源，电动机进入反接制动状态。电动机转速迅速下降，当电动机转速接近100r/min时，KS常开触点复位，KM_2断电，电动机断电，反接制动结束。

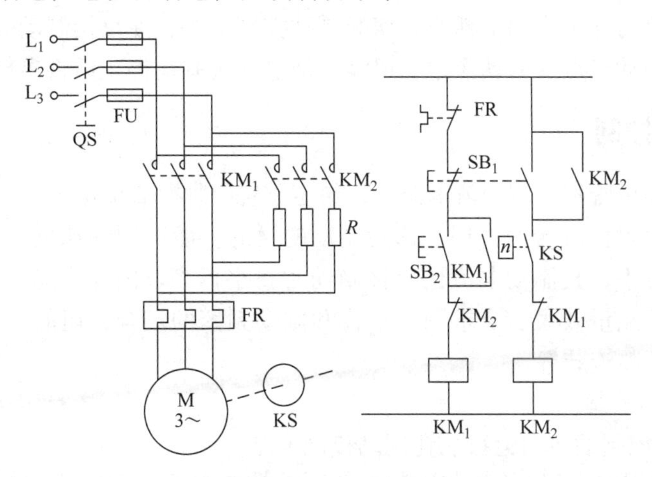

图6-24 电动机单向反接制动控制电路

2. 电动机可逆运行的反接制动控制电路

图 6-25 为具有反接制动电阻的正反向反接制动控制电路，电阻 R 是反接制动电阻，同时也具有限制起动电流的作用，该电路工作原理如下：合上电源开关 QS，按下正转起动按钮 SB_2，KA_3 通电并自锁，其常闭触点断开，互锁 KA_4 线圈电路；互锁后 KA_3 常开触点闭合，使 KM_1 线圈通电，KM_1 的主触点闭合，电动机串入电阻并接入正序电源开始减压起动。当电动机转速上升到一定值时，KS 的正转常开触点 KS－1 闭合，KA_1 通电并自锁，接触器 KM_3 线圈通电，于是电阻 R 被短接，电动机在全压下进入正常运行。需停车时，按下停止按钮 SB_1，则 KA_3、KM_1、KM_3 三只线圈相继断电。由于此时电动机转子的惯性转速仍然很高，KS－1 仍闭合，KA_1 仍通电，KM_1 常闭触头复位后，KM_2 线圈随之通电，其常开主触点闭合，电动机串接电阻并接上反序电源进行反接制动。转子速度迅速下降，当其转速小于 100r/min 时，KS－1 触点复位，KA_1 线圈断电，接触器 KM_2 释放，反接制动结束。

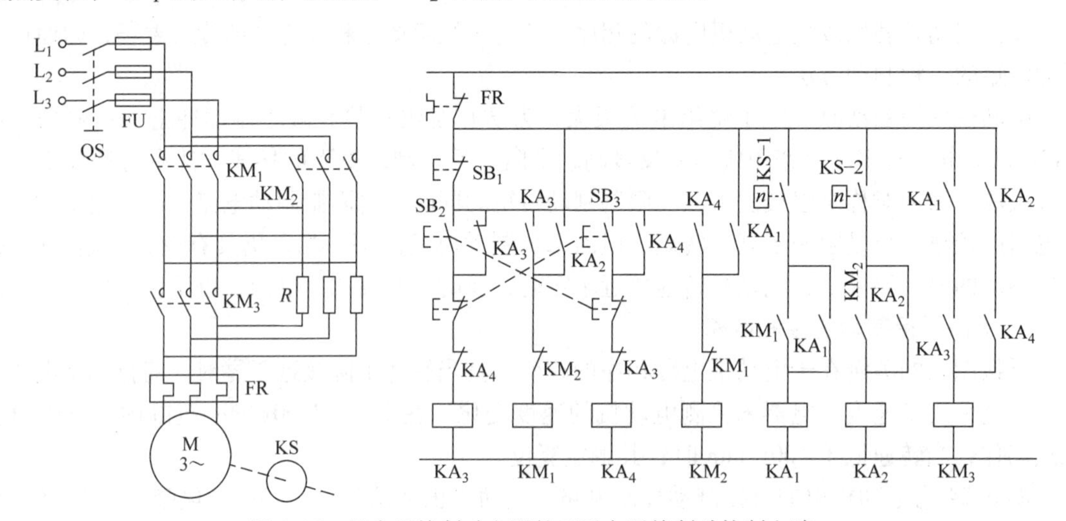

图 6-25　具有反接制动电阻的正反向反接制动控制电路

电动机反向起动和停车与反接制动过程与正转相似，读者可自行分析。

异步电动机在反接制动过程中，电网供给的电磁功率和拖动系统的机械功率全部转变为电动机转子热损耗，所以电动机在工作中应适当限制每小时反接制动次数。电动机反接制动效果与速度继电器动触点上反力弹簧调整的松紧程度有关。当反力弹簧调得过紧时，电动机转速仍较高时动触点就在反力弹簧作用下断开，切断制动控制电路，使反接制动效果明显减弱。若反力弹簧调得过松，则动触点返回动作过于迟缓，使电动机制动停止后将出现短时反转现象。

6.5.2　能耗制动控制

能耗制动是电动机脱离三相交流电源后，给定子绕组加一直流电源，以产生静止磁场，起阻止旋转的作用，达到制动的目的。能耗制动比反接制动所消耗的能量小，其制动电流比反接制动时要小得多。因此，能耗制动适用于电动机能量较大、要求制动平稳和制动频繁的场合，但能耗制动需要直流电源整流装置。

码 6-13　能耗制动控制电路

1. 单向能耗制动控制

1）按时间原则控制的单向运行能耗制动控制电路。

图 6-26 为按时间原则控制的单向运行能耗制动控制电路。KM_1 为单向运行接触器，KM_2 为能耗制动接触器，KT 为时间继电器，TC 为整流变压器，VC 为桥式整流电路。

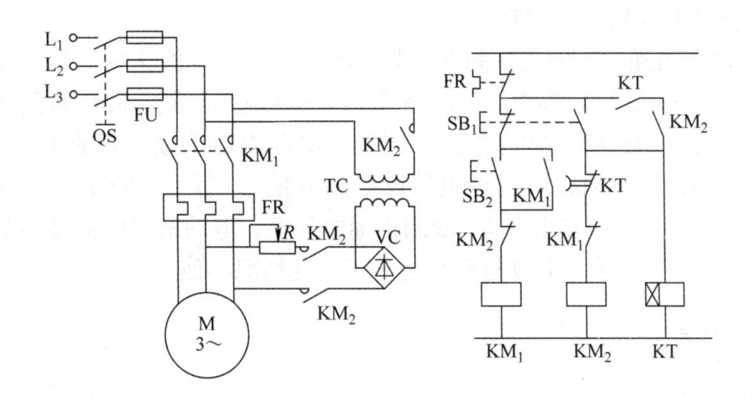

图 6-26　按时间原则控制的单向运行能耗制动控制电路

KM_1 通电并自锁，电动机已单向正常运行后，若要停机需按下停止按钮 SB_1，KM_1 断电，电动机定子脱离三相交流电源；同时 KM_2 通电并自锁，将二相定子接入直流电源产生能耗制动，在 KM_2 通电同时 KT 也通电。电动机在能耗制动作用下转速迅速下降，当接近零时，KT 延时时间到，其延时触点动作，使 KM_2、KT 相继断电，制动结束。

该电路中，将 KT 常开瞬动触点与 KM_2 自锁触头串接，这样做是考虑时间继电器断线或机械卡住致使触点不能动作时，防止 KM_2 因长期通电而造成电动机定子长期通入直流电源。该线路具有手动控制能耗制动的能力，只要使停止按钮 SB_1 处于被按下的状态，电动机就能实现能耗制动。

2）按速度原则控制的单向运行能耗制动控制电路。

图 6-27 为速度原则控制的单向能耗制动控制电路。该线路与图 6-26 控制电路基本相同，仅是控制电路中取消了时间继电器 KT 的线圈及其触点电路，在电动机轴伸端安装了速度继电器 KS，并且用 KS 的常开触点取代了 KT 延时打开的常闭触点。这样一来，电动机在刚刚脱离三相交流电源时，由于电动机转子的惯性速度仍然很高，速度继电器 KS 的常开触点仍然处于闭合状态，所以接触器 KM_2 线圈能够依靠 SB_1 按钮被按下而通电自锁。于是，两相定子绕组获得直流电源，电动机进入能耗制动。当电动机转子的惯性速度接近零时，KS 常开触点复位，接触器 KM_2 线圈断电而释放，能耗制动结束。

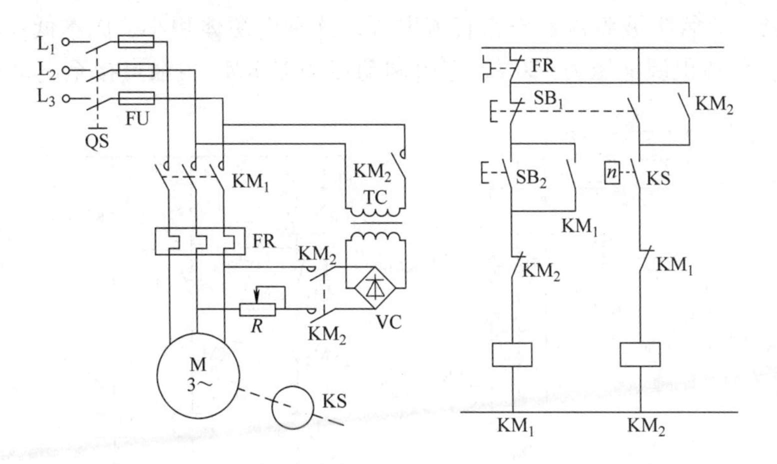

图 6-27　速度原则控制的单向能耗制动控制电路

2. 电动机可逆运行能耗制动控制

图6-28为电动机可逆运行的能耗制动控制电路。在其正常的正向运转过程中，需要停止时，可按下停止按钮SB_1，KM_1断电，KM_3和KT线圈通电并自锁，KM_3常闭触点断开起着锁住电动机起动电路的作用；KM_3常开主触点闭合，电动机定子接入直流电源产生能耗制动，转速迅速下降，当其接近零时，时间继电器延时断开的常闭触点KT断开，KM_3线圈断电，KM_3常开辅助触点复位，时间继电器KT线圈也随之失电，电动机正向能耗制动结束，电动机自然停车。反向起动与反向能耗制动过程与上述正向的情况类似。

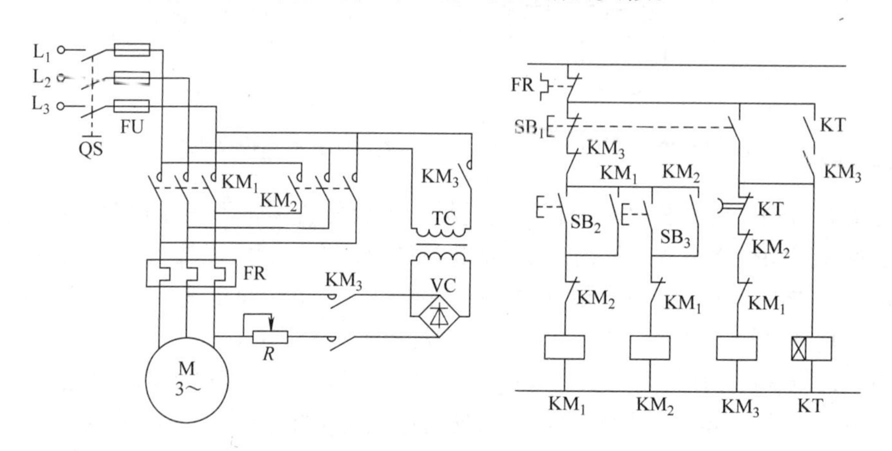

图6-28　电动机可逆运行的能耗制动控制电路

电动机可逆运行能耗制动也可以采用速度原则，用速度继电器取代时间继电器，同样能达到制动目的。

按时间原则控制的能耗制动，一般适用于负载转速比较稳定的生产机械上。对于对那些能够通过传动系统来实现负载速度变换或者加工零件经常变化的生产机械来说，采用速度原则控制的能耗制动则较为合适。

3. 单管能耗制动控制电路

上述能耗制动电路均需一套整流装置及整流变压器，为简化能耗制动电路，减少附加设备，在制动要求不高、电动机功率在10kW以下时，可采用无变压器的单管能耗制动电路。它是采用无变压器的单管半波整流器作为直流电源，这种电源体积小、成本低，其控制电路如图6-29所示。其整流电源电压为220V，它由制动接触器KM_2主触点接至电动机定子两相绕

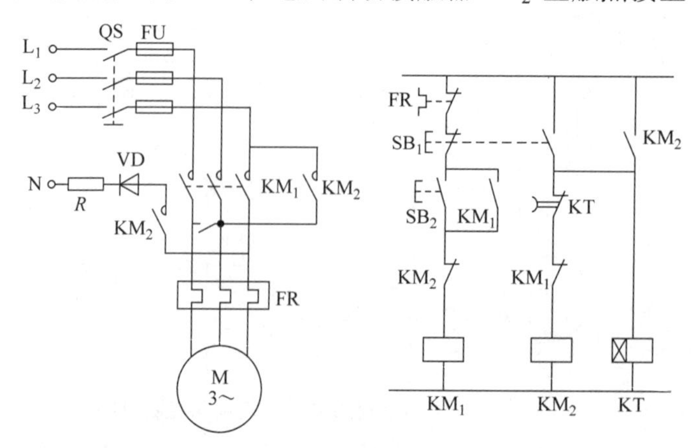

图6-29　无变压器单管能耗制动控制电路

组，并由另一相绕组经整流二极管 VD 和电阻 R 接到零线，构成回路。控制电路工作情况与图 6-29相似，请读者自行分析。

6.6 直流电动机控制

直流电动机具有良好的起动、制动与调速性能，容易实现各种运行状态的自动控制。因此，在工业生产中直流拖动系统得到广泛的应用，直流电动机的控制是电力拖动自动控制的重要组成部分。

直流电动机可按励磁方式来分类，如电枢电源与励磁电源分别由两个独立的直流电源供电，则称为他励直流电动机；而当励磁绕组与电枢绕组以一定方式连接后，由一个电源供电时，则按其连接方式的不同而分并励、串励及复励电动机。在机床等设备中，以他励直流电动机应用较多，而在牵引设备中，则以串励直流电动机应用较多。

下面介绍工厂常用的直流电动机的起动、正反转、调速及制动的方法及电路。

6.6.1 直流电动机起动控制

直流电动机直接起动问题之一是起动冲击电流大，可达额定电流的 10～20 倍。这样大的电流将可能导致电动机换向器和电枢绕组的损坏，同时对电源也是沉重的负担，大电流产生的转矩和加速度对机械部件也将产生强烈的冲击。因此，直流电动机一般不允许全压直接起动，必须采用加大电枢电路电阻或减低电枢电压的方法来限制起动电流。

图 6-30 为电枢电路串二级电阻、按时间原则起动控制电路。KA_1 为过电流继电器，KM_1 为起动接触器，KM_2、KM_3 为短接起动电阻用接触器，KT_1、KT_2 为时间继电器，KA_2 为欠电流继电器，R_3 为放电电阻。

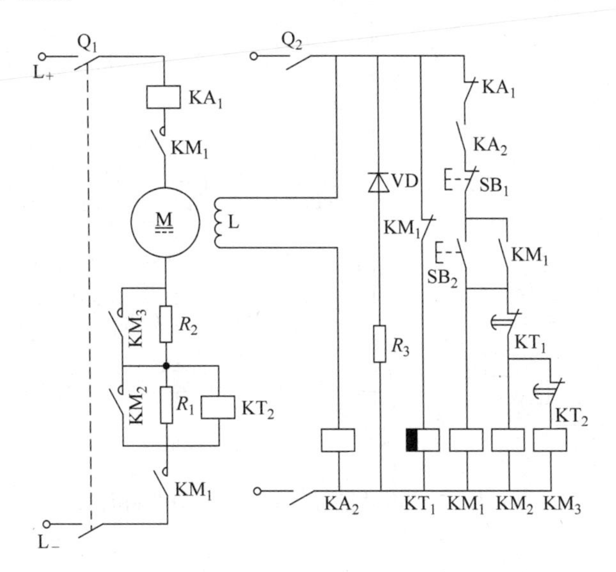

图 6-30 电枢电路串二级电阻、按时间原则起动控制电路

电路工作原理为：合上电源开关 Q_1 和控制开关 Q_2，KT_1 通电，其常闭触点断开，切断 KM_2、KM_3 电路。保证起动时串入电阻 R_1、R_2。按下起动按钮 SB_2，KM_1 通电并自锁，主触点闭合，接通电动机电枢电路，在其中串入二级电阻后起动，同时 KT_1 断电，为 KM_2、KM_3 通电后短接电枢回路电阻做准备。在电动机起动时，并联在 R_1 电阻两端的 KT_2 通电，其常闭

触点打开，使 KM_3 不能通电，从而确保 R_2 被串入电枢电路。

经一段时间延时后，KT_1 延时闭合触点闭合，KM_2 通电，短接电阻 R_1，随着电动机转速升高，电枢电流减小，为保持一定的加速转矩，起动过程中将串接电阻逐级切除，就在 R_1 被短接的同时，KT_2 线圈断电，经一定延时后 KT_2 常闭触点闭合，KM_3 通电，短接 R_2，电动机在全压下运转，起动过程结束。

电路中采用过电流继电器 KA_1 实现电动机过载保护和短路保护；采用欠电流继电器 KA_2 实现欠磁场保护；电阻 R_3 与二极管 VD 构成电动机励磁绕组断开电源时的放电回路，避免发生过电压。

6.6.2 直流电动机正反转控制

直流电动机的转向取决于电磁转矩 $M=C_M\phi I$ 的方向，因此改变直流电动机转向有两种方法即：当电动机的励磁绕组端电压的极性不变，改变电枢绕组端电压的极性，或者电枢绕组两端电压极性不变，改变励磁绕组端电压的极性，都可以改变电动机的旋转方向。但当两者的电压极性同时改变时，则电动机的旋转方向维持不变。由于前者电磁惯性大，对于频繁正反向运行的电动机，通常采用后一种方法。

图 6-31 为直流电动机可逆运转的起动控制电路。KM_1、KM_2 为正、反转接触器，KM_3、KM_4 为短接电枢电阻用接触器，KT_1、KT_2 为时间继电器。KA_1 为过电流继电器，KA_2 为欠电流继电器，R_1、R_2 为起动电阻，R_3 为放电电阻。其电路工作情况与图 6-30 相同，此处不再重复。在直流电动机正反转控制的电路中，通常都设有制动和联锁电路，以确保在电动机停转后，再进行反向起动，以免直接反向产生过大的电流。

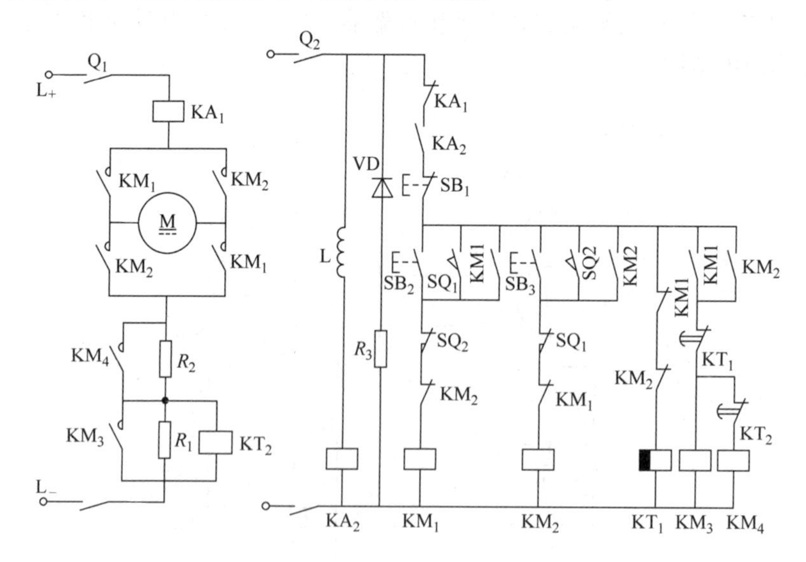

图 6-31　直流电动机可逆运转的起动控制电路

6.6.3 直流电动机调速控制

直流电动机的突出优点是能在很大的范围内具有平滑、平稳的调速性能。转速调节的主要技术指标是：调速范围 D、负载变化时对转速的影响（即静差率 s）、以及调速时的允许负载特性等。

直流电动机转速调节主要有以下四种方法：改变电枢回路电阻值调速、改变励磁电流调速、改变电枢电压调速、混合调速。图 6-32 为改变励磁电流进行调速的控制电路，它是 T4163 坐标镗床主传动电路的一部分。

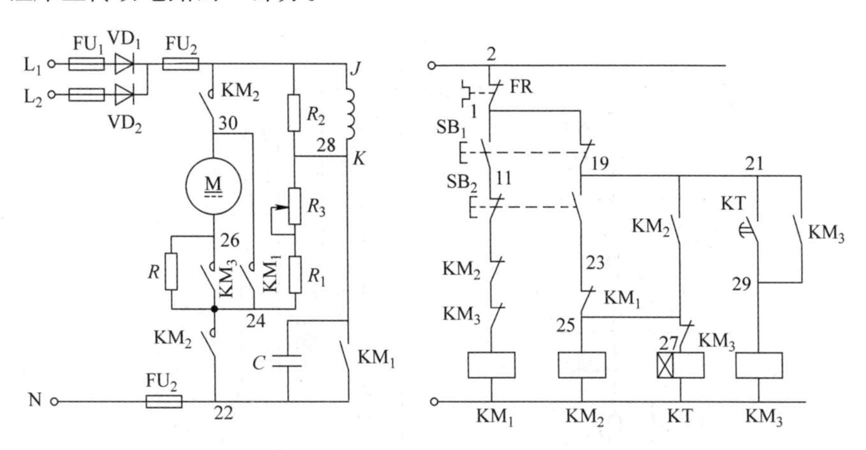

图 6-32　改变励磁电流进行调速的控制电路

电动机的直流电源采用两相零式整流电路，起动时电枢回路中串入起动电阻 R，以限制起动电流，起动过程结束后，由接触器 KM_3 切除。同时该电阻还兼作制动时的限流电阻。给电动机的并励绕组串入调速电阻 R_3，调节 R_3 即可对电动机实现调速。与励磁绕组并联的电阻 R_2 是为吸收励磁绕组的磁能而设的，以免接触器断开瞬间因过高的自感电动势而击穿绝缘或使接触器火花太大而烧蚀。接触器 KM_1 为能耗制动接触器，KM_2 为工作接触器，KM_3 为切除起动电阻用接触器，它们的工作过程如下。

① 起动：按下起动按钮 SB_2，KM_2、KT 得电吸合并自锁，电动机 M 串入电阻 R 后起动，KT 经过一定时间的延时后，其延时闭合的常开触点闭合，使 KM_3 吸合并自保，切除起动电阻 R，起动过程结束。

② 调速：在正常运行状态下，调节电阻器 R_3，即可改变电动机的转速。

③ 停车及制动：在正常运行状态下，只要按下停止按钮 SB_1，则接触器 KM_2 及 KM_3 断电释放，切断电动机电枢回路电源，同时 KM_1 通电吸合，其主触点闭合，通过电阻 R 使能耗制动回路接通，同时通过 KM_1 的另一对常开触点短接电容 C，使电源电压全部加于励磁绕组以实现制动过程中的强励作用，加强制动效果。松开按钮 SB_1，制动结束，电路又处于准备工作状态。

6.6.4　直流电动机制动控制

与交流电动机类似，直流电动机的电气制动方法有能耗制动、反接制动和再生发电制动等几种方式。为了获得准确、迅速停车，一般只采用能耗制动和反接制动。

1. 能耗制动控制电路

图 6-33 为直流电动机单向运行时串二级电阻起动，停车采用能耗制动的控制电路。KM_1 为电源接触器，KM_2、KM_3 为起动接触器，KM_4 为制动接触器，KA_1 为过电流继电器，KA_2 为欠电流继电器，KA_3 为电压继电器，KT_1、KT_2 为时间继电器。电动机起动时电路工作情况与图 6-32 相同，停车时，按下停止按钮 SB_1，KM_1 断电，切断电枢直流电源。此时电动机因惯性，仍以较高速度旋转，电枢两端仍有一定电压，并联在电枢两端的 KA_3 经自锁触点仍保持通电，使 KM_4 通电吸合后，将电阻 R_4 并接在电枢两端，电动机实现能耗制动，转速急剧下

降，电枢电动势也随之下降，当降至一定值时，KA_3 断电释放，KM_4 断电释放，电动机能耗制动结束。

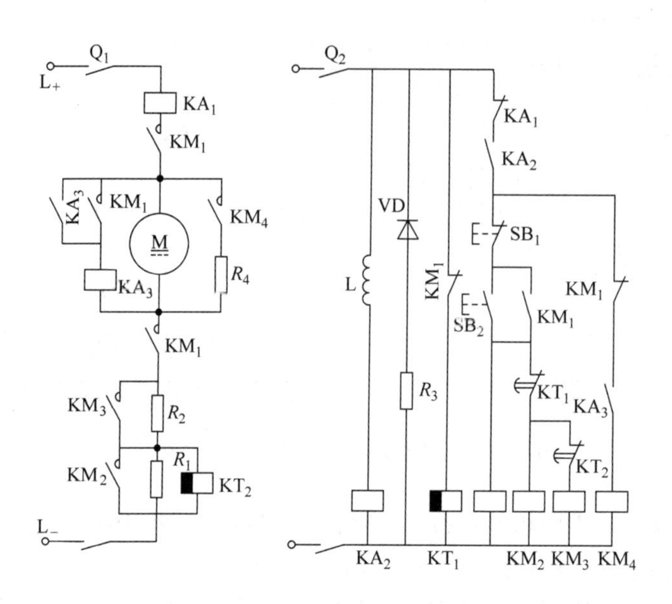

图 6-33　单向运行能耗制动控制电路

2. 反接制动控制电路

图 6-34 为电动机可逆运转、反接制动控制电路。KM_1、KM_2 为正、反转接触器，KM_3、KM_4 为起动接触器，KM_5 为反接制动接触器，KA_1 为过电流继电器，KA_2 为欠电流继电器，KA_3、KA_4 为反接制动电压继电器，KT_1、KT_2 为时间继电器，R_1、R_2 为起动电阻，R_3 为放电电阻，R_4 为制动电阻，SQ_1 为正转变反转行程开关，SQ_2 为反转变正转行程开关。

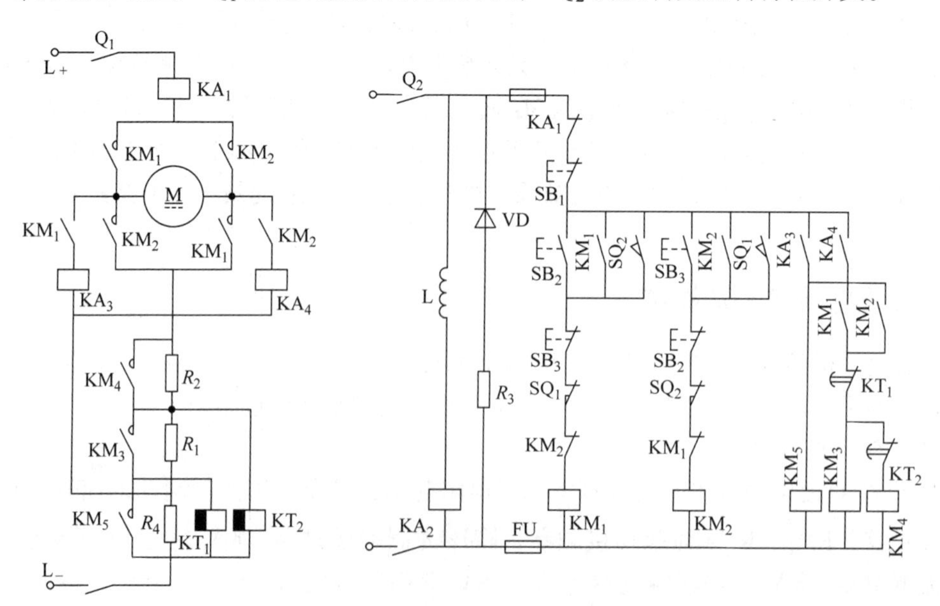

图 6-34　电动机可逆运转、反接制动控制电路

该电路采用时间原则下的两级起动，能正、反转运行，并能通过行程开关 SQ_1、SQ_2 实现自动换向。在换向过程中，电路能实现反接制动，以加快换向过程。下面以电动机正向运转反向为例说明电路工作情况。

电动机正向运转，拖动运动部件，当撞块压下行程开关 SQ_1 时，KM_1、KM_3、KM_4、KM_5、KA_3 断电，KM_2 通电；使电动机电枢接上反向电源，同时 KA_4 通电。

由于机械惯性存在，电动机转速 n 与电动势 E_M 的大小和方向来不及变化，且电动势 E_M 的方向与电压降 IR 方向相反，此时反接制动电压继电器 KA_4 的线圈电压很小，不足以使 KA_4 通电，使 KM_3、KM_4、KM_5 线圈处于断电状态，电动机电枢串入全部电阻后进行反接制动。随着电动机转速下降，E_M 逐渐减小，反接制动电压继电器 KA_4 上电压逐渐增加，当 $n \approx 0$ 时，$E_M \approx 0$，加至 KA_4 线圈两端电压使它吸合，使 KM_5 通电以短接反接制动电阻 R_4，同时电动机串入 R_1、R_2 进行反向起动，直至反向正常运转。

当反向运转拖动运动部件，撞块压下 SQ_2 时，则由 KA_3 控制实现反转－制动－正向起动过程。

6.7 任务工单

6.7.1 工作任务：识读电气控制电路图

任务工单					编号：6-1
工作任务	识读电气控制电路图			建议学时	2
班级		学员姓名		工作日期	
任务目标	① 了解电气控制系统原理图的国家标准； ② 能阅读基本电气原理图； ③ 尊重国家标准，遵守规章制度； ④ 培养爱国、奋进、热爱学习的精神。				
设备及材料	常用电气控制电路手册和电气控制原理图识图手册；个人计算机				
任务分工	项目负责人全面负责任务分配、组员协调，并完成以下任务：电气原理图的分析；查询相关网站、手册等资源；管理工具、耗材的发放和收回等。				
任务步骤	① 分析电气控制原理图； ② 识读电气原理图（见图 6-1）； ③ 画电器位置图（见图 6-2）和接线图（见图 6-3）； ④ 撰写分析结果。				
检查和评估	1）介绍工作中出现的错误、疑难情况及处理办法； 2）自我评价； 自评：□优秀　□良好　□合格 3）工作建议或改进办法。				
备注					

6.7.2 工作任务：电动机连续运转控制电路的安装与调试

任务工单　　编号：6-2

工作任务	电动机连续运转控制电路的安装与调试			建议学时	2
班级		学员姓名		工作日期	
任务目标	① 能识读电气原理图中的元器件； ② 会分析电动机起动并连续运转控制的工作原理； ③ 能按照接触器自锁控制电路的安装工艺要求安装控制电路； ④ 了解自锁的作用及欠电压、失电压保护的功能； ⑤ 养成团结友爱、协作互助、认真严谨的精神操作规范。				
设备及材料	1）工具：尖嘴钳、试电笔、剥线钳、电工刀、螺钉旋具等。 2）仪器：万用表、兆欧表。 3）设备： ① 三相交流电动机，控制电路盘； ② 导线：主电路采用 BV1.5mm^2 和 BVR1.5mm^2；控制电路采用 BV1mm^2；按钮采用 BVR0.75mm^2；导线颜色和数量根据实际情况而定。 ③ 元器件：三相异步电动机（一台）、电源开关、螺旋式熔断器、交流接触器、三联按钮、端子排等。				
任务分工	项目负责人全面负责任务分配、组员协调，并完成以下任务：控制电路装配；管理工具、耗材的发放和收回等。				
任务步骤	① 识读图 6-6 电路中的元件，分析控制电路工作原理； ② 画出图 6-6 接线图，对控制电路安装接线； ③ 控制电路通电前短路检查； ④ 通电试验，故障排除； ⑤ 工位整理； ⑥ 撰写任务报告。				
检查和评估	1）介绍工作中出现的错误、疑难情况及处理办法； 2）自我评价； 自评：□优秀　□良好　□合格 3）工作建议或改进办法。				
备注					

6.7.3 工作任务：电动机点动与连续控制电路的安装与调试

任务工单　　编号：6-3

工作任务	电动机点动与连续控制电路的安装与调试			建议学时	2
班级		学员姓名		工作日期	
任务目标	① 能识别电气原理图中的元器件； ② 会分析电动机点动与连续控制电路的工作原理； ③ 能按照电气控制原理图自行设计接线图，并安装与调试； ④ 培养认真严谨、操作规范、协作互助的精神。				

（续）

设备及材料	1）工具：尖嘴钳、试电笔、剥线钳、电工刀、螺钉旋具等。 2）仪器：万用表、兆欧表。 3）设备： ① 三相交流电动机，控制电路盘； ② 导线：主电路采用 BV1.5mm^2 和 BVR1.5mm^2；控制电路采用 BV1mm^2；按钮采用 BVR0.75mm^2；导线颜色和数量根据实际情况而定。 ③ 元器件：三相异步电动机（一台）、电源开关、螺旋式熔断器、交流接触器、三联按钮、端子排等。
任务分工	项目负责人全面负责任务分配、组员协调，并完成以下任务：点动与连续控制电路装配；管理工具、耗材的发放和收回等。
任务步骤	① 识读图 6-7b 中的元器件，分析控制电路工作原理； ② 设计接线图，并进行控制电路接线； ③ 控制电路通电检查； ④ 通电试验，故障排除； ⑤ 工位整理； ⑥ 撰写任务报告。
检查和评估	1）介绍工作中出现的错误、疑难情况及处理办法； 2）自我评价； 自评：□优秀　□良好　□合格 3）工作建议或改进办法。
备注	

6.7.4 工作任务：具有双重联锁的电动机正反转控制电路的安装与调试

任务工单　　编号：6-4

工作任务	具有双重联锁的电动机正反转控制电路的安装与调试			建议学时	2
班级		学员姓名		工作日期	
任务目标	① 会分析电动机双重联锁控制电路的工作原理； ② 能正确安装控制电路，并进行运行和调试； ③ 理解联锁的作用及电路的保护功能； ④ 养成举一反三、热爱思考、认真严谨的习惯，操作规范，具备安全意识。				
设备及材料	1）工具：尖嘴钳、试电笔、剥线钳、电工刀、螺钉旋具等。 2）仪器：万用表、兆欧表。 3）设备： ① 三相交流电动机，控制电路盘； ② 导线：主电路采用 BV1.5mm^2 和 BVR1.5mm^2；控制电路采用 BV1mm^2；按钮采用 BVR0.75mm^2；导线颜色和数量根据实际情况而定。 ③ 元器件：三相异步电动机（一台）、电源开关、螺旋式熔断器、交流接触器、三联按钮、端子排等。				
任务分工	项目负责人全面负责任务分配、组员协调，并完成以下任务：控制电路接线图；控制电路运行与调试；管理工具、耗材的发放和收回等。				

（续）

任务步骤	① 识读图6-9d中的元器件，分析控制电路工作原理； ② 控制电路安装与接线； ③ 控制电路通电检查； ④ 通电试验，故障排除； ⑤ 工位整理； ⑥ 撰写任务报告。
检查和评估	1）介绍工作中出现的错误、疑难情况及处理办法； 2）自我评价； 自评：□优秀 □良好 □合格 3）工作建议或改进办法。
备注	

6.7.5 工作任务：电动机行程控制电路的安装与调试

任务工单 编号：6-5

工作任务	电动机行程控制电路的安装与调试		建议学时	2
班级		学员姓名	工作日期	
任务目标	① 会分析电动机行程控制电路的工作原理； ② 设计电动机行程控制电路的接线图； ③ 能正确安装控制电路，并进行运行和调试； ④ 理解行程控制及位置保护的作用； ⑤ 养成科学严谨的态度，踏实干事的习惯。			
设备及材料	1）工具：尖嘴钳、试电笔、剥线钳、电工刀、螺钉旋具等。 2）仪器：万用表、兆欧表。 3）设备： ① 三相交流电动机，控制电路盘； ② 导线：主电路采用BV1.5mm^2和BVR1.5mm^2；控制电路采用BV1mm^2；按钮采用BVR0.75mm^2；导线颜色和数量根据实际情况而定； ③ 元器件：三相异步电动机（一台）、电源开关、螺旋式熔断器、交流接触器、三联按钮、端子排等。			
任务分工	项目负责人全面负责任务分配、组员协调，并完成以下任务：控制电路接线图；控制电路运行与调试；管理工具、耗材的发放和收回等。			
任务步骤	① 识读图6-10中元器件，分析控制电路工作原理； ② 设计控制电路接线图； ③ 控制电路的安装、接线与调试； ④ 故障排除； ⑤ 工位整理。 ⑥ 撰写任务报告。			
检查和评估	1）介绍工作中出现的错误、疑难情况及处理办法； 2）自我评价； 自评：□优秀 □良好 □合格 3）工作建议或改进办法。			
备注				

6.7.6 工作任务：电动机顺序起动逆序停止控制电路的安装与调试

<table>
<tr><td colspan="5">任务工单</td><td>编号：6-6</td></tr>
<tr><td>工作任务</td><td colspan="3">电动机顺序起动逆序停止控制电路的安装与调试</td><td>建议学时</td><td>2</td></tr>
<tr><td>班级</td><td></td><td>学员姓名</td><td></td><td>工作日期</td><td></td></tr>
<tr><td>任务目标</td><td colspan="5">① 能识读电气原理图中的元器件；
② 会分析电动机顺序起动逆序停止控制电路的工作原理；
③ 能按照电气控制原理图自行设计接线图，并安装与调试；
④ 设计 3 台电动机顺序起动逆序停止控制电路，并安装与调试；
⑤ 养成独立思考、认真严谨的习惯，操作规范，具备安全意识。</td></tr>
<tr><td>设备及材料</td><td colspan="5">1）工具：尖嘴钳、试电笔、剥线钳、电工刀、螺钉旋具等。
2）仪器：万用表、兆欧表。
3）设备：
① 三相交流电动机，控制电路盘；
② 导线：主电路采用 BV1.5mm^2 和 BVR1.5mm^2；控制电路采用 BV1mm^2；按钮采用 BVR0.75mm^2；导线颜色和数量根据实际情况而定；
③ 元器件：三相异步电动机（一台）、电源开关、螺旋式熔断器、交流接触器、按钮、端子排等。</td></tr>
<tr><td>任务分工</td><td colspan="5">项目负责人全面负责任务分配、组员协调，并完成以下任务：电动机顺序起动逆序停止控制电路接线图分析；电动机顺序起动逆序停止控制电路的装配；管理工具、耗材的发放和收回等。</td></tr>
<tr><td>任务步骤</td><td colspan="5">① 识读图 6-12c 中的元器件，分析控制电路工作原理；
② 设计接线图，安装控制电路；
③ 控制电路通电检查；
④ 通电试验，故障排除；
⑤ 完成拓展项目“电动机两地控制线路的安装与调试”的练习；
⑥ 工位整理；
⑦ 撰写任务报告。</td></tr>
<tr><td>检查和评估</td><td colspan="5">1）介绍工作中出现的错误、疑难情况及处理办法；
2）自我评价；
自评：□优秀 □良好 □合格
3）工作建议或改进办法。</td></tr>
<tr><td>备注</td><td colspan="5"></td></tr>
</table>

6.7.7 工作任务：电动机Y－△减压起动控制电路的安装与调试

<table>
<tr><td colspan="5">任务工单</td><td>编号：6-7</td></tr>
<tr><td>工作任务</td><td colspan="3">电动机Y－△减压起动控制电路的安装与调试</td><td>建议学时</td><td>4</td></tr>
<tr><td>班级</td><td></td><td>学员姓名</td><td></td><td>工作日期</td><td></td></tr>
<tr><td>任务目标</td><td colspan="5">① 能分析电动机减压起动控制电路的工作原理；
② 能进行时间继电器的接线和时间整定；
③ 能正确安装控制电路，并进行运行和调试；
④ 能进行常见故障的分析和排除；
⑤ 养成独立思考、认真严谨的习惯，操作规范，具备安全意识。</td></tr>
</table>

(续)

设备及材料	1）工具：尖嘴钳、试电笔、剥线钳、电工刀、螺钉旋具等； 2）仪器：万用表、兆欧表； 3）设备： ① 三相交流电动机，控制电路盘； ② 导线：主电路采用 BV1.5mm^2 和 BVR1.5mm^2；控制电路采用 BV1mm^2；按钮采用 BVR0.75mm^2；导线颜色和数量根据实际情况而定。 ③ 元器件：三相异步电动机（一台）、电源开关、螺旋式熔断器、交流接触器、三联按钮、端子排等。
任务分工	项目负责人全面负责任务分配、组员协调，并完成以下任务：控制电路接线图；控制电路运行与调试；管理工具、耗材的发放和收回等。
任务步骤	① 认读图 6-15b 中的元器件，分析控制电路的工作原理； ② 设计接线图，安装控制电路； ③ 控制电路通电检查； ④ 通电试验，故障排除； ⑤ 工位整理。 ⑥ 撰写任务报告。
检查和评估	1）介绍工作中出现的错误、疑难情况及处理办法； 2）自我评价； 自评：□优秀　□良好　□合格 3）工作建议或改进办法。
备注	

小　　结

本章重点讲述了各种电动机的起动、制动、调速等控制电路，这是电气控制的基础，应熟练掌握。

笼型异步电动机起动方法：直接起动、定子串电阻起动、Y－△起动、延边三角形起动、自耦变压器起动。

绕线式异步电动机起动方法：转子串电阻起动、转子串频敏变阻器起动。

直流电动机起动方法：电枢串电阻起动、减压起动。

电动机的制动方法有：能耗制动、反接制动、再生制动。

在电力拖动控制系统中常用的控制原则有时间原则、速度原则、电流原则、行程原则、频率原则。

在控制电路中常用的联锁保护有电气联锁和机械联锁，常用的有互锁、动作顺序联锁、电气元件与机械动作的联锁。

电动机常用的保护有短路保护、过电流保护、过载保护、失电压和欠电压保护，弱磁保护及超速保护等。

习　　题

1. 判断题

（1）在绘制电气控制原理图时，动力电路、控制电路和信号电路应分开绘制。　　（　　）

（2）三相笼型异步电动机的电气控制电路，如果使用热继电器进行过载保护，就不必在

装设熔断器进行短路保护。 (　　)

(3) 现有四个按钮，要求它们都能控制接触器 KM 通电，则它们的常开触头应串接到 KM 线圈电路中。 (　　)

(4) 失电压保护的目的是防止电压恢复时电动机自起动。 (　　)

(5) 只要是笼型异步电动机就可以用星 - 三角减压起动。 (　　)

(6) 反接制动控制电路中，必须采用以时间为变化参量进行控制。 (　　)

2. 选择题

(1) 以下属于多台电动机顺序控制的电路是 (　　)。

A. 一台电动机正转时不能立即反转的控制电路

B. ㄚ - △起动控制电路

C. 电梯先上升后下降的控制电路

D. 电动机 2 可单独停止，电动机 1 停止时电动机 2 也停止的控制电路

(2) 以下不属于位置控制的是 (　　)。

A. 走廊照明灯的两处控制电路

B. 龙门刨床的自动往返控制电路

C. 电梯的开关门电路

D. 工厂车间里行车的终点保护电路

(3) 甲乙两个接触器，欲实现互锁控制，则应 (　　)。

A. 在甲接触器的线圈回路中串入乙接触器的常闭触点

B. 在乙接触器的线圈回路中串入甲接触器的常闭触点

C. 在两接触器的线圈回路中互串对方的常闭触点

D. 在两接触器的线圈回路中互串对方的常开触点

(4) 甲乙两个接触器，若要求甲工作后才允许乙接触器工作，则应 (　　)。

A. 在乙接触器的线圈中串入甲接触器的常开触点

B. 在乙接触器的线圈中串入甲接触器的常闭触点

C. 在甲接触器的线圈中串入乙接触器的常闭触点

D. 在甲接触器的线圈中串入乙接触器的常开触点

3. 问答题

(1) 请分析图 6-35 所示的三相笼型异步电动机的正反转控制电路：

① 指出下面的电路中各元器件的作用；

② 根据电路的控制原理，找出主电路中的错误，并改正 (用文字说明)；

③ 根据电路的控制原理，找出控制电路中的错误，并改正 (用文字说明)。

(2) 试设计可从两地对一台电动机实现连续运行和点动控制的电路。

(3) 试画出某机床主电动机控制线路图。要求：①可正反转；②可正向点动；③两处起停。

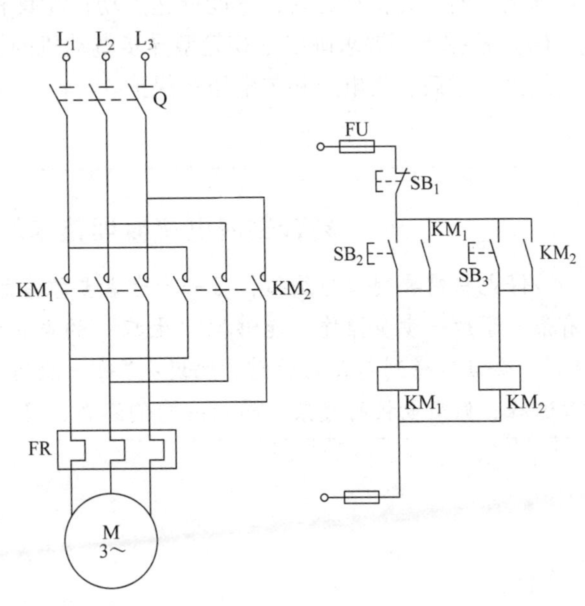

图 6-35　题 (1) 的图

(4) 如图 6-36 所示，要求按下起动按钮后能依次完成下列动作：

① 运动部件 A 从 1 到 2；②接着运动部件 B 从 3 到 4；③接着运动部件 A 从 2 回到 1；

④接着运动部件 B 从 4 回到 3。

试画出电气控制电路图。

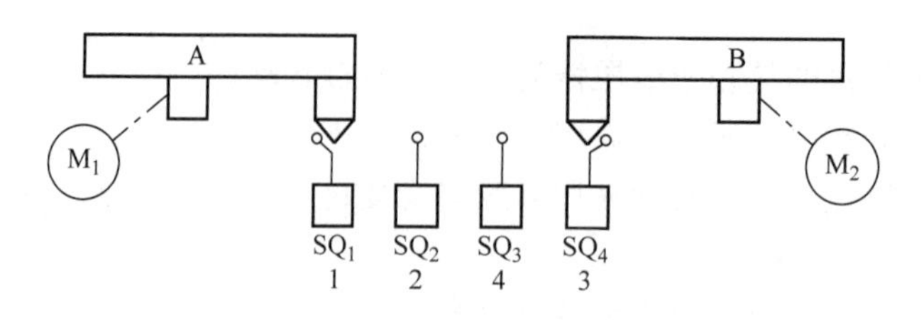

图 6-36　问答题（4）的图

（5）要求 3 台电动机 M_1、M_2、M_3 按下列顺序起动：M_1 起动后，M_2 才能起动；M_2 起动后，M_3 才能起动。停止时按逆序停止，试画出控制电路。

（6）什么叫减压起动？常用的减压起动方法有哪几种？

（7）电动机在什么情况下应采用减压起动？定子绕组为丫形接法的三相异步电动机能否用丫－△减压起动？为什么？

4. 设计题

（1）设计一个控制电路，三台笼型感应电动机起动时 M_1 先起动，经 10s 后 M_2 自行起动，运行 30s 后 M_1 停止并同时使 M_3 自行起动，在运行 30s 后电动机全部停止。

（2）现有一台双速笼型电动机，试按下列要求设计电路图。

① 分别由两个按钮来控制电动机的高速与低速起动，由一个停止按钮来控制电动机的停止。

② 高速起动时电动机先接成低速，经延时后自动换接成高速。

③ 具有短路与过载保护。

（3）一台△－丫丫接法的双速电动机，按下列要求设计控制电路：①能低速或高速运行；②高速运行时，先低速起动；③能低速点动；④具有必要的保护环节。

（4）根据下列要求画出三相笼型异步电动机的控制电路：①能正反转；②采用能耗制动；③有短路、过载、失电压和欠电压等保护。

刻苦钻研电机修理技术的“大拿”周国山

修电机需要耐心与细心，当一台台需要维修的火车专用直流电机摆在周国山面前，他有条不紊地一步步操作。能够把“生病”的电机治好，听到电机正常工作时的稳定“心跳”，会让他感到莫大的欣慰。他说：“每一次对电机的修理过程就像与人一次深入的谈心过程，倾听电机的疲累，精心给它们添新、修补。只要足够热爱，便可无限追求。”

第 7 章　典型机床电气控制

生产机械种类繁多，其拖动控制方式和控制电路各不相同。在一般机械加工厂，金属切削机床约占全部设备的60%以上，是机械制造业中的主要技术装备。本章通过典型生产机械电气控制电路的实例分析，进一步阐述电气控制系统的分析方法与步骤，使读者掌握分析电气控制图的方法，培养读图能力，并掌握几种典型生产机械控制电路的原理，了解电气控制系统中机械、液压与电气控制配合的意义，为电气控制的设计、安装、调试、维护打下基础。下面对平面磨床、摇臂钻床、铣床与镗床的电气控制进行分析和讨论。

7.1　电气控制系统分析基础

7.1.1　电气控制系统分析的内容

分析电气控制系统是通过对各种技术资料的分析来掌握电气控制电路的工作原理、技术指标、使用方法、维护要求等。分析的具体内容和要求主要包括以下方面。

1. 设备说明书

设备说明书由机械（包括液压部分）与电气两部分组成。通过阅读这两部分说明书，了解以下内容：

1）设备的结构，主要技术指标，机械传动、液压气动的工作原理。

2）电动机规格型号、安装位置、用途及控制要求。

3）设备的使用方法，各操作手柄、开关、旋钮、位置以及作用。

4）与机械、液压部分直接关联的电器（行程开关、电磁阀、电磁离合器等）的位置、工作状态及作用。

2. 电气控制原理图

电气控制原理图由主电路、控制电路、辅助电路、保护及联锁环节以及特殊控制电路等部分组成，这是控制电路分析的中心内容。

3. 电气设备的总装接线图

阅读分析总装接线图，可以了解系统的组成分布状况，各部分的连接方式，主要电气部件的布置、安装要求，导线和穿线管的规格型号等。

4. 电器元件布置图与接线图

在电气设备调试、检修中可通过布置图和接线图方便地找到各种电器元器件和测试点，进行必要的调试、检测和维修保养。

7.1.2　电气原理图分析的方法与步骤

1. 分析主电路

从主电路入手，根据每台电动机和执行电器的控制要求去分析各电动机和执行电器的控制内容，如电动机起动、转向、调速、制动等控制。

2. 分析控制电路

根据主电路中各电动机和执行电器的控制要求，逐一找出控制电器中的控制环节，将控制电路按功能不同划分成若干个局部控制电路来进行分析。分析控制电路的最基本的方法是“查线读图法”。

“查线读图法”，即从执行电路即电动机着手，从主电路上看有哪些元器件的触点，根据其组合规律看控制方式。然后在控制电路中由主电路控制元器件主触点的文字符号找到有关的控制环节及环节间的联系。接着从按下起动按钮开始，找对电路，观察元件的触点是如何控制其他控制元器件动作的，再查看这些被带动的控制元器件触点是如何控制执行电器或其他控制元器件动作的，并随时注意控制元器件的触点使执行电器产生何种运动或动作，进而驱动被控机械作何运动。

3. 分析辅助电路

辅助电路包括执行元器件的工作状态显示、电源显示、参数测定、照明和故障报警等部分，其中很多部分是由控制电路中的元器件控制的，所以在分析时还要回过头来对照控制电路进行分析。

4. 分析联锁与保护环节

生产机械对于安全性、可靠性有很高的要求，因此，在控制电路中还设置了一系列电气保护和必要的电气联锁。在分析中不能对此遗漏。

5. 分析特殊控制环节

在某些控制电路中，还设置了一些相对独立的特殊环节。如产品计数装置、自动检测系统等，这些部分往往自成一个小系统，可参照上述分析过程，并灵活运用所学过的电子技术、检测与转换等知识对其进行逐一分析。

6. 总体检查

逐步分析了局部电路的工作原理及控制关系之后，还必须用“集零为整”的方法，检查整个控制电路，看是否有遗漏。特别要从整体角度去检查和理解各控制环节之间的联系，才能清楚地理解每个电气元器件的作用、工作过程及主要参数。

7.2 M7130 型平面磨床的电气控制

磨床是用砂轮的周边或端面进行加工的精密机床。磨床的种类很多，按其工作性质可分为外圆磨床、内圆磨床、平面磨床、工具磨床以及一些专用磨床，如螺纹磨床、齿轮磨床、球面磨床、花键磨床、导轨磨床与无心磨床等。其中尤以平面磨床应用最为普遍。下面以 M7130 型平面磨床为例进行分析与讨论。

7.2.1 主要结构与运动形式

M7130 型平面磨床主要由床身、工作台、电磁吸盘、砂轮箱、滑座和立柱等几部分组成，其结构示意图如图 7-1 所示。

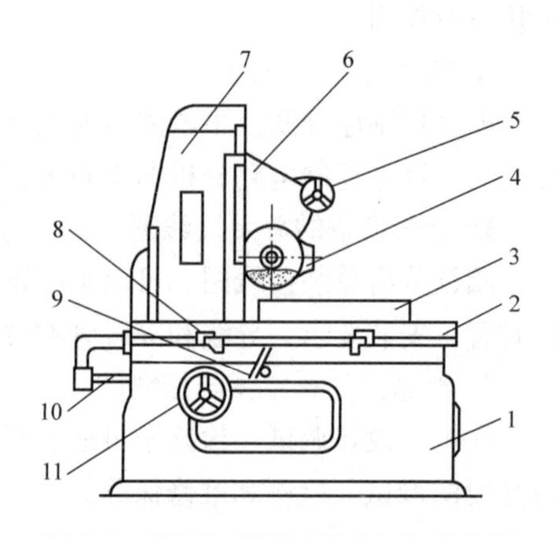

图 7-1 M7130 型平面磨床结构示意图
1—床身 2—工作台 3—电磁吸盘
4—砂轮箱 5—砂轮箱横向移动手轮
6—滑座 7—立柱 8—工作台换相撞快
9—工作台往复运动换向手柄
10—活塞杆 11—砂轮箱垂直进刀手轮

它的主运动是砂轮的快速旋转，辅助运动是工作台的纵向往复运动以及砂轮架的横向和垂直进给运动。

工作台每完成一次纵向往复运动，砂轮架进行横向进给运动一次，从而能连续地加工整个平面。当整个平面磨完一遍后，砂轮架在垂直于工件表面的方向移动一次，称为吃刀运动。通过吃刀运动，可将工件磨到所需的尺寸。

电力拖动的特点及控制要求：

① 砂轮的旋转运动。砂轮电动机 M_1 装在砂轮箱内，带动砂轮旋转，对工件进行磨削加工。由于砂轮的旋转一般不需要调速，所以用一台三相异步电动机拖动即可。为了使磨床体积小，结构简单和提高其加工精度，采用了装入式电动机，将砂轮直接装在电动机轴上。

② 工作台的往复运动。装在床身水平纵向导轨上的矩形工作台的往复运动，是由液压传动完成的，因液压传动换向平稳，易于实现无级调速。液压泵电动机 M_3 拖动液压泵，工作台在液压作用下作纵向往复运动。当装在工作台前侧的换向挡铁碰撞到床身上的液压换向开关时，工作台就自动改变了方向。

③ 砂轮架的横向进给。砂轮架的上部有燕尾形导轨，可沿着滑座上的水平导轨作横向（前后）移动。在磨削的过程中，工作台换向时，砂轮架就作横向进给运动一次。在修正砂轮或调整砂轮的前后位置时，砂轮架可作连续横向移动。砂轮架的横向进给运动可由液压传动，也可用手轮来操作。

④ 砂轮架的升降运动。滑座可沿着立柱的导轨垂直上下移动，以调整砂轮架的上下位置，或使砂轮磨入工件，以控制磨削平面时工件的尺寸，这一垂直进给运动是通过操作手轮控制机械传动装置实现的。

⑤ 切削液的供给。冷却泵电动机 M_2 拖动切削液泵旋转，供给砂轮和工件切削液；同时切削液带走磨下的铁屑，要求砂轮电动机 M_1 与冷却泵电动机 M_2 是顺序控制。

⑥ 电磁吸盘的控制。根据加工工件的尺寸大小和结构形状，可以把工件用螺钉和压板直接固定在工作台上，也可以在工作台上装电磁吸盘，将工件吸附在电磁吸盘上。为此，要有充磁和退磁控制环节。为保证安全，电磁吸盘与电动机 M_1、M_2、M_3 三台电动机之间有电气联锁装置，即电磁吸盘吸合后，电动机才能起动。电磁吸盘不工作或发生故障时，三台电动机均不能起动。

7.2.2 电气控制电路分析

M7130 型平面磨床的电路图如图 7-2 所示。该线路分为主电路、控制电路、电磁吸盘电路和照明电路四部分。

1. 主电路分析

QS_1 为电源开关。主电路中有 3 台电动机，M_1 为砂轮电动机，M_2 为冷却泵电动机，M_3 为液压泵电功机，它们共用一组熔断器 FU_1 作为短路保护。砂轮电动机 M_1 用接触器 KM_1 控制，用热继电器 FR_1 进行过载保护；由于冷却泵箱和床身是分装的，所以冷却泵电动机 M_2 通过接插器 X_1 与砂轮电动机 M_1 的电源线相连，并和 M_1 在主电路实现顺序控制。冷却泵电动机的容量较小，没有单独设置过载保护；液压泵电动机 M_3 由接触器 KM_2 控制，由热继电器 FR_2 作过载保护。

2. 控制电路分析

控制电路采用交流 380V 电压供电，由熔断器 FU_2 作短路保护。

在电动机机控制电路中，串接着转换开关 QS_2 的常开触点（6 区）和欠电流继电器 KA 的动合触点（8 区）。因此，3 台电动机起动的必要条件是使 QS_2 或 KA 的常开触点闭合。欠电流继电器 KA 的线圈串接在电磁吸盘 YH 的工作回路中，所以当电磁吸盘得电工作时，欠电流继

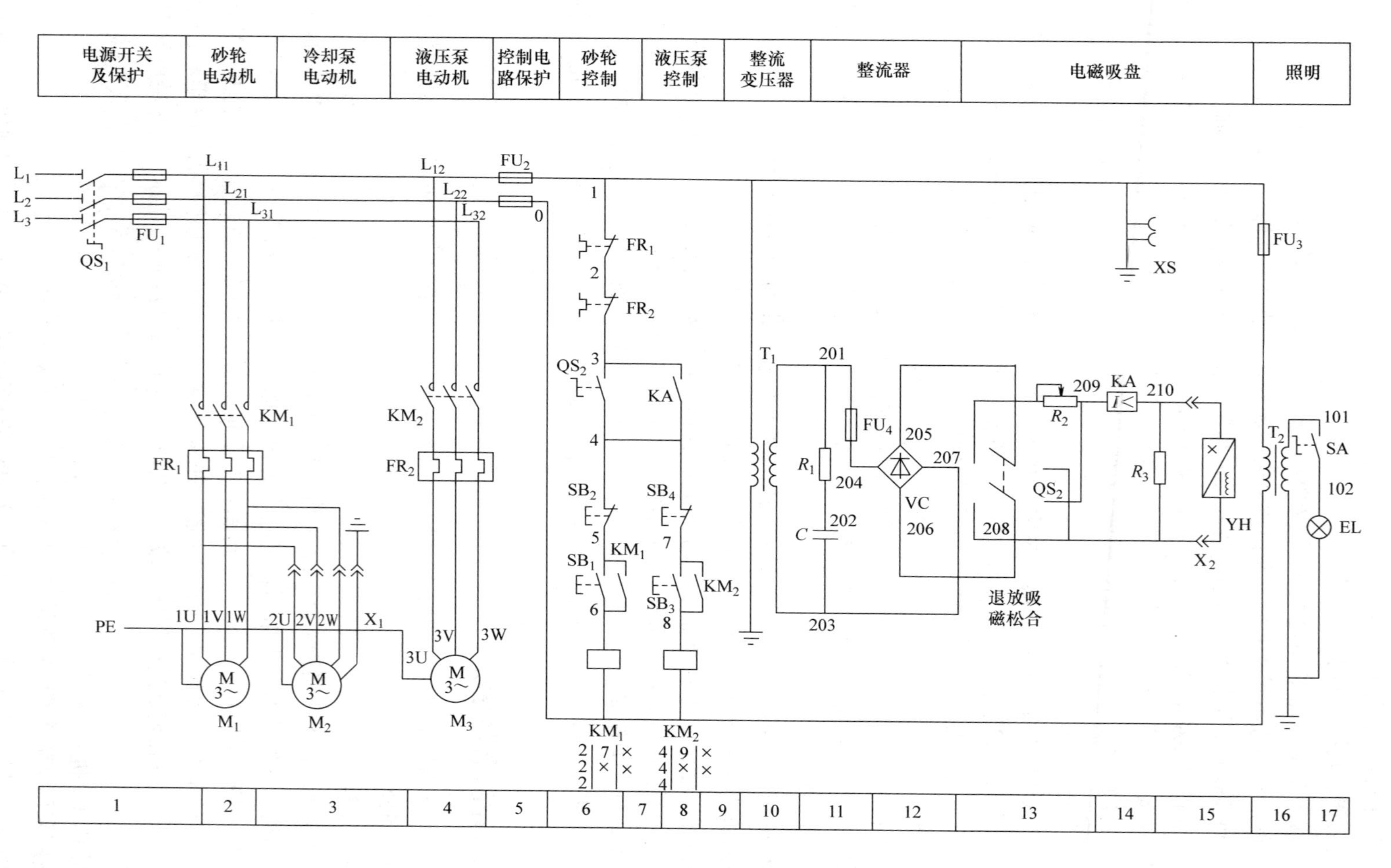

图 7-2　M7130 型平面磨床的电路图

电器 KA 线圈得电吸合，接通砂轮电动机 M_1 和液压泵电动机 M_3 的控制电路，这样就保证了加工工件被 YH 吸住的情况下砂轮和工作台才能进行磨削加工，保证了安全。

3. 电磁吸盘电路分析

电磁吸盘是用来固定加工工件的一种夹具，它与机械夹具比较，具有夹紧迅速，操作快速简便，不损伤工件，一次能吸牢多个小工件，以及磨削中发热工件可自由伸缩、不会变形等优点。不足之处是只能吸住铁磁材料的工件，不能吸牢非磁性材料（如铜、铝等）的工件。

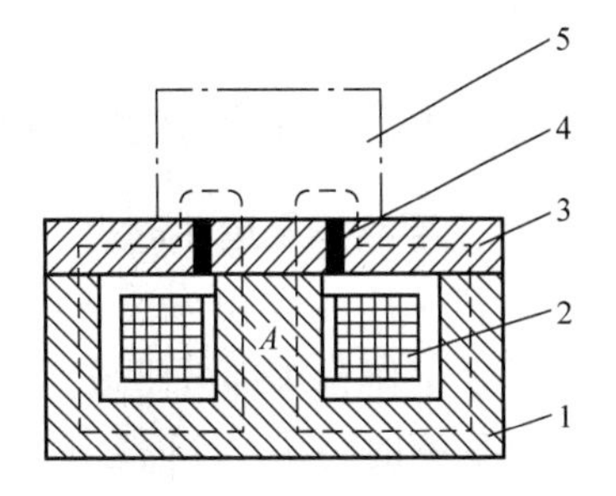

图 7-3　电磁吸盘工作原理
1—钢制吸盘体　2—线圈
3—钢制盖板　4—隔磁层　5—工件

电磁吸盘外形有长方形和圆形两种。矩形平面磨床采用长方形电磁吸盘，圆台平面磨床用圆形电磁吸盘。电磁吸盘工作原理如图 7-3 所示。1 为钢制吸盘体，在它中部凸起的芯体 A 上绕有线圈 2；钢制盖板 3 被隔磁层 4 隔开。在线圈 2 中通入直流电流，芯体将被磁化，磁力线经由盖板、工件、盖板、吸盘体、芯体而闭合，将工件 5 牢牢吸住。盖板中的隔磁层由铅、铜、黄铜及巴氏合金等非磁性材料制成，其作用是使磁力线都通过工件再回到吸盘体，不至于直接通过盖板而闭合，以增强对工作的吸持力。

电磁吸盘电路包括整流电路、控制电路和保护电路三部分。

整流变压器 T_1 将 220V 的交流电压降压后，经桥式整流器 VC 整流后，输出 110V 直流电压，供给电磁吸盘。

QS_2 是电磁吸盘 YH 的转换开关，有“吸合”“放松”“退磁”三个位置。

1）“吸合”。触点（205－208）和（206－209）闭合，电磁吸盘 YH 得到 110V 直流电压。工件被吸牢。此时，欠电流继电器 KA 线圈得电吸合，KA 的常开触点（3－4）闭合，为砂轮和液压泵电动机起动做准备。待加工完毕，先把 QS_2 扳到“放松”位置，切断电磁吸盘 YH 电源。由于工件和电磁吸盘都具有剩磁，工件不能取下，因此，必须进行退磁。

2）“退磁”。触点（205－207）和（206－208）闭合，电磁吸盘 YH 经退磁电阻 R_2 反向、限流、退磁。

3）“放松”。退磁结束后，立即将 QS_2 扳到“放松”位置，即可取下工件。

如果工件夹在工作台上（无须电磁吸盘），则将电磁吸盘 YH 的插头 X_2 拔下，同时将转换开关 QS_2 扳到“退磁”位置，控制电路中的 QS_2 常开触点（3－4）闭合，砂轮和液压泵电动机可以起动并运转到工件加工状态。

4）电磁吸盘的保护电路。放电电阻 R_3 是电磁吸盘 YH 线圈断电时，产生感应电动势的放电通路，防止电磁吸盘 YH 因过电压而损坏。欠电流继电器 KA 用来防止电磁吸盘断电时工件飞出发生事故。熔断器 FU_4 为电磁吸盘 YH 的短路保护。电阻 R_1 和电容器 C 的作用是防止电磁吸盘交流回路产生过电压的保护。

5）照明电路分析。照明变压器 T_2 将 380V 交流电压降为 36V 安全电压，供照明电路做电源。EL 为照明灯，其一端接地，另一端有开关 SA 控制。熔断器 FU_3 对照明电路起短路保护。

7.3　Z3040 型摇臂钻床的电气控制

钻床是孔加工机床，用来钻孔、扩孔、铰孔、攻丝及修刮端面等多种形式的加工。

钻床按用途和结构可分为立式钻床、台式钻床、多轴钻床、摇臂钻床及其他专用钻床等。

在各类钻床中，摇臂钻床操作方便、灵活，适用范围广，具有典型性，特别适用于单件或批量生产中多孔、大型零件的孔加工，是一般机械加工车间常见的机床。下面对 Z3040 型摇臂钻床进行重点分析。

7.3.1 Z3040 型摇臂钻床概述

1. 主要结构及运动形式

摇臂钻床主要由底座、内立柱、外立柱、摇臂、主轴箱及工作台等部分组成，如图 7-4 所示。内立柱固定在底座的一端，外面套有外立柱，外立柱可绕内立柱回转 360°，摇臂的一端为套筒，套装在外立柱上，并借助丝杠的正反转可沿外立柱作上下移动，由于该丝杠与外立柱连成一体，而升降螺母固定在摇臂上。所以，摇臂不能绕外立柱转动，只能与外立柱一起绕内立柱回转。主轴箱安装在摇臂的水平导轨上，可以通过手轮操作使其在水平导轨上沿摇臂移动。当进行加工时，由特殊的夹紧装置将主轴箱紧固在摇臂导轨上，外立柱紧固在内立柱上，摇臂紧固在外立柱上，然后进行钻削加工。钻削加工时，钻头一面旋转面进行切削，同时进行纵向进给。可见，摇臂钻床的运动方式有 3 种。

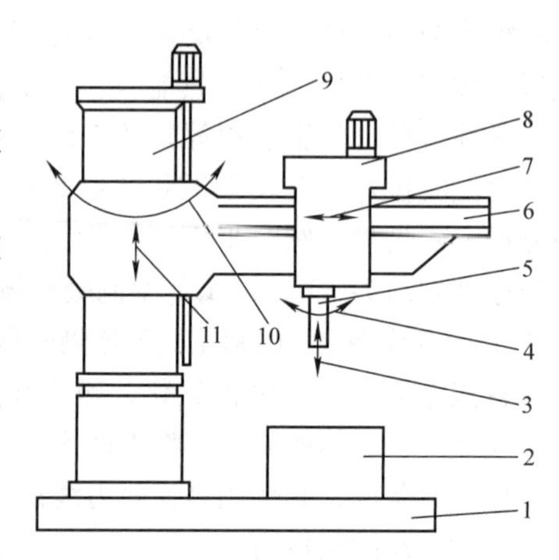

图 7-4　摇臂钻床结构及运动情况示意图
1—底座　2—工作台　3—主轴纵向进给
4—主轴旋转运动　5—主轴　6—摇臂
7—主轴箱沿摇臂径向运动　8—主轴箱
9—内外立柱　10—摇臂回转运动
11—摇臂垂直运动

① 主运动：主轴的旋转运动。

② 进给运动：主轴的纵向进给。

③ 辅助运动：摇臂沿外立柱垂直移动；主轴箱沿摇臂长度方向移动；摇臂与外立柱一起绕内立柱回转运动。

2. 电力拖动特点及控制要求

① 摇臂钻床运动部件较多，为简化传动装置，采用多电动机拖动。设有主轴电动机、摇臂升降电动机、立柱夹紧放松电动机及冷却泵电动机。

② 摇臂钻床为适应多种形式的加工，要求主轴及进给有较大的调速范围。

③ 摇臂钻床的主运动与进给运动由一台电动机拖动，分别经主轴与进给传动机构实现主轴旋转和进给。

④ 为加工螺纹要求主轴能正反转，可由机械方法获得，因此主轴电动机只需单方向旋转。

⑤ 对内外立柱、主轴箱及摇臂的夹紧放松和其他一些环节，采用先进的液压技术。

⑥ 具有必要的联锁与保护。

3. 液压系统简介

该摇臂钻床具有两套液压控制系统，一个是操纵机构液压系统；一个是夹紧机构液压系统。前者安装在主轴箱内，用以实现主轴正反转、停车制动、空挡、预选及变速；后者安装在摇臂背后的电器盒下部，用以夹紧松开主轴箱、摇臂及立柱。

1）操纵机构液压系统。

该系统压力油由主轴电动机拖动齿轮泵供给。主轴电动机转动后，由操作手柄控制，对压力油作不同的分配，获得不同的动作。操作手柄有五个位置：“停车”“空档”“变速”“正转”“反转”。

①“停车”：将操作手柄扳向“停车”位置，这时主轴电动机拖动齿轮泵旋转，制动摩擦离合器作用，使主轴不能转动而实现停车。所以主轴停车时主轴电动机仍在旋转，只是动力不能被传到主轴。

②“空档”：将操作手柄扳向“空档”位置，这时压力油使主轴传动系统中滑移齿轮脱开，用手可轻便地转动主轴。

③“变速”：主轴变速与进给变速时，将操作手柄扳向“变速”位置，改变两个变速旋钮，进行变速，主轴转速和进给量大小由变速装置实现。当变速完成，松开操作手柄，此时操作手柄在机械装置的作用下自动由“变速”位置回到主轴“停车”位置。

④“正转”“反转”：将操作手柄扳向“正转”或“反转”位置，主轴在机械装置的作用下，实现主轴的正转或反转。

2）夹紧机构液压系统。

夹紧机构液压系统压力油由液压泵电动机拖动液压泵供给，实现主轴箱、立柱和摇臂的松开与夹紧。其中主轴箱和立柱的松开与夹紧由一个油路控制，摇臂的松开与夹紧由另一个油路控制，这两个油路均由电磁阀操纵，主轴箱和立柱的夹紧与松开由液压泵电动机点动就可实现。摇臂的夹紧与松开与摇臂的升降控制有关。

7.3.2 电气控制电路分析

码 7-1 机床起动（动画）

1. 主电路分析

图 7-5 为 Z3040 型摇臂钻床电气控制电路。M_1 为主轴电动机，M_2 为摇臂升降电动机，M_3 为液压泵电动机，M_4 为冷却泵电动机。

M_1 为单方向旋转，由接触器 KM_1 控制，主轴的正反转则由机床液压系统操纵机构配合正反转的摩擦离合器实现，并由热继电器 FR_1 作电动机长期过载保护。

码 7-2 机床夹紧（动画）

M_2 由正、反转接触器 KM_2、KM_3 控制以实现正反转。控制电路中：在操纵摇臂升降时，首先使液压泵电动机起动旋转，供出压力油，经液压系统将摇臂松开，然后才使电动机 M_2 起动，拖动摇臂上升或下降。当移动到位后，保证 M_2 先停下，再自动通过液压系统将摇臂夹紧，最后液压泵电动机才停下。M_2 为短时工作，不设长期过载保护。

码 7-3 机床上升（动画）

M_3 由接触器 KM_4、KM_5 实现正反转控制，并有热继电器 FR_2 作长期过载保护。

M_4 电动机容量小，仅 0.125kW，由开关 SA 控制。

2. 控制电路分析

由变压器 T 将 380V 交流电压降为 110V，作为控制电源。指示灯电源为 6.3V。

1）主轴电动机的控制。

按下起动按钮 SB_2，接触器 KM_1 吸合并自锁，主轴电动机 M_1 起动并运转。按下停止按钮

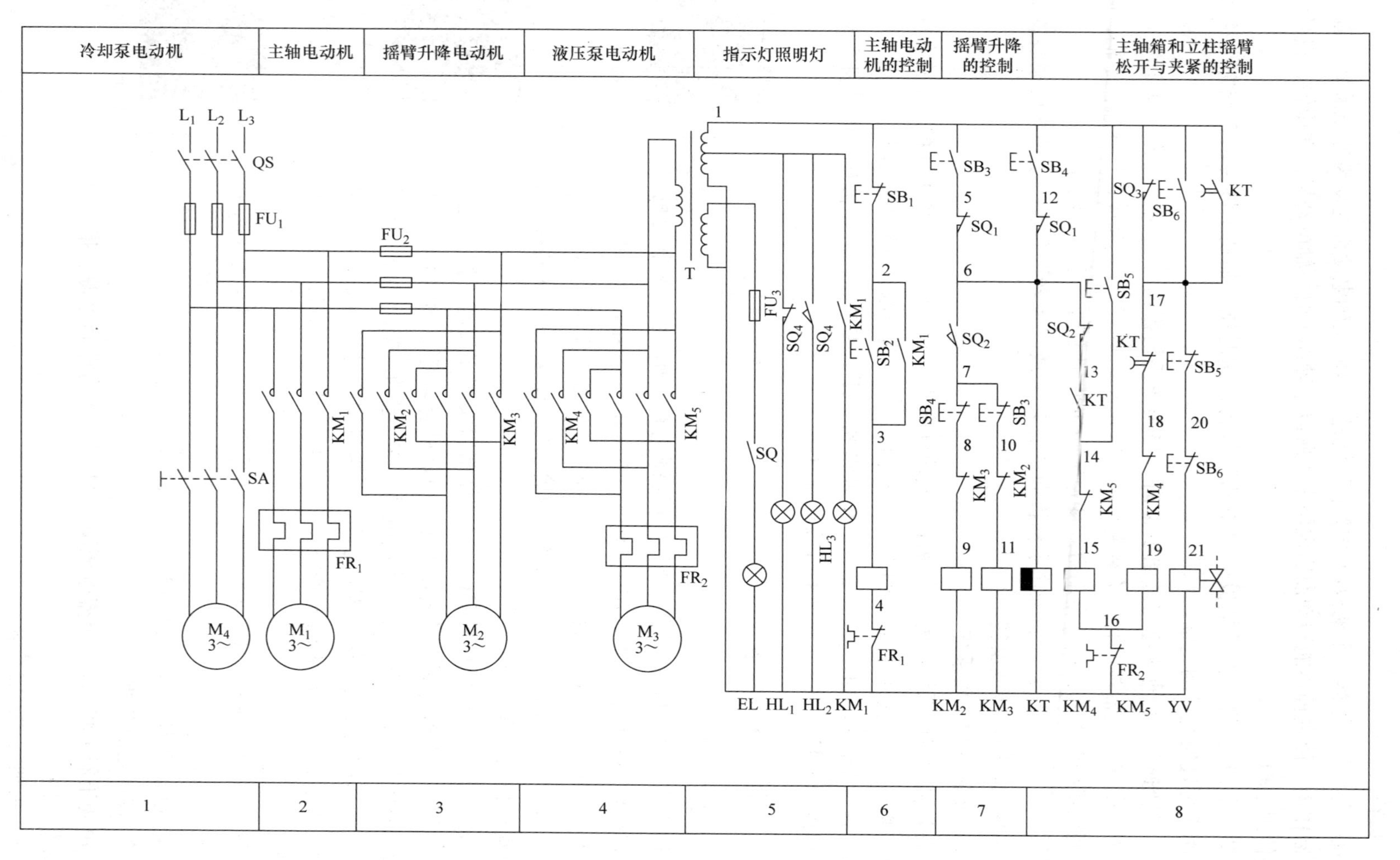

图 7-5　Z3040 型摇臂钻床电气控制电路

SB_1，接触器 KM_1 释放，主轴电动机 M_1 停转。

2）摇臂升降电动机的控制。

控制电路中：在摇臂升降时，先使液压泵电动机起动运转，以供出压力油，经液压系统将摇臂松开，然后才使摇臂升降电动机 M_2 起动，拖动摇臂上升或下降。当移动到位后，又要保证 M_2 先停下，再通过液压系统将摇臂夹紧，最后液压泵电动机 M_3 停。

按上升按钮 SB_3，时间继电器 KT 线圈通电，其瞬动常开触点（13－14）闭合，接触器 KM_4 线圈通电，使 M_3 正转，液压泵供出正向压力油。同时，KT 断电延时断开的常开触点闭合（1－17），接通电磁阀 YV 线圈，使压力油进入摇臂松开的油腔，推动松开机构，使摇臂松开并压下行程开关 SQ_2，其常闭触点断开，使接触器 KM_4 线圈断电，M_3 停止转动。同时，SQ_2 常开触点（6－7）闭合，使接触器 KM_2 线圈通电，摇臂升降电动机 M_2 正转，拖动摇臂上升。

当摇臂上升到所需位置时，松开按钮 SB_3，接触器 KM_2 和时间继电器 KT 均断电，摇臂升降电动机 M_2 脱离电源，但还在惯性运转，经 1～7s 延时后，摇臂完全停止上升，KT 断电延时闭合的常闭触点（17－18）闭合，KM_5 线圈通电，M_3 反转，供给反向压力油。因 SQ_3 的常闭触点（1－17）是闭合的，YV 线圈仍通电，使压力油进入摇臂夹紧的油腔，推动摇臂夹紧机构使摇臂夹紧。夹紧后压下 SQ_3，其触点（1－17）断开，KM_5 和电磁阀 YV 因线圈断电而使液压泵电动机 M_3 停转，摇臂上升完毕。

摇臂下降，只需按下 SB_4，KM_3 得电，M_2 反转，其控制过程与上升类似。

时间继电器 KT 是为保证夹紧动作在摇臂升降电动机完全停转后进行而设的，KT 延时时间的长短依摇臂升降电机从切断电源到停止惯性运转的时间来调整。

摇臂升降的极限保护由组合开关 SQ_1 来实现。SQ_1 有两对常闭触点，当摇臂上升或下降到极限位置时相应触点动作，切断对应上升或下降接触器 KM_2 与 KM_3，使 M_2 停止旋转，摇臂停止移动，实现极限位置保护，SQ_1 两对触点平时应调整在同时接通位置；一旦动作时，应使一对触点断开、另一对触点仍保持闭合。

行程开关 SQ_2 保证摇臂完全松开后才能升降。

摇臂夹紧后由行程开关 SQ_3 常闭触点（1－17）的断开实现液压泵电动机 M_3 的停转。如果液压系统出现故障使摇臂不能夹紧，或由于 SQ_3 调整不当，都会使 SQ_3 常闭触点不能断开而使液压泵电动机 M_3 过载。因此，液压泵电动机虽是短时运转，但仍需要热继电器 FR_2 作过载保护。

3）主轴箱和立柱松开与夹紧的控制。

主轴箱和立柱的松开或夹紧是同时进行的。按松开按钮 SB_5，接触器 KM_4 通电，液压泵电动机 M_3 正转。与摇臂松开不同，这时电磁阀 YV 并不通电，压力油进入主轴箱松开的油缸和立柱松开的油缸，推动松紧机构使主轴箱和立柱松开。行程开关 SQ_4 不受压，其常闭触点闭合，指示灯 HL_1 亮，表示主轴箱和立柱松开。

若要使主轴箱和立柱夹紧，可按夹紧按钮 SB_6，接触器 KM_5 通电，液压泵电动机 M_3 反转。这时，电磁阀 YV 仍不通电，压力油进入主轴箱和立柱夹紧的油缸，推动松紧机构使主轴箱和立柱夹紧。同时行程开关 SQ_4 被压，其常闭触点断开，指示灯 HL_1 灭，其常开触点闭合，指示灯 HL_2 亮，表示主轴箱和立柱已夹紧，可以进行工作。

3. 辅助电路

变压器 T 的另一组二次绕组提供 AC 36V 照明电源。照明灯 EL 由开关 SQ 控制。照明电路

由熔断器 FU_7 作短路保护。指示灯也由 T 供电，工作电压为 6.3V。HL_1、HL_2 分别为主轴箱和立柱松开、夹紧指示灯，HL_3 为主轴电动机运转指示灯。

7.4　X62W 型万能铣床的电气控制

万能铣床是一种通用的多用途铣床，它可以用铣刀对各种零件进行平面、斜面、沟槽、齿轮及成型表面的加工，还可以加装万能铣头和圆工作台来铣削凸轮及弧形槽。由于这种铣床可以进行多种内容的加工，故称其万能铣床。

7.4.1　主要结构与运动形式

X62W 卧式万能铣床具有主轴转速高、调速范围宽、操作方便、工作台能自动循环加工等特点，其结构如图 7-6 所示。主要由底座、床身、悬梁、刀杆支架、工作台和升降台等部分组成。

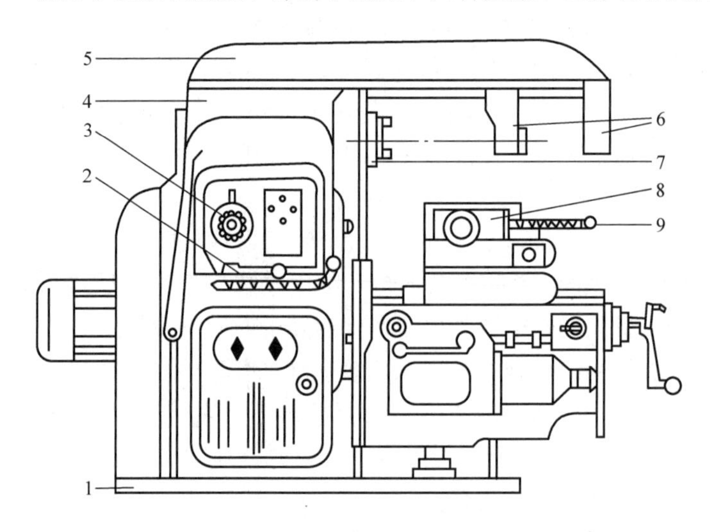

图 7-6　X62W 卧式万能铣床结构

1—底座　2—主轴变速手柄　3—主轴变速数字盘　4—床身（立柱）　5—悬梁　6—刀杆支架
7—主轴　8—工作台　9—工作台纵向操纵手柄

铣刀装在与主轴连在一起的刀杆 6 上，在床身的前面有垂直导轨，升降台沿其上下移动。在升降台上面的水平导轨上，在其上装有可在平行于主轴轴线方向移动（横向移动）的溜板，溜板上部有可转动的回转台。工作台装在回转台上部的导轨上，并能在导轨上作垂直于主轴轴线方向的移动（纵向移动），这样，工作台上的工件就可以在六个方向（上、下、左、右、前、后）调整位置及进给。

为了快速调整工件与刀具之间的相对位置，可以改变传动比，使工作台在上、下、左、右、前、后作快速移动。此外，由于转动部分可绕垂直轴线左右转一个角度（通常为 45°），所以工作台在水平面上除了能平行于或垂直于主轴轴线方向进给外，还能在倾斜方向进给，可以加工螺旋槽。工作台上还可以安装圆工作台以扩大铣削能力。

由上述可知，X62W 万能铣床的运动方式有如下 3 种。

① 主运动：铣刀的旋转。

② 进给运动：工作台的上、下、左、右、前、后运动。

③ 辅助运动：工作台在六个方向上的快速运动。

电力拖动特点和控制要求：

① X62W 万能铣床的主运动和进给运动之间，没有速度比例协调的要求，各自采用单独的笼型异步电动机拖动。

② 为了能进行顺铣和逆铣加工，要求主轴能够实现正反转。

③ 为提高主轴旋转的均匀性并消除铣削加工时的振动，主轴上装有飞轮，其转动惯量较大。因此要求主轴电动机有停车制动控制。

④ 为适应加工的需要，主轴转速与进给速度应有较宽的调节范围。X62W 型铣床采用机械变速的方法，为保证变速时齿轮易于啮合，减小齿轮端面的冲击，要求变速时有电动机瞬时冲动。

⑤ 进给运动和主轴运动应有电气联锁。为了防止主轴未转动时，工作台将工件送进可能损坏刀具或工件，进给运动要在铣刀旋转之后才能进行。为降低加工工件的表面粗糙度，若加工结束则必须在铣刀停转前停止进给运动。

⑥ 工作台在六个方向上运动要有联锁。在任何时刻，工作台在上、下、左、右、前、后六个方向上，只能有一个方向的进给运动。

⑦ 为了适应工作台在六个方向上运动的要求，进给电动机应能正反转。快速运动由进给电动机与快速电磁铁配合完成。

⑧ 圆形工作台只需一个转向运动，且与工作台进给运动要有联锁，不能同时进行。

⑨ 只要求冷却泵电动机单方向转动。

⑩ 为操作方便，应能在两处控制各部件的起动停止。

7.4.2 电气控制电路分析

X62W 型卧式万能铣床电气控制电路如图 7-7 所示。这种机床控制电路的显著特点是控制由机械和电气密切配合进行。各转换开关、行程开关的作用，各指令开关的状态以及与相应控制手柄的动作关系，如表 7-1 ~ 表 7-4 所示。

1. 主电路分析

主电路有 3 台电动机，其中 M_1 为主轴电动机，M_2 为工作台进给电动机，M_3 为冷却泵电动机。QS 为电源开关，各电动机的控制过程分别是：

主轴电动机由接触器 KM_3 控制，M_1 旋转方向由组合开关 SA_5 预先选择。M_1 的起动、停止的控制可在两地操作，采用串电阻反接制动。通过机械机构和接触器 KM_2 进行变速冲动控制。

工作台进给电动机 M_2 由接触器 KM_4、KM_5 控制，并由接触器 KM_6 控制快速进给电磁铁 YA，决定工作台移动速度，KM_6 接通为快速，断开为慢速。正反转接触器 KM_4、KM_5 是由两个机械操作手柄控制的。一个是纵向操作手柄，另一个是垂直与横向操作手柄。这两个机械操作手柄各有两套，分设在铣床工作台正面与侧面，实现两地操作。冷却泵电动机由接触器 KM_1 控制，单方向运转。

2. 控制电路分析

控制电路电压为 127V，由控制变压器 TC 供给。

（1）主电动机的控制电路

1）主电动机的起动。主电动机起动前应首先选择好主轴的转速。然后将组合开关 QS 扳到接通位置，根据所用的铣刀，由 SA_5 选择所需要的转向。这时按下起动按钮 SB_1（装在机床正面）或 SB_2（装在机床侧面），起动过程为（“+”号代表正向，“-”号代表反向）：

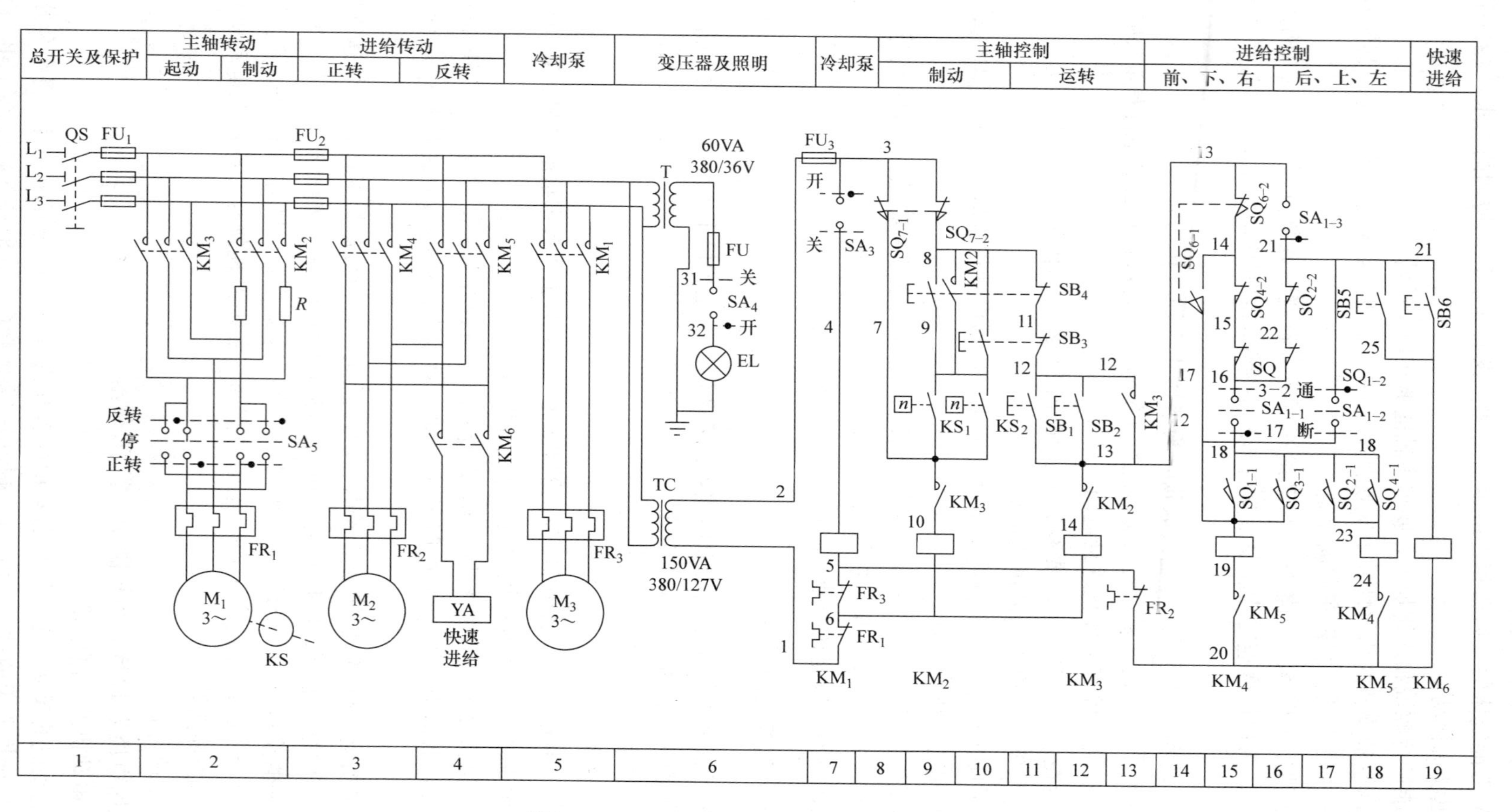

图 7-7 X62W 型卧式万能铣床电气控制电路

表 7-1　工作台纵向行程开关工作状态

触头	位置		
	向左	中间（停）	向右
SQ_{1-1}	–	–	+
SQ_{1-2}	+	+	–
SQ_{2-1}	+	–	–
SQ_{2-2}	–	+	+

表 7-2　工作台升降、横向行程开关工作状态

触头	位置		
	向前向下	中间（停）	向后向上
SQ_{7-1}	+	–	–
SQ_{7-2}	–	+	+
SQ_{4-7}	–	–	+
SQ_{4-4}	+	+	–

表 7-3　圆形工作台转换开关工作状态

触头	位置	
	接通圆形工作台	断开圆形工作台
SA_{1-1}	–	+
SA_{1-2}	+	–
SA_{1-7}	–	+

表 7-4　主轴转换开关工作状态

触头	位置		
	左转	停止	右转
SA_{5-1}	+	–	–
SA_{5-2}	–	–	+
SA_{5-7}	–	–	+
SA_{5-4}	+	–	–

SB_1 +（或 SB_2 +）→ KM_3 +（自锁）→ M_1 + 直接起动→达一定 n 时 KS +（为反接制动作准备）

2）主电动机的制动。当主轴制动停车时，按下 SB_3（机床正面）或 SB_4（机床侧面），KM_3 断电而 KM_2 通电，电动机 M_1 串入电阻进行反接制动。当电动机转速较低时，速度继电器 KS 复位，其触点断开，KM_2 断电，电动机反接制动结束。

SB_3 +（或 SB_4 +）→KM_3 –→KM_2 +→M_1 反接制动 $n\downarrow$（n 低于一定值时）→KS –→KM_2 –→M_1 停车

在操作停止按钮时应注意，停止按钮要按到底，否则只将其常闭触点断开而未将常开触点闭合，反接制动环节便没有被接入，电动机仍处于自由停车状态；也不能一按到底就立即松开，这样主轴电动机反接制动时间太短，制动效果差，应在速度继电器触点断开后，再将按钮松开，以保证在整个停车过程中大部分时间进行反接制动。

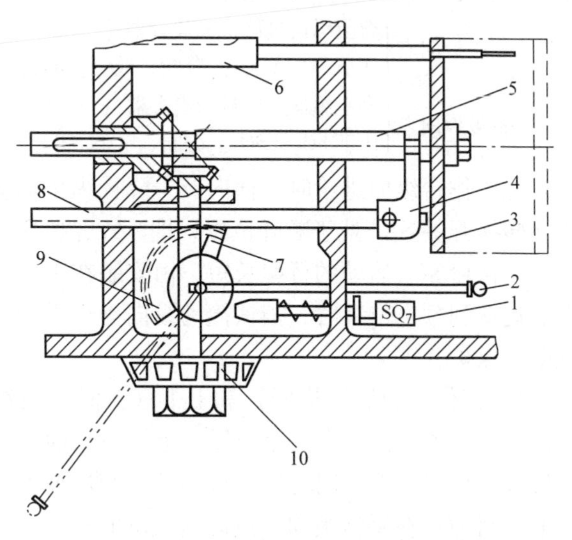

图 7-8　X62W 型主轴变速操纵机构简图

1—变速数字盘　2—扇形齿轮　3、4—齿条　5—变速孔盘　6、10—轴　7—拨叉　8—变速凸轮　9—限位开关

3）主轴变速控制。X62W 型万能铣床主轴的变速采用孔盘机构，集中操纵。从控制电路的设计结构来看，既可以在停车时变速，M_1 运转时也可以进行变速。图 7-8 为主轴变速操纵机构简图，变速时将主轴变速手柄扳向左边。在手柄被扳向左边过程中，扇形齿轮带动齿条、拨叉，在拨叉推动下将变速孔盘向右移动，并离开齿杆。然后旋转变速数字盘，经伞形齿轮带动变速孔盘旋转到对应位置，即选择好速度。再迅速将主轴变速手柄扳回原位，这时经传动机构，拨叉将变速孔盘推回，若恰好齿杆正对变速孔盘中的孔，变速孔盘就能推回原位，这说明齿轮已啮合好，变速过程结束。若齿杆无法插入盘孔，则发生了顶

齿现象而啮合不上。这时需再次拉出变速手柄，再推上，直至齿杆能插入孔盘，手柄能推回原位为止。

从上面的分析可知，在变速手柄推拉过程中，使变速冲动开关 SQ_7 动作，即 SQ_{7-2}分断，SQ_{7-1}闭合，接触器 KM_2 线圈短时通电，电动机 M_1 低速冲动一下，使传动齿轮顺利啮合，完成变速过程。这就是主轴变速冲动。在推回变速手柄时，动作要迅速，以免压合 SQ_7 时间过长，主轴电动机转速升得过高，不利于齿轮啮合甚至打坏齿轮。但在变速手柄被推回而接近原位时，应减慢推动速度以利齿轮啮合。

主轴变速可在主轴不转时进行，也可在主轴旋转时进行，无须再按停止按钮。因电路中触点 SQ_{7-2}在变速时先断开，使 KM_3 先断电；触点 SQ_{7-1}后闭合，再使 KM_2 通电，对 M_1 先进行反接制动，电动机转速迅速下降，再进行变速操作。变速完成后还须再次起动电动机，主轴将在新转速下旋转。

（2）工作台进给控制

工作台进给控制电路的电源从 17 点引出，串入 KM_3 的自锁触点。以保证主轴旋转与工作台进给的顺序联锁要求。工作台的左右、上下、前后运动是通过操纵手柄和机械联动机构控制相应的行程开关使进给电动机正转或反转来实现。行程开关 SQ_1 和 SQ_2 控制工作台向右和向左运动，SQ_3 和 SQ_4 控制工作台向前、向下和向后、向上运动。

1）工作台的左右（纵向）运动。工作台的左右运动由纵向手柄操纵，当手柄被扳向右侧时，手柄通过联动机构接通了纵向进给离合器，同时压下了行程开关 SQ_1，SQ_1 的常开触点闭合，使进给电动机的正转接触器 KM_4 线圈通过 13—14—15—16—18—19—20 得电，进给电动机正转，带动工作台向右运动。当纵向进给手柄被扳向左侧时，行程开关 SQ_2 被压下，行程开关 SQ_1 复位，进给电动机反转接触器 KM5 线圈通过 13—14—15—16—18—23—24—20 得电，进给电动机反转，带动工作台向左运动。其控制过程如下：

手柄被扳向右 { 合上纵向进给机械离合器
压下 SQ_1（SQ_{1-2}分断、SQ_{1-1}闭合）→KM_4 + →M_2 正转→工作台右移

手柄被扳向左 { 合上纵向进给机械离合器
压下 SQ_2（SQ_{2-2}分断、SQ_{2-1}闭合）→KM_5 + →M_2 反转→工作台左移

在工作台纵向进给时，横向及升降操纵手柄应放在中间位置，不使用圆形工作台。圆形工作台转换开关 SA_1 处于断开位置，即 SA_{1-1}和 SA_{1-3}接通，SA_{1-2}断开。

工作台左右运动的行程长短，由安装在工作台前方操作手柄两侧的挡铁来决定。当工作台左右运动到预定位置时，挡铁撞动纵向操作手柄，使它自动返回中间位置，使工作台停止，实现限位保护。

2）工作台前后（横向）和上下（升降）进给控制。该进给控制由工作台升降与横向操纵手柄控制，该手柄共有五个位置：上、下、前、后和中间位置。在扳动操纵手柄的同时，将有关机械离合器挂上，同时压合行程开关 SQ_3 或 SQ_4。其中 SQ_4 在操作手柄被向上或向后扳动时压下，而 SQ_3 在手柄被向下或向前扳动时压下。

① 工作台向上运动。将操作手柄扳在向上位置，接通垂直运动的离合器，同时压下 SQ_4，SQ_{4-2}断开，SQ_{4-1}闭合，正转接触器 KM_5 线圈通过 13—21—22—16—18—23—24—20 得电，M_2 反转，工作台向上运动。其控制过程如下：

将手柄扳向上 { 合上垂直进给机械离合器
压下 SQ_4→KM_5 + →M_2 反转→工作台向上运动

欲停止上升，将操作手柄扳回中间位置即可。若要工作台向下运动，只要将十字手柄扳向

下，则 KM_4 线圈得电，使 M_2 正转即可，其控制过程与上升类似。

② 工作台向前运动。操作手柄如扳在向前位置，则横向运动机械离合器挂上，同时压下 SQ_3，触点 SQ_{3-1}闭合，SQ_{3-2}断开，KM_4 通电，M_2 电动机正转，拖动工作台在升降台上向前运动，路径为 13—21—22—16—18—19—20。其控制过程如下：

将手柄扳向前 { 合上横向进给机械离合器
压下 SQ_3→KM_4 + →M_2 正转→工作台向前运动

③ 工作台向后运动。其控制过程与向前类似，只需将十字手柄扳向后，则 SQ_4 被压下，KM_5 线圈得电，M_2 反转，工作台向后运动。

工作台上、下、前、后运动都有限位保护，当工作台运动到极限位置时，利用固定在床身上的挡铁，撞击十字手柄，使其回到中间位置，工作台停止运动。

3）工作台的快速移动。工作台三个方向的快速移动也是由进给电动机拖动的，当工作台已经进行工作时，如再按下快速移动按钮 SB_5 或 SB_6，使 KM_6 通电，接通快速进给电磁铁 YA，衔铁吸上，经杠杆将进给传动链中的摩擦离合器合上，减少中间传动装置，工作台按原运动方向实现快速移动。将 SB_5 或 SB_6 松开时，KM_6、YA 相继断电，衔铁释放，摩擦离合器脱开，快速移动结束，工作台仍按原进给速度方向继续运动。

工作台也可在主轴电动机不转情况下进行快速移动，这时应将主轴换向开关 SA_5 扳在“停止”位置，然后按下 SB_1 或 SB_2，使 KM_1 通电并自锁，操纵工作台手柄，使进给电动机 M_2 起动旋转，再按下快速移动按钮 SB_5 或 SB_6，工作台便可获得主轴不转下的快速移动。

4）进给变速时“冲动”控制。在进给变速时，为使齿轮易于啮合，电路中设有变速“冲动”控制环节。

进给变速冲动是由进给变速手柄配合进给变速冲动开关 SQ_6 实现的。操作顺序是：将蘑菇形进给变速手柄向外拉出，转动蘑菇手柄，速度转盘随之转动，将所需进给速度的刻度对准箭头；然后再把变速手柄继续向外拉至极限位置，随即推回原位，若能推回原位则变速完成。就在将蘑菇手柄拉到极限位置的瞬间，其联动杠杆压合行程开关 SQ_6，使触点 SQ_{6-2}先断开，而触点 SQ_{6-1}后闭合，使 KM_4 通电，M_2 正转起动。由于在操作时只使 SQ_6 瞬时压合，所以电动机只瞬动一下，拖动进给变速机构瞬动，利于变速齿轮啮合。

（3）圆形工作台进给控制

为加工螺旋槽、弧形槽等，X62W 型万能铣床附有圆形工作台及其传动机构。使用时将附件安装在工作台和纵向进给传动机构上，由进给电动机拖动回转。

圆形工作台工作时，先将开关 SA_1 扳到“接通”位置，使触点 SA_{1-2}闭合，SA_{1-1}与 SA_{1-3}断开；接着将工作台两个进给操纵手柄置于中间位置。按下主轴起动按钮 SB_1 或 SB_2，主轴电动机 M_1 起动旋转，而进给电动机也因接触器 KM_4 得电而旋转，电动机 M_2 正转并带动圆形工作台单向运转，其旋转速度也可通过蘑菇状变速手轮进行调节。

圆形工作台要停止工作，只需按下主轴停止按钮 SB_3 或 SB_4，此时 KM_3、KM_4 相继断电，圆形工作台停止回转。

（4）冷却泵电动机的控制

由转换开关 SA_3 控制接触器 KM_1 来控制冷泵电动机 M_3 的起动与停止。

3. 辅助电路分析

机床的局部照明由变压器 T 供给 36V 安全电压，转换开关 SA_4 控制照明灯。

4. 联锁与保护

X62W 型万能铣床的运动较多，电气控制电路较为复杂，为安全可靠地工作，应具有完善的联锁与保护。

1）进给运动与主运动的顺序联锁。进给运动电气控制电路接在主电动机接触器 KM_3 触点（13 区）之后。这就保证了主轴电动机起动后（若不需 M_1 旋转，则可将 SA_5 开关扳至中间位置）才可起动进给电动机。而主轴停止时进给运动立即停止。

2）工作台各运动方向的联锁。在同一时间内，工作台只允许向一个方向运动，这种联锁是利用机械和电气的方法来实现的。例如工作台向左、向右控制是由同一个手柄操作的，手柄本身起到左右运动的联锁作用；同理，工作台横向和升降运动四个方向的联锁，是由十字手柄本身来实现的。而工作台的纵向与横向、升降运动的联锁，则是利用电气方法来实现的。由纵向进给操作手柄控制的 SQ_{1-2}、SQ_{2-2} 和横向、升降进给操作手柄控制的 SQ_{4-2}、SQ_{3-2} 组成两个并联支路以控制接触器 KM_4 和 KM_5 的线圈，若两个手柄都被扳动，则这两个支路都断开，使 KM_4 或 KM_5 都不能工作，达到联锁的目的，防止两个手柄同时被操作而损坏机构。

3）长方形工作台与圆形工作台间的联锁。圆形工作台控制电路是经行程开关 SQ_1 ~ SQ_4 的四对常闭触头形成闭合回路的，所以操作任何一个长方形工作台进给手柄，都将切断圆形工作台控制电路，这就实现了圆工作台和长方形工作台的联锁控制。

4）保护环节。M_1、M_2、M_3 为连续工作制，由 FR_1、FR_2、FR_3 实现过载保护：当 M_1 过载时，FR_1 动作以切除整个控制电路的电源，冷却泵电动机 M_3 过载时；FR_3 动作以切除 M_2、M_3 的控制电源；进给电动机 M_2 过载时，FR_2 动作以切除自身控制电源。

FU_1、FU_2、FU_3、FU_4 分别实现主电路、控制电路和照明电路的短路保护。

7.5 T68 型卧式镗床的电气控制

镗床是冷加工中使用比较普遍的设备，除镗孔外，在万能镗床上还可以进行钻孔、铰孔、扩孔；用镗轴或平旋盘铣削平面；装上车螺纹附件后，还可以车削螺纹；装上平旋盘刀架可加工大的孔径、端面和外圆。因此，镗床工艺范围广、调速范围大、运动多。

按用途不同，镗床可分为卧式镗床、立式镗床、坐标镗床、金刚镗床和专门化镗床等。其中以卧式镗床应用最为广泛。下面介绍常用的卧式镗床。

7.5.1 主要结构与运动形式

T68 型卧式镗床的结构如图 7-9 所示，主要由床身、前立柱、镗头架、工作台、后立柱和尾架等部分组成。床身是个整体的铸件。前立柱固定在床身上，镗头架装在前立柱的导轨上，并可在导轨上作上下移动。镗头架里装有主轴、变速箱、进给箱和操纵机构等。切削刀具装在镗轴前端或花盘的刀具溜板上，在切削过程中镗轴一面旋转，一面沿轴向作进给运动。花盘也可单独旋转，装在花盘上的刀具可作径向的进给运动。后立柱在床身的另一端，后立柱上的尾架用来支撑镗杆的末端，尾架与镗头架可同时升降，

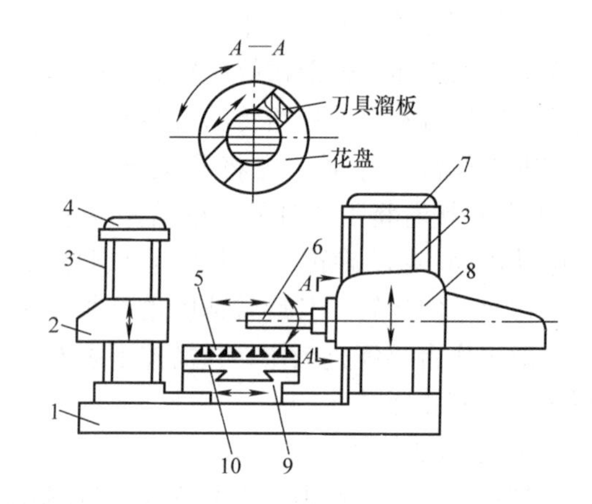

图 7-9 T68 型卧式镗床结构

1—床身 2—尾架 3—导轨 4—后立柱 5—工作台 6—镗轴 7—前立柱 8—镗头架 9—下溜板 10—上溜板

前、后立柱可随镗杆的长短来调整它们之间的距离，工作台安装在床身中部导轨上，可借助于

溜板作纵向或径向运动，并可绕中心作垂直运动。

由以上可知，T68 镗床的运动有如下三种。

① 主运动：镗轴和花盘的旋转运动。

② 进给运动：镗轴的轴向运动，花盘的刀具溜板的径向运动，工作台的横向运动，工作台的纵向运动和镗头架的垂直运动。

③ 辅助运动：工作台的旋转运动、后立柱的水平移动、尾架的垂直运动及各部分的快速移动。

镗床加工范围广，运动部件多，调速范围广，对电力拖动及控制提出了如下要求：

① 为了扩大调速范围和简化机床的传动装置，采用双速笼型异步电动机作为主拖动电机，低速时将定子绕组接成三角形，高速时将定子绕组接成双星形。

② 进给运动、主轴及花盘的旋转采用同一台电动机拖动，为适应调整的需要，要求主拖动电动机应能正反向点动，并有准确的制动。此床采用电磁铁带动的机械制动装置。

③ 主拖动电动机在低速时可以直接起动，若要高速运转时控制电路要保证起动时先接通低速运转电路，经延时再接通高速运转电路，以减小起动电流。

④ 为保证变速后齿轮进入良好的啮合状态，在主轴变速和进给变速时，应设有变速低速冲动环节。

⑤ 为缩短辅助时间，机床各运动部件应能实现快速移动，采用快速电动机拖动。

⑥ 工作台或镗头架的自动进给与主轴或花盘刀架的自动进给之间应有联锁，两者不能同时进行。

7.5.2 电气控制电路分析

1. 主电路分析

T68 型卧式镗床的电气控制电路见图 7-10。

主电路中有两台电动机，M_1 为主轴与进给电动机，是一台 4/2 极的双速电动机，绕组接法为△/YY。M_2 为快速移动电动机。

电动机 M_1 由 5 只接触器控制，KM_1 和 KM_2 控制 M_1 的正反转，KM_3 控制 M_1 的低速运转，KM_4、KM_5 控制 M_1 的高速运转。FR 对 M_1 进行过载保护。

YB 为主轴制动电磁铁的线圈，由 KM_3 和 KM_5 的触点控制。

M_2 由 KM_6、KM_7 控制其正反转，实现快进和快退。因短时运行，不需过载保护。

2. 控制电路分析

（1） 主轴电动机的正反转起动控制

合上电源开关 QS，信号灯 HL 亮，表示电源接通。调整好工作台和镗头架的位置后，便可开动主轴电动机 M_1，拖动镗轴或平旋盘正反转起动运行。

由正反转起动按钮 SB_2、SB_3，接触器 KM_1 ~ KM_5 等构成主轴电动机正反转起动控制环节。另设有高、低速选择手柄，选择高速或低速运动。

1） 低速起动控制。当要求主轴低速运转时，将速度选择手柄置于低速挡，此时与速度选择手柄有联动关系的行程开关 SQ_1 不受压，触点 SQ_1（16 区）断开。按下正转起动按钮 SB_3，KM_1 通电自锁，其常开触点（13 区）闭合，KM_3 通电，电动机 M_1 在星形接法下全压起动并低速运行。其控制过程为：

SB_3 + →KM_1 + （自锁）→KM_3 + →YB + →M_1 低速起动

2） 高速起动控制。若将速度选择手柄置于高速挡，经联动机构将行程开关 SQ_1 压下，触

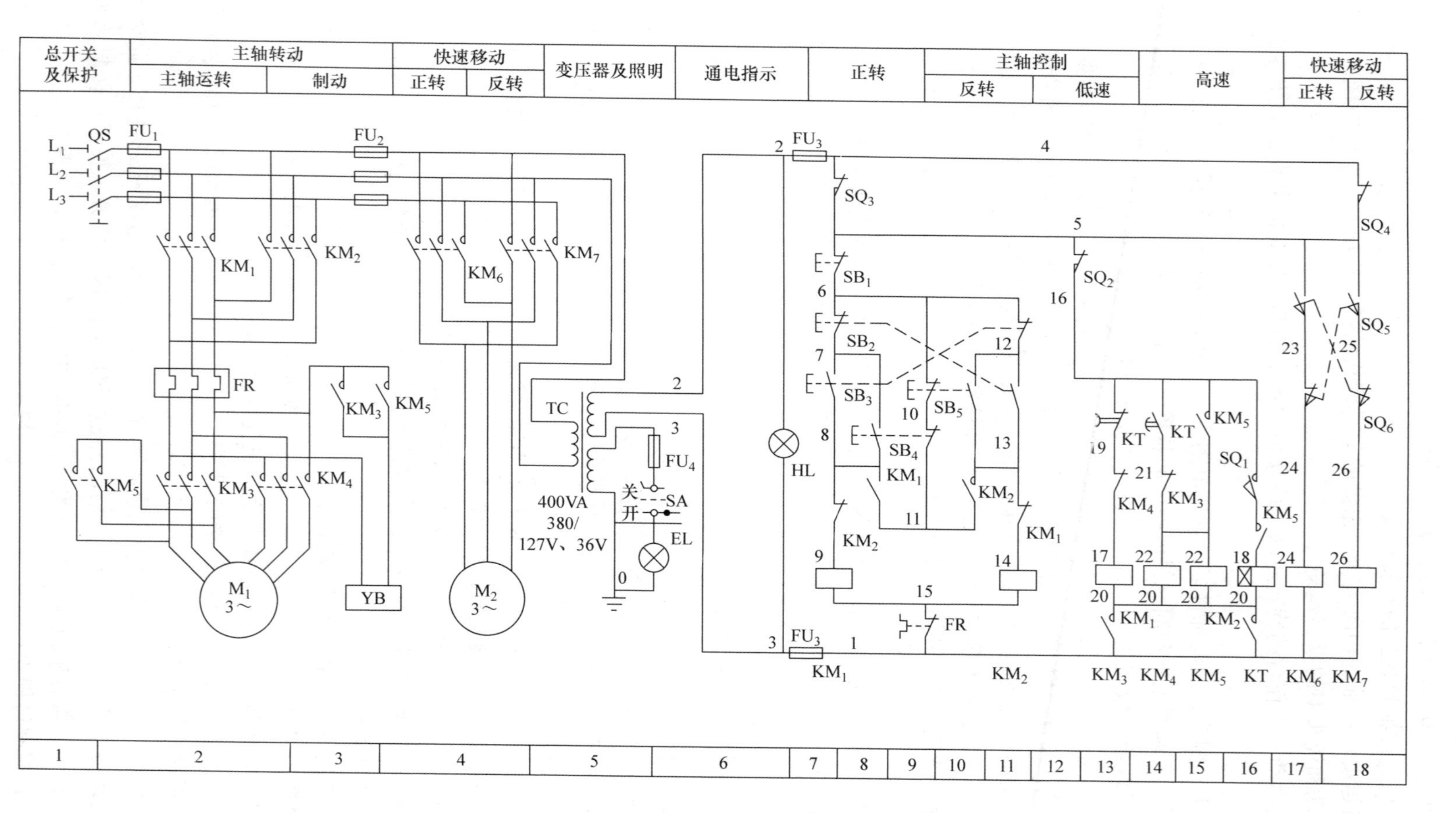

图 7-10　T68 型卧式镗床电气控制电路

点 SQ_1（16 区）闭合，同样按下正转起动按钮 SB_3，在 KM_3 通电的同时，时间继电器 KT 也通电。于是，电动机 M_1 三角形联结后低速起动并经一定时间，KT 通电延时断开触点 KT（13 区）断开，使 KM_3 断电；KT 延时闭合触点（14 区）闭合，使 KM_4、KM_5 通电。从而使电动机 M_1 由低速运行中三角形联结自动换接成高速双星形联结。构成了双速电动机高速正转起动时的加速控制环节，即电动机按低速挡起动再自动换接成高速挡运转的自动控制，控制过程为：

↗ KT +　　↗ YB +　　　KT 延时到　↗ KM_4 + ↗KT −

SB_3 + →KM_1 +（自锁）→KM_3 + →M_1 低速起动→KM_3 − →KM_5 + →M_1 高速起动

反转只需按 SB_2，其由低速起动再换接成高速运转的控制过程与正转相同。

（2）主轴电动机的点动控制

主轴电动机由正反转点动按钮 SB_4、SB_5，接触器 KM_1、KM_2 和低速接触器 KM_3 实现低速正反转的点动调整。点动控制时，按 SB_4 或 SB_5，其常闭触点切断 KM_1 和 KM_2 的自锁回路，KM_1 或 KM_2 线圈通电使 KM_3 线圈得电，M_1 低速正转或反转，点动按钮松开后，电动机自然停车。

（3）主轴电动机的停车与制动

主轴电动机 M_1 在运行中可按下停止按钮 SB_1 来实现主轴电动机的制动。主轴旋转时，按下停止按钮 SB_1，便切断了 KM_1 或 KM_2 的线圈回路，接触器 KM_1 或 KM_2 断电，主触点断开电动机 M_1 的电源，在此同时电动机进行机械制动。

T68 型卧式镗床采用电磁操作的机械制动装置，主电路中的 YB 为制动电磁铁的线圈，不论 M_1 正转或反转，YB 线圈均通电吸合，松开电机轴上的制动轮，电动机即自由起动。当按下停止按钮 SB_1 时，电动机 M_1 和制动电磁铁 YB 线圈同时断电，在弹簧作用下杠杆将制动带紧箍在制动轮上进行制动，电动机迅速停转。还有些卧式镗床采用由速度继电器控制的反接制动控制电路。

（4）主轴变速和进给变速控制

主轴变速和进给变速是在电动机 M_1 运转时进行的。当主轴变速手柄被拉出时，限位开关 SQ_2（12 区）被压下，接触器 KM_3 或 KM_4、KM_5 都断电而使电动机 M_1 停转。当主轴转速选择好以后，推回变速手柄，则 SQ_2 恢复到变速前的接通状态，M_1 便自动起动进行工作。同理，需进给变速时，拉出进给变速操纵手柄，限位开关 SQ_2 受压而断开，使电动机 M_1 停车，选好合适的进给量之后，将进给变速手柄推回，SQ_2 便恢复原来的接通状态，电动机 M_1 便自动起动进行工作。

当变速手柄推不上时，可来回推动几次，使手柄通过弹簧装置作用于限位开关 SQ_2，SQ_2 便反复断开接通几次，使电动机 M_1 产生冲动，带动齿轮组冲动，以便于齿轮啮合。

（5）镗头架、工作台快速移动的控制

为缩短辅助时间，提高生产率，由快速电动机 M_2 经传动机构拖动镗头架和工作台作各种快速移动。运动部件及其运动方向的预选由装设在工作台前方的操作手柄进行，而镗头架上的快速操作手柄控制快速移动。当扳动快速操作手柄时，相应压合行程开关 SQ_5 或 SQ_6，接触器 KM_6 或 KM_7 通电，实现 M_2 的正反转，再通过相应的传动机构使操纵手柄预选的运动部件按选定方向作快速移动。当镗头架上的快速移动操作手柄复位时，行程开点 SQ_5 或 SQ_6 不再受压，KM_6 或 KM_7 断电释放，M_2 停止旋转，快速移动结束。

3. 辅助电路分析

控制电路采用一台控制变压器 TC 供电，控制电路电压为 127V，并有 36V 安全电压给局部照明灯 EL 供电，SA 为照明灯开关，HL 为电源指示灯。

4. 联锁保护环节分析

1）主轴进刀与工作台互锁。由于 T68 型镗床运动部件较多，为防止机床或刀具损坏，保证主轴进给和工作台进给不能同时进行，为此设置了两个联锁保护行程开关 SQ_3 与 SQ_4。其中 SQ_4 是与工作台和镗头架自动进给手柄联动的行程开关，SQ_3 是与主轴和平旋盘刀架自动进给手柄联动的行程开关。将行程开关 SQ_3、SQ_4 的常闭触点并联后串接在控制电路中，当以上两个操作手柄中任一个被扳到“进给”位置时，SQ_3、SQ_4 中只有一个常闭触点断开，电动机 M_1、M_2 都可以起动，实现自动进给。当两种进给运动同时选择时，SQ_3、SQ_4 都被压下，其常闭触点断开，将控制电路切断，M_1、M_2 无法起动，于是两种进给都不能进行，实现联锁保护。

2）其他联锁环节。主电动机 M_1 的正反转控制电路、高低速控制电路、快速电动机 M_2 正反转控制电路也设有互锁环节，以防止误操作而造成事故。

3）保护环节。熔断器 FU_1 对主电路进行短路保护，FU_2 对 M_2 及控制变压器进行短路保护，FU_3 对控制电路进行短路保护，FU_4 对局部照明电路进行短路保护。

FR 对主电动机 M_1 进行过载保护，并由按钮和接触器进行失电压保护。

5. T68 卧式镗床常见电气故障分析

T68 卧式镗床采用双速电动机拖动，机械、电气联锁与配合较多，常见电气故障为：

1）主轴电动机只有高速档或无低速档。产生这一种故障的因素较多，常见的有时间继电器 KT 不动作；或行程开关 SQ_1 因安装位置移动，造成 SQ_1 始终处于通或断的状态，若 SQ_1 常通，则主轴电动机只有高速，否则只有低速。

2）主轴电动机无变速冲动或变速后主轴电动机不能自行起动。主轴的变速冲动由与变速操纵手柄由具有联动关系的行程开关 SQ_2 控制。而 SQ_2 采用的是 LX_1 型行程开关，往往由于安装不牢、位置偏移、触点接触不良，无法完成上述控制。甚至有时因 SQ_2 开关绝缘性能差，造成绝缘击穿，致使 SQ_2 触点发生短路。这时即使变速操纵手柄被拉出，电路仍断不开，使主轴仍以原速旋转，根本无法进行变速。

小　　结

本章的主要内容是在掌握常用控制电器及电气控制基本环节的基础上，通过典型机床电路的分析，归纳总结出分析一般生产机械电气控制原理的方法，并在掌握继电器－接触器控制环节基础上，培养分析常用机床电气控制电路的分析能力和排除电路故障的能力，也为设计一般电气控制电路打下牢固的基础。同时在阅读电气原理图的基础上，学会分析电气原理图和诊断故障、排除故障的方法。

M7130 型平面磨床具有电磁吸盘，且有退磁电路。

Z3040 型摇臂钻床中机电液密切配合，具有两套液压控制系统及摇臂的松开－移动－夹紧的自动控制电路。

X62W 卧式万能铣床主轴采用反接制动，变速时有瞬时冲动，机械操作手柄与行程开关、机械挂挡的操作控制及三个方向进给之间具有联锁关系。

T68 型卧式镗床采用双速电动机控制，具有正反转机械制动及变速时的低速冲动等。

习　　题

1. M7130 平面磨床中为什么采用电磁吸盘来夹持工件？电磁吸盘线圈为何要用直流供电

而不能用交流供电？

2. M7130 型平面磨床电气控制原理图中电磁吸盘为何要设电流继电器 KA？它在电路中怎样起保护作用？与电磁吸盘并联的 *RC* 电路起什么作用？

3. 在 Z3040 型摇臂钻床电路中，时间继电器 KT 与电磁阀 YV 在什么时候动作？YV 动作时间比 KT 长还是短？YV 什么时候不动作？

4. Z3040 型摇臂钻床在摇臂升降过程中，液压泵电动机和摇臂升降电动机应如何配合工作？以摇臂上升为例叙述电路工作情况。

5. Z3040 型摇臂钻床电路中具有哪些联锁与保护？为什么要有这些联锁与保护？它们是如何实现的？

6. Z3040 型摇臂钻床，若发生下列故障，请分别分析其故障原因：

① 摇臂上升时能够夹紧，但在摇臂下降时没有夹紧的动作。

② 摇臂能够下降和夹紧，但不能作放松和上升。

7. 说明 X62W 型万能铣床工作台各方向运动，包括慢速进给和快速移动的控制过程，说明主轴变速及制动控制过程中，主轴运动与工作台运动的联锁关系。

8. X62W 万能铣床控制电路中变速冲动控制环节的作用是什么？说明其控制过程。

9. 说明 X62W 万能铣床控制电路中工作台六个方向进给联锁保护的工作原理。

10. X62W 万能铣床控制电路中，若发生下列故障，请分别分析其故障原因：

① 主轴停车时，正、反方向都没有制动作用。

② 进给运动中，不能向前右，能向后左，也不能实现圆工作台运动。

③ 进给运动中，能上下左右前，不能后。

11. 试述 T68 型镗床主轴电动机高速起动时操作过程及电路工作情况。

12. 分析 T68 型镗床主轴变速和进给变速控制过程。

13. T68 型镗床中为防止两个方向同时进给而出现事故，应采取什么措施？

14. 说明 T68 型镗床快速进给的控制过程。

白鹤滩水电站百万千瓦水轮发电机组

白鹤滩水电站总装机容量为1600 万 kW，首次采用完全由我国设计制造的百万千瓦级水轮发电机组，是目前全球单机容量最大的水轮发电机组。

建议同学们观看大型工业纪录片《动力澎湃》第二集：绿色的脉动，可了解中国制造的水电巨无霸！

附录　常见元器件图形符号、文字符号一览表

类别	名称	图形符号	文字符号
开关	单极控制开关	或	SA
	手动开关一般符号		SA
	三极控制开关		QS
	三极隔离开关		QS
	三极负荷开关		QS
	组合旋钮开关		QS
	低压断路器		QF
	转换开关	后　前 2 1 0 1 2	SA
接触器	线圈操作器件		KM
	常开主触点		KM
	常开辅助触点		KM
	常闭辅助触点		KM
时间继电器	通电延时（缓吸）线圈		KT
	断电延时（缓放）线圈		KT
	瞬时闭合的常开触点		KT
	瞬时断开的常闭触点		KT

类别	名称	图形符号	文字符号
位置开关	常开触点		SQ
	常闭触头		SQ
	复合触头		SQ
按钮	常开按钮		SB
	常闭按钮		SB
	复合按钮		SB
	急停按钮		SB
	钥匙操作式按钮		SB
热继电器	热元件		FR
	常闭触点		FR
中间继电器	线圈		KA
	常开触点		KA
电流继电器	常闭触点		KA
	过电流线圈	$I>$	KA
	欠电流线圈	$I<$	KA
	常开触点		KA

（续）

类别	名称	图形符号	文字符号
时间继电器	延时闭合的常开触点		KT
	延时断开的常闭触点		KT
	延时闭合的常闭触点		KT
	延时断开的常开触点		KT
电磁操作器	电磁铁的一般符号	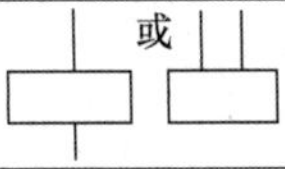 或	YA
	电磁吸盘	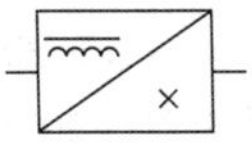	YH
	电磁离合器	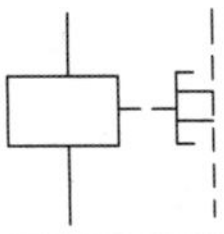	YC
	电磁制动器	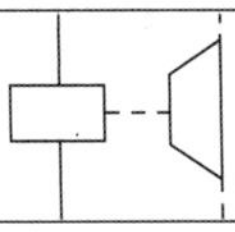	YB
	电磁阀	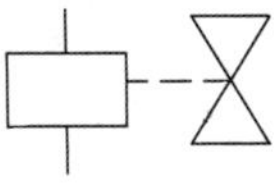	YV
非电量控制的继电器	速度继电器常开触点	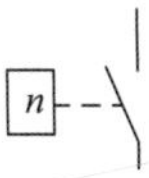 n	KS
	压力继电器常开触点	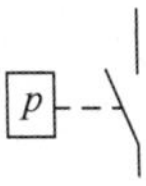 p	KP
发电机	发电机	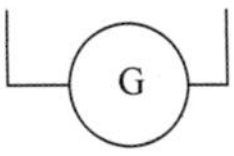 G	G
	直流测速发电机	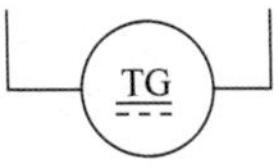 TG	TG
灯	信号灯（指示灯）		HL
	照明灯		EL
接插器	插头和插座	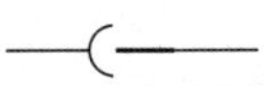	X（插头 XP、插座 XS）

类别	名称	图形符号	文字符号
	常闭触点		KA
电压继电器	过电压线圈	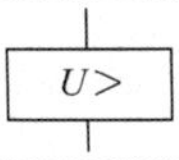 $U>$	KV
	欠电压线圈	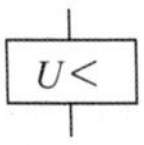 $U<$	KV
	常开触点		KV
	常闭触点		KV
电动机	三相笼型感应电动机	 M 3～	M
	三相绕线转子感应电动机	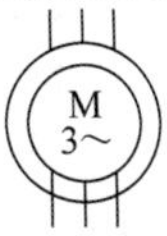 M 3～	M
	他励直流电动机	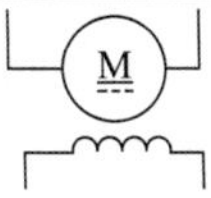 M	M
	并励直流电动机	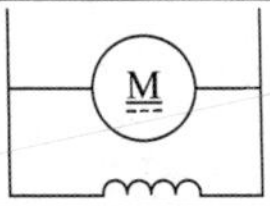 M	M
	串励直流电动机	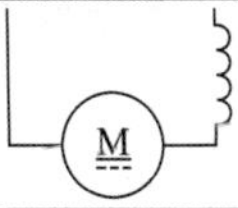 M	M
熔断器	熔断器	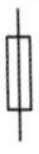	FU
变压器	单相变压器	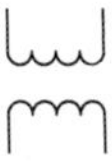	TC
	三相变压器	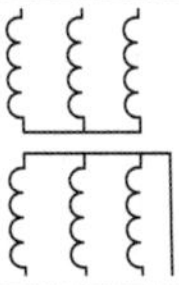	TM
互感器	电压互感器	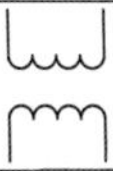	TV
	电流互感器	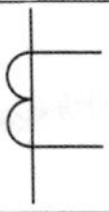	TA
	电抗器		L

参考文献

[1] 王永华. 电气控制及可编程序控制技术 [M]. 6 版. 北京：北京航空航天大学出版社，2020.
[2] 许翏. 电机与电气控制技术 [M]. 3 版. 北京：机械工业出版社，2015.
[3] 许晓峰. 电机与拖动 [M]. 5 版. 北京：高等教育出版社，2019.
[4] 刘文乐. 电机与电气控制技术 [M]. 北京：电子工业出版社，2020.
[5] 曾令琴. 电机与电气控制技术 [M]. 北京：人民邮电出版社，2021.
[6] 冯泽虎. 电机与电气控制技术 [M]. 北京：高等教育出版社，2018.
[7] 王民权. 电机与电气控制 [M]. 北京：清华大学出版社，2020.
[8] 田淑珍. 电机与电气控制技术 [M]. 2 版. 北京：机械工业出版社，2017.
[9] 张运波. 工厂电气控制技术 [M]. 5 版. 北京：高等教育出版社，2021.
[10] 胡幸鸣. 电机及拖动基础 [M]. 4 版. 北京：机械工业出版社，2021.
[11] 殷建国. 电机与电气控制项目教程 [M]. 北京：电子工业出版社，2011.
[12] 张晓江，顾绳谷. 电机及拖动基础 [M]. 5 版. 北京：机械工业出版社，2016.
[13] 吴丽. 电气控制与 PLC 应用技术 [M]. 4 版. 北京：机械工业出版社，2021.
[14] 吴瑛，韩广兴. 电气控制线路：基础·控制器件·识图·接线与调试 [M]. 北京：化学工业出版社，2020.
[15] 谢京军. 电力拖动控制线路与技能训练 [M]. 6 版. 北京：中国劳动社会保障出版社，2021.
[16] 中国就业培训技术指导中心. 维修电工 [M]. 2 版. 北京：中国劳动社会保障出版社，2014.